族周期	1	2	3	4	5	6	7	8	9	10	11	12	13	14	15	16	17	18
1	1H 水素 1.008																	2He ヘリウム 4.003
2	3Li リチウム 6.941	4Be ベリリウム 9.012											5B ホウ素 10.81	6C 炭素 12.01	7N 窒素 14.01	8O 酸素 16.00	9F フッ素 19.00	10Ne ネオン 20.18
3	11Na ナトリウム 22.99	12Mg マグネシウム 24.31											13Al アルミニウム 26.98	14Si ケイ素 28.09	15P リン 30.97	16S 硫黄 32.07	17Cl 塩素 35.45	18Ar アルゴン 39.95
4	19K カリウム 39.10	20Ca カルシウム 40.08	21Sc スカンジウム 44.96	22Ti チタン 47.88	23V バナジウム 50.94	24Cr クロム 52.00	25Mn マンガン 54.94	26Fe 鉄 55.85	27Co コバルト 58.93	28Ni ニッケル 58.69	29Cu 銅 63.55	30Zn 亜鉛 65.39	31Ga ガリウム 69.72	32Ge ゲルマニウム 72.61	33As ヒ素 74.92	34Se セレン 78.96	35Br 臭素 79.90	36Kr クリプトン 83.80
5	37Rb ルビジウム 85.47	38Sr ストロンチウム 87.62	39Y イットリウム 88.91	40Zr ジルコニウム 91.22	41Nb ニオブ 92.91	42Mo モリブデン 95.94	43Tc テクネチウム (99)	44Ru ルテニウム 101.1	45Rh ロジウム 102.9	46Pd パラジウム 106.4	47Ag 銀 107.9	48Cd カドミウム 112.4	49In インジウム 114.8	50Sn スズ 118.7	51Sb アンチモン 121.8	52Te テルル 127.6	53I ヨウ素 126.9	54Xe キセノン 131.3
6	55Cs セシウム 132.9	56Ba バリウム 137.3	57~71 ランタノイド	72Hf ハフニウム 178.5	73Ta タンタル 180.9	74W タングステン 183.8	75Re レニウム 186.2	76Os オスミウム 190.2	77Ir イリジウム 192.2	78Pt 白金 195.1	79Au 金 197.0	80Hg 水銀 200.6	81Tl タリウム 204.4	82Pb 鉛 207.2	83Bi ビスマス 209.0	84Po ポロニウム (210)	85At アスタチン (210)	86Rn ラドン (222)
7	87Fr フランシウム (223)	88Ra ラジウム (226)	89~103 アクチノイド	104Rf ラザホージウム (267)	105Db ドブニウム (268)	106Sg シーボーギウム (271)	107Bh ボーリウム (272)	108Hs ハッシウム (277)	109Mt マイトネリウム (276)	110Ds ダームスタチウム (281)	111Rg レントゲニウム (280)	112Cn コペルニシウム (285)	113Nh ニホニウム (284)	114Fl フレロビウム (289)	115Mc モスコビウム (288)	116Lv リバモリウム (293)	117Ts テネシン (293)	118Og オガネソン (294)

ランタノイド元素: 57La ランタン 138.9 | 58Ce セリウム 140.1 | 59Pr プラセオジム 140.9 | 60Nd ネオジム 144.2 | 61Pm プロメチウム (145) | 62Sm サマリウム 150.4 | 63Eu ユウロピウム 152.0 | 64Gd ガドリニウム 157.3 | 65Tb テルビウム 158.9 | 66Dy ジスプロシウム 162.5 | 67Ho ホルミウム 164.9 | 68Er エルビウム 167.3 | 69Tm ツリウム 168.9 | 70Yb イッテルビウム 173.0 | 71Lu ルテチウム 175.0

アクチノイド元素: 89Ac アクチニウム (227) | 90Th トリウム 232.0 | 91Pa プロトアクチニウム 231.0 | 92U ウラン 238.0 | 93Np ネプツニウム (237) | 94Pu プルトニウム (239) | 95Am アメリシウム (243) | 96Cm キュリウム (247) | 97Bk バークリウム (247) | 98Cf カリホルニウム (252) | 99Es アインスタイニウム (252) | 100Fm フェルミウム (257) | 101Md メンデレビウム (258) | 102No ノーベリウム (259) | 103Lr ローレンシウム (262)

ゼロからはじめる化学

■ 立屋敷 哲 著

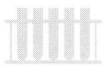

丸善出版

イラスト

■ 中原馨子　　■ 深谷めぐみ

まえがき

　本書は**高校で化学を学んでこなかった学生・化学が不得意な学生**が，化学の基礎を抵抗なく学習するための基礎化学の教科書である．しかし，高校の化学の焼き直しではない補習授業用・自習用の教科書・参考書を目指したものである．執筆にあたっては**栄養系の学生**のうちの化学の不得意な学生を念頭に置いたが，化学を**基礎として必要とする**もっと**幅広い分野の学生**の役に立つように意図した．書名の"ゼロからはじめる化学"のとおりに，化学の基礎の基礎を理解して専門科目の学習に役立てるのが本書の目的である．教えるための本としては既刊の良書も多いが，本書が目指している詳しい説明がなされた学ぶための本・**できるようになるための本**は，大部の翻訳書以外では決して多くない．

　高校で化学が嫌いになるおもな理由は，① 化学式・反応式がわからない，② 物質量・モルがわからない・化学計算ができない，③ 有機化合物の構造式・名称がわからない，④ 暗記が多い（理解・納得しない内容を暗記する必要がある）ことである．本書ではこの点に絞って，自習でも**わかる・できるようになる・身につけるための本**，学んで"**自分もできる**"と**自信がつく本**，学習内容に抵抗なく入り込み，概念がイメージできる，基礎が身につく本を目指した．

　本書の内容は以下のとおりである．
1章：無機化合物の化学式・名称がわかる・書けるようになる—化学の基礎としての無機化合物，反応式，生体内イオン HCO_3^-，$H_2PO_4^-$，HPO_4^{2-} などを含む酸塩基反応や酸化還元反応の学習．
2章：モルの概念がわかる，濃度計算ができるようになる—実験・実習の基礎，講義を受けるための m・μ・ppm・pH などの基礎知識の学習と，そのための米国式計算法・換算係数法の導入．
3章：周期律・周期表の成り立ちがわかる，無機・有機化合物の結合を理解できる—物質の性質を理解するための基本である化学結合や分子の構造の理論的背景を一通り学習する．
4章：有機化合物の化学式・名称・構造式がわかる・書けるようになる—物質，生命，健康，食品などの科学で扱う生体成分を学習する基礎として，さまざまな有機化合物群の性質を学ぶ．
付録：物質の三態，気体の性質，溶液の性質，熱化学，平衡定数の基本知識と生命・からだの科学に必要なさまざまな有機化合物群のリスト．

本書の2～4章，および1章の一部は次の2冊の拙著（丸善）のダイジェスト版であり，これらは本文中でもしばしば引用されている．より詳しい内容の学習はこれらの本を参照されたい．
　　1．"生命科学・食品学・栄養学を学ぶための　有機化学　基礎の基礎"
　　2．"演習　溶液の化学と濃度計算―実験・実習の基礎―"

　本書の作成にご協力いただいた次の方々に感謝したい．本書の企画を提案した岡本和之氏，凝り性の筆者に辛抱強く対応して，貴重なアドバイスをしてくれた，いわば本書の共同作成者である丸善株式会社の松野尾倫子氏，読者の息抜き・理解の助けとなるオリジナルな挿絵作成者の中原馨子，深谷めぐみ両氏，執筆にあたり参考にさせていただいた書籍類の著者の方々，さまざまな質問で本書の内容に寄与してくれた学生たち．本書が化学を不得手としてきた読者に役立つことを願っている．

2008年10月

立屋敷　哲

目　次

はじめに ……………………………………………………………………… vii

1章　化学式・反応式がわかるようになる
　　　　（物質の構成粒子：原子・イオン・分子） ……………………… 1

1・1　原子（物質を構成する基本粒子）
　　　　　　―すべての物質は原子からできている― …………………… 1
　　　　原子とは（1）　元素―原子の種類・物質の構成要素―（1）
　　　　元素記号，身の周りの元素（2）　元素名と元素記号の覚え方（4）
　　　　元素の原子量・原子番号（5）　周期表と同族元素―110種類の元素を
　　　　整理する―（6）　原子の構造（8）

1・2　イオン（物質を構成する第二の基本粒子） ………………………… 10
　　　　イオンとは（10）　イオンのでき方，イオンの価数と元素の族番
　　　　号（11）

1・3　分子（物質を構成する第三の基本粒子） …………………………… 12
　　　　原子は寂しがりや（12）

1・4　周期表と元素の二大分類 ……………………………………………… 15
　　　　金属元素と非金属元素（15）　典型元素と遷移元素（15）

1・5　イオン性化合物（化学式の書き方と命名法） ……………………… 17
　　　　物質の分類（17）　イオン性化合物（18）　イオン性化合物と
　　　　イオンの名称（18）　イオン性化合物の化学式（19）　イオン性化
　　　　合物の命名法（読み方）（20）

1・6　化学反応と反応式 ……………………………………………………… 21
　　　　化学反応式の書き方（反応式の係数の求め方）（21）

1・7　酸と塩基 ………………………………………………………………… 23
　　　　酸とは（23）　塩基とは（27）　酸と塩基の定義
　　　　（29）　酸と塩基の反応―中和反応と反応式・塩―（31）　多原子イ
　　　　オンを含む塩の化学式と名称（34）

1・8　酸化還元 ………………………………………………………………… 35
　　　　酸化とは，還元とは（36）　電子のやり取りと酸化還元― 一般化され
　　　　た酸化還元の定義―（37）　水素の出入りと酸化還元（38）　酸化
　　　　還元反応―酸化と還元の同時進行，酸化剤と還元剤―（39）　金属元
　　　　素のイオン化列と電池，酸化還元電位（40）

1・9　記憶すべき化学式・名称 ……………………………………………… 41
　　　　化学式から名称を言える（41）　名称から化学式を言える（42）

演習問題解答 ………………………………………………………………… 44

2章　モル（物質量）がわかる，化学計算ができるようになる …… 45

2・1　単位と計算 …… 45
分数の四則計算（45）　指数を含んだ計算（46）　有効数字（48）　大きさ・倍率・桁数を表す接頭語（k, h, da, d, c, m, μ, n）（50）　単位の計算—測定値の表示法と単位同士の掛け算，割り算—（51）　単位の換算と換算係数を用いた計算（換算係数法）（52）

2・2　mol（モル），モル濃度，ファクター …… 53
mol（モル）とは（54）　質量（重さ）(g) から物質量(mol)，物質量(mol) から質量(g) を求める（55）　モル濃度(mol/L)（59）　力価（ファクターともいう）—溶液のモル濃度の表し方—（63）

2・3　中和反応と濃度計算 …… 64
中和とは（64）　中和滴定法による濃度の求め方（中和反応の化学量論）（64）　酸化還元滴定による濃度の求め方（66）

2・4　化学反応式を用いた計算 …… 67

2・5　密度，パーセント濃度，含有率，希釈 …… 69
密度（比重）とは（69）　パーセントの定義（71）　さまざまなパーセント濃度（72）　質量濃度（75）　さまざまな含有率—ppm, ppb, ppt—（75）　溶液の希釈法（76）

2・6　水素イオン濃度と pH …… 78
pH とは（79）　pH の定義（80）　強酸，強塩基の pH（80）　pH, pOH と水素イオン濃度 $[H^+]$，水酸化物イオン濃度 $[OH^-]$（82）　pH 緩衝液（83）

演習問題解答 …… 84

3章　化学結合と分子構造を理解する，無機化合物・周期表がわかる …… 89

3・1　原子価，イオンの価数と周期表 …… 89

3・2　原子の電子配置と周期律 …… 90
原子の同心円モデル（90）　原子の電子配置と周期律（90）

3・3　電子式（ルイス記号） …… 91

3・4　イオンの価数とオクテット則（高校で学んだ考え方） …… 93
イオンの価数（93）　オクテット則とイオンの電子式（94）

3・5　オクテット則と化学結合 …… 94
化学結合の種類（94）　分子の構造と電子式（ルイス構造）（98）

3・6　陽イオン，陰イオンへのなりやすさ
—イオン化エネルギー・電子親和力とその周期性— …… 98
静電相互作用（クーロン相互作用）とクーロンの法則（98）　イオンはなぜオクテット（貴ガス電子配置）を取るのか—原子核と電子との静電相互作用（電気的引力）—（99）　元素の性質の周期性（101）

3・7　共有結合を考える—原子構造の同心円モデル，
化学結合のオクテットモデルから量子論モデルへ— …… 103

原子の構造—同心円モデルの修正，電子殻の副殻構造(微細構造)と軌道(オービタル)—(*103*) 電子軌道のエネルギー準位図(*104*) 電子の波動性と"軌道"(*105*) 周期表と電子の軌道(*105*) 電子式(ルイス構造)の量子論的解釈(*106*) 量子力学(波動力学)に基づく共有結合の考え方(*106*) 軌道が重なるとなぜ共有結合ができるのだろうか．共有結合の結合力はどうして生じるのだろうか(*107*) 分子の構造(*108*)

3・8 周期表とさまざまな化合物の組成式 ……………………………………… 110
化合物の組成と酸化数(*110*) 典型元素の電子配置と酸化数(*111*) さまざまな化合物の組成式(*111*) 遷移元素の電子配置と酸化数(*113*) 遷移元素の特徴・典型元素との違い(*114*)

演習問題解答 ………………………………………………………………… 115

4章　有機化合物の構造式と名称がわかる・書けるようになる，性質がわかる ……………………………………………………… 117

4・1 分子模型と構造式 ………………………………………………………… 117
4・2 構造式の書き方と構造異性体 …………………………………………… 117
構造式(分子構造式)(*117*) 示性式(短縮構造式)(*122*)
4・3 飽和炭化水素—アルカンとその命名法— ……………………………… 123
飽和炭化水素，アルカン，とは(*123*) 飽和炭化水素と不飽和炭化水素(*123*) 直鎖の飽和炭化水素とその命名法(*124*) アルキル基とは(*126*) 分岐炭化水素とその命名法(*128*) アルカンの所在・利用(*130*) アルカンの性質(*131*) 脂環式飽和炭化水素・シクロアルカンと芳香族炭化水素(*132*) 化学構造式の略記法(線描構造式)(*132*)
4・4 13種類の有機化合物群と官能基 ………………………………………… 133
身近な物質と化合物群(群＝グループ)(*133*) 官能基とは(*134*)
4・5 13種類の有機化合物群について ………………………………………… 135
アルカン(1)—R-H・R-X とセットで覚えよ—(*135*) ハロアルカン(2)—アルカンの親戚—(*135*) アミン(3)—アンモニアの親戚—(*137*) アルコール(4)—水の親戚—(*138*) エーテル(5)—水と他人・アルカンの親戚—(*141*) カルボニル基をもつ化合物(*143*) アルデヒド(6)・ケトン(7)(*143*) カルボン酸(8)(*146*) エステル(9)・アミド(10)(*148*) アルケン・アルキン・ポリエン・ポリイン(11)(*150*) 芳香族炭化水素(12)・フェノール(13)(*153*)
4・6 有機化合物の命名法のまとめ …………………………………………… 155
4・7 複雑な化合物をどのように理解するか ………………………………… 157
4・8 有機化合物の性質を理解するための重要概念 ………………………… 158
共有結合(電子対共有結合)の分極(極性)(*158*) 配位(配位共有結合)と塩基性(*160*) 両性(双性)イオンとアミノ酸の等電点(*160*) アミノ酸・糖と光学異性体・対掌体・鏡像体(*161*) 芳香族性(*162*)

4・9　有機化合物の反応―酸化還元，縮合，脱離，付加，置換―..................163
演習問題解答 166

付録1　物質の三態と気体の性質，溶液の性質 171
1・1　物質の三態 171
1・2　圧力とは 172
1・3　気体の法則 173
　　ボイルの法則―気体の圧力と体積との関係式―（173）　シャルルの法則と絶対温度―気体の体積と温度との関係―（173）　ボイル-シャルルの法則，気体の状態方程式と気体定数（174）　ドルトンの分圧の法則―混合気体の体積と圧力の関係―（175）　ヘンリーの法則―気体の溶解度と気体の分圧との関係―（175）
1・4　溶液の性質 175
　　沸点と蒸気圧（175）　溶液の沸点上昇（176）　溶液の凝固点降下（176）　浸透と浸透圧（176）　親水性と疎水性（177）　界面活性剤，ミセル，エマルション（乳濁液）（178）

付録2　反応熱とは―熱含量(エンタルピー)変化― 180
2・1　熱化学方程式 180
2・2　熱含量(エンタルピー H)と熱含量変化(エンタルピー変化 ΔH) 181
2・3　ヘスの法則(総熱量保存の法則)―食品の栄養カロリー計算の原理― 181
2・4　反応熱の実体―結合エネルギーの差― 182

付録3　平衡定数と弱酸のpH，緩衝液のpH 183
3・1　可逆反応と平衡状態 183
3・2　pH＝7の水溶液はなぜ中性なのか 183
3・3　酸の強弱と酸解離(平衡)定数 183
3・4　血液のpHと緩衝液 184

付録4　13種類の有機化合物群の一般式・官能基：確認テスト 185

付録5　生命科学・食品学・栄養学に出てくる有機化合物 186
5・1　アミノ酸 186
5・2　脂質 188
5・3　糖 189
5・4　核酸塩基―RNAとDNA― 192
5・5　ビタミン 193

索引 197

は じ め に

◆なぜ化学を学ぶのか

　身の周りの，形と重さのあるものは，われわれのからだを含めて，すべて**物質**である．化学はこの**物質**の構造・性質・変化を理解するための学問である．したがって，化学はさまざまな学問分野の基礎として必須のものである．現代は，地球環境や限られた資源など，人類生存の課題が山積している時代である．化学は，われわれが運命共同体・宇宙船地球号の一員・地球市民として，これらの状況を正しく把握し，責任を果たしていくための基礎的知識・理解力の元としても重要である．

　これから物質や生命・健康にかかわるさまざまな科目(物質科学，生命科学，健康科学)を学ぶ読者にとって，化学の基礎知識は学習の基礎・前提である．生物系に進学した人は，自分に化学は必要ないと思うかもしれないが，そうではない．医・薬・保健・衛生・看護・栄養・食品・バイオテクノロジーといった分野を学ぶには，その基礎として化学は必須である．からだを構成するタンパク質，脂質，糖質，ミネラルなどはすべて物質であり，これらの性質の理解には元素，原子，分子，無機・有機化合物の知識が必要である．呼吸には気体の法則，消化吸収や細胞の仕組みには溶液の性質，代謝や衛生学における消毒・殺菌などには酸化還元や酸と塩基など，化学のすべてが関与している．専門科目の学習では，化学の基礎知識なしには理解できないことも多くなり，学習内容を無理やり頭に詰め込む羽目になる．これでは専門家としての真の力がつくはずがない．また，こういう勉強はいかにもつまらない，味気ない，苦行そのもののはずである．そうならないために，化学の勉強をはじめよう．

◆心構え・学び方―基礎を記憶すること，例題・演習問題を繰り返し解くこと―

　仮に教科書がわかりやすくても，やる気がなければ役立たない．**やる気が一番大切**である．馬にたとえて恐縮だが，"馬を水飲み場に連れて行くことはできても，馬がその気にならなければ，水を飲ませることはできない"ということわざは，正に正鵠(的の中央)を射ている．

　学んだことを役立てるには基礎を理解したうえで，記憶し，自分のものとする必要がある．このことは外国語学習や掛算の九九などを考えれば自明である．記憶力が幼児ほどにない大人が基礎をしっかりと記憶し**使えるようにする**には，**繰り返すこと**・トレーニングが必要である．

　具体的学習法：教科書は飛ばし読みをしないで必ず全部読むこと．**例題は読むだけではなく，**納得したら**答を隠して解いてみる**こと．つまずいた時は答を見た後，答を

隠して再び解く作業を続ける．すぐに解けなかった例題には印をつけておき，後で再学習する．演習問題も同様である．できなかった問題を後で**繰り返すことが，できるようになるためのコツ**である．

　大学初年時に化学を学ぶ意義は，たんに専門基礎としての知識や考え方を広げ，深めることだけではない．より大切なことは，わからないこと・未知の分野に取り組むことにより，これから先のため・将来のために，**未知への取り組み方を学び自らの能力を伸ばすこと**，困難を乗り越える体験をすることにより，自分にもできるという**自信をつけること**である．**にがてな**化学の学習でそのきっかけをつかんで欲しい．

1 化学式・反応式がわかるようになる
（物質の構成粒子：原子・イオン・分子）

　この宇宙のすべての物質は小さい丸い玉・約 100 種類の（元素の）原子からできている．これらの原子が変化して＋－の電荷（電気）をもったイオンとなり，原子同士がつながって分子となる．原子，イオン，分子が多数集まって，われわれのからだを含めて，世の中のすべての物質・存在するものを構成している．したがって，物質について学ぶためには，また，生命，食品，健康について学ぶためには，まずは原子，イオン，分子の知識が必要である．

　これから学ぶ元素記号は化学の世界の五十音（あいうえお）・アルファベット，原子，イオン，分子などを表す化学式は言葉，反応式は文章である．赤ちゃんが言葉を話せるようになっていく過程，われわれが外国語を学ぶ過程は，まずは基本的な言葉を頭に入れることから始まる．単語の記憶なしに話すことはできない．同様に，化学の言葉，文章がわからなくては化学の世界には入って行けない．しかし，赤ちゃんが誰でも言葉を話せるようになっていくように，読者も，素直に化学の世界の知識や言葉を吸収していけば，化学の世界が自然にわかるようになっていくはずである．さあ，ゼロからしっかり化学の勉強をはじめよう！

1・1　原子（物質を構成する基本粒子）
　　　－すべての物質は原子からできている－

1・1・1　原 子 と は

　コップ 1 杯の水，スプーン 1 杯の塩（食塩），1 円玉 1 個を半分，半分，半分と繰り返し分けて（切断して）いけばどのようになるのだろうか．最終的には"それ以上には分けることができないもの"に到達する，と昔の人は考え，古代ギリシャ人はこのものを atom[1]，**原子**，と命名した．現代では，人間のこの思考の産物，この極限の微小粒子（丸い玉）である原子は実在することが確認されており[2]，最新技術では原子を"見る"こともできるようになった（図 1・1，ケイ素の表面を特殊な顕微鏡で 480 万倍にして見た写真．1 つ 1 つの粒子がケイ素原子で，規則正しく並んでいるのがわかる）．

1・1・2　元素－原子の種類・物質の構成要素－

　身の周りの姿・形あるもの，物質，はすべて基本粒子である丸い玉・原子からできている．原子には 100 余の**種類**があり，この種類を**元素**という[3]．つまり身の周りから全宇宙にいたるまで，宇宙人のからだも，物質はすべて 100 余種の元素の原子からできている（この 100 余種の**元素の表**は

図 1・1　ケイ素の電子顕微鏡画像
["ニューステージ新訂 化学図表"，浜島書店 (2002)]

1）　漫画，鉄腕アトムの atom．

2）　原子の実在はフランス人ペラン（1926 年ノーベル物理学賞）により確認された（岩波文庫"原子"）．原子はじつは素粒子（より小さい基本粒子）に分けられる．原子とは各元素（下述）の特性を失わない範囲で到達し得る最小の微粒子．

3）　安定な元素（p.9）は約 80 種である．原子・元素をおもちゃの組立てブロックにたとえれば，原子とはブロック 1 個 1 個のこと，元素とは同じ色・形の組立てブロックの種類・グループのことである．

本書の表紙裏を見よ．この表のことを元素の**周期表**という．

> **QUIZ 考えてみよう！ ①**
> 鉄釘1本(2.0 g)，1円玉1個(1.0 g)，10円玉1個(4.5 g)を半分，半分，半分と切断していった時，何回で原子(これ以上分けられないもの)に到達するか．もっとも近い値を次のa〜fより選べ．
> a. 10回　b. 100回　c. 1000回　d. 100万回　e. 1億回　f. それ以上

答　b
　1円玉(1.0 g)を繰り返し半分ずつに切断していくと74回目でアルミニウム原子1個の重さに到達する[4]．意外とすぐに原子に到達するように思えるが，1円玉1個は20 000 000 000 000 000 000 000個(地球の人口の3兆倍)のアルミニウム原子に対応する！ 原子1個がゴルフボールの大きさだとすると，ゴルフボールは地球の大きさになる(図1・2)．とてつもなく小さい丸い玉が，とてつもない数あるということである．

> **QUIZ 考えてみよう！ ②**
> (1) 釘，1円硬貨，10円硬貨，プラチナの指輪はそれぞれ何という元素の原子からできているか．
> (2) 骨歯，筋肉，血液はどういう元素(の原子)からできているか．

答
(1) 鉄釘は鉄(Fe)，1円硬貨はアルミニウム(Al)，10円硬貨は銅(Cu)，プラチナの指輪はプラチナ(白金 Pt)という元素の原子．
(2)[5] 骨・歯がカルシウムからなるのはみな知っていよう．この"カルシウム"は元素の一種である．骨・歯は主としてカルシウム(Ca)，リン(P)，酸素(O)，水素(H)の各元素からできている．
　筋肉(食事で食べる肉)はタンパク質であり，主として炭素(C)，窒素(N)，酸素，水素，硫黄(S)，(鉄(Fe))からできている．
　血液には，傷口をなめる[6]とショッパイことからわかるように，ナトリウム(Na)，塩素(Cl)が含まれているし(食塩はNaCl)，その他，驚くなかれ，Ca, P など**30種類以上の元素が含まれている**．われわれのからだには周期表中の多くの元素が含まれている[7]．

1・1・3　元素記号，身の周りの元素

　元素記号とは元素の種類を表示する記号，元素名のイニシャルである．元素名はなぜ必要か．人に名前がない時の不便さを考えれば自明である．名前を知らなければその人を呼ぶことすらできない．名前を覚えなければ

欄外:

4) 1回目 $1.0 \times 1/2 = 0.5$ g，2回目 $0.5 \times 1/2 = 1.0 \times (1/2)^2 = 0.25$ g，3回目，$0.25 \times 1/2 = 1.0 \times (1/2)^3 = 0.125$ g，……，74回目には，$1.0 \times (1/2)^{74} = 5.29 \times 10^{-23}$ g となり，ほぼ，アルミニウム原子1個の重さ 4.5×10^{-23} g となる．

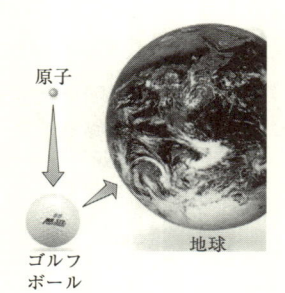

図1・2　原子・ゴルフボール・地球

5) 以下の答えはフーンと眺めればよい．覚える必要はない．

6) 動物・人間はけがをしたときに傷口をなめる．これは汚いこと？ →とんでもない！ 唾液中にはリゾチームなどの殺菌作用がある物質が数種類含まれている．

7) ごくごく微量の元素まで入れると安定元素80余種すべてが存在するという説もある．

POINT
8) 元素記号を見て元素名，元素名から元素記号が言えること．

友達にもなれない．元素記号[8]は元素名を簡明に記述するために必要である．たとえば"水が水素原子2個と酸素原子1個からできている"ことを元素記号で表現すれば，H_2O，で済む．

元素記号，元素名，存在，利用について軽い元素順に表1・1に示した．

[9] 太字の元素記号はヒトのからだの構成元素・健康に生きていくうえで必要な元素(下線は必須微量栄養素を表す)，波線を引いた元素は毒性元素．

表 1・1 元素とその存在，利用(以下は一度目を通せばよい．覚える必要はない)

元素記号[9]	元素名	存在，利用(身近にある元素)
H	水 素	一番軽い気体．燃えて水を生じる．爆発しやすい．水素添加，溶接炎の燃料．
He	ヘリウム	太陽光の分光スペクトル線から発見され，ギリシャ語の太陽(helios)にちなんで名づけられた．地球上には少なく(なぜか？)貴重な物質．現在の飛行船・アドバルーン・風船の中身はヘリウムガス(燃えない，爆発しない，変化しない＝不活性)．
Li*	リチウム	リチウム電池(携帯電話の電源)，リチウム化合物はうつ病の治療に利用．
Be	ベリリウム	緑柱石として産出．軽合金に利用，毒性がある．
B*	ホウ素	ホウ酸(洗眼)，ガラス，原子炉中性子減速材(核反応制御棒)，ゴキブリ殺虫剤．
C	炭 素	炭(木炭・コークス・活性炭・すす)，二酸化炭素，メタン，ほかの有機物の成分，ダイヤモンド，石墨(グラファイト)，C_{60}(フラーレン，サッカーボール状分子)．
N	窒 素	空気の約80％は窒素分子，アンモニア・尿素(尿中の成分)・アミノ酸の成分，肥料(硫安など・植物の三大栄養素の1つ)．
O	酸 素	空気の約20％は酸素分子，水の成分．
F*	フッ素	虫歯予防(歯成分鉱物のヒドロキシアパタイト $Ca_{10}(CH)_2(PO_4)_6$ をフルオロアパタイトに変換)，テトラフルオロエチレンポリマー＝フッ素樹脂(こげないフライパン)，フロンガス．
Ne	ネオン	ネオンランプ(ネオンサイン)．
Na	ナトリウム	NaCl(食塩)，高速道路・トンネルの照明：ナトリウムランプ，原子炉(高速増殖炉)の炉心冷却液(Naは98℃で液体となる)．
Mg	マグネシウム	豆腐の凝固剤にがり($MgCl_2$, $MgSO_4$)，ジュラルミン(飛行機材料)などの軽金属合金の成分，聖火リレーのトーチ炎．
Al	アルミニウム	1円硬貨(1個1.0g)，アルミサッシ窓，アルミ缶，軽合金の主成分，台所アルミニウム箔(はく)．
Si*	ケイ素	IC(コンピュータチップ)の基盤，岩石，ガラス．
P	リ ン	ATP，DNA，RNA，肥料(リン酸アンモン・植物の三大栄養素の1つ)，骨の成分．
S	硫 黄	硫酸，硫黄温泉，ゴムの硫化剤成分(車のタイヤ，輪ゴム)，マッチ．
Cl	塩 素	食塩(NaCl)，台所・洗濯用の漂白剤，水道水の消毒，フロンガス．
Ar	アルゴン	空気中に1％存在，電球中の充填ガス(フィラメントの燃焼防止)．
K	カリウム	木灰(K_2CO_3)，肥料(植物の三大栄養素の1つ)．
Ca	カルシウム	骨，歯(ヒドロキシアパタイト $Ca_{10}(OH)_2(PO_4)_6$)，牛乳．
Sc	スカンジウム	名称は北欧スカンジナビアにちなむ．金属元素，希土類元素の1つ．
Ti	チタン	航空機材料・耐食材料・合金成分，化合物は染料・顔料などに利用．
V*	バナジウム	特殊鋼の製造に用いる．五酸化バナジウム V_2O_5 は硫酸製造の触媒．
Cr	クロム	電熱器のニクロム(ニッケルクロム)線(電気抵抗大)，めっき，ステンレス．
Mn	マンガン	乾電池の二酸化マンガン，からだのエネルギー物質ATP加水分解酵素成分．

(次ページに続く)

表 1·1 つづき

元素記号[9]	元素名	存在，利用（身近にある元素）
Fe	鉄	赤血球ヘモグロビンの成分，鉄鋼材．
Co	コバルト	ビタミンB_{12}，コバルトブルー（顔料），磁器の青色（呉須）．
Ni*	ニッケル	50円硬貨（白銅：Cu 75%，Ni 25%），100円硬貨（白銅），500円硬貨（白銅），ニクロム線，ステンレス（stainless＝さびない）スチール（Fe，Cr，Niの合金）．
Cu	銅	10円硬貨（Cu 70〜95%とスズ・亜鉛），ブロンズ像（青銅：銅とスズの合金），黄銅（真鍮＝しんちゅう：銅亜鉛合金・ドアの取手・ブラスバンド・5円硬貨（Cu 60〜70%，Zn 30〜40%）），ナイフ・フォーク・スプーン（洋白＝洋銀：Cu-Zn-Ni合金）．
Zn	亜鉛	トタン板（鉄板への亜鉛めっき），ブリキ板（缶詰め）はスズめっき．
As*	ヒ素	猛毒，化合物半導体の成分．
Se	セレン	ガラスの赤色，光電池・整流器，フォトコピー機，必須元素の1つ．
Br	臭素	赤褐色液体，刺激性の臭気をもつ．写真用薬品・医薬の原料．
Mo	モリブデン	金属元素．硬いので高速度鋼製造に用いる．必須元素の1つ．
Ag	銀	貨幣，装飾品，感光剤の原料，ボタン型電池（酸化銀電池）．
Cd*	カドミウム	原子炉の制御棒（中性子吸収），Ni-Cd電池，イタイイタイ病の原因．
Sn*	スズ	合金ブロンズ（青銅）・はんだ，青銅器時代（中国無錫市），ブリキ缶．
I	ヨウ素	海藻・海産動物中に存在．紫黒色結晶．医薬品・ヨードチンキ．
Ba	バリウム	金属元素，胃のX線精密検査でバリウム（硫酸バリウム$BaSO_4$）を飲む．
W	タングステン	金属元素，白熱電球のフィラメント．
Pt	白金	プラチナ，装飾品，車の排ガス処理触媒．
Au	金	貨幣，装飾品，歯科治療剤，電子工業部品．
Hg	水銀	唯一の液体金属，火薬・赤色顔料，金精錬，水俣病（有機水銀）．
Pb*	鉛	自動車の鉛蓄電池（バッテリー），鉛中毒（貧血，神経麻痺など）．
Rn	ラドン	貴（希）ガス，ラジウム元素の放射壊変により生じる放射性元素．
Ra	ラジウム	放射性元素・ラドンに変化，キュリー夫妻が発見，医療の放射線治療．
U	ウラン	放射性元素，原子力発電，原子爆弾．
Pu	プルトニウム	放射性元素，毒性が高い・発がん性，原子力発電，原子爆弾．

* 哺乳類（ヒトを含む），植物における必須元素．

10) 炭素Cは英語ではcarbon．カーボン紙は領収書などの控えを作る複写紙．これに用いたすす（炭素）がカーボン紙という名称の由来である．

窒素Nは英語ではnitrogen．ニトロ（グリセリン）は心臓発作の特効薬（−NO_2，ニトロ基）硝石KNO_3 nitronの素なのでnitrogen？

酸素Oは英語ではoxygen．消毒薬オキシドール（過酸化水素，H_2O_2の水溶液）．

（次ページへ続く）

1·1·4 元素名と元素記号の覚え方

> **Quiz 考えてみよう！ ③**
> 化学を学ぶ人が覚える"水兵リーベ僕の（お）船……"はどんな意味？

答 元素名の覚え方（元素記号だけでなく，元素名も言えること[10,11]）

・1番軽い元素から順に20番目まで

水　兵　リーベ　僕　の　（お）　船（はホウ炭窒酸），
H，**He**，**Li**，**Be**，B，**C**，**N**，**O**，F，**Ne**，

名前が　あるんだ　シップ　ス　クラー　ク　か？（ケイリン硫黄塩）
Na，**Mg**，Al，Si，**P**，**S**，**Cl**，Ar，**K**，**Ca**，

意味：水兵さんが言いました．"僕は自分のお船が大好きなのです(Libe：ドイツ語で愛するという意味)．

船には名前ももちろんあるのですよ．"相手の人が水兵さんに聞き返しました．"クラーク号という名前ですか．"("ケイリン硫黄塩"です)

・21～30番目まで

スコッチ　バクロマン　フェコ　ニ　ドウアエン・シューゼン
(Sc, Ti, V, **Cr**, **Mn**, **Fe**, **Co**, Ni, **Cu**, **Zn**　遷移元素(後述))

意味：(水兵さんは)スコッチウイスキーをバー(酒場)，苦労マン(苦労人，酒場の名前)で飲みながら，(恋人の)鉄子(フェコ)にはもう二度～と会えん，もう2人の関係は修繕(CuZn)できない，と嘆いていました．

・ハロゲン元素(後述)

フ　クロ　ぶりー(エフ，シーエル，ビーアール，アイの)ハロゲンさんは
F, **Cl**, Br, **I**
フツエンシュウヨウ

・その他

同族元素の(フ)クロモォ　　オスセェ
　　　　(Cr)**Mo**,　(O, S,)　**Se**
(CrとMo，OとSとSeは周期表の同列上下にある(同族元素))

意味：フクロウ振リイ(フクロウのまね)したハロゲンさん，は仏縁臭よゥ(フッ素・塩素・臭素・ヨウ素)，(同族元素)必須元素のクローモォ・オスセェ(crowカラスも居るぜ)．

POINT　元素名・元素記号を覚えよう！

> 物質・生命の科学を学ぶうえで，元素名・元素記号の習得は必須である．今後のさまざまな科目の学習の大きな助力となるので上記の30元素は**必ず覚えること**(算数の掛け算の九九に匹敵するものである)．からだの中には30種類以上の元素が存在し，このうち約30種類は生命維持・健康維持に欠かすことができない必須元素である[12]．クイズ③ 答の元素記号の中で下線を引いた元素は栄養学では必須栄養素(必須ミネラル[13])として覚える必要がある．

1・1・5　元素の原子量・原子番号

110種類の元素とはいかにも煩雑である．どのように整理・整頓したらよいだろうか．

> **QUIZ**　考えてみよう！　④
>
> クラスの同級生30人に名前がないとしたら，諸君はどうやって30人を区別するだろうか．昔，科学者は，数多くの元素が発見されてきた時，これらをどのようにして整頓したのだろうか．諸君ならどういう方法で整頓するか，考えてみよ[14]．

ケイ素 Si は英語では silicon．シリカゲル(乾燥剤)のシリカは二酸化ケイ素 SiO_2 のこと．豊胸手術に用いるシリコーンはケイ素を含む物質をさしている．

硫黄 S は英語では sulfur．硫酸 H_2SO_4 は硫黄から生じた酸の意．

11) 糖質・脂質はH, C, O；タンパク質はH, C, O, N, S；骨・歯はCa, O, P；DNAはH, C, O, N, P；食塩NaClはNa, Clからできている．

12) p.3, 9)と表1・1参照．

13) ミネラル：鉱物，無機物のこと．また，栄養素として生理作用に必要な無機物の称．**カルシウム，マグネシウム，鉄，亜鉛**，コバルト，マンガンなど．無機物とは水・空気・鉱物類およびこれらを原料として作った物質の総称．有機物とは(生物に由来する)炭素原子を含む物質の総称．

14) 昔の科学者が考えたことも諸君と同じである．科学者も普通の人間である！

答　諸君は背の大きい人・小さい人・やせた人・太った人といった区別をしないだろうか．小学校で児童が整列する時のことを考えてみよう．名前がわかっていれば，あいうえお順に並ぶかもしれない．名前がわからなければ，背の低い順に並ばせるのが1つの方法である．

a. 原子量

原子のいわば**体重**を**原子量**という．原子の構造がわからなかった時代には一番軽い元素である水素原子の重さ(質量)を1としてほかの元素の構成原子の重さ(相対質量)を表した[15]．これが元素の原子量の最初の定義である．たとえばNaの原子量＝23とはNa原子がH原子の23倍の重さであることを意味している．

b. 原子番号

原子のクラスでは原子の大きさはわからなかったが**原子の体重・原子量**がわかっていたので，多数の元素を整理・整頓するために，原子の体重の軽い順(**原子量順**)に並べられた．この順序，その元素の原子が何番目の重さかを示したものが**原子番号**(出席番号・座席番号[16])の最初の定義である．一番軽い元素である水素は原子番号1(1番元素)，**原子番号が大きい元素ほど重い元素・原子量が大きい元素**である．たとえば，鉄は原子番号26，金は79 → 金の方が重い(原子量：鉄55.85，金197.0)．$1 cm^3$の水は1 g，鉄は8 g，金は19 gである[17]．

時代を経て原子の構造が明らかになり，原子の重さも精密に決められた現在では，**原子量は炭素原子の同位体核種(p.9) ^{12}C 原子の質量＝12，原子番号＝原子に含まれる陽子**(p.8)**の数**として定義されている[18]．

演習1・1　H, C, N, O, Na, Cl, Fe, Br, Iの原子量，原子番号はそれぞれいくつか．周期表(前表紙の裏側)を自分で調べよ(結果を覚える必要はない，元素の原子量・原子番号の表示法は左記[19])．

1・1・6　周期表と同族元素 －110種類の元素を整理する－

110種類の元素を原子番号順(ほぼ体重の軽い順)に並べると，横7行，縦18列の表(本書表紙裏の表)が得られる．これを元素の**周期表**という(次ページの表はその一部)．表の行(横)を**周期**，列(縦)を**族**と呼び，**第1～第7周期，1族～18族**よりなる．周期表には一定の傾向(周期性)が存在し(p.11)，**族ごとに同じ・似た性質**が現れ，化学的にも同じようにふるまう傾向がある．この同じ族(縦・列)の元素を**同族元素**といい(族とはグループ，家族の族・ファミリーのこと)，次のような特別な名称で呼ばれることがある[20]．

15) どうやって原子の重さをはかったのだろうか．違う元素同士で同じ量(原子数)であることを知ることが必要である．考えてみよ．化学反応における定比例の法則．

16) 原子番号は，その元素を代表する番号であるという意味では，いわば野球選手の背番号と同じ意味をもつ．

17) ただし$1 cm^3$の重さ(密度)には原子の大きさ，原子の詰まり方・並び方にも関係しているので，原子番号が大きい元素からなる物質ほど重い・密度が大きいとは必ずしも言えない．
　気体の体積は物質によらず一定なので(標準状態・0℃，1気圧で1 molは22.4 L)，原子番号が大きい元素の気体ほど重い．

18) 原子量の定義についてはp.54も参照のこと．原子量の大きさの順序は原子番号順と3ヶ所でのみ逆転．

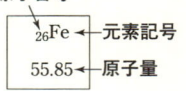

19) **原子番号**
　　$_{26}$Fe ← 元素記号
　　55.85 ← 原子量

20) 周期表のたとえ話：周期表というクラスには110人もの同級生(元素)がいる．彼らと友達になりたくても，110人の人達について詳しく知ることは大変である．
　だが，幸いなことに，110人をよく観察してみたら，その中に家族・親戚と思われる外見や性格が互いによく似た人達(元素)がいた．
　110人の人達について1人ずつの性格を知るより，この家族はどんな人達，とグループ単位で知っているとずっと楽である．(次ページへ続く)

1族元素：**アルカリ金属**(Na，K など)
2族元素：**アルカリ土類金属**((Mg)，Ca など)
13族元素：ホウ素族(アルミニウム族，土類元素)
14族元素：炭素族
15族元素：窒素族
16族元素：酸素族
17族元素：**ハロゲン**(F，Cl，Br，I)
18族元素：**貴ガス**(希ガス．He，Ne，Ar など)
3〜11族は**遷移元素**，それ以外は**典型元素**(周期性を示す典型)である．これらについては p.15 で説明する．

彼らがどの家族・グループであるかを知ると，彼らの性格について予想でき，その人達と付き合いやすいし，対応もしやすくなり便利である．
110人のクラスは**18組の家族・グループ**(同族元素)に分かれることがわかった．たとえばハロゲンという姓(名字)の家族(ハロゲン族，17族)にはフッ素 F，塩素 Cl，臭素 Br，ヨウ素 I などの兄弟がいる．全員，性格がよく似ている(どのように似ているかは後で学ぶ，p.11)．

表 1・2 周期表(の一部分)

族名（呼称）	アルカリ金属（H は除く）																	ハロゲン
		アルカリ土類金属															(希)貴ガス	
			(3〜11族は**遷移元素**，それ以外は**典型元素**)															
族番号：	1	2	3	4	5	6	7	8	9	10	11	12	13	14	15	16	17	18
第1周期	H																	He
第2周期	Li	Be											B	C	N	O	F	Ne
第3周期	Na	Mg											Al	Si	P	S	Cl	Ar
第4周期	K	Ca	(Sc)	(Ti)	(V)	Cr	Mn	Fe	Co	(Ni)	Cu	Zn	(Ge)	(As)	Se	Br	(Kr)	
第5周期	(Rb)	(Sr)				Mo				(Ag)	(Cd)		(Sn)	(Sb)	(Te)	I	(Xe)	
第6周期	(Cs)	(Ba)								(Au)	(Hg)	(Tl)	(Pb)					
イオンの価数	+1	+2											+3	(+4)	(−3)	−2	−1	0

(注1) ( )つきの元素，価数は気にしなくともよい．
(注2) □□ でかこんだ元素は非金属元素，それ以外は金属元素．

演習1・2 ① 1〜20(〜30)番元素の元素名と元素記号を書け．また，[ ]内に族名を入れよ．**覚えよ！**

　　　　　1族　　　2　　　13　　　14　　　15　　　16　　　17　　　18族
　　　　(水素 H)　　　　　　　　　　　　　　　　　　　　　　　　　　(ヘリウム He)
　　　(　　)(　　)(　　)(　　)(　　)(　　)(　　)(　　)
　　　(　　)(　　)(　　)(　　)(　　)(　　)(　　)(　　)
　　　(　　)(　　)*　　　　　　　　(　　)
　　　　　　　　　　　　　　　　　　　(　　)
　　　[　　][　　][　　][　　][　　][　　][　　][　　]

　　＊の後に続く元素：Sc，Ti，V，Cr(　　)，Mn(　　)，Fe(　　)，Co(　　)，
　　Ni(　　)，Cu(　　)，Zn(　　)；第4周期の Cr の下の第5周期元素 Mo(　　)
　　② 暗記した周期表に基づいて，H，C，N，O，Na，Cl それぞれの原子番号を示せ．

演習1・3 原子量，原子番号とは何か，簡単に説明せよ．

オリンピックの金(Au)・銀(Ag)・銅(Cu)メダルの金銀銅は11族に属

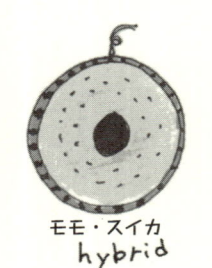

する同族元素であり，いずれもさびにくいという性質をもつ．では，おのおのの家族・グループ(1〜18族，アルカリ金属など)の元素，同族元素同士は，どのような似た性質をもつのだろうか，なぜ，そのような性質があるのだろうか．これらの元素の性質と，元素からなるさまざまな物質の性質や，からだの中での役割などについて理解するためには，物質を構成する基本粒子・原子についての知識，まずは原子の構造，その前提としての電気現象，正負の電荷についての知識が必要である(かこみ参照)．

1・1・7 原子の構造

物質を構成する基本粒子である原子は小さい丸い玉である．イメージをつかむために中心に種のあるモモの実を思い浮かべよう．種にあたるのが**原子核**と呼ばれる**正の電気**(電荷＋)を帯びた中心部分である．ただし，この種はとても小さい．種の周りの果肉部分には負の電気(電荷−1)を帯びた**電子**と呼ばれる微小粒子((−の電荷をもつ)スイカの種を想起しよう)が存在する．仮に，原子全体を野球場の大きさだとすれば原子核(種)の大きさは2塁ベースの上に落ちている米粒ほどであり，電子はドーム球場全体(果肉部分)に広がっており猛烈なスピードで動き回っていると考えられる．米粒の大きさの原子核が原子の重さのほとんどを占めている(電子1個の重さは水素原子核の約1/2000)．

原子の種である原子核には**陽子**，**中性子**という2種類の素粒子(いわば

電気現象と電荷の＋(プラス，正)と−(マイナス，負)について

電気は，乾電池の両端に＋と−と書いてあることからわかるように，正負の性質をもつ．算数の＋，−と同様に，両方を同じ数だけ合わせればゼロになる性質のものである．読者は静電気(摩擦電気)を知っているだろう．冬に服を脱ぐ時のバチバチという現象，金属にふれて手先にバシッと刺激が走る現象である．この現象は電気現象(electric ギリシャ語の琥珀electron由来)と呼ばれ，電気*というものが生じるために起こると考えられた．

電気を帯びる物質の種類によって，電気には2種類あることがわかった．ガラスに生じる電気(ガラス電気)と琥珀・絹に生じる電気(琥珀電気)である．これらは2つの性質をもっていた．①磁石の場合と同様に，同じ電気同士は反発し，異なる電気間は引き合う．②**両者を接触させると電気現象は消滅する**．つまり2つの異なった電気を合わせるとゼロになるということから，そもそも物質には同じ数の**正**と**負**の電気が存在しており(この場合，物質の電気は＋−＝0)，摩擦によりこの電気の一方が相手側に移動するために物質が正と負の電気を帯びる，元に戻れば，＋−＝0で電気はなくなると考えられた．放電(雷光)や電流などの電気現象はこの電気が正の方から負の方に流れて電気が消滅する現象であると考えられた．この電気現象の根源となる実体＝電気を現在は"電荷"と呼んでいる．その後，負の電荷の実体は**電子**といわれる−の単位電荷(これ以上小さくできない最小の電荷)を帯びた粒子であり，電流とは電子の流れであることが明らかになった(単位電荷の存在は電気分解 p. 41 の実験から理解された)．電気現象の根源は，物質が同数の正電気(電荷)と負電気(電荷)からできていることであったが，このことは次に述べるように，物質の構成単位である**原子が同じ数の＋粒子と−粒子(電子)からできている**として実証された．

＊electric の和訳"電気"の電とは雷の稲妻，気とはその源・要素，電気とは稲妻現象の**本体**という意味である．electric はもともと琥珀＝**静電気現象**をさす．

重たいパチンコ玉)が詰まっている(図1・3).両者の重さは同じだが陽子は正の電気(**電荷+1**)をもち(+のパチンコ玉),中性子は電荷をもたない(無電荷のパチンコ玉).陽子と中性子の数を足したものが質量数である(ほぼ原子量・原子の体重に対応する.**質量数=陽子数+中性子数**(=2種類のパチンコ玉の総数)).原子番号は,すでに述べたように,歴史的にはその元素の構成原子が全元素中で何番目の重さであるかを示したものであったが,その後,**原子番号が陽子の数に等しい**ことが明らかになった.物質は電気的に中性(無電荷)なのでその物質の構成単位である原子も電気的に中性である.したがって,+電荷をもつ陽子(+のパチンコ玉)と−電荷をもつ電子((−電荷をもつ)スイカの種)の数は同じ必要がある(**原子番号=陽子数**(+のパチンコ玉の数)**=電子数**(−のスイカの種の数)).

元素の化学的性質はこの**陽子数**(+のパチンコ玉の数)**に支配されている**[21].したがって原子番号の異なる元素は異なった化学的性質をもつ=原子番号がその元素の背番号としての意味をもつ.

a. 同位体とその表示法

原子の中には原子番号(+のパチンコ玉・陽子の数)が同じ(**同じ元素としての性質をもつ**)ものでも中性子(無電荷のパチンコ玉)の数が異なる,したがって**質量数**(パチンコ玉の総数,重さ)**が異なる**ものがある(たとえば図1・4).これを**同位体**(周期表中の**同じ位置を占めるもの**)という.

同位体は多くの元素に存在する.たとえば水素原子には**安定同位体**として ^{1}H,^{2}H(重水素,ジュウテリウムという重たい水素),不安定な同位体核種=**放射性同位体**[22]として ^{3}H(三重水素,トリチウムという)が存在する(図1・4).^{3}H は放射線を出して ^{3}He に変化してしまう.塩素原子には ^{35}Cl と ^{37}Cl の安定同位体が存在する.元素 X の同位体を区別して,核種として示す時は ^m_nX(n, m, X はそれぞれ原子番号,質量数,元素記号=元素のイニシャル)と書く(図1・5).

例:$^1_1$H,$^2_1$H,$^3_1$H,$^{35}_{17}$Cl と $^{37}_{17}$Cl(原子番号は省略する場合がある[23]).

例題 1・1 ^{2}H の原子番号・質量数・陽子数・中性子数・電子数を答えよ.

答 H は周期表中で1番目の元素だから原子番号=1,^{2}H の左肩の2は質量数を示しているので質量数2,陽子数(+のパチンコ玉の数)=電子数(−のスイカの種の数)=原子番号だから,陽子数=電子数=1,質量数(パチンコ玉の総数,重さ)=陽子数(+のパチンコ玉の数)+中性子数(無電荷のパチンコ玉の数)だから,中性子数=1.

演習 1・4 水素の同位体 $^1_1$H,$^2_1$H,$^3_1$H,および塩素の同位体 ^{35}Cl と ^{37}Cl の原子番号[23]・質量数・陽子数・中性子数・電子数を答えよ.

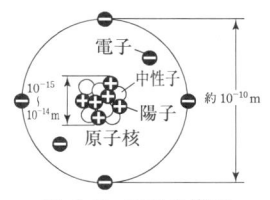

図1・3 原子の模型

21) 元素の化学的性質は最外殻の電子数(p.91)に支配されているが,この電子数は原子の電子配置(p.90)により定まる.電子配置は原子の総電子数で定まる.総電子数=陽子数:電子は原子核中の陽子の正電荷を中和するために陽子の数と同じ数存在する.

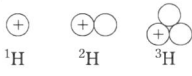

図1・4 水素の同位体

22) 放射性同位体は岩石や考古学試料の年代測定や,医学分野のトレーサー(体内での薬物追跡の目印),がん治療などにも利用されている.放射線を出さない安定同位体が1つ以上ある元素は**安定元素**である.全核種が放射性同位体からなる元素を**放射性元素**という.

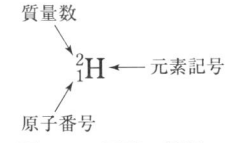

図1・5 元素の核種の示し方

23) 原子番号は元素記号・元素名からわかる.原子番号は周期表の場所を見るか,水兵リーベ…… H, He, Li, Be……から Cl までの順番を数えよ.

b. 同位体と原子量

塩素の原子量は 35.45 であるが，これは自然界に質量数 35 と 37 の 2 種類の安定に存在する安定同位体核種，^{35}Cl と ^{37}Cl，が 3：1 でまざっているからである[24]．原子量(原子の体重)は，その元素として含まれる，重さの異なる複数の同位体核種の平均値である(演習 1・5 参照)．

演習 1・5 塩素の同位体 ^{35}Cl と ^{37}Cl の存在比を 3：1 として塩素の原子量を計算せよ(Cl 原子 100 個のうち，35 の重さの Cl が 75 個，37 の Cl が 25 個)．

1・2 イオン(物質を構成する第二の基本粒子)
1・2・1 イオンとは

原子の構造がわかったので，元素の家族・グループ(1〜18 族)の性質について考えよう．まず，学ぶべきことは，各元素の原子がイオンになる際の家族内の類似性についてである．では，イオンとは何だろうか．

台所や食卓にある食塩の 1 粒を，クイズ①の 1 円玉の場合と同様に，半分，半分，半分と分けていくと，やはり，ついにはそれ以上に分けることができない究極の微粒子に到達する．この場合，微粒子はじつは 2 種類存在する．これらの微粒子はナトリウム Na の原子が電子を 1 個失ったものと塩素 Cl の原子が電子を 1 個得たものである．

原子が電子を失うと，p. 11 で述べるように，失った電子の数だけその原子は＋(プラス，正)の電荷をもち，電子を得ると，得た数だけその原子は－(マイナス，負)の電荷をもつ．したがって，食塩を構成する 2 種類の微粒子は Na^+ と Cl^- と表される．

固体の食塩 NaCl は水に溶かすと Na^+ と Cl^- とに分かれてばらばらに存在する(p.17, 図 1・11)．このように，電荷をもった微粒子を**イオン**といい[1]，＋電荷をもったものを**陽イオン**，－電荷をもったものを**陰イオン**という．イオンの電荷のことをイオンの**価数**という．**ナトリウムイオン Na^+** は＋1 価の陽イオンであり，**塩化物イオン Cl^-** は－1 価の陰イオンである[2]．

イオンは正または負の電荷を帯びており，水溶液中では勝手に動き回ることができる[1]．この溶液に電気をつなぐ(電圧をかける)と溶液中を電気が流れる．つまり，水溶液中ではイオンが電気を運ぶ[3]．このように水溶液中で正負のイオンに分かれて電気を通すものを**電解質**[4]といい，塩(p. 28)や酸・塩基(p. 23)がこれに該当する[5]．

---

24) 同位体の存在比
H：^1H 99.985%, ^2H 0.015%
C：^{12}C 98.89%, ^{13}C 1.11%
O：^{16}O 99.759%, ^{17}O 0.037%
　　^{18}O 0.204%
Cl：^{35}Cl 75.53%, ^{37}Cl 24.47%

1) イオンとはギリシャ語で動きまわるものという意味．

POINT

2) 食塩(塩化ナトリウム NaCl)はナトリウムイオン Na^+ と塩化物イオン Cl^- からなることは基礎の基礎として必ず記憶せよ．

3) 陰イオンは電圧がかかった電場で，陽極に引き寄せられ，陽極で電子を放出する(酸化される)．陽イオンは陰極に引き寄せられ，陰極で電子をもらう(還元される)．結果として，溶液中を電流が流れたのと同じことになる．

4) 英国人のファラデーはある種の物質の水溶液に電気を流すとイオンに分解するものと考え，これを電解質と呼んだ．その後，スウェーデン人のアレニウスは水に溶かすと自然に正負のイオンに電離することを見出した(電離説)．

5) 砂糖(ショ糖，スクロース)やアルコールのようにイオンにならないもの＝電気を通さないものを**非電解質**という．

1・2・2 イオンのでき方，イオンの価数と元素の族番号

Na$^+$：Na から電子⊖を1個引き抜くと，Na − ⊖ = Na$^+$ となる．この式で，何もないところ (Na) から⊖を引き抜くとなぜ + (Na$^+$) となるか理解できないという人がいるが，それは上式を原子の構造ごと書いてみると理解できる．Na は11番元素だから，原子核 (種の部分) に11個の陽子・+のパチンコ玉 (+11の電荷)，その周り (果肉部分) に11個の電子・スイカの種 (−11の電荷) をもつ．この原子から電子を1個引き抜けば電子は10個 (−10の電荷)，よって全体は +11 − 10 = +1，Na$^+$ となる[6]．

6) イオンの電荷は原子の後の上付き添え字で表す．Na$^+$, Cl$^-$, Al^{3+}, O^{2-} など，+，−，3+，2− はそれぞれ +1，−1，+3，−2 (正の単位電荷である + が1個，負の単位電荷である − が1個，+ が3個，− が2個存在する) という意味である．Na^{+1}, Na^{1+}, Cl^{-1}, Cl^{1-}, Al^{+3}, O^{-2} などとは書かない．

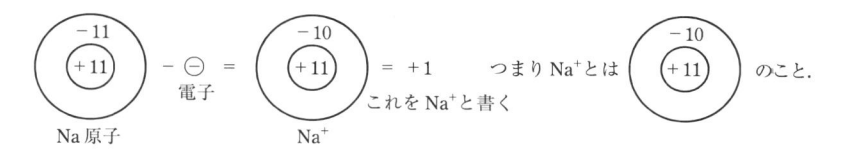

Fe^{2+}：26番元素 Fe が電子を2個失うと
Fe − 2⊖ → Fe^{2+}

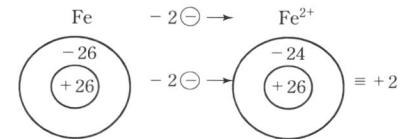

Al^{3+}：13番元素 Al が電子を3個失うと
Al − 3⊖ → Al^{3+}

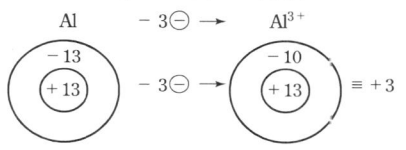

Cl$^-$：17番元素 Cl が電子を1個得ると
Cl + ⊖ → Cl$^-$

O^{2-}：8番元素 O が電子を2個得ると
O + 2⊖ → O^{2-}

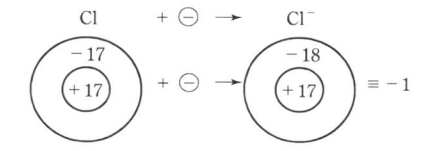

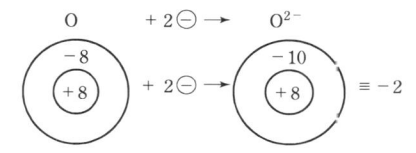

イオンの価数と原子の族番号との間には規則性がある．イオンの価数が同じであることが元素の家族 (同族元素) の第一の特徴である[7] (表1・3)．

7) 理屈は3章で学ぶ．まずは覚えよ (掛算の九九)！

表 1・3　イオンの価数と元素の族番号 (太字は記憶せよ)

元素の族番号 (表1・2参照)	イオンの価数	イオンの具体例[7] (記憶した20元素)
1族元素 (アルカリ金属)	+1価　卑しい*	(H$^+$), **Li$^+$, Na$^+$, K$^+$**
2族元素 (アルカリ土類金属)	+2価	Be^{2+}, **Mg^{2+}, Ca^{2+}**, (Sr^{2+}, Ba^{2+})
13族元素 (ホウ素族)	+3価	**Al^{3+}** (ホウ素 B は非金属)
14族元素 (炭素族)	(+4価)	Si^{4+} (C はイオンにはならない)
15族元素 (窒素族)	(−3価)	N^{3-} (イオン性窒化物の場合のみ)
16族元素 (酸素族)	−2価	**O^{2-}**, S^{2-}
17族元素 (ハロゲン)	−1価　卑しい*	**F$^-$, Cl$^-$, Br$^-$**, I$^-$
18族元素 (貴ガス・希ガス)	0価　高貴*	(He, Ne, Ar)

* 貴ガス (p.16) を参照．

1・3　分子(物質を構成する第三の基本粒子)

1円玉や食塩の場合と同様にコップ1杯180 gの水を半分，半分，半分と分けていくと82回目には$180×(1/2)^{82}=3.72×10^{-23}$ gとなり，水の性質をもつものとしてはこれ以上細かくできない極限の粒子に到達する．

このものは"水の原子？"ということになるが，実際にはこの極限の粒子はさらに2個の水素原子と1個の酸素原子に分けることができる．このように**複数の原子が手をつないで**(共有結合して，下述)**ひとまとまりになった，ものとしての性質を保つ最小単位，粒子，を分子**という．つまり，水の最小単位(極限の微粒子)である水分子は2個の水素(H)原子と1個の酸素(O)原子とがつながった(手をつないだ・結合した)ものであり，これをH_2Oと書く[1]．このように，分子を構成している原子の組成(原子の種類と数)を元素記号で示した式を**分子式**という[2]．からだの成分，食品成分，栄養素のほとんどは分子である．

1・3・1　原子は寂しがりや

では，分子はどのようにしてできるのだろうか．H_2O以外にどのような分子が存在するのだろうか．

原子は寂しがりやであり，1人でいることが嫌い・1人では不安定である(原子は反応性が高い)．そこで，周りに誰か(仲間や他人)がいると，原子は彼らとすぐに**手をつないで**(これを**共有結合**という，**手を宙ぶらりんにはしない**)，複数の原子からなるさまざまな種類の**分子**になったり，これらが無限につながって大きな塊(**共有結合性結晶**，図1・6)を作ったり，ほかの原子と電子をやりとりして陽イオンと陰イオンとが対になった**イオン性物質**(図1・7，p.17)になったり，原子が仲間同士一緒にたくさん集まって**金属**(図1・8，p.15)になったりして安定化する[3]．

原子同士が手をつないで分子となる際の，相手の原子とつなぐ手の数を**原子価**という．**Hの原子価は1価**(手が1本)，**Oは2価**(手が2本)，**N**は

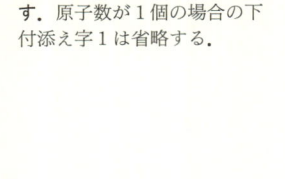

1) 水・水分子H_2Oは必ず覚えよ．

2) 分子中の各元素の原子数はH_2Oのように分子式中の**元素記号の下付添え字**で示す．原子数が1個の場合の下付添え字1は省略する．

3) 例外は18族元素の貴ガス(希ガス)である．彼らだけは孤独を好み1人でいても平気である(だから，孤高を守る**高貴なガス・貴ガス**という，p.16)．

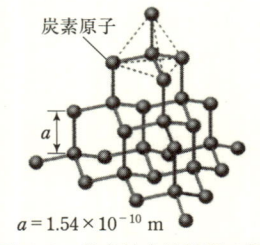

図1・6　共有結合性結晶の例
(ダイヤモンド)
$a=1.54×10^{-10}$ m

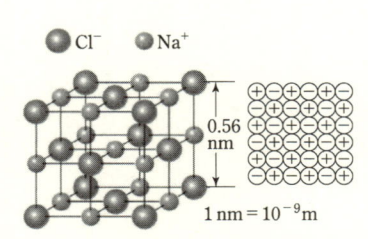

図1・7　イオン結晶(イオン性化合物)の例
(食塩 NaCl)
0.56 nm
$1 nm=10^{-9}$m

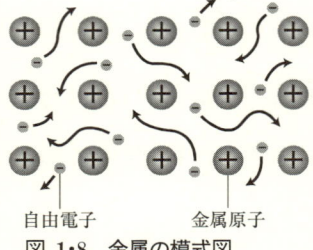

図1・8　金属の模式図
(金属ナトリウム Na)
自由電子　金属原子

3価(手が3本)，**Cは4価**(手が4本)[4]，**ハロゲン元素は1価**(手が1本)である．したがって，H, O, N, C, Cl原子は下記のようにH原子とH_2[5], H_2O[6], NH_3[7], CH_4[8], HClなる水素化合物を作る．

H_2：　H—🤚 + 🤚—H ⟶ H—🤝—H ⟶ H—H
　　　　　　　　　　　　　握手　　　　水素分子

H_2O：　H—🤚 + 🤚—O—🤚 + 🤚—H ⟶ H—O—H
　　　　　　　　　　2本の手で握手　　　　　水分子

NH_3：　H—🤝—N—🤝—H ⟶ H—N—H
　　　　　　　　　　│　　　　　　　　　│
　　　　　　　　　🤝　3本の手で握手　　H
　　　　　　　　　　│　　　　　　　アンモニア分子
　　　　　　　　　　H

CH_4：
　　　　　　　H
　　　　　　　│
　　　　　　　🤝
　　　　　　　│
　　H—🤝—C—🤝—H ⟶ H—C—H
　　　　　　　│　　　　　　│
　　　　　　　🤝　4本の手で握手　H
　　　　　　　│　　　　　メタン分子
　　　　　　　H

このように，原子同士の結合を表すには，H–H，H–O–H，
H–N–H，H–C–H，H–Clのように原子を短い線[9]でつなぐ．
　│　　　│
　H　　　H

酸素原子同士がもっとも簡単な形で手をつなげば，Oは手が2本だから，

🤚O🤚　🤚O🤚 ⟶ O◯O ⟶ O=O，これをO_2と書く．

これが酸素分子である[10]．同様に，窒素原子同士がもっとも簡単な形で手をつなげば，Nは手が3本だから，

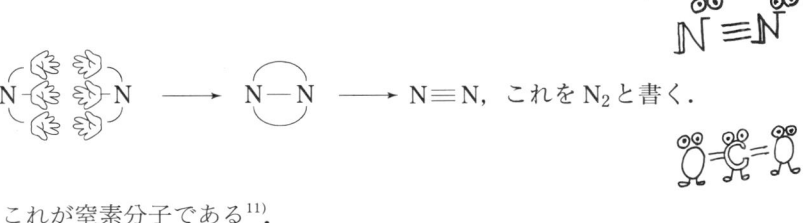

🤚N🤚　🤚N🤚 ⟶ N—N ⟶ N≡N，これをN_2と書く．

これが窒素分子である[11]．

手が4本の炭素原子1個と手が2本の酸素原子2個が手をつなげば，二酸化炭素O=C=O，CO_2[12]．手が1本の塩素原子同士が手をつないだ塩素分子はCl–Cl，Cl_2[13]と表される．

H–H，O=O，N≡Nのように2つの原子間が1本，2本，3本の手でつ

POINT

[4] これらの**原子価数は必ず暗記せよ**．なぜ，このような価数になるか，今は気にしない．3章で学ぶ(pp. 96, 107 参照)．

[5] 水素分子 H_2：水素ガス．水素原子2個からなる．一番軽い気体．昔の風船の中身．燃える．

[6] アンモニア NH_3：窒素原子1個と水素原子3個からなる．トイレ臭の素の気体分子(ガス)，虫刺され薬の成分．

[7] メタン CH_4：メタンガス．炭素原子1個と水素原子4個からなる．台所のガス(天然ガス)．おならの成分．沼気(しょうき，沼の底を棒でかき回すと出てくるガス)．温暖化ガス．微生物(メタン産生菌)による有機物の分解生成物．

[8] 塩化水素 HCl：塩化水素ガス．この水溶液が塩酸．胃液は薄い塩酸の水溶液．

[9] この線は共有結合を意味し，ボンド(結合，価標)と呼ばれる．

[10] 酸素分子 O_2：酸素ガス．酸素原子2個からなる．空気の21%を占める．呼吸の吸気成分．

[11] 窒素分子 N_2：窒素ガス．窒素原子2個からなる．空気の78%を占める．

[12] 二酸化炭素 CO_2：水に溶かすと水分子と反応して炭酸 H_2CO_3を生じるので炭酸ガスともいう．メタンなどの有機物(生命由来のCを含んだ化合物)の燃焼により生じる．われわれが呼吸で取り入れる酸素O_2に代って吐き出す呼気成分，光合成の原料．
　われわれは何のために呼吸するのか？(O_2, CO_2, 燃焼と代謝，CO_2の役割)

[13] 塩素分子 Cl_2：塩素ガス．塩素原子2個からなる．有毒(水道水の消毒に用いる)．

14　1章　化学式・反応式がわかるようになる

🌡デモ
分子模型を示す

ながっている場合をそれぞれ**単結合，二重結合，三重結合**という．図1·9に，これらの分子の模式図を示す．

図 1·9　分子の図

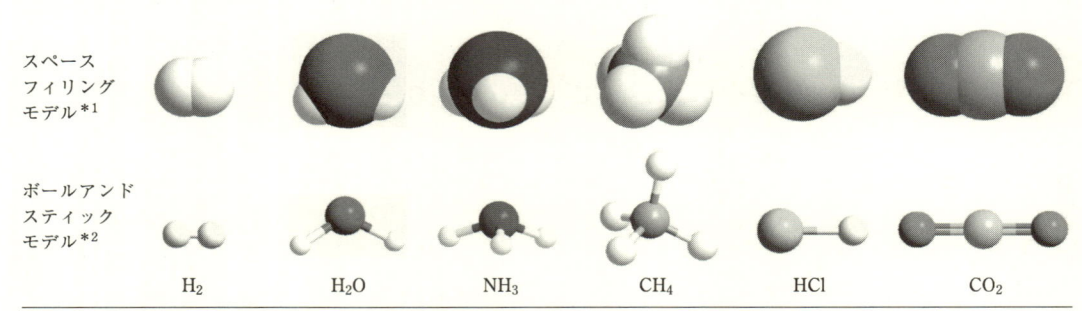

スペース
フィリング
モデル*1

ボールアンド
スティック
モデル*2

H_2　　H_2O　　NH_3　　CH_4　　HCl　　CO_2

*1　実際の分子の形に近い，電子の広がりの範囲を示したもの．
*2　いわば分子の骸骨（原子間の結合・骨組みが見やすい）．

14) 記憶せよ！：Hはすべて"1"という値をとる特別な元素（基本となる元素）である．一番軽い元素（原子番号1），重さ（原子量1），陽子（＋のパチンコ玉）の数1，電子（－のスイカの種）の数1，（中性子の数0），＋1の陽イオン，原子価（手の数）1．

15) H_2O, NH_3, CH_4 を記憶すると，H_2O よりOの原子価は2価，NH_3 よりNは3価，CH_4 よりCは4価とわかる．

16) なぜ，このような値を示すかは，pp. 96, 107参照．

17) 1族元素はHのみが原子価1価（手の数1本），13族はBのみが3価，これら以外の1, 13族元素はそれぞれ＋1, ＋3の陽イオンとなる（pp. 11, 93参照）．

🌡デモ
① オキシドール（過酸化水素水 H_2O_2）＋ 二酸化マンガン MnO_2 ⟶ O_2↑（線香の燃え方？）
　（↑：気体発生を意味する記号）
② 鉄釘（くぎ）＋ 塩酸 HCl（硫酸 H_2SO_4）⟶ H_2↑（点火してみる）
③ 台所の塩素系漂白・殺菌剤（次亜塩素酸ナトリウム NaClO）＋ 塩酸（硫酸）⟶ Cl_2（黄緑色のガス）↑
④ NaCl＋硫酸 ⟶ HCl↑
⑤ 卵の殻（$CaCO_3$）＋塩酸（硫酸）⟶ CO_2↑
⑥ アンモニア水のにおいを嗅ぐ NH_3↑
⑦ アンモニア（気体）＋ 塩化水素ガス（塩酸）⟶ (NH_4^+)(Cl^-)，塩化アンモニウム（塩の一種）

元素の族と（共有結合の）原子価（手の数）の関係，および水素とほかの元素との間で生じる分子を表1·4に示す．**Hの手の数（原子価）＝1**[14] だから，ほかの元素の原子価はその原子に結合できる水素原子数に等しい[15]．

表 1·4　原子価と元素の族番号（太字は記憶せよ）

元素の族	原子価（手の数）[15,16]	分子（水素化合物）
（水素[17]）	1価	H_2
14族元素（炭素族）	4価	**CH_4**[15], SiH_4
15族元素（窒素族）	3価	**NH_3**, PH_3
16族元素（酸素族）	2価	**H_2O**, H_2S, H_2Se
17族元素（ハロゲン）	1価	HF, **HCl**, HBr, HI

我慢すること

まず，ルールを覚えて使えるようになること（化学式，化合物名，**イオンの価数，原子価**など）．なぜ？と思うことは大変よいことである．ただし，それだけを勉強すれば大変で嫌になり，なぜかを知ればそれだけで満足する．これでは役に立たない．なぜかは後で学ぶので，まずは，掛け算の九九と同様に，覚えた基本事項を使えるように**繰り返し演習する**．すると，学んだことは役に立つ．後でなぜかを学び，知識を確固としたものにする．昔は，周期律の発見により，やっとさまざまな元素に関する雑多な知識が整理できた．当時は規則性の理屈は不明だったが大いに役に立った．われわれも理屈を学ぶのは後（3章）でよい．

演習 1·6　次の気体(分子)の分子式を示せ[18]．① 水素，② 酸素，③ 窒素，④ 塩素，⑤ 塩化水素(水溶液が塩酸)，⑥ 水，⑦ メタン，⑧ アンモニア，⑨ 二酸化炭素(炭酸ガス)　　　　　　　　　　(答は演習 1·7 の問題)

演習 1·7　分子式 ① H_2，② O_2，③ N_2，④ Cl_2，⑤ HCl，⑥ H_2O，⑦ CH_4，⑧ NH_3，⑨ CO_2 で示された物質の名称を示せ[18]．　(答は演習 1·6 の問題)

演習 1·8　C，H，O，N の原子価を示せ．　　最重要！要記憶(答は表 1·4)

1·4　周期表と元素の二大分類

すでに 110 個の元素は 18 の家族・グループに分類されるということを学んだが(pp. 6〜7)，110 個の元素を，その性質に基づいて，別の形で大別することもできる．生物の世界を雄と雌(男と女)，動物と植物のように 2 つのグループに対比分類できるように，元素では ① **金属元素**と**非金属元素**，② **典型元素**と**遷移元素**，という 2 通りの対比分類ができる．

1·4·1　金属元素と非金属元素

a. 金属

金属について諸君はすでにある種のイメージをもっているだろう．われわれが金属と称しているものは，金属元素の単体(1 つの元素のみからなるもの，p. 17)のことであり，固体状態で金属光沢[1]，展性[2]，延性[3]をもち，電気の良導体[4]，熱の良導体[5]などの性質をもつ．通常の状態(室温・1 気圧)では水銀のみが液体，ほかは固体である．

b. 金属元素と非金属元素

金属の性質をもっていないものを**非金属**(金属に非(あら)ず，金属ではない)という．水素を除く 1〜12 族元素はすべて金属元素であり，17 族(ハロゲン)，18 族(貴ガス)はすべて非金属元素である(13〜16 族ではホウ素 B(Boron)，ケイ素 Si[6]，ヒ素 As(Arsenic)[6]，テルル Te より軽い元素が非金属元素，重たい元素は金属元素：表 1·2 で非金属元素を▨でかこんでいる)[6]．

金属元素は電子を失って**陽イオン**となる傾向が強く[7,8](こういう傾向の元素を**陽性元素**という)，**非金属元素**は電子を外部から獲得して**陰イオン**(こういう元素を**陰性元素**という)，または**分子性物質・共有結合性物質**(p. 12)となる傾向が強い．

1·4·2　典型元素と遷移元素

周期表の 1，2，12〜18 族元素を**典型元素**，3〜11 族元素を**遷移元素**[9]という(p. 7，表 1·2 を見よ)．

---

[18] これらは基礎知識として必ず覚えよ．

[1] ピカピカ光る．

[2] 薄い板状に広げることができる性質．金箔(ぱく)など．

[3] 針金のように細い線状に伸ばすことができる性質．

[4] 電気をよく通す：Ag＞Cu＞Au＞Al．Cu，Al は電線に使用．

[5] 熱をよく伝える：Ag＞Cu＞Au＞Al．階段脇の金属手すりは素手では冷たく感じる．

[6] Si，Ge，As，Sb は金属と非金属の中間の性質をもつ**メタロイド(類金属)**．

[7] 1，2 族の金属元素は反応性が高く，水・水蒸気と容易に反応して化合物の一種(p. 17)である水酸化物となるが(NaOH，$Ca(OH)_2$ など；金属は陽イオンとなっている)金属としては身近ではない．

[8] 金属元素は細胞内外でタンパク質，遺伝子 DNA，さまざまな生体分子と相互作用して，生体内の反応の触媒作用，制御など多様な役割を果している(Cr，Mn，Fe，Co，Cu，Zn など)．非金属元素は陰イオン Cl^-，HCO_3^-，HPO_4^{2-}，SO_4^{2-} (p. 27)として細胞内液(HPO_4^{2-}，SO_4^{2-})，外液(Cl^-，HCO_3^-)に溶けて，浸透圧や pH を一定にするなどの役割を果している．リン酸は骨や歯の成分としてだけではなく，DNA，ATP ほかの生体分子の構成要素として重要な役割を果している．

[9] 周期律の発見当時，13〜17 族は 3〜7 族に分類された．遷移元素も 1〜8 族に分類され(米国式の元素の A，B グループ分類法 p. 110 と同じ)，代表的元素である Fe，Co，Ni は 8 族とされたので，メンデレーエフはこれらを遷移元素，陰性の強い(陰イオンになりやすい)7 族(ハロゲン)から陽性の強い(陽イオンになりやすい)1 族(アルカリ金属)へ移る(遷移する)途中の元素と呼んだ．

a. 典型元素

典型元素はアルカリ金属，アルカリ土類金属，ハロゲンなどのように，各族で縦の元素間の類似が著しい．家族・構成員同士が互いによく**似た性質**をもち，化学的にも同じようにふるまう傾向がある（**同族元素**）[10]．また，周期表の**下の元素ほど重たくなり**（15〜17族では気体→（液体）→固体へと変化），**金属的性質**が増す．**左下ほど陽性**であり陽イオンになりやすく，**右上ほど陰性**であり**陰イオン**になりやすい（p.102）．典型元素はこのように周期律の（元素の性質に周期性が見られる，表中で一定の繰り返しごとに似た性質の元素が出てくる）特徴をよく表しているのでこの名がある．同族元素なる言葉を覚える必要はない．こういう傾向があること（周期律）を理解すればよい．以下の同族元素のグループ名は覚えておくと便利である．

アルカリ金属　1族元素（Hを除く）Li，Na，K，ほか．**＋1価の陽イオン**になりやすい．Li^+，Na^+，K^+，ほか[11]．（陽イオンになりやすい元素を**陽性元素**，陰イオンになりやすい元素を**陰性元素**という）．水と反応して水酸化アルカリ（pp.28〜29，**水酸化物　NaOH，KOH** など）を生じるのが語源．これらの水酸化物は水によく溶けて**強塩基性**（強アルカリ性）を示す．

アルカリ土類金属　2族元素，Be，Mg，Ca，Sr，Ba，ほか．狭義にはCaより重い元素をさす．**＋2価の陽イオン**になりやすい．Mg^{2+}，Ca^{2+} [12]，Sr^{2+}，Ba^{2+}．水酸化物は塩基性を示すが水にはあまり溶けない．**$Ca(OH)_2$，$Ba(OH)_2$ は強塩基性**を示す．酸化物をアルカリ土という．

ハロゲン　17族元素，F，Cl，Br，I，ほか．**−1価の陰イオン**になりやすい（陰性元素）．F^-，Cl^-，Br^-，I^-．halogenとは塩を生み出すものという意味のギリシャ語hals（塩）由来の造語である．Clは食塩NaClの成分[13]．

貴ガス・希(稀)ガス[14]　18族元素，He，Ne，Arなど[15]；陽イオンにも陰イオンにもなりにくい．**ほかの物質と反応しにくいので"貴ガス"**という名がある（孤高を守る高貴なガス noble gas，p.12，"原子は寂しがり屋"も参照のこと）．これに対して，**さまざまなものと容易に反応する**フッ素ガス，塩素ガスなどは"卑ガス"とも表現できよう（高貴な男女と卑しい男女の違い？）．**貴金属**（Auなど），**卑金属**（Naなど）も同様の意味である．

b. 遷移元素

同族元素としての類似性が著しい典型元素と異なり，遷移元素は各族

---

10) 果物（K^+，Mg^{2+} が多い）が骨によい？→骨は Ca^{2+} のはずなのに……？→MgはCaとは同族元素．なぜ亜鉛鉱山の排水で Cd が原因のイタイイタイ病になるのか？→CdとZnは同族元素（有毒元素のHgもCdと同族）．水道水の塩素消毒でなぜBrを含むトリハロメタンが生成するか？→ClとBrは同族元素．いずれも2つの元素が互いに似た性質があるので，似た役割を果たしたり，物質中に同じ形で含まれる・一緒に同じようにふるまうことが多い．

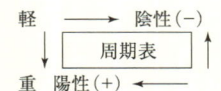

軽 ─→ 陰性（−）
↓　[周期表]　↑
重　陽性（＋）　←─

11) Na^+，K^+ とでは役割が異なる．Na^+ は細胞外液（体液），K^+ は細胞内液（細胞質）に多く含まれており，浸透圧の制御，情報伝達（生体電位）などに関与．

12) Ca^{2+}，Mg^{2+} は骨の主成分，生体内では細胞外液（Ca^{2+} 多）・内液中（Mg^{2+} 多）に溶けて浸透圧制御，情報伝達，ATP・タンパク質との相互作用による触媒作用などさまざまな役割を果している．

🧪**デモ**
金属ナトリウムの性質．塩素ガスの性質（水の消毒．台所塩素系漂白剤＋酸）．

13) Cl^- として細胞外液中に溶解，浸透圧制御，胃液（HCl）の成分．Iは甲状腺ホルモン（p.157）の構成成分．

14) "稀（まれな）ガス"とは，酸素・窒素と違って，空気中に微量しか存在しないガスという意味．学術用語は"希ガス"だが，本書では元素の性質を表す名称"貴ガス"を用いる．この方が国際的には一般的である．

15) 貴ガス元素，クリプトンKrは，映画スーパーマンではクリプトン星にあり，スーパーマンの力の源泉，ということになっている．

(周期表の縦方向)の類似があまり著しくなく，**横の類似が目立つ**(いずれも＋2, ＋3価のイオンになりやすいなど)．3族を除くすべての遷移元素が**複数の価数をもつ**．すべてが金属元素である．われわれが日常生活で"金属"と呼んでいるもののほとんどは遷移金属元素である(クロム **Cr**, マンガン **Mn**, 鉄 **Fe**, コバルト **Co**, ニッケル **Ni**, 銅 **Cu**, ほか)．

演習 1·9 金属元素と非金属元素, 典型元素と遷移元素の違いを述べよ．

演習 1·10 同族元素(1, 2, 13族(ホウ素族), 16族(酸素族), 17, 18族)のグループ名・構成元素名とイオンの価数, 原子価(1, 2, 13族を除く)を述べよ．

1·5 イオン性化合物(化学式の書き方と命名法)

1·5·1 物質の分類

a. 純物質と混合物

水素ガス H_2, 金属鉄 Fe, 水 H_2O, 食塩 NaCl のように一定の元素組成をもち，物理操作[1]によって2種類以上の物質に分離できないものを純物質(単体・化合物)，分離できる物質を混合物(まざり合ったもの)という．空気は窒素, 酸素などの分子(純物質)の混合物, 海水は純物質の水に純物質の NaCl などが溶け込んだ混合物である．

b. 純物質：単体と化合物

純物質は物質の元素組成の違いにより単体と化合物の2種類に分類される(右欄)．水素ガス H_2, 酸素ガス O_2, 窒素ガス N_2, 塩素ガス Cl_2, 火山の噴火口や温泉で見ることができる硫黄(硫黄 S は原子8個が環状につながった S_8 分子として存在する, 図1·10(a)), リン(リン P は原子4個からなる正四面体の形をした P_4 分子として存在する, 図1·10(b))のように原子数が何個であっても**1種類の元素の原子よりなる物質**を**単体**という．1円玉は金属のアルミニウムからできているが, 純粋な金属はすべてその元素の原子だけからなる単体である[2]．

複数の単体が反応し別の物質になることを"**化合する(化けて合体する**)"といい, 新しく生じた物質・複数の異元素の原子よりなる物質を**化合物**という．水(H_2O)は単体の水素ガス(水素分子 H_2)と酸素ガス(酸素分子 O_2)とが化合してできた H, O 原子からなる化合物である．

水は水分子 H_2O よりなる**分子性化合物**であり, 食塩・塩化ナトリウム NaCl は Na^+ イオンと Cl^- イオンよりなる**イオン性化合物**である(図1·11)．からだ, 食品, 栄養素はほとんどが化合物とその混合物である．

[1] 化学変化を伴わない操作．沪過, 蒸留, クロマトグラフィーなど．

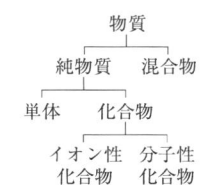

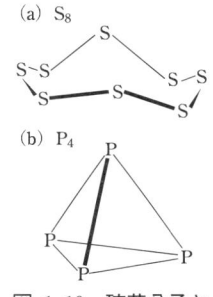

図 1·10 硫黄分子とリン分子

[2] 電子配列や結合が異なり種類も違う単体を**同素体**という．酸素 O_2 とオゾン O_3, ダイヤモンドと石墨, フラーレン, 無定形炭素など．

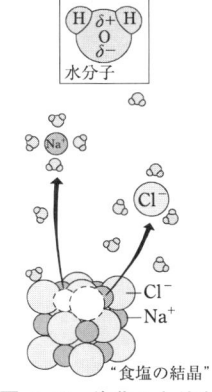

図 1·11 塩化ナトリウム(食塩)

[藤原鎮男ら, "化学IB", 三省堂(1995), p.60 より引用]

1・5・2 イオン性化合物

イオン性化合物とは陽イオンと陰イオンよりなる物質（化合物）である．たとえば塩化ナトリウム NaCl は Na$^+$ 粒子と Cl$^-$ 粒子よりなるが，水分子や酸素・窒素分子などと異なり，NaCl を 1 個として，または，Na$^+$ 1 個，Cl$^-$ 1 個として取り出すことができない．なぜなら NaCl は 1 個ずつの NaCl 粒子として存在するのではなく，Na$^+$ と Cl$^-$ とが 1 個ずつ存在するのでもなく，Na 原子が＋，Cl 原子が－に帯電して，それぞれが交互に三次元に規則正しく並んだ構造をしているからである（図 1・11，図 1・7）．

正・負のイオンには互いに**電気的な力・静電的相互作用**が働く．食塩はこの**静電的相互作用**[3]で Na$^+$ と Cl$^-$ が隣同士，上下前後左右で引き合って（**イオン結合**して）無限につながったイオン性物質（イオン結晶）である（図 1・11，1・7）．

1・5・3 イオン性化合物とイオンの名称（基礎の基礎として記憶せよ）

フッ素，塩素，臭素，ヨウ素との化合物をそれぞれ**フッ化物**（フッ素化合物），**塩化物**（塩素化合物），**臭化物**（臭素化合物），**ヨウ化物**（ヨウ素化合物），酸素との化合物を**酸化物**（酸素化合物），硫黄との化合物を**硫化物**（硫黄化合物）という．例：NaF，NaCl，NaBr，NaI，CaO，FeS

これらの化合物は陽イオンと陰イオンとからできている．陽イオンは **Na$^+$ をナトリウムイオン**というように "元素名＋イオン" と呼称する．陰イオンは**塩化物イオン Cl$^-$** [4]のように "○化物イオン" と呼称する．

演習 1・11 以下のイオンの名称を述べよ*（要記憶[5]）．① Li$^+$，② Na$^+$，③ K$^+$，④ Mg^{2+}，⑤ Ca^{2+}，⑥ Al^{3+}，⑦ F$^-$，⑧ Cl$^-$，⑨ Br$^-$，⑩ I$^-$，⑪ O^{2-}，⑫ S^{2-}，⑬ Fe^{2+}，⑭ Fe^{3+}，⑮ Cu$^+$，⑯ Cu^{2+} （答は演習 1・12 の問題）

演習 1・12 以下のイオンを元素記号で表せ*（要記憶[4]）．

① リチウムイオン　② ナトリウムイオン
③ カリウムイオン　④ マグネシウムイオン
⑤ カルシウムイオン　⑥ アルミニウムイオン
⑦ フッ化物イオン　⑧ 塩化物イオン
⑨ 臭化物イオン　⑩ ヨウ化物イオン
⑪ 酸化物イオン　⑫ 硫化物イオン
⑬ 鉄(II)イオン[6]　⑭ 鉄(III)イオン[6]
⑮ 銅(I)イオン[6]　⑯ 銅(II)イオン[6]　（答は演習 1・11 の問題）

* 演習 1・11，1・12 は，記憶した周期表（p.4 Quiz ③）と，族と価数との関係（p.11 表 1・3，p.89 表 3・1）を基に考えよ．

---

3) 電気の＋－の相互作用は体験しにくい，イメージしにくいので，磁石の N 極，S 極と NN，NS，SS 極の組合せによる引力，反発力の関係をイメージせよ（p.99）．
　静電的相互作用は遠距離まで働く力であり，すぐ接した Cl$^-$ とだけでなく，その隣の Na$^+$，その隣の Cl$^-$……と 1 個の Na$^+$ が周りの Cl$^-$，Na$^+$ と無限に相互作用している（図 1・7 参照）．この力は全体としては＋－の引力が勝り，大きな安定化エネルギーとなる．これを**イオン格子エネルギー**という．

4) **Na$^+$ ナトリウムイオン，Cl$^-$ 塩化物イオン**は暗記せよ．栄養学では Na$^+$/K$^+$ バランスは重要概念．これらのイオンは生体内における神経情報伝達（活動電位）の元である．イオンは生体の浸透圧の維持などに寄与している．

5) 大部分は塩化ナトリウム NaCl の構成イオン Na$^+$，Cl$^-$ の名称を元に類推できる．記憶するのは友人の名を覚えるのと同じ目的である．

POINT

6) Fe(8 族)，Cu(11 族)など電荷の異なる複数のイオンを生じる元素のみ（おもに遷移元素），元素名の後に，イオンの価数をローマ数字で表し，( )でくくる．Al は 1 種類のイオンしか生じないので Al(III) とは書かない．

1・5・4 イオン性化合物の化学式

化学式は化学の世界の言葉であり，そのものがいかなるものかを伝える最低限の情報である．いわば化合物の顔である．物質・化合物の性質は化学式がわかればある程度推定できる．化学式の書き方は化合物の種類によって多少異なる．まずは単純なイオン性化合物について学ぼう．

a. 組成式とイオン性化合物の化学式の書き方

食塩（塩化ナトリウム NaCl）は分子ではなく，図1・7に示したように，ナトリウムイオン Na^+ と塩化物イオン Cl^- とが交互に三次元に並んだ固体である．これを化学式で書くと $(NaCl)_n$，もしくは $\{(Na^+)(Cl^-)\}_n$ となるが，単純に，この**物質の元素組成**（原子の種類と数）**をもっとも簡単な整数比で表したもの，NaCl で表す．これを組成式**という[7]．単純なイオン性化合物（単原子イオンの塩・酸化物・硫化物）の化学式は組成式で表す．

例題 1・2 塩化アルミニウム[8]を例にとり，**イオン性化合物の化学式の書き方**を，順を追って説明せよ（塩化ナトリウム NaCl をまず，理屈抜きに覚える．Na^+ イオンと Cl^- イオンよりなる．この知識を元に考える）．

答 イオン性化合物の化学式の書き方

① 化合物名からその化合物を構成する**陰イオンと陽イオンの名称，化学式，荷数**（価数，何族元素か[9]）を知る．塩化，アルミニウム → 塩化物イオン，アルミニウムイオン → Cl^-，Al^{3+} [9]

② イオン性化合物の**化学式は陽イオンを先，陰イオンを後に書く**（塩化ナトリウム NaCl を例に考えよ）．→ Al^{3+}，Cl^-

③ 化学式では陽イオン由来の正電荷数と陰イオン由来の負電荷数を同数として，**電荷の総計がゼロ＝無電荷となる，正負の電荷が打ち消し合うように陽イオンと陰イオンの数を合わせる**（もっとも簡単な整数比とする）．→ Al^{3+} の1個の電荷+3を中和するには Cl^-（電荷−1）が3個必要．$(+3)\times 1+(-1)\times 3=0 \to (Al^{3+})_1(Cl^-)_3$（**イオンの個数は元素名の右下に書く**）

④ （ ）と陽・陰イオンの電荷を取り除く．化学式は $AlCl_3$ となる．

POINT　イオン性化合物の化学式の簡便な書き方（交差法）

A^{m+} と B^{n-} とからできた塩の組成式 → **価数を逆さに使う**（交差）
→ A_nB_m [10]（m, n が約分できるときには約分して m, n を素数で表す）

例1：酸化アルミニウム，Al^{3+}，O^{2-} → 価数(3, 2) → 価数を逆さに使う（交差*）[10]：
　　Al_2O_3（$(+3)\times 2+(-2)\times 3=0$）
　　　* 価数を交差させることにより2価と3価の最小公倍数6を求めている．

例2：酸化カルシウム，Ca^{2+}，O^{2-} → 価数(2, 2)
　　　→ 価数を逆さに使う：Ca_2O_2 → 約分して，$Ca_1O_1 \to CaO$（1は省略）

---

7) 液体の水は1個の独立した水分子 H_2O（図1・9）が，多数集合したものであり，分子の1個1個が勝手に動き回っている．したがって（水）分子は，いわばピンセットで1個をつまむことができる．一方，NaCl の固体（結晶）から NaCl なる単位を1個だけ取り出すことはできないし，また，NaCl を水に溶かしても，"NaCl"としては溶けず，Na^+ と Cl^- とがばらばらに分かれて溶ける（図1・11）．このように，物質（化合物）が分子からできていない場合には，その物質を表すのに，化学式として分子式の代わりに組成式を用いる．

組成式は分子の場合にも用いられることがある．ブドウ糖（グルコース）は分子式 $C_6H_{12}O_6$（グルコース分子は6個の炭素原子，12個の水素原子，6個の酸素原子からなる）と表されるが，グルコースの組成式は CH_2O である（グルコースの構成原子の元素組成をもっとも簡単な整数比で表した）．元素組成は実験で求めるので組成式は実験式とも呼ばれる．

8) 台所のアルミニウム箔（はく）を塩酸（胃液の成分）に溶かし，煮詰めると生じる結晶（塩）．

9) Cl は17族元素だから−1，Al は13族元素だから+3，イオンの価数と元素の族番号の関係 p.11 を見よ．

10) 交差法の例
酸化アルミニウム → 酸化物イオン O^{2-}（16族），アルミニウムイオン Al^{3+}（13族）

Al^{3+}（3価）　　O^{2-}（2価）
　　　　交差
Al　2個　　　　　O　3個

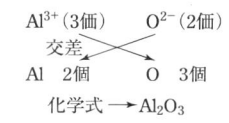

化学式 → Al_2O_3

11) 貝殻, 卵の殻, 石灰石, 大理石を塩酸に溶かし, 煮つめると生じる結晶・塩. 乾燥剤, 融雪剤, 豆腐の凝固剤.

12) 止血剤, 金属腐食剤. 鉄(III)とは Fe^{3+}, 三塩化とは Cl が 3 個のこと.

13) 扁桃腺炎, うがい薬・殺菌防腐剤のルゴール液はヨウ化カリウム+ヨウ素 I_2+グリセリン.

14) 生石灰のこと. 石灰岩・貝殻・卵の殻・炭酸カルシウム $CaCO_3$ を強熱すると得られる. グラウンドの白線引き, 畑の酸性土壌の中和, ボルドー液(畑の消毒液), カップ酒の燗つけなどに利用.
酸化カルシウム+水→消石灰 $Ca(OH)_2$

15) アルマイト：アルミ鍋などの表面.

16) 赤さび, ベンガラ(ファンデーション, 赤色顔料, 塗料, 宝石の研磨(けんま)剤).

17) 三酸化二鉄とは酸素が 3 個で鉄が 2 個という意味. CO_2 をなぜ二酸化炭素というのか考えてみよ. 四酸化三鉄は黒さび, 磁鉄鉱, 強磁性体で磁気材料・切符やテープレコーダーテープの塗布物.

18) 11族(1B族)元素の **Cu**, **Ag** は +1(+2)となる：Cu(I), Cu(II), Ag(I). また, 12族(2B族)元素の **Zn**, **Cd** は +2 の陽イオンとなる.

19) 硫黄温泉での指輪黒化.

20) 白色顔料(絵の具など).

21) 黄色顔料のカドミウムイエロー, 蛍光体, 光伝導性あり.

22) NaCl はナトリウムイオン Na^+, 塩化物イオン Cl^- よりなる. $(Na^+)(Cl^-)$.

23) カルシウムイオン Ca^{2+}, 酸化物イオン O^{2-}(pp. 11, 18)よりなる.

演習 1・13 以下の化合物の化学式を書け(陽, 陰イオンの価数に注意せよ).

(1) 塩化物：塩化物イオンを含む. ① **塩化ナトリウム**(食塩), ② 塩化カルシウム[11], ③ 塩化アルミニウム, ④ 塩化鉄(II), ⑤ 塩化鉄(III)[12], ⑥ 二塩化鉄, ⑦ 三塩化鉄[12], ⑧ 塩化銅(I), ⑨ 塩化銅(II)

(2) ヨウ化物：ヨウ化物イオンを含む. ヨウ化カリウム[13]

(3) 金属酸化物：① 酸化ナトリウム, ② 酸化カルシウム[14], ③ 酸化マグネシウム, ④ 酸化アルミニウム[15], ⑤ 酸化銅(I), ⑥ 酸化銅(II)(銅を炎で熱する), ⑦ 酸化二銅, ⑧ 酸化マンガン(IV)(二酸化マンガン), ⑨ 酸化鉄(II), ⑩ 酸化鉄(III)[16], ⑪ 三酸化二鉄[17], ⑫ 四酸化三鉄[17], ⑬ 酸化銀[18]

(4) 硫化物：硫化物イオンを含む. ① 硫化ナトリウム, ② 硫化カルシウム, ③ 硫化マグネシウム, ④ 硫化アルミニウム, ⑤ 硫化鉄(II), ⑥ 硫化銅(II), ⑦ 硫化銀[18,19], ⑧ 硫化亜鉛[18,20], ⑨ 硫化カドミウム[18,21]

(答は演習 1・14 の問題；章末に解説つきの解答がある)

1・5・5　イオン性化合物の命名法(読み方)

例題 1・3 以下の化学式を化合物名に変えよ. また, **命名法**を述べよ. ④, ⑤ では 2 通りの名称を示せ.
① NaCl(食塩)[22], ：② CaO[23], ：③ Na_2S[24], ：④ $FeCl_2$[25], ：⑤ Fe_2O_3[26]

答　① 塩化ナトリウム[27], ② 酸化カルシウム, ③ 硫化ナトリウム

命名法 1　イオン性化合物の名称は, 陰イオン部分(○化)を前, 陽イオンの元素名(ナトリウム, カルシウム)を後とする[27].

④ **塩化鉄(II)**, **二塩化鉄**, ⑤ **酸化鉄(III)**, **三酸化二鉄**

命名法 2　(1) 複数のイオン電荷数(価数)を示す遷移金属化合物などでは, 価数がわかるように(I), (II), (III)のように**金属元素名の後にイオンの電荷数(価数)を( )に入れたローマ数字で示す**. → 塩化鉄(II)(鉄(II)とは Fe^{2+} のこと), 酸化鉄(III)(鉄(III)とは Fe^{3+} のこと).

(2) 複数のイオン電荷数(価数)を示す遷移金属化合物では, 陰イオン, 陽イオンの**数を指定して命名**する. → 二塩化鉄(二塩化一鉄, 二塩化とは塩化物イオンが 2 個という意味, 一は省略), 三酸化二鉄(酸化物イオンが 3 個, 鉄イオンが 2 個という意味).

演習 1・14 以下の化学式を化合物名に変えよ[28].

(1) ① NaCl, ② $CaCl_2$, ③ $AlCl_3$, ④ $FeCl_2$(Fe の価数で表示), ⑤ $FeCl_3$(Fe の価数で表示), ⑥ $FeCl_2$(組成原子数で表示), ⑦ $FeCl_3$(組成原子数で表示), ⑧ CuCl, ⑨ $CuCl_2$

(2) KI

(3) ① Na_2O, ② CaO, ③ MgO, ④ Al_2O_3, ⑤ Cu_2O, ⑥ CuO(Cu の価数

で表示) ⑦ Cu_2O(元素数で表示), ⑧ MnO_2, ⑨ **FeO**, ⑩ **Fe_2O_3**(価数), ⑪ Fe_2O_3(元素数), ⑫ Fe_3O_4, ⑬ Ag_2O

(4) ① Na_2S, ② CaS, ③ MgS, ④ Al_2S_3, ⑤ FeS, ⑥ CuS, ⑦ Ag_2S, ⑧ ZnS, ⑨ CdS

(答は演習1・13の問題を見よ. 演習1・13と演習1・14の問題番号は対応している)

1・6 化学反応と反応式

元素記号は化学の世界の五十音・アルファベット,化学式は言葉に対応した.化学反応式は化学の世界の文章に対応する.

栄養素の消化・吸収,代謝,呼吸など,生きていることのすべてが化学反応であり,からだは大きな・精密な化学工場である[1]. このような化学変化(別の物質に変わること)・化学反応は反応式で表すことができる. たとえば,"2分子の水素と1分子の酸素が反応して2分子の水ができる"ことを化学の世界の文章=反応式で書くと,$2H_2+O_2 \rightarrow 2H_2O$, のように簡単に表現できる. 食事で摂取した食べ物がからだの中でどのように変化するかも反応式を用いて記述される[2].

1・6・1 化学反応式の書き方 (反応式の係数の求め方)

木炭(炭素C)が空気中で燃えて二酸化炭素(炭酸ガス)CO_2になる. 水素H_2が酸素O_2と反応して水H_2Oを生成する(酸化反応), といった反応はそれぞれ化学式を用いて次のように表される.

$$C + O_2 \longrightarrow CO_2 \qquad 2H_2 + O_2 \longrightarrow 2H_2O$$

化学式の前に示された数値(係数)は反応にあずかるそれぞれの物質の粒子数(分子数)を示しており,通常,この**係数は整数とし,係数1は省略**して記載しない($1C+1O_2 \rightarrow 1CO_2$, $2H_2+1O_2 \rightarrow 2H_2O$ とは書かない).

このように,**反応物の化学式を左辺,生成物の化学式を右辺に記し → でつないだものを化学反応式(反応式)**という. 反応式 $2H_2+O_2 \rightarrow 2H_2O$ は,水素(ガス)と酸素(ガス)から水ができることだけでなく,水素2分子と酸素1分子から水2分子を生じることをも示している. つまり,反応式は化学変化のみならず,**数量的関係**までも表している.

化学反応では物質間で原子の組換えが起こるので,反応の進行によりそれぞれの物質は別の物質へと変化するが,原子そのものは不変である. したがって,**反応物に含まれる各元素の原子数は生成物中のそれぞれの原子**

---

24) ナトリウムイオン Na^+, 硫化物イオン S^{2-} (pp.11, 18) よりなる.

25) 塩化物イオン Cl^- が2個だから Fe^{2+}, 鉄(II)イオンよりなる. 金属鉄を塩酸に溶かすことにより得られる.

26) 酸化物イオン O^{2-} が3個, Feが2個だからFeはFe^{3+}, 鉄(III)イオンだとわかる.

POINT

27) 食塩・塩化ナトリウム **NaCl** をまず,理屈抜きに覚える. この知識を元に,ほかの化合物を命名するとよい.

28) Cl・Iと化合した元素の価数,O・Sと化合した**元素の価数**は以下の知識を元に求めることができる.
① ハロゲン・17族元素の価数は−1 (Cl^-, I^-).
② 16族元素の価数は−2 (O^{2-}, S^{2-}).
③ 化合物全体の電荷はゼロ (陽イオンの電荷+陰イオンの電荷=0).
例1:$FeCl_3$ Feの価数をxとすると,$x \times 1+(-1) \times 3=0$, $x=+3$
例2:MnO_2 Mnの価数をxとすると,$x \times 1+(-2) \times 2=0$, $x=+4$

1) だから,生命科学の勉強,からだの仕組みの理解には化学の基礎知識が必須なのである.

2) 生化学・栄養学で学ぶ. 呼吸商,解糖系,クエン酸回路など多数.

$2H_2 + O_2 \rightarrow 2H_2O$

(4 H   2 O → 4 H, 2 O)

数と等しくなければならない．たとえば $2H_2 + O_2 \rightarrow 2H_2O$ なる化学反応では，水素分子と酸素分子との間で原子の組換えが起こり，両者は水分子へと変化するが，反応の前後で水素原子はあくまでも水素原子のまま，酸素原子は酸素原子のままである．左辺の水素原子 H の数は $2H_2$，つまり H_2 が 2 分子，H_2 とは H 原子 2 個が手をつないだものだから $2 \times 2 = 4$ 個で H 原子は計 4 個，右辺は $2H_2O$ だから H 原子はやはり 4 個である（左図）．同様に，酸素原子 O の数は左で O_2，右で $2H_2O$ と，ともに 2 個[3]．

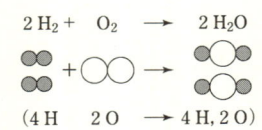

3) O_2 とは O 原子 2 個が手をつないだもの，$2H_2O$ とは H_2O が 2 分子のこと，O_1 が 2 個だから O の原子数は 2 個，$2H_2O_1$ の O_1 の "1" は，通常は H_2O のように，省略して，記載しない．

したがって，反応の前後，すなわち反応式の左辺と右辺とで各元素の原子数は等しい，という原則に基づいて化学反応式の係数を求めることができる（**反応式の右と左で原子数が一致するように係数を定める**）．

例題 1・4 水素分子と酸素分子とが反応して水分子を生成する．この反応の化学反応式を書け．反応の係数の求め方を示すこと[4]．

4) 以下の問題は，反応物と生成物とがわかっている場合に，化学反応式の書き方を学ぶ＝係数を求める練習をすることが目的である．したがって，それらの反応式を覚える必要はない．

答 化学反応式の書き方：化学式中のそれぞれの化合物で一番数が多い元素に着目し，その数が一番大きい化合物の係数を1として順次，係数を決めていく．

 H_2，O_2，H_2O では，それぞれ H が 2 個，O が 2 個，H が 2 個と，いずれの化合物も 2 が最大なので，どの化合物の係数を 1 としてもよい．

 H_2 の係数を 1 として，$1H_2 + O_2 \rightarrow H_2O$．左辺の水素原子数 2 より，右辺の H_2O の係数は 1 となる．$1H_2 + O_2 \rightarrow 1H_2O$．

 右辺の酸素原子数は 1 だから，左辺の O_2（O 原子が 2 個）の係数は 0.5 となる．$H_2 + 0.5O_2 \rightarrow 1H_2O$．**係数を整数とするために**[5] 全体を 2 倍すると，$2H_2 + O_2 \rightarrow 2H_2O$．

5) 化学式の係数は，通常は小数・分数は用いず，整数とする約束である（例外あり，p.181）．

別解[6] 反応式を $aH_2 + bO_2 \rightarrow cH_2O$ とおく．反応式中の左辺・右辺のそれぞれの元素について左辺の原子数＝右辺の原子数とし，a, b, c を求める．まず，H 原子の数は，左辺の H_2 で 2 個，aH_2 だから $a \times 2 = 2a$ 個，右辺の H_2O でも 2 個，cH_2O で $2c$ 個，したがって $2a$（左辺）$= 2c$（右辺）が成立する．同様にして O 原子では $2b = c$ が成立．ここで $a = 1$ とおけば $c = 1$，$b = 1/2$．係数が整数となるように 2 倍すると $a = c = 2$，$b = 1$ となり $2H_2 + O_2 \rightarrow 2H_2O$．

6) この方法は多くの教科書，学習参考書に示してあるが，必ずしもよい方法ではない．下手をすると方程式を解くところ，算数，で混乱しかねない．

例題 1・5 エタン（C_2H_6）を燃やす（酸素と化合させる）と，二酸化炭素と水が生成する．この反応の反応式を書け．

答 化学式中の化合物で一番数が多い元素に着目すると，C_2H_6 の H の数が 6 で一番大きい（O_2，CO_2，H_2O では O の数 2，O の数 2，H の数 2 である）．したがって H が 6 個（原子数最大）である C_2H_6 の係数を 1 とする．

$1C_2H_6 + \underline{}O_2 \rightarrow \underline{}CO_2 + \underline{}H_2O$.

左辺のCと右辺のCを比較するとCO$_2$の係数は2となり，Hを左右で比較するとH$_2$Oの係数は3と求まる．1 C$_2$H$_6$ + ＿＿O$_2$ → 2 CO$_2$ + 3 H$_2$O．

右辺のOの数は，2 CO$_2$で$2 \times O_2 = 2 \times 2 O = 4 O$，3 H$_2$Oで$3 \times O_1 = 3 O$，したがって，O原子は合計で$(2 \times 2) + (3 \times 1) = 4 + 3 = 7$個だから，左辺のO$_2$（O原子が2個）の係数は3.5となる．

1 C$_2$H$_6$ + 3.5 O$_2$ → 2 CO$_2$ + 3 H$_2$O．係数は通常は整数とするのが約束なので，整数となるように両辺を2倍すると，2 C$_2$H$_6$ + 7 O$_2$ → 4 CO$_2$ + 6 H$_2$O．

演習 1・15 次の反応の化学反応式を書け（反応の係数の求め方を示せ）．
① メタン（CH$_4$）[7]を燃焼させると，二酸化炭素と水が生成する．
② ブタン（C$_4$H$_{10}$）[8]を燃焼させると，二酸化炭素と水が生成する．
③ 水素ガスと窒素ガスからアンモニアが生成する[9]．
④ アルミニウム（Al）と空気中の酸素とが反応し，酸化アルミニウム（Al$_x$O$_y$）を生じる[10]．　　デモ：鉄Fe，マグネシウムMgを燃やす．
⑤ 糖質の一種であるグルコース（ブドウ糖）C$_6$H$_{12}$O$_6$の燃焼の反応式と代謝における呼吸商（消費酸素に対し生成する二酸化炭素のモル比）[11]を求めよ．一般の糖質（炭水化物[12]，C$_n$(H$_2$O)$_m$と書くこと可）の呼吸商も求めよ．タンパク質，脂質の呼吸商は1より大きいか，小さいか．
ヒント：C$_6$H$_{12}$O$_6$ + a O$_2$ → b CO$_2$ + c H$_2$O ではO$_2$とCO$_2$の比b/aが呼吸商．

1・7 酸と塩基

酸と塩基については，小・中・高校とすでに学んできている．酸と塩基は酸化還元とともに，化学を学ぶうえでもっとも重要な概念の1つであり，化学を基礎としたさまざまな学問分野を学ぶうえでも大切な基礎である．酸と塩基は日常生活[1]や，食べ物[2]，からだの仕組み[3]から地球環境[4]にまでかかわっている．ここでは酸塩基とその定義，酸塩基の価数について学習する．食酢中の酢酸の分析などに用いられる中和滴定，水溶液の酸性・塩基性（アルカリ性）の程度を表すpH（ピーエイチ）は2章で学ぶ（pH=7が中性，pH<7で酸性，pH>7で塩基性（アルカリ性）である）．

1・7・1 酸とは

> **QUIZ 考えてみよう！ ⑤**
> (1) 酸とはどのような性質をもったものか．
> (2) さまざまな酸に共通な酸の性質は何によってもたらされたか（酸の性質の実体・もの・酸の素は何か）．
> (3) 強い酸，弱い酸とはどういうことか．両者で何がどう違うのか．

---

7) メタンは天然ガスの主成分．都市ガス（台所のガス）．お湯を沸かす・調理の時に，この反応が起こる．

8) ブタンは食卓で用いる卓上用のガスコンロのカセットガスボンベの中身．

9) 窒素分子とアンモニア分子の化学式は基本である．記憶せよ．

10) まずAlが+3価，Oが−2価であることを基にx, yの値を求めたうえで反応式を考えよ．求め方はp.19参照．

11) 呼吸商：生物が呼吸によって取り入れる酸素に対する同一時間内に放出する二酸化炭素の容積比（量比，モル比）．商とは割算の値のこと．呼吸物質として燃焼される栄養物の種類，糖質・脂質・タンパク質によって値が異なる．生物学，生理学，栄養学で学ぶ概念である．

12) 炭水化物：糖質の化学式，C$_n$H$_{2m}$O$_m$をC$_n$(H$_2$O)$_m$と書き表すと，あたかも，炭素Cがn個と水分子H$_2$Oのm個が化合して糖質が生じているように見えることから，糖質を炭水化物とも呼ぶ．グルコース（ブドウ糖）C$_6$H$_{12}$O$_6$はC$_6$(H$_2$O)$_6$，スクロース（ショ糖，砂糖）C$_{12}$H$_{22}$O$_{11}$はC$_{12}$(H$_2$O)$_{11}$，デンプンC$_{6n}$H$_{10n+2}$O$_{5n+1}$はC$_{6n}$(H$_2$O)$_{5n+1}$と表すことができる．

1) せっけん，植物灰，畑の土壌の中和，化粧水，トイレ掃除など．

2) 酢，寿司飯，おにぎり中の梅干，食品の腐敗・微生物の繁殖，ジャムの色の安定性，果物など．

3) 血液はpH=7.4と微弱塩基性，胃液は塩酸で酸性，膵液・腸液は炭酸水素ナトリウム（俗称：重炭酸ソーダ・重曹）で弱塩基性．

4) pH<3の酸性ではほとんどの魚は死ぬ．酸性雨による森林破壊，火山性ガスなど．海面のpH≒8.1．

答 (1) 酸っぱい，青リトマス紙を赤くする，金属と反応し水素ガスを発生する．酸とは読んで字のごとく，なめると"酸っぱい"もの．

(2) 酸の(酸っぱい)性質の素，**酸性の素は水素イオン H^+ である**[5]．水に溶けると H^+ を生じる(放出する)化合物を酸という．

(3) H^+ が酸性の素であるから，**強酸**(水に溶けて強い酸性を示す酸)は **H^+ をたくさん放出する酸**(酸の濃度の高低にかかわらずイオン化する程度・解離度 α (p.79)が大きい，いつも離れていたい，ばらばらになりたい酸)，つまり，酸っぱさが強い酸(水に溶かすとpHが1以下になる酸，金属とよく反応し，水素ガスを勢いよく発生する酸)である．

弱酸(弱い酸性しか示さない酸)は **H^+ を少ししか放出しない酸**(解離度が小さい酸・あまりイオン化しない酸)，つまり，あまり酸っぱくない酸(水に溶かすとpH(p.78)が2〜3程度までにしか下がらない酸，金属とゆっくり反応し，水素ガスを少しずつ発生する酸)のことである．

例題1・6 ① 酸にはいかなるものがあるか．**無機酸**(無機化合物*)5種類と**有機酸**3種類(有機化合物*：食酢の酸，酸葉の酸，レモンの酸)の名称と化学式を述べよ(レモンの酸は化合物名のみで可)．
② ①で述べた酸を強酸，中位の強さの酸，弱酸に分類せよ．
* 生き物由来の，炭素を含む化合物を**有機物**，それ以外を**無機物**という．

答 ① 下表参照 [POINT](太字は理屈抜きに覚えよ．理屈は p.25 以降で説明する)．

無機酸	塩酸，HCl	塩化水素ガス HCl の水溶液．胃液の成分(胃酸)．塩酸は食塩 $NaCl$ から生じた**酸**という意味[6]．
	硝酸[7]，HNO_3	硝石(KNO_3)なる物質から生じた酸の意？
	硫酸，H_2SO_4	**硫黄の酸**という意味．硫黄が酸化(p.35)されて生じた酸．
	リン酸，H_3PO_4[8]	リンの酸という意味．リンが酸化されて生じた酸．
	炭酸，H_2CO_3[9]	**炭素の酸**という意味．炭素が酸化されて生じた二酸化炭素(炭酸ガス，呼気の成分)が水と反応して生じた酸．
有機酸	酢酸[10]，CH_3COOH	acetic acid，食酢の酸という意味．食酢の主成分．
	シュウ酸[11]，$(COOH)_2$，$H_2C_2O_4$	oxalic acid，カタバミ科植物 oxalis の酸．蓚(しゅう)酸とはタデ科植物(酸葉(すいば)＝すかんぽ)の酸なる意．
	クエン酸[12]	citric acid＝日本語も英語もミカン・かんきつ類の酸の意．トリカルボン酸 tricarboxylic acid (TCA)．

② 強酸：HCl，H_2SO_4，HNO_3，(過塩素酸 $HClO_4$)
HCl，H_2SO_4，HNO_3，が強酸であることは覚え．それ以外は弱酸と思ってよい．
中位の強さの酸：シュウ酸，リン酸
弱酸：クエン酸，酢酸，炭酸(この順に弱くなる)．
強酸がはるかに酸っぱい(H^+ をたくさん放出する，H^+ が酸っぱさの素)．弱酸はそれほど酸っぱくない．

a. オキソ酸(酸素酸)[13,14]

硫酸，硝酸，リン酸，炭酸などの酸は，硫黄，窒素，リン，炭素と酸素[14]

---

5) 厳密には水分子 H_2O に H^+ がくっついた(配位した p.96)オキソニウムイオン H_3O^+ である($H^+ + H_2O \to H_3O^+$)．

デモ
酢酸，シュウ酸，クエン酸，塩酸をなめる(酸っぱさを比較する)．梅干しやレモンの酸っぱさの素はクエン酸である．金属と酸の反応．

6) $NaCl + H_2SO_4 \to NaHSO_4 + HCl \uparrow$

7) 野菜中に塩として存在．

8) リン酸は生体・生物を分子レベルで勉強する現代生物学，分子生物学，遺伝子工学，生命工学，医学，薬学などではもっとも重要な酸である．遺伝子 DNA，生体エネルギーの素 ATP(からだにとって車のガソリンに対応するもの)，その他多くの生体内の重要な物質(補酵素，代謝中間生産物，グルコース 6-リン酸，フルクトース 1,6-二リン酸，クレアチンリン酸など)や骨・歯がリン酸化合物である．

9) 炭酸飲料．H_2CO_3，HCO_3^- として体液中に溶解(浸透圧，pHの制御)．$NaHCO_3$ は膵液・腸液の成分．CO_2 の固体・ドライアイスを固体炭酸ともいう．

10) エタノールの酸化，穀物の発酵により生じる．CH_3CH_2OH(エタノール) $\to CH_3CHO$(アセトアルデヒド) $\to CH_3COOH$(酢酸)．

11) 化学式は $(COOH)_2$ と $H_2C_2O_4$ のどちらでも可．ホウレンソウに塩として存在．あくの素．染色・なめし革，漂白，分析化学に利用．生化学 TCA 回路にオキサロ酢酸なる物質が存在する．Ca と，水に溶けにくい難溶性塩，シュウ酸カルシウム $Ca(COO)_2$ を作る．腎臓結石の成分．

oxygen(オキシ)の化合物・酸化物から生じたものであり，オキソ酸と呼ばれている．

金属元素が酸化＝酸素化されると**イオン結合性の金属酸化物**を生じるのに対して，**非金属元素が酸化されると共有結合性の非金属酸化物**(共有結合した＝原子同士が手をつないだもの，分子・分子性化合物)を生じる．すなわち，水素 H_2 が酸素 O_2 と反応する(燃える)と水 H_2O，炭素(炭(すみ))C が燃えると二酸化炭素 CO_2，硫黄が燃えると**二酸化硫黄 SO_2**[15]，窒素が高温で酸素と反応すると NO[16]，リン P[17] が燃えると十酸化四リン P_4O_{10} が得られる．C，N，S の酸化物にはこのほかにもさまざまな酸化物がある．ハロゲン元素にもさまざまな酸化物が存在し，17族の塩素では Cl_2O，ClO_2，Cl_2O_6，Cl_2O_7 がある．

演習 1・16 以下の非金属酸化物名を化学式に変えよ．
① 水，② **二酸化炭素**(酸素が2個くっついた炭素という意味)，③ **一酸化炭素**
SO_x[18]：④ **二酸化硫黄**，⑤ 三酸化硫黄
NO_x[18]：⑥ 一酸化二窒素，⑦ 一酸化窒素，⑧ 二酸化窒素，⑨ 四酸化二窒素，⑩ 五酸化二窒素，⑪ 一酸化二塩素，⑫ 二酸化塩素，⑬ 七酸化二塩素
(答は演習 1・17 の問題)

演習 1・17 以下の化学式を化合物名に変えよ．
① H_2O，② CO_2，③ CO，④ **SO_2**，⑤ SO_3，⑥ N_2O，⑦ NO，⑧ NO_2，⑨ N_2O_4，⑩ N_2O_5，⑪ Cl_2O，⑫ ClO_2，⑬ Cl_2O_7 (答は演習 1・16 の問題)

金属元素である1族元素の Na，2族の Ca，13族の Al が，それぞれ，＋1，＋2，＋3 のイオンとなるように(p.11)，非金属元素である14族元素の C，15族の N と P，16族の S，17族の Cl は価数としてそれぞれ＋4，＋5，＋5，＋6，＋7(族番号－10)の最大値(**最高酸化数**，p.110)をとることができる．C，N，P，S，Cl の最高酸化数の酸化物は，O 原子の価数が－2だから，酸化物全体の電荷がゼロとなるように化学式を定めると[19]，CO_2，N_2O_5，P_4O_{10}[20]，SO_3，Cl_2O_7 となる．これらが水と反応すると例題 1・7 のオキソ酸[21]を生じる．NO_2，SO_2 などの，より小さい酸化数の酸化物からもオキソ酸を生じる． 🧪 デモ 水 ＋ NaOH 1滴 ＋ フェノールフタレイン ＋ CO_2

例題 1・7 以下の非金属元素酸化物と水とから酸が生じる反応の反応式を示せ．① CO_2，② N_2O_5，③ N_2O_3，④ P_4O_{10}，⑤ SO_3，⑥ SO_2，⑦ Cl_2O_7
C，N，P，S，Cl から，それぞれ，炭酸，硝酸(しょうさん)，リン酸，硫酸(りゅうさん)，過塩素酸($HClO_4$)を生じる(化学式は p.24 参照)．

12) 酢酸より強い酸．—COOH が3個ある有機酸(トリカルボン酸)．生化学で学ぶ TCA 回路＝クエン酸回路の名の由来物質．化学式は p.27 参照．

13) この項は無機酸の化学式がなぜ H_2SO_4，HNO_3，H_2CO_3，H_3PO_4，$HClO_4$ となるのかを理解するためのものであり，省略してもよい．

14) 酸素 O を"酸"の"素(もと)"と呼ぶのは，酸化物から 13)の酸が得られたことから，O が酸の素と考えられたためである．その後，代表的な強酸の1つである塩酸が酸素を含んでいないことがわかり(ハロゲン化水素酸)，O が酸の素ではないことが明らかになった(H^+ が酸の素)．

15) 石炭・石油中の硫黄分が燃焼して生じる．大気汚染・酸性雨の元．

16) 自動車のエンジンに吸い込まれた空気中の N_2 と O_2 とが反応して生じる，瞬間湯沸かし器でも生じる：大気汚染・酸性雨の元．$2NO + O_2 \rightarrow 2NO_2$ と変化する．

17) リン，おにび，きつねび，ひとだま；黄リンは室温で徐々に酸化されて暗所で青白色の微光(りん光)を放つ．猛毒．空気を断って熱すると赤リン(同素体)に変化する．

18) SO_x，NO_x：ソックス，ノックスと読む．x は，いろいろな数値をとる，という意味であり，環境科学分野で用いる用語である．酸性雨，光化学スモッグの原因物質．

19) CO_2 では $(+4) \times 1 + (-2) \times 2 = 0$，$Cl_2O_7$ では $(+7) \times 2 + (-2) \times 7 = 0$．ほかの酸化物についても全体の電荷＝0 を確認せよ．

20) もっとも単純な組成は P_2O_5 だが，実在するもっとも単純な物質は P_4O_{10} である．

21) 非金属酸化物の酸．

22) 亜硝酸の化合物・**亜硝酸ナトリウム $NaNO_2$** は食品添加物(ハムの着色など).

23) P_4O_{10} と H_2O を反応させて H:P:O が整数比となるものは H_3PO_4 と HPO_3.

24) 二酸化硫黄 SO_2 (俗称:亜硫酸ガス)や亜硫酸ナトリウム Na_2SO_3 は絹・羊毛・食品などの漂白剤・酸化防止剤・還元剤(p.39)に用いる. 食品衛生学で学ぶ.

25) 次亜塩素酸($Cl_2O+H_2O \rightarrow H_2Cl_2O_2 \rightarrow 2HClO$) には殺菌作用があり, 水道水の消毒・殺菌剤として用いられる ($Cl_2+H_2O \rightarrow HClO+HCl$). 台所の塩素系殺菌剤, 洗濯用の塩素系漂白剤(ブリーチ)には**次亜塩素酸ナトリウム NaClO**(衛生学で学ぶ)が用いられている. NaClO は空気中の二酸化炭素の影響で徐々に消毒殺菌作用をもつ HClO に変化する. $NaClO+H_2CO_3 \rightarrow HClO+NaHCO_3$.

26) 2価, 3価の酸では, 条件に応じて H^+ は1個ずつ段階的に解離するが(右表), アルカリ性溶液ではすべてが H^+ に変化する(pp.33, 34 アルカリ性下では解離した H^+ は, $H^+ + OH^- \rightarrow H_2O$, のように OH^- と反応・結合し, 水分子に変化する).

27) H_3PO_4 の H_3 は H が3個の意. H_3 はとれて $3H^+$ となる.

28) 1個の CH_3COOH から 1個の H^+ を生じる. 酢酸 CH_3COOH p.118 などの有機酸(カルボン酸)では, **H^+ として解離できる H は COOH**(カルボキシ基, pp.135, 146)の H のみである. CH_3COO^- の CH_3 の H は H^+ とはならない! C−H 結合は簡単には切れない(つまり, ヘキサン C_6H_{14}, 石油などはなめても酸っぱくない!). したがって, 酢酸 CH_3COOH は4価の酸ではなく1価の酸である. −COOH は酸の素!

答 ① $CO_2 + H_2O \longrightarrow H_2CO_3$ 炭酸, 炭から生じた酸. 弱酸. 炭酸飲料.
② $N_2O_5 + H_2O \longrightarrow H_2N_2O_6 \longrightarrow \mathbf{2HNO_3}$ 硝酸, 強酸である.
　　硝石 KNO_3 から生じた酸という意味: $KNO_3 + H_2SO_4 \longrightarrow KHSO_4 + HNO_3$
③ $N_2O_3 + H_2O \longrightarrow H_2N_2O_4 \longrightarrow 2HNO_2$ (亜硝酸[22])
④ $P_4O_{10} + 6H_2O \longrightarrow H_{12}P_4O_{16} \longrightarrow \mathbf{4H_3PO_4}$ リン酸, リンから生じた酸[23]. 中位の強さの酸. ($P_4O_{10} + 2H_2O \longrightarrow H_4P_4O_{12} \longrightarrow 4HPO_3$ メタリン酸)
⑤ $SO_3 + H_2O \longrightarrow \mathbf{H_2SO_4}$ 硫酸, 強酸. 硫黄から生じた酸. SO_3 を無水硫酸という.
⑥ $SO_2 + H_2O \longrightarrow H_2SO_3$ 亜硫酸[24]
⑦ $Cl_2O_7 + H_2O \longrightarrow H_2Cl_2O_8 \longrightarrow 2HClO_4$ 過塩素酸, 強酸. 塩素から生じたオキソ酸. $HClO_3$ を塩素酸といい, これより酸素が1つ多い酸を過塩素酸, 1つ少ない酸 $HClO_2$ を亜塩素酸, 2つ少ない酸 $HClO$ を次亜塩素酸という[25].

b. 酸の価数(重要!)

例題1・8 ① 酸の価数とは何か.
② 塩酸, 硫酸, 硝酸, リン酸, 炭酸, 酢酸, シュウ酸, クエン酸は何価の酸か. 根拠となる酸の解離反応式(H^+ が取れる式)も書け. この際に生じる多原子陰イオン(下述)の名称も述べよ.

答 ① 1個の酸が放出することができる水素イオン H^+ の数をその酸の価数という.

② 下表参照.　　　　　　　　　　　　　　　POINT

酸	価数	解離反応式	多原子陰イオン(要記憶)
塩酸	1価*¹	$HCl \longrightarrow H^+ + Cl^-$	(解離度 $\alpha=1.0$, 解離度100%)
硫酸[26]	2価*²	$\mathbf{H_2SO_4} \longrightarrow \mathbf{H^+ + HSO_4^-}$ $HSO_4^- \longrightarrow H^+ + SO_4^{2-}$	硫酸水素イオン 硫酸イオン
硝酸	1価*¹	$\mathbf{HNO_3} \longrightarrow \mathbf{H^+ + NO_3^-}$	硝酸イオン
リン酸[26,27]	3価*³	$\mathbf{H_3PO_4} \longrightarrow \mathbf{H^+ + H_2PO_4^-}$ $H_2PO_4^- \longrightarrow H^+ + HPO_4^{2-}$ $HPO_4^{2-} \longrightarrow H^+ + PO_4^{3-}$	リン酸二水素イオン リン酸水素イオン リン酸イオン
炭酸[26]	2価*⁴	$\mathbf{H_2CO_3} \longrightarrow \mathbf{H^+ + HCO_3^-}$ $HCO_3^- \longrightarrow H^+ + CO_3^{2-}$	炭酸水素イオン 炭酸イオン
酢酸[28,29]	1価	$\mathbf{CH_3COOH} \longrightarrow \mathbf{H^+ + CH_3COO^-}$	酢酸イオン
シュウ酸[30]	2価*⁵	$(COOH)_2 \longrightarrow 2H^+ + (COO^-)_2$	シュウ酸イオン
クエン酸	3価*⁶	カルボン酸 $CH_2(COOH)C(OH)(COOH)CH_2(COOH)$[31]	

*¹ 1個の酸分子から1個の H^+ を生じる.
*² 全体としては, $H_2SO_4 \longrightarrow 2H^+ + SO_4^{2-}$, 1個の H_2SO_4 から2個の H^+ を生じる[26].
*³ 全体としては, $H_3PO_4 \longrightarrow 3H^+ + PO_4^{3-}$, 1個の H_3PO_4 から3個の H^+ を生じる[26].
*⁴ 全体としては, $H_2CO_3 \longrightarrow 2H^+ + CO_3^{2-}$, 1個の H_2CO_3 から2個の H^+ を生じる[26].
*⁵ $H_2C_2O_4 \longrightarrow 2H^+ + C_2O_4^{2-}$, とも記す. 1分子から $2H^+$ を生じる.
*⁶ −COOH が3個ある. 1分子から3個の H^+ を生じる[26].

c. 多原子イオン

硫酸は強酸であり水に溶けると(薄い濃度では), 例題1・8 の答のように

2個のH^+イオンと1個の**硫酸イオンSO_4^{2-}**とに分かれる．**硫酸イオンSO_4^{2-}**のS原子1個とO原子4個は共有結合(p.12)により強く結びつけられているので，1個のSと4個のOにばらばらには分かれないで，SO_4のかたまりのままで1つのイオンになる（下図）．このように，複数の原子が結びついてひとかたまりとなったイオンを**多原子イオン**という．

SO_4^{2-}　（メタンと同一構造）
多原子イオン

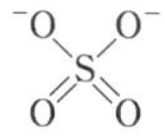

多原子イオンは硫酸H_2SO_4以外にも，上述のように，硝酸HNO_3，炭酸H_2CO_3，リン酸H_3PO_4，などの無機酸や，酢酸，シュウ酸などの有機酸からも生じ(p.26表)，また，塩基からも生じる(p.29)．

d. 多原子陰イオンの価数

これらのイオンは元の酸からH^+が取れた数だけ－の電荷となる[32]．反応式，$H_2SO_4 \to 2H^+ + SO_4^{2-}$，の左側の$H_2SO_4$は無電荷だから（もともと電荷ゼロだから），反応式の右側も全体として電荷は＋－ゼロになるはずである．したがって，生じたイオンSO_4^{2-}は，取れたH^+の数の分の正電荷に対応する負電荷－2をもつ．H_3PO_4から$3H^+$が取れると残りはPO_4だが，$3H^+$と電荷を合わせて全体はゼロとなる必要があるのでPO_4^{3-} [32,33]．

演習 1・18 以下の多原子陰イオンの化学式を書け．イオンの元となる酸の化学式を思い出すこと（多原子陰イオンの名称は○酸＋イオン）．
① 硫酸イオン[34]，② 硝酸イオン[35]，③ 炭酸イオン[36]，④ 炭酸水素イオン[37]，⑤ リン酸イオン[38]，⑥ リン酸水素イオン[39]，⑦ リン酸二水素イオン[39]，⑧ 酢酸イオン，⑨ シュウ酸イオン[40]，⑩ 亜硝酸イオン（答は演習1・19の問題）

演習 1・19 以下の多原子イオンの名称を書け．
① SO_4^{2-}，② NO_3^-，③ CO_3^{2-}，④ HCO_3^-，⑤ PO_4^{3-}，⑥ HPO_4^{2-}，⑦ $H_2PO_4^-$，⑧ CH_3COO^-，⑨ $(COO^-)_2$ または $C_2O_4^{2-}$，⑩ NO_2^-（答は演習1・18の問題）

1・7・2 塩基とは

QUIZ 考えてみよう！ ⑥
(1) **塩基性**（アルカリ性ともいう）とはどのような性質か．(2) **塩基**とは何か，**アルカリ**とは何か．(3) さまざまな塩基の水溶液に共通な性質である，塩基性，は何によってもたらされるのか（塩基性(アルカリ性)の素は何か）．

答 (1) なめるとしぶい・にがい，手につけるとぬるぬるする．赤リトマス紙を青くする，酸と反応してその性質を打ち消すなど，塩基の水溶液

---

29) …COOHをカルボン酸といい，－COOHからH^+が少しだけ取れる．弱い酸である(解離度 $\alpha \approx 0.01$，1％程度，この意味は酢酸分子100個のうち，1個のみがH^+＋CH_3COO^-に別れ，残りの99個はCH_3COOHのままということである)．

30) シュウ酸，$(COOH)_2$，は…COOHのCOOHの部分だけが2個つながったもの．2価のカルボン酸．したがって，シュウ酸の1個からH^+は2個生じる．

COOH　－COOH ≡ －C－O－H
COOH

31)
H　　　　　　H
H－C－COOH　　H－C－COO$^-$
HO－C－COOH → HO－C－COO$^-$ ＋ 3H$^+$
H－C－COOH　　H－C－COO$^-$
H　　　　　　H

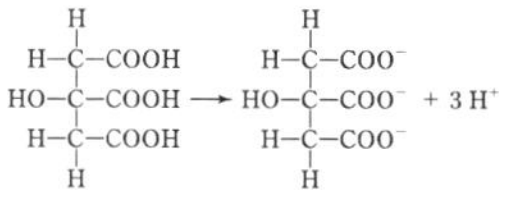

－COOHは酸の素！ 以上の酸分子の構造式は"演習 溶液の化学と濃度計算"，p.41を参照のこと．なぜH^+を放出できるかについては"有機化学基礎の基礎"p.124参照．

32) 多原子陰イオンの価数・電荷は，① 酸の解離式から理解できる（解離したH^+の数＝正電荷＝陰イオンの負電荷）．② C，N，S，Pの最高酸化数＝族番号－10(＋4，＋5，＋6，＋5)とOの－2とを元にも計算できる．例：SO_4，16族元素であるSの最高酸化数＋6とOの$(-2) \times 4$を足す$+6 + (-2) \times 4 = -2$．よってSO_4^{2-}．

33) 多原子イオンの電荷は，SO_4^{2-}のように，原子団の後の上付添え字で，たとえば2－と表す．2－は－の単位電荷が2つあるという意味であり，電荷を－2とは書かない．

34) 硫酸イオンはからだの細胞質(細胞内液)中に含まれている．外液にはあまり含まれていない．

35) 硝酸イオンは野菜に多く含まれている．

36) 石灰石，大理石，貝殻，卵の殻の成分．

37) 医療系では古い用語，**重炭酸イオン**，も用いる．血液中に溶けて**pH**(p.80)を制御している(pH=7.4，炭酸緩衝液)．重曹とは炭酸水素ナトリウムのこと(pp.23, 33)．

38) リン酸イオンは骨，歯の成分．

39) リン酸二水素イオン，リン酸水素イオンは細胞内イオンとして重要(細胞内液の**浸透圧，pH**を制御)．

40) 腎臓結石の主成分は$Ca(COO)_2$, (CaC_2O_4)．シュウ酸はイオンとしてホウレンソウなどの野菜類に含まれる．あくの成分である．

🔬**デモ** 植物灰，せっけん，アルカリ洗剤(住いの洗剤)の溶液のpHをフェノールフタレイン，万能pH試験紙で調べる．酢酸，塩酸と固体NaOHの回覧，希薄水溶液を指でさわる・なめる．アンモニア水のpH．

41) 酸の水素原子Hを金属，またはほかの金属性基で置き換えた化合物の総称．酸を塩基で中和する時，生じるもの．代表例はNaCl．

42) アルカリとはもともとは植物灰K_2CO_3を意味する言葉である．濃いアルカリを目に入れると失明の危険性があるので要注意．

43) **アルカリ性**とは代表的な水溶性の塩基であるアルカリの示す性質．小中学校では**アルカリ性**という言葉を学んだが，高校・大学ではより一般的な言葉，**塩基性**，を使う．

44) 必ず記憶せよ．Cl^-を塩化物イオンと呼ぶように，OH^-は**水素と酸素**からできているので**水酸化物イオン**という．H_2OからH^+が取れて生じたのがこのイオンである．$H_2O \longrightarrow H^+ + OH^-$．

45) NaOHは台所の塩素系漂白殺菌剤の次亜塩素酸ナトリウム NaClO 水溶液の中に加えられている．

の示す性質のこと．酸性と対比される水溶液の液性．

(2) 塩基とは読んで字のごとく"塩の基"のこと．酸と反応して，中和されて(酸の性質が打ち消されて p.31)**塩**[41]を生じるもの，アルカリとはNaOHなどの水溶性の塩基のことである[42]．塩基が水に溶けた時に示す性質を**塩基性**という(**アルカリ性**ともいう[43])．(酸の水溶液の性質 → **酸性**，塩基の水溶液の性質 → **塩基性**)

(3) 塩基性の素は水酸化物イオンOH^-である[44]．

例題 1・9 ① 強塩基，弱塩基とは何か．
② 代表的な強塩基(強アルカリ)の名称と化学式を2つあげよ．
③ 弱塩基であり，尿中の成分である尿素$(NH_2)_2CO$, $H_2N-CO-NH_2$, (化粧品などに利用)が分解して生じるもの，虫刺され薬の成分の1つでもあるものの名称と化学式を述べよ．

答 ① **強塩基**：強い塩基性(アルカリ性)を示すもの，塩基性の素であるOH^-をたくさん放出するもの，水に溶かすとpHが12〜14になるもの．
弱塩基：弱い塩基性・アルカリ性を示すもの，OH^-を少ししか放出しないもの，水に溶かしてもpHが11程度までにしかならないもの．
② **強塩基**：水酸化ナトリウム NaOH[45]，水酸化カリウム KOH[46]，水酸化カルシウム $Ca(OH)_2$，水酸化バリウム $Ba(OH)_2$ など．アルカリ金属，Caより重いアルカリ土類金属の水酸化物が強塩基性，それ以外は弱塩基性である．
③ **弱塩基**：アンモニア NH_3 常温で気体であり，水によく溶ける(アンモニア水)，特異臭(アンモニア臭)をもつ．アンモニアの親戚にはアミン[47]がある．
(②と③の太字の塩基の名称と化学式は理屈抜きに覚えること)

a. 金属酸化物と水酸化物[48]

金属元素である1族元素 Na, K, 2族元素 Ca, Ba の酸化物はNa_2O, K_2O, CaO, BaO である(p.20)．これらの金属酸化物(塩基性酸化物)は水と反応して，**水酸化物** NaOH, KOH, $Ca(OH)_2$, $Ba(OH)_2$を生じる．

$$Na_2O + H_2O \longrightarrow 2NaOH \qquad K_2O + H_2O \longrightarrow 2KOH$$
$$CaO + H_2O \longrightarrow Ca(OH)_2 \qquad BaO + H_2O \longrightarrow Ba(OH)_2$$

これらの水酸化物は塩化ナトリウム NaCl(食塩)の場合と同様にイオン性であり，水に溶けるとほぼ完全に陽イオン Na^+, K^+, Ca^{2+}, Ba^{2+} と水酸化物イオン OH^- とに解離して(解離度 $\alpha \fallingdotseq 1.0$, 100%, p.24, p.79の6)，強電解質)，塩基性(アルカリ性)の素であるOH^-をたくさん生じる．

$$NaOH \longrightarrow Na^+ + OH^- \qquad KOH \longrightarrow K^+ + OH^-$$
$$Ca(OH)_2 \longrightarrow Ca^{2+} + 2OH^{-[49]} \qquad Ba(OH)_2 \longrightarrow Ba^{2+} + 2OH^{-[49]}$$

したがって，これらの水溶液は強塩基性・強アルカリ性を示す．つまり，

NaOH, KOH, Ca(OH)$_2$, Ba(OH)$_2$ は強塩基である[50] (p. 28).

b. 塩基の価数

例題 1・10 ① 塩基の価数とは何か.
② 以下の化合物は何価の塩基か. 根拠となるイオン解離式も書け.
水酸化ナトリウム, 水酸化カリウム, 水酸化カルシウム, 水酸化バリウム, アンモニア[51](水酸化アルカリは水に溶かすと**陽イオンと陰イオンに分かれて溶ける**(電離する)).

答 ① 1個の塩基が放出することができる水酸化物イオン OH$^-$ の数(または, 受け取ることができる H$^+$ の数 p. 30)をその塩基の価数という.
② 下表参照.

塩 基	価 数	イオン解離式
水酸化ナトリウム	1価[*1]	**NaOH** ⟶ **Na$^+$+OH$^-$**
水酸化カリウム	1価	**KOH** ⟶ **K$^+$+OH$^-$**
水酸化カルシウム	2価[*2]	Ca(OH)$_2$ ⟶ Ca^{2+}+2OH$^-$
水酸化バリウム	2価	Ba(OH)$_2$ ⟶ Ba^{2+}+2OH$^-$
アンモニア (水)	1価[*3]	**NH$_3$+H$_2$O** ⟶ **NH$_4^+$+OH$^-$**

[*1] NaOH の 1 個から 1 個の OH$^-$ を生じる.
[*2] Ca(OH)$_2$ の 1 個から 2 個の OH$^-$ を生じる.
[*3] NH$_3$ の 1 個から 1 個の OH$^-$ を生じる. NH$_4^+$: アンモニウムイオン

c. 塩基由来の多原子イオン

多原子イオン(p. 27)の中には, 水酸化ナトリウム NaOH, アンモニア NH$_3$ などの塩基から生じたものも存在する.

演習 1・20 以下の多原子イオンの化学式を書け.
 (1) 陽イオン: ① **アンモニウムイオン**[52] ② **オキソニウムイオン**[52]
 (2) 陰イオン: **水酸化物イオン**   (答は演習 1・21 の問題)

演習 1・21 以下の多原子イオンの名称を書け.
 (1) ① **NH$_4^+$** [54] ② **H$_3$O$^+$** [53,54] (2) **OH$^-$**
 (①は理屈抜きに覚えること. 理屈は p. 30 の反応式参照)   (答は演習 1・20 の問題)

1・7・3 酸と塩基の定義[55]

a. アレニウスによる定義[56]

例題 1・11 ① アレニウスによる酸と塩基の定義を述べよ.
② 塩酸, 酢酸, 水酸化ナトリウムについて酸・塩基の根拠となる**酸解離反応式**を示せ. **強酸, 弱酸**とはどういうことを意味するのか.

答 ① アレニウスによる酸と塩基の定義: "**酸とは水に溶けるとイオンに分**

---

46) 油脂の平均分子量を調べる方法である**けん化価**(p. 164)の測定・定義に用いられる.

47) 塩基性を示す有機化合物, アミンとはアンモニアに似ているという意味. RNH$_2$ (第一級アミン), RR'NH(第二級アミン), RR'R''N(第三級アミン), p. 137 参照.

48) この項は NaOH, KOH, Ca(OH)$_2$, Ba(OH)$_2$ などのアルカリ(塩基)がいかにして生じたのかを知るためのものであり, 省略してもよい.

49) Ca, Ba → Ca^{2+}, Ba^{2+}(周期表・2族だから2価となることがわかる). ここでは OH は OH$^-$ のことを意味する(記憶せよ).
Ca(OH)$_2$ は全体としては無電荷なので, OH$^-$ が 2 個だから電荷を中和するには Ca は 2+ (+2 のこと) となる必要がある.
Ba(OH)$_2$ の Ba も同様の理屈で Ba^{2+} とわかる.

50) Mg(OH)$_2$ と 1, 2 族以外の金属水酸化物, Al(OH)$_3$ や Fe(OH)$_3$ など, は水に対する溶解度が大変小さいためにほとんど塩基性を示さないが, 酸と反応して塩を生じるから塩基である.

51) NH$_3$, NH$_4^+$ の知識はからだの科学に必要. 血液中に溶けている. 体内で生じた NH$_3$, NH$_4^+$ を魚は直接, 動物は尿素 H$_2$N—CO—NH$_2$ に変換して排泄. 植物の窒素肥料(硫安, 硝安, 尿素)の原料.

52) 命名: ○○ニウム+イオン.

53) 酸性の素.
(H$^+$+H$_2$O → H$_3$O$^+$)

54) NH$_4^+$, H$_3$O$^+$ はともに中性分子の NH$_3$, H$_2$O に H$^+$ が 1 個くっついた(配位結合した, p. 96)ものである. したがって, この H$^+$ の分だけイオン全体として+となる.

かれて(電離して)**酸性の素**である H^+ を生じるもの，塩基とは水に溶けるとイオンに分かれて**塩基性の素**(アルカリ性の素)である OH^- を生じるもの". この考えは彼が提案した電離説[56]に基づいている(下式参照).

② 塩酸：$HCl \longrightarrow H^+ + Cl^-$
(**強酸**：塩酸ではほぼすべてがイオンに解離する(解離度 $\alpha \fallingdotseq 1.0$, p.79 右欄))
H^+ をたくさん放出するので水溶液は強い酸性を示す(pH<2).
酢酸：$CH_3COOH \longrightarrow CH_3COO^- + H^+$
(**弱酸**：酢酸分子のごく一部しかイオンに解離しない(解離度 $\alpha \ll 1$, p.79))
H^+ を少ししか放出しないので水溶液は弱い酸性を示す(pH=3～4).
水酸化ナトリウム：$NaOH \longrightarrow Na^+ + OH^-$
(**強塩基**：OH^- をたくさん放出する，解離度 $\alpha \fallingdotseq 1.0$) pH>12.

b. ブレンステッドとローリーによる定義

例題 1・12　アンモニア NH_3 は OH^- をもたないので，NaOH のように水に溶けてイオンに分かれて OH^- を生じるわけではない[57]. したがってアレニウスの定義では塩基ではないことになる. ところが実際にはアンモニアやトリエチルアミン Et_3N (Et：C_2H_5 −エチル基(p.126)・NH_3 の親戚の有機化合物(p.137))は水に溶かすと，弱塩基性(アルカリ性)を示す. この理由となる水との反応式を示せ.

答　アンモニア NH_3，トリエチルアミン Et_3N は，水に溶かすと，
　　$NH_3 + H_2O \longrightarrow NH_4^+ + OH^-$　　　**アンモニウムイオン**
　　$Et_3N + H_2O \longrightarrow Et_3NH^+ + OH^-$　　トリエチルアンモニウムイオン
のように水と反応して OH^- を放出するために塩基性(アルカリ性)となる. これは下図に示すように，NH_3，Et_3N の N 原子上にある非共有電子対が水分子から H^+ を引き抜く (H^+ が $-\ddot{N}-$ に配位結合する，p.96)ためである[58].

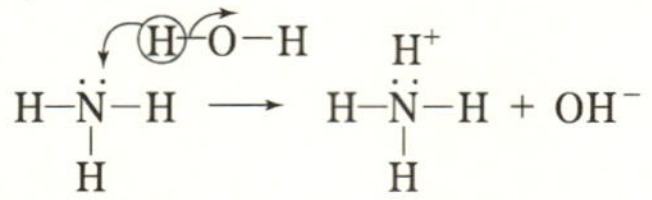

$$\begin{array}{c} \quad\quad H\!-\!O\!-\!H \\ H\!-\!N\!-\!H \longrightarrow H\!-\!N\!-\!H + OH^- \\ \quad\quad\quad\quad\quad\quad\quad H^+ \end{array}$$

では，実際に塩基性を示すアンモニア NH_3 を"塩基"として扱うためにはどう定義すればよいだろうか．左欄の反応式[59]で，アンモニア NH_3 は水分子から H^+ を受け取って NH_4^+ となっている[59]. そこで，デンマーク人のブレンステッドと英国人のローリーは"**酸とは H^+ を放出するもの，塩基とは H^+ を受け取るもの**"と定義した POINT.

アンモニア NH_3 を水に溶かした場合に起こる次の反応について考える．

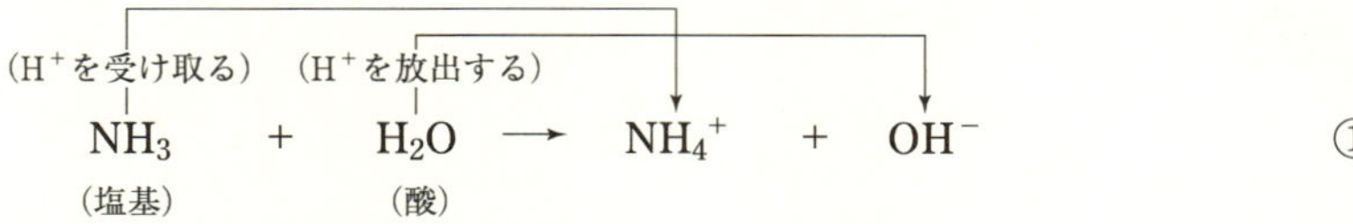

(H^+を受け取る)　(H^+を放出する)
$$NH_3 + H_2O \longrightarrow NH_4^+ + OH^- \quad\quad ①$$
　(塩基)　　(酸)

アンモニア分子は H^+ を受け取っているので塩基であり，水分子 H_2O は H^+ を放出しているので酸である[60].

---

55) 酸塩基の定義の歴史的展開と定義の拡張化・一般化．これは学問の発展様式の好例である：現象の発見→概念の創成とその拡張→自然に対する理解の深化．

56) スウェーデン人のアレニウスは 1887 年 "**塩は水に溶けると陽イオンと陰イオンに解離(電離)**する．たとえば NaCl は水中では，$NaCl \rightarrow Na^+ + Cl^-$ となる". という電離説を提案し 1903 年ノーベル賞を受賞した．当時は，食塩 NaCl は水に溶けても NaCl のままであり，塩の水溶液に電気を流して初めてイオンに解離する(電解質)と考えられていた．

🔥 **デモ**
アンモニアは塩基性，Et_3N/H_2O + フェノールフタレイン(Et_3N の溶けたところが塩基性(アルカリ性)).

57) 昔はアンモニア NH_3 は水に溶けると水酸化アンモニウム NH_4OH という物質になると考えられていたので，NaOH の場合と同様に，$NH_4OH \rightarrow NH_4^+ + OH^-$ と自分のもっている OH^- を放出するとして，アレニウスの塩基の定義に矛盾しなかった．

58) NH_3 は上式のように塩基性を示す．これが生物には有毒なため，陸上動物の体内では，タンパク質の代謝により生じたアンモニアは無毒な尿素 $(NH_2)_2CO$ に変換される．

59) $NH_3 + H_2O \rightarrow NH_4^+ + OH^-$
NH_4^+ を**アンモニウムイオン**という．このように NH_3 と H^+ とが結合する様式を配位結合という(p.96).
NH_3 は**弱塩基**であり，水に溶けているアンモニア分子のうちの，ごく一部の割合のみが，このように反応して OH^- を少し生じる(解離度・イオン化の程度は数%).

60) アミノ酸，$RCH(NH_2)COOH$ は，酸性でも塩基性でもなく中性である．なぜか？

次に，酸を水に溶かす場合について考えてみよう．

酢酸は，例題1・11②の答ですでに見たように，水中では次式のようにイオンに解離する．$CH_3COOH \longrightarrow CH_3COO^- + H^+$
この式では，H^+が実際に存在するように書き表してあるが，じつは，H^+は水中ではH^+のまま単独では存在しないで，$H^+ + H_2O \rightarrow H_3O^+$，のように水分子に付加(配位結合)したオキソニウムイオンH_3O^+として存在する[61]．したがって，酢酸の酸解離平衡式は厳密には次式で示される．
$CH_3COOH + H_2O \longrightarrow CH_3COO^- + H_3O^+$
したがって，酢酸のイオン解離(酸解離)では，酸である酢酸CH_3COOHがH^+を放出するのに呼応してH_2Oが塩基としてH^+を受け取っている，反応式①のアンモニアと同じ役割を果たしていることがわかる．

つまり，ブレンステッド・ローリーの定義に従えば，H^+を受け取ったH_2O分子は塩基ということになる．

$$\underset{(酸)}{\underset{(H^+を放出する)}{CH_3COOH}} + \underset{(塩基)}{\underset{(H^+を受け取る)}{H_2O}} \longrightarrow CH_3COO^- + H_3O^+ \qquad ②$$

反応式①，②から明らかなようにブレンステッド・ローリーの定義ではH_2O分子は酸にも塩基にもなることがわかる[62]．

ブレンステッド・ローリーの定義は水溶液以外でも成り立つ．

🧪デモ
$$\underset{気体}{NH_3} + \underset{気体}{HCl} \longrightarrow \underset{白煙・固体微粒子}{NH_4^+ \cdot Cl^- (NH_4Cl)} \quad (H-\underset{H}{\overset{H}{N}}: \to H^+Cl^-:)\text{ 配位}$$
　(H⁺を受け取る)(H⁺を出す)　　　塩化アンモニウム (塩の1種)

c. ルイスによる酸と塩基の定義（ルイス酸，ルイス塩基）[63]

以下の式では，H^+，Ag^+はともに電子を受け取っているのでルイス酸，NH_3は電子を供与しているのでルイス塩基である．

$H^+ \longleftarrow \boxed{:}NH_3 \longrightarrow H^+ : NH_3$　(NH_4^+，アンモニウムイオン)
$Ag^+ \longleftarrow \boxed{:}NH_3 \longrightarrow Ag^+ : NH_3$　($[Ag(NH_3)]^+$，錯イオン)
$NH_3\boxed{:} \longrightarrow Ag^+ : NH_3 \longrightarrow H_3N : Ag^+ : NH_3$　($[Ag(NH_3)_2]^+$)

1・7・4 酸と塩基の反応－中和反応と反応式・塩－

酸と塩基が反応し，酸としての性質と塩基としての性質をともに失う反応を中和反応という．中和反応はヒトのからだでも起こっている(十二指腸における胃液の膵液・腸液による中和，せっけん洗顔後の化粧水使用)．その他，火山地帯の酸性水の中和剤による中和，酸性工場排水の中和，畑の酸性土壌の生石灰による中和，トイレのアルカリ性汚れの酸性剤による洗浄，料理のしめ鯖など，身の周りにもさまざまな例がある．

---

61) H^+は水素原子の原子核であり，原子の大きさを野球場にたとえれば，原子核は2塁ベース上に置かれた米粒の大きさしかない．そこに＋電荷が存在するためにH^+は単位体積当たり極端な高電荷をもつことになり，単独では存在しないで負電荷，もしくは非共有電子対にくっついてしまう．そこで，H_2Oがあればすぐに，
$H^+ + H-\ddot{O}-H \quad \overset{H^+}{\underset{}{}} \to H-\ddot{O}-H$
のようにH_2OのOの非共有電子対(p.96)に配位結合(p.95)してオキソニウムイオンH_3O^+となる(p.29)．

62) ①，②の逆反応について，どれが酸，どれが塩基になるか考えてみよ．共役塩基・共役酸とは何か．"演習 溶液の化学と濃度計算"参照．
　酢酸イオンは酢酸(弱酸：イオンになりたがらない)の共役塩基である．OH^-により無理やりH^+を奪い取られたCH_3COO^-は，H^+が多数存在するとH^+を受け取って，または，水分子からH^+を引き抜いて，元の酢酸に戻りたがる．これが，酢酸-酢酸ナトリウム系の緩衝作用(p.82)の原理：$CH_3COO^- + H^+ \to CH_3COOH$，$CH_3COONa$(弱酸強塩基の塩)の加水分解の原理：$CH_3COONa \to CH_3COO^- + Na^+$，$CH_3COO^- + H_2O \to CH_3COOH + OH^-$

63) さらに拡張された定義：ルイス酸とは(p.96，配位結合の)電子対を受け取るもの，ルイス塩基とは電子対を供与するもの．H^+や金属イオンはルイス酸であり，OH^-やNH_3，H_2OのようにH^+を受け取る(H^+に電子を供与する)ブレンステッド塩基，金属イオンに電子を供与する配位子(金属イオンと配位結合したイオン・分子)はルイス塩基である．それゆえ，配位結合による金属イオンと配位子との結合反応(錯体形成反応)はルイス酸とルイス塩基との反応と見なすことができる．("演習 溶液の化学と濃度計算"，p.159参照)

64) 水の解離，$H_2O \to H^+ + OH^-$，の程度は極めてわずかである．つまり，H_2O は HCl や NaOH，NaCl などの強電解質と異なり，H^+ と OH^- にはほとんど分かれたがらない性質をもったものである（非電解質）．したがって，H_2O の元である H^+ と OH^- が一度にたくさん（高濃度で）出会えば，H^+ と OH^- は直ちに結合して H_2O に変化してしまうはずである．それが酸と塩基の中和反応である．

デモ
例題 1・14，指示薬で調べる．中和前後の味見をする．NaCl と Na_2SO_4．

65) 塩酸，硫酸，水酸化ナトリウム，食塩の化学式は基本である．記憶せよ．食塩とは食べることができる塩，食用の塩のこと．

66) 略図（H^+ と Cl^- → NaCl，Na^+ と OH^- → H_2O）

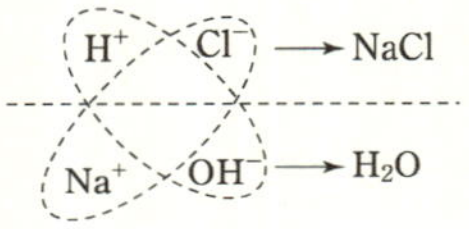

67) $H^+ + OH^- \to H_2O$（手をつなぐ，共有結合を形成），Na^+ と Cl^- とは水に溶けている．この水溶液を煮詰めると NaCl の結晶（イオン結晶）が得られるので，この中和反応の生成物（塩）を NaCl と書く．塩とは酸と塩基との反応により生じたイオン性化合物の総称である．

68) 略図（H^+ と SO_4^{2-} → Na_2SO_4，$Na^+ Na^+$ と $OH^- OH^-$ → $2H_2O$）

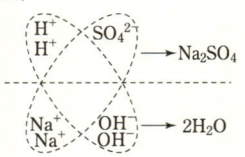

69) $2NaSO_4$ とすれば，これは $2(NaSO_4)$ を意味する．Na イオン Na^+ の 2 個と硫酸イオン SO_4^{2-} の 1 個ならば，$(Na^+)_2(SO_4^{2-})$ と Na の数を下付数字で表す．また，$(Na^+)_2(SO_4^{2-})$ のことをイオンの電荷を省いて，$(Na)_2(SO_4)$，さらに（ ）も外して Na_2SO_4 と書くのが約束である（pp.19，35）．

例題 1・13 中和反応とは何か．

答 酸と塩基が反応し，酸としての性質（酸っぱい，など）と塩基としての性質（ぬるぬるする，にがい，赤いリトマス紙を青くするなど）をともに失った場合，酸と塩基は中和されたという．**中和反応とは酸の中の酸性の素 H^+ と塩基の中の塩基性の素 OH^- とが反応して水分子 H_2O を生じる**（水分子に変化する）**反応**，$H^+ + OH^- \to H_2O$，で示される反応のことである[64]．この反応と同時にイオン性化合物の塩を生じるので，中和反応＝**酸と塩基とが反応して，水と塩を生じる反応**，とも表現できる．

例題 1・14 以下の中和反応の反応式 [POINT] を示せ．
① 塩酸と水酸化ナトリウムとが反応して，水と食塩とを生成する[65]．
② 硫酸と水酸化ナトリウムとが反応して，水と硫酸ナトリウムとを生成する[65]．

答 ① **解法 1** 酸と塩基の**価数**を考えて H^+ の数と OH^- の数が一致するように反応式を組み立てる．

　　HCl は 1 価の酸：$HCl \longrightarrow H^+ + Cl^-$，1 個の H^+ を放出する．

　　NaOH は 1 価の塩基：$NaOH \longrightarrow Na^+ + OH^-$，1 個の OH^- を放出する．

中和反応は，$H^+ + OH^- \longrightarrow H_2O$ だから，1 価同士の酸と塩基の反応では 1:1 で反応する．$HCl + NaOH = (H^+ + Cl^-) + (Na^+ + OH^-) = (H^+ + OH^-) + (Na^+ + Cl^-) = H_2O + NaCl$ [66,67]．中和反応式は，$\mathbf{HCl + NaOH \longrightarrow H_2O + NaCl}$（水分子と塩とを生じる）．

解法 2 問題を化学式・反応式で表す（化合物の知識が必要）：
（ ）$HCl + ($ ）$NaOH \longrightarrow ($ ）$H_2O + ($ ）$NaCl$．p.21 で学んだ反応式の作り方に従って，反応の係数を求める．H_2O の係数を 1 とすると，すべての係数が 1 となるので，この中和反応式は，$HCl + NaOH \longrightarrow H_2O + NaCl$．

② **解法 1** 酸と塩基の価数を考えて H^+ の数と OH^- の数とが一致するように反応式を組み立てる．

　　H_2SO_4 は 2 価の酸：$H_2SO_4 \longrightarrow 2H^+ + SO_4^{2-}$，2 個の H^+ を放出する．

　　NaOH は 1 価の塩基：$NaOH \longrightarrow Na^+ + OH^-$，1 個の OH^- を放出する．

したがって，H_2SO_4 の 1 個と NaOH の 2 個とが反応する（NaOH を 2 倍する）[68]．

$$H_2SO_4 + 2NaOH = (2H^+ + SO_4^{2-}) + (2Na^+ + 2OH^-)$$
$$= (2H^+ + 2OH^-) + (2Na^+ + SO_4^{2-})$$
$$= 2(H^+ + OH^-) + (2Na^+)(SO_4^{2-})^{[69]}$$
$$= 2H_2O + (Na^+)_2(SO_4^{2-}) = 2H_2O + Na_2SO_4$$

中和反応式は，$\mathbf{H_2SO_4 + 2NaOH \longrightarrow 2H_2O + Na_2SO_4}$

解法 2 問題文を化学式・反応式で表す（化合物の知識が必要）：
（ ）$H_2SO_4 + ($ ）$NaOH \longrightarrow ($ ）$H_2O + ($ ）Na_2SO_4．反応の係数を求める．Na_2SO_4 の係数を 1 とすると，NaOH と水の係数が 2，H_2SO_4 の係数が 1 となるので，この中和反応式は，

$$H_2SO_4 + 2\,NaOH \longrightarrow 2\,H_2O + Na_2SO_4 \quad (2\,Na^+ + SO_4^{2-}\ \text{硫酸イオン}).$$

例題 1・15 以下の中和反応の反応式を示せ．
① H_2SO_4 と NaOH を 1:1 で反応させた．
② ①の生成物に①と同じ量の NaOH を反応させた．
③ H_2SO_4 と NaOH をモル比 1:2 で反応させた．

答 ① H_2SO_4 に同じ量の NaOH を加えると，**H_2SO_4 + NaOH → H_2O + NaHSO$_4$**[70]（Na^+ + HSO_4^- 硫酸水素イオン）．硫酸水素塩 NaHSO$_4$（酸性塩）．
② さらに，同じ量の NaOH を加えると，**NaHSO$_4$ + NaOH → H_2O + Na$_2$SO$_4$**（硫酸塩 Na$_2$SO$_4$ は中性塩），のように2段階で反応(中和)する[71]．
③ 一度に H_2SO_4 の2倍量の NaOH を加えると，H_2SO_4 の1個に対して NaOH の2個が反応し，NaHSO$_4$ ではなく，Na$_2$SO$_4$ が得られる[68]．**H_2SO_4 + 2 NaOH → 2 H_2O + Na$_2$SO$_4$**

例題 1・16 以下の中和反応の反応式を示せ(まず，化合物名を基に化学式を考えよ)．この反応で生じる多原子イオンの名称も述べよ．
(1) 硝酸と水酸化ナトリウムとが反応して，硝酸ナトリウム(塩の一種)と水を生じる．
(2) ① 炭酸と水酸化ナトリウムとが 1:1 で反応して，炭酸水素ナトリウムと水を生じる．
　② ①の生成物と NaOH とが 1:1 で反応する．
　③ 炭酸と NaOH が 1:2 で反応して炭酸ナトリウム(塩の一種)と水を生じる．
(3) ① リン酸と水酸化ナトリウムとが 1:1 で反応してリン酸のナトリウム塩と水とを生じる．
　② ①の生成物と NaOH とが 1:1 で反応する．
　③ ②の生成物と NaOH とが 1:1 で反応する．
　④ H_3PO_4 と NaOH とが 1:2 で反応する．
　⑤ H_3PO_4 と NaOH とが 1:3 で反応する．
(4) 炭酸カルシウム($CaCO_3$)と塩酸とが反応して，塩化カルシウム($CaCl_2$，塩の一種)，二酸化炭素，水を生じる[72]．
(5) 塩酸とアンモニアとが反応して塩化アンモニウムを生成する．
(6) 酢酸と水酸化ナトリウムとが反応する[73]．
(7) シュウ酸$(COOH)_2 \equiv H_2C_2O_4$ と水酸化ナトリウムとが 1:2 で反応する．

答 (1) HNO_3 + NaOH ⟶ H_2O + $NaNO_3$ (Na^+ + **NO_3^- 硝酸イオン**)
(2) ① H_2CO_3 + NaOH ⟶ H_2O + $NaHCO_3$ (Na^+ + **HCO_3^- 炭酸水素イオン**[74])
　② $NaHCO_3$ + NaOH ⟶ H_2O + Na_2CO_3 ($2\,Na^+$ + CO_3^{2-})（硫酸と同様に考える)

[70] $H^+\ SO_4^{2-} \longrightarrow NaHSO_4$
　　H^+
　　$Na^+\ OH^- \longrightarrow H_2O$

[71] $H^+\ SO_4^{2-} \longrightarrow Na_2SO_4$
　　Na^+
　　$Na^+\ OH^- \longrightarrow H_2O$

[72] 胃液の膵液による中和反応はこの反応と類似した反応である．HCl + $NaHCO_3$ → NaCl + CO_2 + H_2O.

[73] 酢酸の化学式(示性式)は覚えること．

デモ 例題 1・16(4)，卵の殻で実験する．

[74] 医療系では古い用語．俗称，**重炭酸イオン**，も用いる．

75) [図: H⁺ H⁺ H⁺ PO₄³⁻ Na⁺ OH⁻ → NaH₂PO₄, → H₂O]

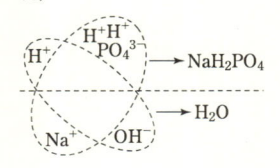

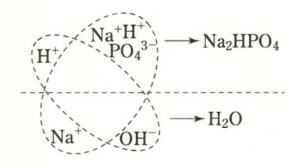

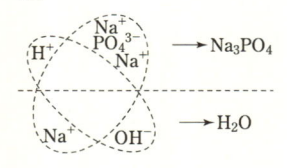

76) [図: Na⁺ H⁺ H⁺ PO₄³⁻ Na⁺ OH⁻ → Na₂HPO₄, → H₂O]

77) [図: Na⁺ PO₄³⁻ Na⁺ Na⁺ H⁺ OH⁻ → Na₃PO₄, → H₂O]

78) 血液中に少量存在する．

79) 多原子陰イオンのSO_4^{2-}，HCO_3^-，HPO_4^{2-}，は体液・細胞内液(細胞質)中で陽イオンの電荷の中和・浸透圧・pHの調節を行っている．リン酸塩は骨・歯の構成物である．

80) 無水塩(ボウ硝という)は乾燥剤に用いる．

🧪デモ
NaCl，Na₂SO₄をなめる．"口は化学の窓，五感は化学の窓！"（筆者自作標語）．今の学校では化学の学習に活字・目しか使っていない！ベロメーター？も使う．

81) 化合物の化学式で，多原子イオンが複数個あるときは( )でくくり，その右下に数を記す．

82) 硫酸アルミニウムと硫酸カリウムが一体化した塩，$KAl(SO_4)_2 \cdot 12H_2O$を，カリ
（次ページに続く）

③ $H_2CO_3 + 2NaOH \longrightarrow 2H_2O + Na_2CO_3$ ($2Na^+ + CO_3^{2-}$ 炭酸イオン)

(3) ① $H_3PO_4 + NaOH \longrightarrow H_2O + NaH_2PO_4$ 75) ($Na^+ + \mathbf{H_2PO_4^-}$ リン酸二水素イオン)

② $NaH_2PO_4 + NaOH \longrightarrow H_2O + Na_2HPO_4$ 76) ($2Na^+ + \mathbf{HPO_4^{2-}}$ リン酸水素イオン)

③ $Na_2HPO_4 + NaOH \longrightarrow H_2O + Na_3PO_4$ 77) ($3Na^+ + \mathbf{PO_4^{3-}}$ リン酸イオン)

④ $H_3PO_4 + 2NaOH \longrightarrow 2H_2O + Na_2HPO_4$ ($2Na^+ + \mathbf{HPO_4^{2-}}$ リン酸水素イオン)

⑤ $H_3PO_4 + 3NaOH \longrightarrow 3H_2O + Na_3PO_4$ ($3Na^+ + \mathbf{PO_4^{3-}}$ リン酸イオン)

(4) $CaCO_3$の係数を1とする．$\mathbf{CaCO_3 + 2HCl \longrightarrow CaCl_2 + H_2CO_3}$ $\longrightarrow \mathbf{CaCl_2 + CO_2 + H_2O}$ ($H_2CO_3 \longrightarrow H_2O + CO_2$)．

(5) $HCl + NH_3 \longrightarrow NH_4Cl$ ($\mathbf{NH_4^+ + Cl^-}$) アンモニウムイオン78)

(6) $CH_3COOH + NaOH \longrightarrow H_2O + CH_3COONa$；$CH_3COOH$と$NaOH$はそれぞれ1価の酸と1価の塩基だから，酢酸1個と水酸化ナトリウム1個とが反応する．$CH_3COOH + NaOH = CH_3COO^- + H^+ + Na^+ + OH^- = H_2O + Na^+ + CH_3COO^- = H_2O + CH_3COONa$（または$NaCH_3COO$とも書く）酢酸イオン

(7) $(COOH)_2 + 2NaOH \longrightarrow 2H_2O + (COONa)_2$ ($Na_2C_2O_4$)；シュウ酸イオン$(COO^-)_2$，または，$C_2O_4^{2-}$．$(COOH)_2$は$H_2C_2O_4$とも書く．すると，$(COONa)_2$は$Na_2C_2O_4$とも表現される（これは習慣・約束）．

1・7・5 多原子イオンを含む塩の化学式と名称

多原子イオンについてはp.27ですでに述べた79)．ここでは，多原子イオンを含む塩の化学式と名称について学ぶ．

塩の一種である塩化カルシウム$CaCl_2$は水に溶けると1個のカルシウムイオンCa^{2+}と2個のCl^-に解離する．同様に，**硫酸ナトリウムNa_2SO_4**（これは$(Na^+)_2(SO_4^{2-})$のこと）は水に溶けると2個のNa^+イオンと1個の硫酸イオンSO_4^{2-}とに分かれる．

例題 1・17 以下の化学式を化合物名に変えよ．また，命名法を述べよ．
① Na_2SO_4 80)，② $Al_2(SO_4)_3$ 81)，③ $KAl(SO_4)_2$

答 ① 硫酸イオンSO_4^{2-}，ナトリウムイオンNa^+よりなる → 硫酸ナトリウム
命名法 陰イオン部分(○**酸**，硫酸)を前，陽イオン部分の**元素名**(ナトリウム)を後とする．

② 硫酸アルミニウム

③ 硫酸アルミニウムカリウム82)

例題 1·18 以下の化合物の化学式を書け(塩化ナトリウム NaCl を参考にせよ).
① 硫酸ナトリウム, ② 硫酸アルミニウム

答 ① 硫酸イオン SO_4^{2-}、とナトリウムイオン Na^+ の化合物 → 正負の電荷を一致させるためには Na^+ が2個必要だから、$2\,Na^+$, SO_4^{2-} → Na^+ が2個あることは下付の2で表すので、$(Na^+)_2(SO_4^{2-})$ → ( ) を取り外して、**Na_2SO_4**.
② SO_4^{2-}, Al^{3+} → Al^{3+}, SO_4^{2-} → p.19 の交差法により $(Al^{3+})_2(SO_4^{2-})_3$ → $(Al)_2(SO_4)_3$ → **$Al_2(SO_4)_3$**

演習 1·22 以下の化合物の化学式を書け(陽イオン,陰イオンの価数に注意せよ).
 (1) 硫酸塩:硫酸イオンを含む. ① 硫酸ナトリウム, ② 硫酸銅(II) (p.18, Point 参照), ③ 硫酸亜鉛, ④ 硫酸鉄(II) (p.18), ⑤ 硫酸バリウム[83], ⑥ 硫酸カルシウム[84], ⑦ **硫酸アンモニウム**(これを硫安といい化学肥料などに用いる)
 (2) 硝酸塩:硝酸イオンを含む. ① **硝酸銀**[85], ② 硝酸カリウム
 (3) 炭酸塩:炭酸イオンを含. ① 炭酸ナトリウム, ② **炭酸カルシウム**[86]
 (4) 炭酸水素塩:炭酸水素イオンを含む.
  ① **炭酸水素ナトリウム**[87], ② 炭酸水素カルシウム
 (5) リン酸塩[88]:リン酸イオンを含む.
  ① リン酸ナトリウム, ② リン酸カルシウム
 (6) リン酸水素塩[89,90]:リン酸水素イオンを含む.
  ① リン酸水素二ナトリウム[90], ② リン酸水素カルシウム
 (7) リン酸二水素塩[89,90]:リン酸二水素イオンを含む.
  ① リン酸二水素カリウム, ② リン酸二水素カルシウム
 (8) 酢酸塩:酢酸イオンを含む. 酢酸ナトリウム (答は演習 1·23 の問題)

演習 1·23 以下の化学式を化合物名に変えよ[91].
 (1) ○○塩:① Na_2SO_4, ② $CuSO_4$ 青色結晶, ③ $ZnSO_4$, ④ $FeSO_4$, ⑤ $BaSO_4$, ⑥ $CaSO_4$(・$2\,H_2O$ は石膏), ⑦ $(NH_4)_2SO_4$(硫安肥料)
 (2) ○○塩:① **$AgNO_3$**, ② KNO_3
 (3) ○○塩:① Na_2CO_3, ② **$CaCO_3$**
 (4) ○○塩:① **$NaHCO_3$**, ② $Ca(HCO_3)_2$
 (5) ○○塩:① Na_3PO_4, ② $Ca_3(PO_4)_2$
 (6) ○○塩:① Na_2HPO_4, ② $CaHPO_4$
 (7) ○○塩:① KH_2PO_4, ② $Ca(H_2PO_4)_2$
 (8) ○○塩:CH_3COONa ($NaCH_3COO$ とも書く)
  * (6), (7)の○○塩は食品添加物として用いられている.
(答は演習 1·22 の問題)

1·8 酸化還元

酸化還元は,前節の酸塩基とともに,化学を学ぶうえでもっとも重要な

ミョウバン(明礬), alum という. アルミニウムという元素名の元の物質である. ナス漬け,草木染の媒染剤(繊維に色素を固定する役割)などに用いる.

$KAl(SO_4)_2$ のように,2種類の塩が一体化した塩を**複塩**という.アンモニウムミョウバン・$NH_4Al(SO_4)_2$, 鉄ミョウバン・$KFe(SO_4)_2$, $NH_4Fe(SO_4)_2$, クロムミョウバン・$KCr(SO_4)_2$, $NH_4Cr(SO_4)_2$ などがある.

83) 胃の精密レントゲン検査でバリウムを飲む? 硫酸バリウムのこと. 水に難溶性の塩. Ba は2族元素である.

84) この2水和物をセッコウ・ギプス(ギブス)という.

85) Cl^- の検出に用いる. $Ag^+ + Cl^- \rightarrow AgCl$(白濁)

86) 大理石,石灰石,貝殻,真珠,たまごの殻の成分.

87) 重曹・ふくらし粉の成分,膵(すい)液・腸液の成分. イオンは血液中に含まれて pH 調節に役立っている.

88) 骨・歯の成分.

89) 食品添加物(pH 調整剤 =緩衝液, p.84)

90) ……水素……とは H が1個,……二ナトリウムとは Na が2個,……二水素……とは H が2個という意味である.

91) Na^+, Cl^- を知っておけば,あとのイオンの価数は芋づる式にわかる. $NaHCO_3$ より HCO_3^-, $BaCl_2$ より Ba^{2+}, Ca^{2+} より $CaSO_4$ の SO_4 は SO_4^{2-} とわかる(正電荷数=負電荷数).

SO_4 イオンは−2価:
$H_2SO_4 \rightarrow 2\,H^+ + SO_4^{2-}$
NO_3 イオンは−1価:
$HNO_3 \rightarrow H^+ + NO_3^-$
CO_3 イオンは−2価:
$H_2CO_3 \rightarrow 2\,H^+ + CO_3^{2-}$
HCO_3 イオンは−1価:
$H_2CO_3 \rightarrow H^+ + HCO_3^-$
PO_4 イオンは−3価:
$H_3PO_4 \rightarrow 3\,H^+ + PO_4^{3-}$
(次ページに続く)

HPO₄ イオンは−2価：
$H_3PO_4 \to 2H^+ + HPO_4^{2-}$
H₂PO₄ イオンは−1価：
$H_3PO_4 \to H^+ + H_2PO_4^-$
CH₃COO イオンは−1価：
CH₃COOH
　　$\to H^+ + CH_3COO^-$

1) 動物の生存は光合成による物質生産に支えられている．

2) 栄養学におけるカロリー計算は，この呼吸に基づく食品の酸化反応のエネルギーを求めるものである．
　がん・生活習慣病・老化の原因の1つに活性酸素による酸化反応がある．この酸化反応を抑えるのが還元反応を起こす抗酸化性物質（還元剤）である（ビタミン A，C，E やポリフェノールなど）．
　青銅器時代から現代の鉄器，アルミニウム時代にいたる人類の金属利用の歴史は金属の精錬＝還元反応の開発史でもある（金属器文化：刀剣・農具，和同開珎・貨幣，さまざまな鉄製品ほか）．Au・Ag・Cu・Sn・Zn・Fe・Ni・Al など．
　ペンキによる塗装は空気を遮断して鉄の酸化を防ぐためである．

🧪 デモ
　紙，木炭，鉄粉，マグネシウムリボンの燃焼，使い捨てカイロ，ろうそくの科学（鉄くぎの酸化，すす（煤）・アルコールランプとの差）

3) 鉄さび＝鉄の酸化物

4) 鉄を空気中で焼くと，$3Fe + 2O_2 \to Fe_3O_4$（磁性酸化鉄）を生じる．Fe_3O_4 は Fe(II) と Fe(III) を 1:2 で含む酸化物．

5) CO はさらに燃えて，$2CO + O_2 \to 2CO_2$，となるので，$2C + O_2 \to 2CO$，を不完全燃焼という．CO は猛毒．ストーブ・湯沸かし器などの不完全燃焼による一酸化炭素中毒事故が時々ニュースになる．

概念の1つであり，ほかの学問分野を学ぶうえでも大切な基礎である．台所のガスの燃焼，鉄のさびといった身近な現象から，植物が行う光合成，すなわち二酸化炭素と水を原料とするブドウ糖（グルコース）の合成[1]，空気中の窒素 N_2 が NO_3^-，NH_3，アミノ酸へと変化し，さらにはからだを構成するタンパク質成分へと変化する過程（同化），生きるためのエネルギー生産である代謝（異化）・呼吸といったことまで，すべて酸化・還元反応が関与している[2]．この章では酸化還元反応とその定義，酸化数について学ぶ．酸化還元滴定については p. 66 に略述する．

1・8・1 酸化とは，還元とは

QUIZ　考えてみよう！ ⑦
　酸化とはいかなる現象か．還元とはいかなる現象か．

答　酸化とは，そもそも，"**酸素化**"からきた言葉である．ある物質が酸素と化合した時，その物質は酸化されたという．ある元素が酸素と結合して酸化物（p. 18）になるのが酸化（$2Cu + O_2 \to 2CuO$）．還元とは，酸化（酸素化）されたものが酸素を失い**元に還る**ということからきた言葉である（$CuO + H_2 \to Cu + H_2O$）．ある物質が酸素を失った時，その物質は還元されたという．酸素原子のやり・取りが還元・酸化である．

例題 1・19　次の酸化反応の反応式を示せ．（反応式の書き方は p. 21 参照）
① 鉄の酸化（酸素分子との反応，鉄さび[3]，酸化鉄(II)，酸化鉄(III)[4]）
② 炭素の酸化（木炭の燃焼：完全燃焼と不完全燃焼の場合）
③ 水素の酸化（燃焼）
④ メタンの酸化（台所のガスの燃焼）

答　① $2Fe + O_2 \longrightarrow 2FeO$，$4Fe + 3O_2 \to 2Fe_2O_3$
　鉄には +2 価（Fe(II) イオン，Fe^{2+}）と +3 価（Fe(III) イオン，Fe^{3+}）がある．O は −2 価（O^{2-}）なので，酸化鉄(II) は FeO，酸化鉄(III) は Fe_2O_3 となる．
② 完全燃焼で C は二酸化炭素（CO_2）となる：$C + O_2 \longrightarrow CO_2$．
　不完全燃焼で C は一酸化炭素（CO）となる[5]：$2C + O_2 \longrightarrow 2CO$[5]
③ 水を生じる：$2H_2 + O_2 \longrightarrow 2H_2O$
④ 二酸化炭素と水を生じる：$CH_4 + 2O_2 \longrightarrow CO_2 + 2H_2O$
　以上のように，酸素がくっつく現象を酸化，反応を酸化反応という．

例題 1・20　次の還元反応の反応式を示せ．
① 酸化銅(II) の水素による還元，炭素（木炭・コークス）による還元．
② 酸化鉄(II)，酸化鉄(III) の炭素（木炭・コークス）による還元（炭素は完全に酸化されるとする）．

答 ① $CuO + H_2 \longrightarrow Cu + H_2O$, $2CuO + C \longrightarrow 2Cu + CO_2$
両反応では CuO が還元された代わりに，それぞれ H_2 と C が酸化されている．つまり，**還元と同時に酸化も起こっている**ことがわかる．

② $2FeO + C \longrightarrow 2Fe + CO_2$, $2Fe_2O_3 + 3C \longrightarrow 4Fe + 3CO_2$ [6]
両反応では FeO と Fe_2O_3 がそれぞれ還元された代わりに，ともに C が酸化されている[6]．つまり，**還元と同時に酸化も起こる**ことがわかる．

1・8・2　電子のやり取りと酸化還元 —一般化された酸化還元の定義—

QUIZ　考えてみよう！ ⑧
鉄欠乏性貧血の人が食餌からの鉄吸収を高くするためには，動物性の鉄(肉，ミオグロビン・ヘム鉄)を取ること，食事時に野菜・果物やそれらのジュースを摂取するのがよい．なぜか．

答　動物性の鉄は小腸から吸収されやすい鉄(II)・Fe^{2+} である．食事中に含まれる鉄(III)・Fe^{3+} は野菜・果物由来のビタミンC(アスコルビン酸，還元剤 p.39)により還元されて鉄(II)・Fe^{2+} となる．

酸化反応の一般化：鉄の酸化反応，つまり鉄と酸素との反応，$2Fe + O_2 \to 2FeO$, に対して，酸素と同族の硫黄 S は，$Fe + S \to FeS$, のように鉄の硫化物を生じ，塩素は，$Fe + Cl_2 \to FeCl_2$, のように鉄の塩化物を生じる．これらの3つの反応の生成物，FeO, FeS, $FeCl_2$ はいずれもイオン性化合物である．つまり，p.11 で学んだように，16族の酸素と硫黄は−2価 (O^{2-}, S^{2-}), 17族の塩素は−1価(Cl^-)の陰イオンとなるので，鉄は，いずれも +2価の陽イオン(Fe^{2+})となっている[7]．

つまり，O, S, Cl は Fe から電子を奪い取って[8]，$1/2 O_2 + 2e^- \to O^{2-}$, $S + 2e^- \to S^{2-}$, $Cl_2 + 2e^- \to 2Cl^-$ となり，鉄は，$Fe \to Fe^{2+} + 2e^-$ のように**電子を失った状態，Fe^{2+} となる**[9]．

そこで，酸化反応の定義を一般化して，O と化合 → 原子が**電子を失う＝酸化される**と考えると，これらの3つの反応はすべて酸化反応と見なすことができる．FeO の還元は $FeO \to Fe$, つまり，$Fe^{2+} + 2e^- \to Fe^0$ だから，一般化された定義では，原子が**電子をもらう＝還元される**である．上記反応では O, S, Cl は電子をもらったので還元されたことになる．

例題 1・21 ① 酸化とは何か，鉄 Fe を例に一般化された定義を述べよ．
② 還元とは何か，鉄イオンを例に一般化された定義を述べよ．

答 ① ある物質が**電子を失った・奪われた**時，その物質は**酸化された**という[10]．金属鉄は $Fe \to Fe^{2+} \to Fe^{3+}$ のように順次**酸化されて**(さびて)FeO, Fe_2O_3 となる(Fe_2O_3 は $FeO_{1.5}$ であり，FeO に比べて O 原子が 0.5個だけ増し

---

6) 実際の製鉄の炉では，金属鉄への還元は C だけでなく，主として CO との反応により起こっている．
$Fe_2O_3 + 3CO$
$\to 2Fe + 3CO_2$

7) 酸化鉄(II) FeO,
硫化鉄(II) FeS,
塩化鉄(II) $FeCl_2$

8) 電気陰性度(p.96, 102)の大きい陰性元素である O, S, Cl は電気陰性度の小さい陽性元素 Fe から電子を奪い取ることができる．

9) $Fe \to Fe^{2+}$, なる正電荷が増える変化は電子を得るのではなく，電子を失う変化である．**電子は負電荷−をもつので電子が増えれば−になる**はずである．勘違いする人がいる！

10) 電子の授受のどちらが酸化と還元か．どちらがどちらかを混同しやすいので，一つだけ，自分の基準を頭に入れておく・**覚えておくと便利**(Fe の例：$Fe \to Fe^{2+} \to Fe^{3+}$ は著者式)．
電子の授受による酸化還元は，生体内の代謝反応におけるTCA(クエン酸)回路の先の反応経路である**電子伝達系の反応**として重要である(ATP合成系の一部)

ている).Fe → Fe^{2+} は厳密には Fe → Fe^{2+} + 2e^-,Fe は 2 個の電子を失い Fe^{2+} となる.Fe^{2+} → Fe^{3+} は Fe^{2+} → Fe^{3+} + e^-,Fe^{2+} は電子を 1 個失って Fe^{3+} となる.e^-:電子 electron.

② ある物質が**電子を獲得した時**,その物質は**還元された**という (Fe^{3+} + e^- → Fe^{2+},Fe^{3+} + 2e^- → Fe).酸化の逆である.

電荷≠電子[11],電子は e^- = -1

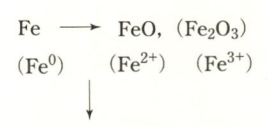

Fe → FeO, (Fe_2O_3)
(Fe^0) (Fe^{2+}) (Fe^{3+})

電子を失う・酸化数(p. 39)が**増すのが酸化**.その逆が還元.

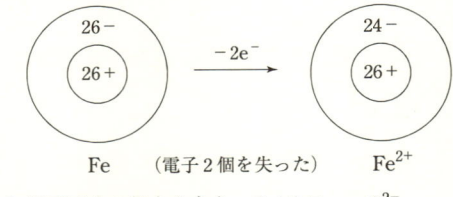

O が電子を 2 個もらうと,O + 2e^- → O^{2-}

演習 1・24 金属鉄が水素を発生して塩酸に溶けた(塩化鉄(Ⅱ)を生じた).この反応式を書き,この反応が酸化還元反応であること,この時,何が酸化されて,何が還元されたか,酸化剤は何かを述べよ.

1・8・3 水素の出入りと酸化還元

> **QUIZ 考えてみよう！ ⑨**
> お酒を飲んだ後に,頭が痛くなることがある.これはお酒のアルコール(エタノール)が体中で有毒物質に変化するためである.この物質は何か.この変化はいかなる種類の反応か.

答　エタノールがアセトアルデヒドに変化:
　　C_2H_5OH → CH_3CHO + 2 H,酸化反応(脱水素反応)

酸化還元の今ひとつの定義として,**水素原子が取れた原子は酸化された**,**水素がくっついた原子は還元された**,とするものがある.生体内における有機物の酸化還元反応の多くがこの**水素原子 H のやり取り**(脱着)として理解される(**水素イオン H^+ ではない！**)[12].

具体例として,硫化水素と酸素との反応,2 H_2S + O_2 → 2 S + 2 H_2O,について考えてみると,S 原子は H_2S から S に変化 → 水素が取れたので H_2S の S は酸化された,O 原子は O_2 から H_2O に変化 → 水素を得たので O_2 の O は還元された,ことになる[13].

例題 1・22　① 酸化とは何か,エタノールを例にして説明せよ.
② 還元とは何か,飲酒した際の中間代謝物・二日酔いや頭痛の素であるアセトアルデヒドを例に示して,水素原子の出入りで示される定義を述べよ.①,②

---

11) たとえば Fe → Fe^{2+} は正電荷の増加であり,**電子の増加ではない**！電子(負電荷)を失ったから正の電荷となっている(p.11 参照)！

12) 水素イオンではない！**水素原子**(原子核＋電子,電子ごと)のやり取りである！したがって,H 原子のやりとりは(水素原子核ごとの)電子のやりとりと同じことになる.

13) 水素の脱着をなぜ酸化還元と見なすことができるかを電子のやり取りの立場から考えてみよう.このことを理解するためには酸化数の考え方を理解する必要がある(p. 39).H_2S 中の H の酸化数は+1(ルール②),H_2S 全体で酸化数の和は 0 になる必要があるので(ルール④),S の酸化数を x とすれば,2×(+1)+x=0,x=-2,つまり,H_2S の S の酸化数は-2.反応式の右辺の S の酸化数は 0(ルール①).-2→0 だから,H_2S の S は電子 2 個を失った＝酸化された.つまり,H_2S 中では S 原子は電気的に陽性の H がもっていた電子を奪っていたが,S から H が取れることによって H から奪っていた電子も一緒に H にもって行かれたので酸化された.O_2 の O の酸化数は 0(ルール①),H_2O の O の酸化数は-2(ルール③).0→-2 だから,O_2 の O は電子 2 個を得た＝還元された.つまり,H を得た O は H が結合することにより電気的に陽性の H のもっている電子を奪い取った,つまり還元されたことになる.

ともに構造式(pp. 117〜123)も示すこと．

答 ① ある物質が水素原子を失った時($C_2H_5OH-2H \rightarrow CH_3CHO$)アセトアルデヒド)，その物質は酸化されたという[14,15]．

$$CH_3CH_2OH \longrightarrow CH_3CHO + 2H \quad (CH_3-\overset{H}{\underset{H}{C}}-O-H \xrightarrow{-2H} CH_3-\overset{}{\underset{O}{C}}-H)$$

② ある物質が水素原子を獲得した時($C_2H_4O(CH_3CHO) + 2H \rightarrow C_2H_5OH$，エタノール)，その物質は還元されたという[14,15]．

$$CH_3CHO + 2H \longrightarrow CH_3CH_2OH \quad (CH_3-\underset{O}{\overset{}{C}}-H \xrightarrow{+2H} CH_3-\overset{H}{\underset{H}{C}}-O-H)$$
切断

演習 1・25 糖の代謝(解糖系)で筋肉中に生じたピルビン酸は無酸素状態(激しい運動下)で乳酸 $CH_3CH(OH)COOH$ (p. 162)に還元される．乳酸は肝臓でピルビン酸に酸化される．酸化還元反応を構造式で示せ．

1・8・4 酸化還元反応 — 酸化と還元の同時進行，酸化剤と還元剤 —

1つの反応において酸化が起これば，還元も必ず同時に起こる．なぜなら，酸化還元反応は電子のやり取りであり(お金の貸し借りと同じ)，電子を与える(酸化される)側があれば必ず電子を受け取る(還元される)側も存在する．すなわち，酸化と還元はワンセット，表裏の関係である．

やり取りだから，**酸化還元に伴う電子の数の出と入りは同数**，お金の貸し借りと同じである．酸化還元のほかの定義，酸素原子 O のやり取り，水素原子 H のやり取りについても同様である．

相手を酸化する働きの強い物質を**酸化剤**(相手を酸化する物質：O_2，O_3(オゾン)，H_2O_2，$KMnO_4$(過マンガン酸カリウム)，MnO_2，HNO_3，Cl_2，PbO_2 など)，相手を還元する働きの強い物質を**還元剤**という(相手を還元する物質：H_2，H_2S，SO_2，Na_2SO_3，Na，Zn，Fe^{2+}，Sn^{2+} など)[16]．**電子が減る変化は酸化**(酸化数[17]増大)，**電子が増える変化は還元**(酸化数減少)．

酸化剤：相手を酸化する　相手の電子を奪う　自身は還元される　電子を得る
還元剤：相手を還元する　相手に電子を与える　自身は酸化される　電子を失う

例題 1・23 次の反応が酸化還元反応か否かを判断せよ．酸化数が変化する元素は何か．酸化数も示せ．酸化数の求め方は右欄参照．
① $Cl_2 + H_2O \longrightarrow HClO + HCl$ ② $2H_2S + SO_2 \longrightarrow 3S + 2H_2O$

---

14) 生体内で起こる酸化還元反応(生化学反応)の多くは水素原子のやり取りである．NAD^+ と NADH，FAD と $FADH_2$，チオール R-SH とジスルフィド(S-S)結合(p. 187)など("有機化学 基礎の基礎"参照)．美容院パーマ原理．

15) O は 2 価，H は 1 価，または H_2O だから，O 原子 1 個と H 原子 2 個が等価であると考えてよい．

16) 体内で抗酸化作用をもつ(がんの元である活性酸素を消す)アスコルビン酸(ビタミン C, p. 195)，植物色素ポリフェノールは還元剤である(自身は酸化される)．

17) 酸化数：原子の状態と比べた時の化合物中の原子の電子の増減を酸化数という概念で表現する．+の酸化数は原子に比べて電子数が酸化数の分だけ**不足**することを意味し，−の酸化数は原子に比べて電子数が酸化数の分だけ**余分**であることを意味する．

酸化数を求めるルール：
化合物をすべてイオン結合として，電気陰性度(p. 96)大の方を陰イオン，小の方を陽イオンと考えて計算する．
① 単体(p. 17)中の原子の酸化数は 0(電子数は原子状態と同じ)．例：H_2，O_2，Cl_2
② イオンでは価数＝酸化数である．例：Na^+，酸化数＋1(電子が 1 個不足)；Cl^-，酸化数−1(電子 1 個が余分)．
③ 化合物中の **H の酸化数は通常＋1**．**O の酸化数は通常−2**．例：H_2O の H の酸化数＋1，O の酸化数−2．
④ 化合物では原子全体の酸化数＝0，多原子イオンでは原子全体の酸化数＝イオンの価数．例：NH_3 では H の酸化数＋1，N の酸化数を x とすると，$3\times(+1)+x=0$，$x=-3$．SO_4^{2-} では O の酸化数−2，S の酸化数を x とすると，$4\times(-2)+x=-2$，$x=+6$．より詳しいこと，ルールの解説，酸化数の演習は"演習 溶液の化学と濃度計算"参照のこと．

デモ

硫酸銅溶液に鉄釘を浸す．変化を観察する．金属鉄 Fe が Fe^{2+} となり溶け出し，Cu^{2+} が金属銅 Cu となり析出(Cu より Fe がイオンになりやすい)．

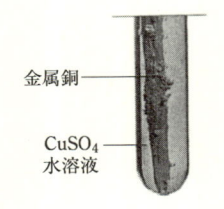

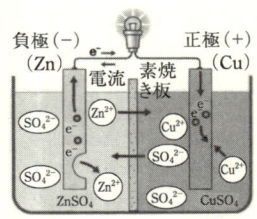

金属銅
$CuSO_4$ 水溶液

図 1・12 ダニエル電池
["化学 I"，東京書籍(2005)]

18) この値からさまざまな無機・有機化合物の酸化還元反応の進行方向，進行の程度(平衡定数 p.183)，自由エネルギー変化量などを知ることができる．"演習 溶液の化学と濃度計算"，9 章参照．

19) 陽極では電極が水分子から電子を奪い取る，$2H_2O \rightarrow O_2 + 4H^+ + 4e^-$，陰極では電極が陽イオンに電子を押しつけるので，$2H^+ + 2e^- \rightarrow H_2$，なる**電極反応**が起きる．全体としては水の電気分解，$2H_2O \rightarrow 2H_2 + O_2$，となる(図 1・13)．$CuCl_2$ 水溶液ではいかなる電極反応が起こるか．

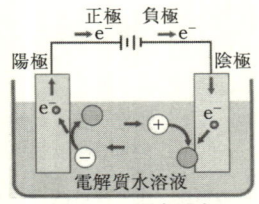

図 1・13 電気分解
["化学 I"，東京書籍(2005)]

③ $SO_2 + H_2O \longrightarrow H_2SO_3$

④ $MnO_2 + 4HCl \longrightarrow MnCl_2 + 2H_2O + Cl_2$

⑤ $Zn + 2HCl \longrightarrow ZnCl_2 + H_2$

⑥ $2KMnO_4 + 5(COOH)_2 + 3H_2SO_4 \longrightarrow K_2SO_4 + 5CO_2 + 2MnSO_4 + 8H_2O$

答 ① Cl, $0 \rightarrow +1, -1$ ($HCl \rightarrow H^+ + Cl^-$)，② S, $-2, +4 \rightarrow 0$，③ 否，④ Mn, $+4 \rightarrow +2$；Cl, $-1 \rightarrow 0$ ($MnCl_2 \rightarrow Mn^{2+} + 2Cl^-$)，⑤ Zn, $0 \rightarrow +2$；H, $+1 \rightarrow 0$，⑥ Mn, $+7 \rightarrow +2$；C, $+3 \rightarrow +4$

例題 1・24 酸化還元とは何か，その 3 種類の定義を述べよ．

答 下表参照．

	酸 素	電子($Fe \rightarrow Fe^{2+}$ は電子を失う)	水素原子(H^+ ではない)
酸化	得る(相手から取る)	失う(相手にやる)＝酸化数増	失う(相手にやる)
還元	失う(相手にやる)	得る(相手から取る)＝酸化数減	得る(相手から取る)

1・8・5 金属元素のイオン化列と電池，酸化還元電位

a. イオン化列

左欄デモは異種金属間でどちらがイオンになりやすいかを調べる実験である．金属を**イオンになりやすい順**(イオン化傾向順)に並べたものをイオン化列という：K＞Ca＞Na＞Mg＞Al＞Zn＞Fe＞Ni＞Sn＞Pb＞(H)＞Cu＞Hg＞Ag＞Pt＞Au．Na がイオン化するとは，$Na \rightarrow Na^+ + e^-$，と電子を失うことだから，金属のイオン化＝酸化である．イオン化列とは金属元素を**酸化されやすい順**に並べたものである．

b. 電池と酸化還元電位

図 1・12 のようにイオン化傾向の異なる 2 種類の金属板を電解質(p.10)に浸して金属板の間を導線でつなぐと，イオンになりやすい元素が金属板(負極)から陽イオンとして液中に溶け出し電子を電極に置いていく(酸化反応，$Zn \rightarrow Zn^{2+} + 2e^-$)．その結果，電極中にたまった電子はもう一方の金属板(正極)に向かって流れ出す(図 1・12)．流れてきた電子は溶液中のイオンが正極板上で受け取りイオンは金属として析出(還元反応，$Cu^{2+} + 2e^- \rightarrow Cu$)．これが化学**電池**の原理である．この電子の流れ出す勢いを電位という(電圧・ボルト V，水圧と同じイメージでとらえよ)．したがって，この電位を用いてイオンになりやすさ＝酸化されやすさを数値として表すことができる．この値をその物質の**酸化還元電位**といい，化学変化や生体エネルギーを理解するうえで大変重要な物性値である[19]．

c. 電気分解

化合物を水溶液または溶融状態として,電極を入れて電流を通じ,両電極で酸化還元反応を起こさせることを**電気分解**(**電解**)という(図1·13).希硫酸水溶液を電気分解すれば陽極に酸素 O_2,陰極に水素 H_2 が発生する[19].アルカリ金属,アルカリ土類金属の単体は電気分解により初めて単離された.金属アルミニウムも本法で得られる[20].

例題1·25 希硫酸溶液を5Aの電流で30分間,電気分解した.陽極と陰極に発生する気体の物質量(mol)を求めよ.

答 陽極での反応は, $2H_2O - 4e^- \rightarrow O_2 + 4H^+$,陰極での反応は, $2H^+ + 2e^- \rightarrow H_2$.電気量クーロン = 5A×(30×60)秒 = 9000 C.陽極では水分子から4 mol の電子が奪われて 1 mol の O_2 を生じる.発生する酸素量は,{9000 C/(96500 C/mol)}/4 = 0.0233 mol.陰極では 2 mol の電子をもらって 1 mol の H_2 を生じる.発生する水素量は,{9000 C/(96500 C/mol)}/2 = 0.0466 mol.

[20] ファラデーの電気分解の法則:電気分解で生じる物質量は与えた電気量に比例し,変化するイオンの荷数に反比例する.つまり1 mol の電子数に対応する電気量,1ファラデー(1 F) = 96 500 C/mol (C:電気量クーロン,1 C = 1 A(アンペア)×1秒)では,この電気量に相当するイオン量が電極と電子をやり取りする結果,陰陽電極上にイオンが単体として析出する.

1·9 記憶すべき化学式・名称(太字部分)

1·9·1 化学式から名称を言える

以下の化学式を単体名,化合物名,イオン名に変えよ(答は1·9·2項).

① 気体分子:**H_2**(   ), **O_2**(   ), **N_2**(   ), **Cl_2**(   ), **NH_3**(   ), **O_3**(   )

原子は不安定→2原子分子となって安定化.

② 酸:**HCl**(   ), **HCl の水溶液**(   ), (HF, HBr, HI) **H_2SO_4**(   ), **HNO_3**(   ), **H_3PO_4**(   ), **H_2CO_3**(   )

ハロゲン化水素酸とオキソ酸(非金属元素の酸化物(最高酸化数,p.110)と水分子が反応).

③ 塩基:**NaOH**(   ), **KOH**(   ), **$Ca(OH)_2$**(   ), **NH_3**(   )

アルカリ金属,アルカリ土類金属の水酸化物と NH_3.

④ 単原子イオン:**H^+**(   ), **Na^+**(   ), **K^+**(   ), **Mg^{2+}**(   ), **Ca^{2+}**(   ), **Al^{3+}**(   ), **O^{2-}**(   ), **S^{2-}**(   ), **F^-**(   ), **Cl^-**(   ), **Br^-**(   ), **I^-**(   ), **Fe^{2+}**(   ), **Fe^{3+}**(   )

1族は+1, 2族は+2, 13族は+3, 16族は-2, 17族は-1, 遷移金属は複数の価数をとる(+2, +3 など, 11族の Cu は+1, +2), 12族(Zn, Cd)は+2.

⑤ 多原子イオン:**NH_4^+**(   ), **H_3O^+**(   ), **OH^-**(   ), **SO_4^{2-}**(   ), **NO_3^-**(   ), **HCO_3^-**(·   ), **CO_3^{2-}**(   ), **PO_4^{3-}**(   ), **HPO_4^{2-}**(   ), **$H_2PO_4^-$**(   )

オキソ酸のイオンなど.

⑥ 塩:**NaCl**(   ), **$AlCl_3$**(   ), **NH_4Cl**(   ), **Na_2SO_4**(   ), **$NaHCO_3$**(·   ), **$AgNO_3$**(   ), **AgCl**(   ),

$Al_2(SO_4)_3$(　　　), $FeCl_2$(　　　), $FeCl_3$(　　　), $CaCl_2$(　　　)

全体は無電荷．陽イオンと陰イオン（イオンの価数は上記）とを組み合せて全体が無電荷となるようにする．

⑦ 金属酸化物・硫化物：**FeO**(　　　), **Fe_2O_3**(　　　), **CuO**(　　　), **Cu_2O**(　　　), **FeS**(　　　), **CuS**(　　　), **Ag_2S**(　　　), **CaO**(　　　)

金属イオンの価数と O, S の -2 とを合わせて，全体が無電荷となるようにする．

⑧ 非金属酸化物(分子)：**H_2O**(　　　), **H_2O_2**(　　　), **CO**(　　　), **CO_2**(　　　・　　　), **NO**(　　　), **NO_2**(　　　), **SO_2**(　　　・　　　), **SO_3**(　　　), **N_2O_5**(　　　), **Cl_2O_7**(　　　), **P_4O_{10}**(　　　)

化学式はほぼ丸暗記(最高酸化数を元に考えること可)．名称は H_2O, H_2O_2 以外はルールに従う．

⑨ 有機物(分子)*：**CH_4**(　　　), **C_2H_5OH**(　　　)・(　　　)基・(　　　)基, **CH_3COOH**(　　　)・(　　　)基・(　　　)基・(　　　)基, **CH_3COONa**(　　　), **R–CH–COOH**(　　　)・(　　　)基・(　　　)基
　　　　　　　　　　　　　　　|
　　　　　　　　　　　　　　NH_2

1) p. 118 の例題 4・2, p. 126 の表 4・3, p. 134 の表 4・6, p. 137 の 21～24 行目, p. 138 のアミノ酸, p. 139 の 1～7 行と 31), p. 146 の 77), p. 147 の 88) を参照．

* 有機物の名称と分子中に含まれる官能基を示せ．基についてはその分子の構成基名をすべて示せ．丸暗記か，構造式と命名法を元に考える[1]．

1・9・2 名称から化学式を言える

単体名，化合物名，イオン名を化学式に変えよ，または空欄を埋めよ(答は 1・9・1 項)．

① 気体：**水素ガス**(　　　) 水の電気分解，**酸素ガス**(　　　) 空気の成分・呼吸・水の電気分解，**窒素ガス**(　　　) タンパク質の素(窒素固定・肥料)，**塩素ガス**(　　　) 水の消毒・台所の殺菌漂白剤に HCl を加える，**アンモニア**(　　　) トイレの匂い・虫刺され薬(なぜ？ 中和反応)，**オゾン**(　　　) 酸素の同素体・オゾン層・酸化剤・漂白剤

② 酸(酸っぱいもの，酸性．)：**塩化水素**(　　　), **塩酸**(　　　) の水溶液・胃液の成分，**硫酸**(　　　) 代表的な強酸・硫黄の燃焼・火傷・脱水，**硝酸**(　　　), **リン酸**(　　　), **炭酸**(　　　)

③ 塩基(塩基=中和して塩を生じる，塩基性)：**水酸化ナトリウム**(　　　) **水酸化カリウム**(　　　) けん化価，**水酸化カルシウム**(　　　) 消石灰・運動場線引き・生石灰・コップ酒のお燗，**アンモニア**(　　　)．

④ 単原子イオン(族番号とイオンの価数の関係？)：**水素イオン**(　　　) 酸っぱい素・酸性の素・pH，**ナトリウムイオン**(　　　) しょっぱい味の素・体液，**カリウムイオン**(　　　) 植物の肥料・三大栄養素・灰・細胞内液，**マグネシウムイオン**(　　　) にがい・にがり，**カルシウムイオン**(　　　) 体内でさまざまな役割，**アルミニウムイオン**(　　　), **酸化物イオン**(　　　), **硫化物イオン**(　　　), **フッ化物イオン**(　　　), **塩化物イオン**(　　　), **臭化物イオン**(　　　), **ヨウ化物イオン**(　　　), **鉄(II)イオン**(　　　), **鉄(III)イオン**(　　　) 後2者は理屈ぬきに記憶する．

⑤ 多原子イオン(オキソ酸のイオンは H^+ が取れた数だけ負電荷となる.)：理屈を理解して名称と化学式を覚える．**アンモニウムイオン**(　　)，オキソニウムイオン(　　)酸性の素，**水酸化物イオン**(　　) 塩基性の素，**硫酸イオン**(　　) にがり・造影剤・石膏・ギブス，**硝酸イオン**(　　)肥料・植物中，**炭酸水素イオン・重炭酸イオン**(　　)膵液・血液中の成分・ふくらし粉・重曹，**炭酸イオン**(　　)貝殻・卵の殻，**リン酸イオン**(　　)骨・歯・生体成分・肥料，**リン酸水素イオン**(　　)・**リン酸二水素イオン**(　　)細胞内液・食品添加物

⑥ 塩(全体は無電荷)：**塩化ナトリウム**(　　)からだの中の $HCl \cdot NaHCO_3$ の素，塩化アルミニウム(　　)，塩化アンモニウム(　　)，**硫酸ナトリウム**(　　)，**炭酸水素ナトリウム・重炭酸ナトリウム・重炭酸ソーダ・重曹**(　　)，**硝酸銀**(　　)塩化物イオン Cl^- の検出，塩化銀(　　)，硫酸アルミニウム(　　)塩化鉄(II)(　　)，塩化鉄(III)(　　)，塩化カルシウム(　　)

⑦ 金属酸化物・硫化物：全体は無電荷，酸素原子 O の価数？ 酸化とは？(3つの定義，p.40) 酸化鉄(II)(　　)，**酸化鉄(III)**(　　)赤さび，酸化銅(II)(　　)，酸化銅(I)(　　)フェーリング反応の色，硫化鉄(II)(　　)，硫化銅(II)(　　)，硫化銀(　　)，酸化カルシウム(　　)

⑧ 非金属酸化物：水(　　)，**過酸化水素**(　　)水溶液はオキシドール，**一酸化炭素**(　　)ガス中毒，**二酸化炭素・炭酸ガス**(　　)呼吸，一酸化窒素(　　)情報伝達，二酸化窒素(　　)排気ガス・酸性雨，**二酸化硫黄・亜硫酸ガス**(　　)火山ガス・漂白・酸性雨，三酸化硫黄(　　)無水硫酸，五酸化二窒素(　　)，七酸化二塩素(　　)，十酸化四リン(　　)

⑨ 有機物(示性式)[1]：**メタン**(　　)台所のガス・おなら・温暖化，**エタノール**(　　)お酒の成分・消毒剤，エチル基(　　)，ヒドロキシ基(　　)，**酢酸**(　　)食酢の成分・代表的有機酸・カルボン酸，メチル基(　　)，カルボニル基(　　)，ヒドロキシ基(　　)，**カルボキシ基**(　　)，酢酸ナトリウム(　　)有機酸塩．

次の構造式を書け：**メタン**(　　)，**エタノール**(　　)，**酢酸**(　　)，カルボキシ基(　　)，アミノ酸の一般式の構造(　　)タンパク質・ポリペプチドの元，**アミノ基**(　　).

【キーワード】：　元素名と元素記号(水兵リーベ……)，H^+，OH^-，Na^+，Cl^-，K^+，Ca^{2+}，Mg^{2+}，O^{2-}，S^{2-}，Fe^{2+}，Fe^{3+}，NH_4^+，H_2O，NH_3，CH_4，化合物名，化学式，反応式，酸塩基の性質・種類とその価数・解離反応式，HCl，H_2SO_4，H_2CO_3，H_3PO_4，CH_3COOH，$NaOH$，NH_3，中和反応式，$H_2SO_4 + 2NaOH \rightarrow 2H_2O + Na_2SO_4$，酸化還元の三つの定義，$HCO_3^-$，$H_2PO_4^-$，$HPO_4^{2-}$．

演習問題解答

1・1 原子量：H, 1.008；C, 12.01；N, 14.01；O, 16.00；Na, 22.99；Cl, 35.45；Fe, 55.85；Br, 79.90；I, 126.9；原子番号：H, 1；C, 6；N, 7；O, 8；Na, 11；Cl, 17；Fe, 26；Br, 35；I, 53

1・2 H～Ca（～Zn）を覚えよう！クイズ④の答，および pp. 6, 7 本文，表1・2を見よ．

1・3 自分でp.6をまとめよ．

1・4 原子番号，質量数（パチンコ玉の総数），陽子数（＋のパチンコ玉の数），中性子数（無電荷のパチンコ玉の数），電子数（－のスイカの種の数）は **H：1, 1, 1, 0, 1；1, 2, 1, 1, 1；1, 3, 1, 2, 1；Cl：17, 35, 17, 18**（35−17＝18），**17；17, 37, 17, 20**（37−17＝20），**17**．

1・5 $35 \times 3/4 + 37 \times 1/4 =$ **35.5** 原子100個のうち75個が35，25個が37の重さなら平均値は？
$$\frac{35 \times 75個 + 37 \times 25個}{100個} = 35 \times \frac{75}{100} + 37 \times \frac{25}{100} = 35 \times \frac{3}{4} + 37 \times \frac{1}{4} = \mathbf{35.5}$$
（体重35 kgが75人，37 kgが25人の平均体重）

1・9 自分で本文をまとめよ．

1・10 表1・3，1・4を見よ．

1・13 陽イオンの電荷と陰イオンの電荷の和がゼロとなるように陽・陰イオンの数を組み合わせる（このための簡単な方法は **p. 19 交差法**を参照）．p. 11 のイオンの価数を元に考える．化合物名順にイオンを並べる（陰 → 陽イオン）．
(1) Clは17族だから−1価Cl⁻，Naは1族元素で＋1価Na⁺，Ca, Baは2族元素で＋2価Ca²⁺, Ba²⁺になる．① Cl⁻, Na⁺ → Na⁺, Cl⁻ → **NaCl**, ② Cl⁻, Ca²⁺ → Ca²⁺, Cl⁻ → **CaCl₂**, ③ Cl⁻, Al³⁺ → Al³⁺, Cl⁻ → **AlCl₃**, ④ Cl⁻, Fe²⁺ → Fe²⁺, Cl⁻ → **FeCl₂**, ⑤ Cl⁻, Fe³⁺ → Fe³⁺, Cl⁻ → **FeCl₃**, ⑦ **FeCl₂**, ⑧ **CuCl**, ⑨ **CuCl₂**. 鉄(Ⅲ)，コバルト(Ⅱ)，銅(Ⅰ)，銅(Ⅱ)とはFe³⁺, Co²⁺, Cu⁺, Cu²⁺を意味する．
(2) IはClと同じ17族元素で−1価I⁻，KはNaと同じ1族元素（アルカリ金属）で＋1価K⁺になる．I⁻, K⁺ → **KI**
(3) 酸化物イオンはO²⁻（Oは16族元素，p. 11 の表1・3），① O²⁻, Na⁺ → Na¹⁺, O²⁻ → 交差法により，Na₂O₁ → **Na₂O**, ② O²⁻, Ca²⁺ → Ca²⁺, O²⁻ → Ca₂O₂ → **CaO**, ③ O²⁻, Mg²⁺ → Mg²⁺（2族元素），O²⁻ → Mg₂O₂ → **MgO**, ④ O²⁻, Al³⁺ → Al³⁺, O²⁻（交差法）→ **Al₂O₃**, 別解1：O²⁻, Al³⁺ → (Al³⁺)ₓ(O²⁻)ᵧ → 直感でx＝2, y＝3（最小公倍数の6を求めている）→ (Al³⁺)₂(O²⁻)₃ → (Al)₂(O)₃ → **Al₂O₃**. 別解2：大きい電荷のイオンの数を1とする．→ x＝1 → (Al³⁺)₁(O²⁻)ᵧ, 電荷がゼロになるためのyの値は？ (＋3)×1＋(−2)×y＝0, y＝1.5 → (Al³⁺)₁(O²⁻)₁.₅ 式全体を2倍して，**Al₂O₃**. ⑤ O²⁻, Cu⁺ → Cu¹⁺, O²⁻ → Cu₂O₁ → **Cu₂O**, ⑥ O²⁻, Cu²⁺ → Cu²⁺, O²⁻ → Cu₂O₂ → **CuO**, ⑦ **Cu₂O**, ⑧ **MnO₂**, ⑨ O²⁻, Fe²⁺ → Fe²⁺, O²⁻ → Fe₂O₂ → **FeO**, ⑩ O²⁻, Fe³⁺ → Fe³⁺, O²⁻ → **Fe₂O₃**, ⑪ **Fe₂O₃**, ⑫ **Fe₃O₄**, ⑬ **Ag₂O**（Agは11族（1B族）→ Ag⁺），O²⁻, Ag⁺ → Ag¹⁺, O²⁻ → Ag₂O₁ → **Ag₂O**

(4) 硫化物イオンS²⁻，① Na₂S，② CaS，③ MgS，④ Al₂S₃，⑤ FeS，⑥ FeS₂，⑦ CuS，⑧ Ag₂S，⑨ ZnS，⑩ CdS

1・15 ① 化学式中の化合物で一番数が多い元素：CH₄ のHの数が4で一番大きい．CH₄ の係数を1として考える．CH₄＋__O₂→__CO₂＋__H₂O．**CH₄＋2 O₂ → CO₂＋2 H₂O**．（係数1は省略するのが約束）．
② C₄H₁₀ の係数を1として考える．1 C₄H₁₀＋__O₂→ 4 CO₂＋5 H₂O．**2 C₄H₁₀＋13 O₂ → 8 CO₂＋10 H₂O**．
③ NH₃ の係数を1として考える．1.5 H₂＋0.5 N₂ → 1 NH₃．**3 H₂＋N₂ → 2 NH₃**．
④ まず，Al$_x$O$_y$ について考える．Alは＋3，Oは−2だから（p. 11），Al₂O₃（p. 19）．次に，Oが3個（原子数最大）のAl₂O₃ の係数を1として考えると，2 Al＋1.5 O₂ → 1 Al₂O₃，全体を2倍して整数にする．**4 Al＋3 O₂ → 2 Al₂O₃**．
⑤ グルコース（ブドウ糖）C₆H₁₂O₆ の燃焼の反応式は，C₆H₁₂O₆＋6 O₂ → 6 CO₂＋6 H₂O．グルコースは炭水化物なので，C₆H₁₂O₆ は形式的に C₆(H₂O)₆ とも書くことができる（炭水化物が水からできているわけではない）．この分子式中のH₂O成分は燃えてもH₂Oとなるので，反応ではCのみについて考えればよい．C₆(H₂O)₆ 中の6個のCの燃焼反応は，6 C＋6 O₂ → 6 CO₂，つまり，C₆(H₂O)₆＋6 O₂ → 6 CO₂＋6 H₂O．したがって，**呼吸商 RQ＝CO₂/O₂＝6/6＝1.00**．デンプン，スクロース（ショ糖・砂糖）などの糖質（炭水化物）は C$_n$·(H₂O)$_m$，この燃焼反応は，C$_n$·(H₂O)$_m$＋n O₂ → n CO₂＋m H₂O，と表されるので，呼吸商＝RQ＝CO₂/O₂＝n/n＝**1.00**．中性脂肪：C₃H₅O₃(C$_n$H$_{2n+1}$CO)₃，トリステアリルグリセロール（n＝17）なら C₅₇H₁₁₀O₆＝C₆₅H₉₈·6H₂O．燃焼反応式は，C₅₇H₉₈·6H₂O＋81.5 O₂ → 57 CO₂＋49 H₂O＋6 H₂O，**RQ＝CO₂/O₂＝57/81.5＝0.699＜1**．タンパク質・ペプチド：アルブミン C₇₂H₁₁₂N₁₈O₂₂S の燃焼反応式は C₇₂H₁₁₂N₁₈O₂₂S＋77.5 O₂ → 63 CO₂＋38 H₂O＋9 CO(NH₂)₂（尿素）＋SO₄²⁻．**RQ＝63/77.5＝0.813＜1**．脂質，タンパク質ではOの数が少なくHを全部H₂Oに変えることができないので，酸素O₂はC → CO₂と，H → H₂Oの両方の反応に必要とされる．Hに使われる分だけ，必要とされるO₂が生成するCO₂よりも多くなり，CO₂/O₂は（分母の方が大きいので）**1.00より小さくなる**．

1・24 Fe＋2 HCl → FeCl₂＋H₂（FeCl₂ は塩の一種ゆえ FeCl₂ → Fe²⁺＋2 Cl⁻）．FeがFe²⁺に酸化されて，H⁺がH₂に還元された．酸化剤はH⁺(HCl)．HとH⁺は違う！（Hは還元剤）

Fe＋2 H⁺ ⟶ (Fe²⁺＋ ②e⁻)＋2 H⁺ ⟶ Fe²⁺＋2 H ⟶ Fe²⁺＋H₂

1・25 $\mathrm{CH_3-\underset{OH}{CH}-COOH} \underset{+2\,H}{\overset{-2\,H}{\rightleftharpoons}} \mathrm{CH_3-\underset{O}{\overset{\|}{C}}-COOH}$

2 モル（物質量）がわかる，化学計算ができるようになる

　専門，専門基礎として化学系の実験実習を行う際には，たとえば，決められた濃度の溶液を作ったり，溶液を薄めたりする操作がある．このような操作を行うためには，あらかじめモル計算や％計算をする，希釈の仕方を考えるといったことが必要となる．また，実験結果をまとめる際にも計算を行う必要がしばしばある．このような計算・考え方は決して難しくない．この章では実験・実習に必要な化学計算のやり方を身につけよう[1]．

2・1　単位と計算

2・1・1　分数の四則計算

演習 2・1　計算せよ[2]．（電卓の使用不可）

① $\dfrac{4}{5} \times \dfrac{7}{8}$　　② $\dfrac{3}{5} \times 10$　　③ $12 \div \dfrac{2}{3}$　　④ $\dfrac{1}{6} + \dfrac{5}{6} \div \dfrac{2}{3}$

⑤ $\dfrac{1}{12} \times (-3) - 6 \div \left(-\dfrac{2}{3}\right)$　　⑥ $\dfrac{1}{3} - \left(-\dfrac{1}{2}\right)^2 \div \left(-\dfrac{3}{8}\right)$

基本　$\dfrac{a}{b} = \dfrac{c}{d}$ の時　$ad = bc$（たすき掛け）となる*．

例1：$\dfrac{2}{3} = \dfrac{x}{4}$ の時，$\dfrac{2}{3} \diagdown \dfrac{x}{4}$ と掛け合わせると，$3x = 8$．よって，$x = \dfrac{8}{3}$

例2：$\dfrac{x}{3} = 2$ の時，$\dfrac{x}{3} = \dfrac{2}{1}$ のように，整数の 2 を $\dfrac{2}{1}$ の分数形として，たすき掛けができるようにする．たすき掛けして，$x \times 1 = 3 \times 2 = 6$．$x = 6$．

基本　$\dfrac{\frac{a}{b}}{\frac{c}{d}} = \dfrac{ad}{bc}\left(= \dfrac{外項の積}{内項の積}\right)$ または，$\dfrac{\frac{a}{b}}{\frac{c}{d}} = \dfrac{a}{b} \div \dfrac{c}{d} = \dfrac{a}{b} \times \dfrac{d}{c} = \dfrac{ad}{bc}$

例3：$\dfrac{\frac{1}{2}}{\frac{3}{4}} = \dfrac{1 \times 4}{2 \times 3} = \dfrac{4}{6} = \dfrac{2}{3}$ または，$\dfrac{\frac{1}{2}}{\frac{3}{4}} = \dfrac{1}{2} \div \dfrac{3}{4} = \dfrac{1}{2} \times \dfrac{4}{3} = \dfrac{4}{6} = \dfrac{2}{3}$

演習 2・2　次の分数，分数式の x を分数のまま計算し結果も分数で示せ[3]．

① $\dfrac{4}{3} = \dfrac{x}{5}$　　② $\dfrac{4}{3} = \dfrac{5}{x}$　　③ $\dfrac{\frac{3}{4}}{\frac{5}{7}}$　　④ $\dfrac{\frac{1}{3}}{2}$

⑤ $\dfrac{\frac{3}{3}}{4}$　　⑥ $\dfrac{\frac{4}{3}}{\frac{x}{2}} = 3$　　⑦ $\dfrac{\frac{1}{3}}{x} = 2$　　⑧ $\dfrac{\frac{x}{a}}{\frac{c}{b}} = d$

POINT

1) この章は"演習 溶液の化学と濃度計算"の1〜8章のダイジェスト版である．

2) ①，②では，まず分子と分母の数値を約分する．③〜⑥のような**分数の割算は分子と分母を逆さにして掛ける***：
$$\dfrac{a}{b} \div \dfrac{c}{d} = \dfrac{a}{b} \times \dfrac{d}{c}$$
④〜⑥は乗除優先．四則混合の計算における優先順位を忘れないこと！

* なぜこうなるかは"演習 溶液の化学と濃度計算"p. 222 参照．

POINT

3) ①，②の"たすき掛け"は必ず身につけること！③，⑥，⑧は**外項の積/内項の積**，または割算の形に変えて，ひっくり返して掛ける．
　④，⑤，⑦では分子，または分母の整数値を $\dfrac{整数値}{1}$ の分数形に変えた後，③，⑥，⑧と同様に計算する．

2・1・2 指数を含んだ計算

a. 指数表示（科学表示）

数値の**指数表示**は，環境汚染の話題に出てくるダイオキシン，環境ホルモンなどの濃度表示に用いる ppm($1/10^6$)，ppb($1/10^9$)，mg，µg，ng，pg（ピコ p，$1/10^{12}$）や，水素イオン濃度(10^{-pH})を始めとして，今後，さまざまな講義・実験・実習[4]で登場するので身につけておく必要がある．

4) 生理学，生化学，栄養学，食品学，衛生学など．

> **QUIZ** 考えてみよう！ ①
> (1) 2 300 000 は何万か，0.000 002 3 は何万分の 23 か．
> (2) 2.3×10^6，2.3×10^{-6} はそれぞれいくつ位の数値か．

答 (1) 230万，1000万分の23．このように極端に大きな数や小さな数では，これらの数字を見ても，桁を数えないと，いくつ位の数字かはすぐには判断できない．

(2) (1)と同じ数値を指数で表示したものである．この場合，数値が 10^6 と 10^{-6} の桁，つまり 100 万の桁と 100 万分の 1 の桁の数字，**230 万と 100 万分の 2.3（1000 万分の 23）**であることがすぐにわかり，便利である．

指数表示は**科学表示**とも言われ，たとえば，3.45×10^3 のように表示する．3.45 を**基数**といい，**1≦基数＜10 の数字で表す**約束である．$\times10^3$ の右上肩の数値 3 を**指数**という[5]．

5) 3.45×10^3 ←指数
　↑
　基数

指数の値が正数の場合，その基数に 10 を何回掛けるか(10 を何乗するか)ということを示している．たとえば，

$$10^3 \equiv 1\times10^3 \equiv 1\times10\times10\times10 = 1000^{6)}$$
$$2.3\times10^6 \equiv 2.3\times10\times10\times10\times10\times10\times10 = 2\,300\,000$$

6) "≡"は，定義，を意味する記号（このように置きます・このように約束します，という意味）．
$10^3 \equiv 1\times10^3$ は，10^3 とは 1×10^3 のことと同じ，という意味．

指数の値が負の数字である場合には，基数を 10 で何回割るかということを意味する．たとえば，

$$10^{-3} \equiv 1\times10^{-3} \equiv \frac{1}{10^3} = \frac{1}{10\times10\times10} = \frac{1}{1000} = 0.001,$$

$$2.3\times10^{-6} \equiv \frac{2.3}{10^6} = \frac{2.3}{10\times10\times10\times10\times10\times10} = \frac{2.3}{1\,000\,000}$$
$$= 0.000\,002\,3$$

例題 2・1 ① $5234 \equiv 5234.$ ② 0.000 678 を科学表示（指数表示）せよ．

7) 基数は 1.000…～9.999… の値とする約束．

答 ① 小数点を左に 3 桁移動し[7]，10^b の b の値を 3 とする．
$$5234 \equiv 5234. = 5.234\times10^3$$
② 小数点を右に 4 桁移動し[7]，10^b の b の値を -4 とする．つまり，
$$0.000\,678 = 6.78\times10^{-4}$$

演習 2・3 次の数値を科学表示(指数表示)せよ.

① 10, ② 100 000, ③ 0.01, ④ 0.000 001, ⑤ 45, ⑥ 1 278, ⑦ 476.54, ⑧ 24 500[8], ⑨ 0.037, ⑩ 0.000 082

b. 小数値に 10 の冪乗(べきじょう)を掛ける，10 の冪乗で割る場合の位取りの仕方

次のように小数点を右，左に移動させればよい.

$0.346 \times 1000 = ?\ (\times 10^3) \longrightarrow 0.346 \times 1000 = 346$

小数点を右に 3 桁移動する.

$0.000\,78 \times 100 = ?\ (\times 10^2) \longrightarrow 0.000\,78 \times 100 = 0.078$

小数点を右に 2 桁移動する.

$0.654 \div 1000 = \dfrac{0.654}{1000} = ?\ (\times 10^{-3})$

$\longrightarrow 00\,000.654 \div 1000 = \dfrac{00\,000.654}{1000} = 0.000\,654$

小数点を左に 3 桁移動する.

例題 2・2 次の数値を整数・小数表示せよ. ① 4.21×10^5, ② 9.87×10^{-5}

答 この問題は，上記の 10 の冪乗(べきじょう)を掛ける，10 の冪乗で割る場合と同一である. したがって,

① $4.210\,000\,0 \times 10^5 = 4.210\,000\,000 \times 100\,000 = 421\,000$

小数点を右に 5 桁移動する.

② $9.87 \times 10^{-5} = 9.87 \times 0.000\,01 = 0\,000\,009.87 = 0.000\,098\,7$

小数点を左に 5 桁移動する.

演習 2・4 整数・小数表示せよ. ① 7.2×10^3, ② 1.8×10^{-6}

c. 指数表示の数の掛け算，割り算：指数計算のルール

例題 2・3 以下の x は何か(指数計算の公式を示せ).

① $10^{-a} \equiv 1/x$, ② $10^a \times 10^b = x$, ③ $10^a \times 10^{-b} = x$, ④ $10^a/10^b = x$

答 "指数計算の規則[9]"

> ① $10^{-a} \equiv 1/10^a$ (これは約束なので覚えること！),
> ② $10^a \times 10^b = 10^{a+b}$, ③ $10^a \times 10^{-b} = 10^{a-b}$,
> ④ $10^a/10^b = 10^a \div 10^b = 10^a \times 10^{-b} = 10^{a-b}$

演習 2・5 次の計算をせよ[10].

① $(1 \times 10^4) \times (1 \times 10^6)$, ② $(4 \times 10^2) \times (6 \times 10^5)$, ③ $(2 \times 10^4) \times (3 \times 10^{-6})$

---

[8] 有効数字を考慮すると 3 種類の表示ができる. じつは，①は 1×10^1 と 1.0×10^1，②は 1×10^5 のほか，$(1.0, 1.00, 1.000, 1.0000, 1.000\,00) \times 10^5$ の 5 種類の可能性がある.

電卓使用法(指数計算)
(千円関数電卓：SHARP EL-501E，CANON F-502G，SHARP の F↔E, +/- と CANON の F↔S, (−) が対応)

1. 3.56×10^5 の入力：
3.56, EXP, 5 → 表示：3.56 05 (3.56×10^5 の電卓表示形)，= → 表示：356 000, F↔E 表示：3.56 05

2. 3.56×10^{-5} の入力：
3.56, EXP, 5, +/- → 表示：3.56 −05, = → 表示：0.000 035 6, F↔E 表示：3.56 −05

3. 10^5 の入力：
1, EXP, 5, =, F↔E

4. $10^{-3.2}$ の入力・科学表示：3.2, +/-, 2nd F, 10^x, =, F↔E (log で全指数表示の指数部分が得られる)

5. 2×10^{-3} の全指数表示，指数部分の求め方：2, EXP, 3, +/-, =, F↔E, log *; または，2, ×, 3, +/-, 2nd F, 10^x, =, F↔E, log *
* 指数/小数に戻す：2nd F, 10^x; 小数/指数→F↔E

[9] なぜこうなるかは"演習 溶液の化学と濃度計算"参照.

POINT

[10] **指数表示の数の掛け算**
1. 2 つの基数の掛け算を行う.
2. 2 つの指数を足し算する.
3. 指数表示で基数が 10 以上になる時は改めてこれを 1～10 の数字 ×10 の何乗という形に書き代える.

POINT

11) **指数表示の数の割り算**
1. 2つの基数で割り算を行う.
2. 分子の指数から分母の指数を引き算する.
3. 基数が1未満になる時は,指数部分の数値を1つ減らして,1<基数<10とする.

12) **指数の掛・割算混交**
1. 基数同士を計算する,分子・分母間で約分した後で計算.
2. 指数部分を計算する.
3. 基数部分が10以上,1未満なら,指数部分の数値を動かして,1<基数<10とする.
4. 電卓使用の場合は計算の順序に要注意.

13) 電卓の使用法は前ページの右欄"電卓使用法"を参照.

14) 化学計算で使う数がすべて測定値とは限らない.定義のなかで与えられる数(1Lは1000 mLなど)や数えられる数(分子式中の元素数など)は有効数字算出の対象とはしない.

"有効数字を決める際のルール"

15) **ルール1**:1〜9の数はすべて有効数字になる.

16) **ルール2**:0以外の数字に挟まれた0は有効数字になる.

17) **ルール3**:小数点より右側にある0は1番外側であっても有効数字となる.

18) **ルール4**:小数点以下の位を示すために使われている0は有効数字とならない.

19) **ルール5**:整数で末端から連続している0は有効数字にならない.

演習 2・6 次の計算をせよ[11].

① $\dfrac{1 \times 10^6}{1 \times 10^4}$, ② $\dfrac{8 \times 10^7}{2 \times 10^5}$, ③ $\dfrac{8 \times 10^4}{3 \times 10^{-2}}$, ④ $\dfrac{4 \times 10^{-3}}{8 \times 10^2}$

演習 2・7 次の計算をせよ[12].

① $\dfrac{(3 \times 10^3)(8 \times 10^{10})}{(6 \times 10^4)(1 \times 10^6)}$, ② $\dfrac{(1.5 \times 10^2)(4.0 \times 10^6)}{(5.0 \times 10^{10})(2.5 \times 10^5)}$

③ $\dfrac{(7.5 \times 10^{-3})(9.0 \times 10^6)}{(1.5 \times 10^2)(2.5 \times 10^{-8})}$, ④ $\dfrac{(2.0 \times 10^{-6})(4.2 \times 10^{-2})}{(1.4 \times 10^{-11})(1.0 \times 10^5)}$

演習 2・8 次の計算をせよ.答は全指数表示 $10^{a.b}$ と科学表示 $c \times 10^d$ の両方で示せ.ただし,①,②の科学表示への変換,③〜⑤の全指数表示への変換には関数電卓を使用せよ[13].

① $10^{3.2} \times 10^{5.1}$, ② $10^{-3.2} \times 10^{-5.1}$, ③ $(2 \times 10^3) \times (3 \times 10^5)$,
④ $(2 \times 10^{-3}) \times (3 \times 10^{-5})$, ⑤ $(0.5 \times 10^{-3}) \times (0.3 \times 10^{-5})$

2・1・3 有 効 数 字

電卓は実験結果の処理計算をする際に大変有用であるが,数値の扱いには十分注意する必要がある.電卓計算では10桁前後の数値が表示されるため,この数値をそのまま写して計算結果とする人がいるが,これは不適切である.数値として意味のある適切な桁数までを取るべきであるが,どの桁まで取ってよいか迷う人も多いだろう.この桁数を決めるのが有効数字の考え方である(通常,**有効数字は4つ取れば十分**).有効数字は測定値の精密さを示す時に使われる.実験データの計算処理をするためには有効数字の正しい扱い方を理解しておく必要がある[14].

a. 有効数字の決め方

例題 2・4 次のそれぞれの数について有効数字の数(桁数)を示せ.

(1) ① 36   ② 2.345
(2) ① 2006   ② 2.0001
(3) ① 48.00 ② 4.800   ③ 0.4800
(4) ① 0.123 ② 0.00123
(5) ① 7300   ② 7.3×10^3 ③ 7.30×10^3 ④ 7.300×10^3

答 (1) ① 36は有効数字2つ,② 2.345は有効数字4つ[15].
(2) ① 有効数字4つ,② 有効数字5つ[16].
(3) ① 48.00,② 4.800,③ 0.4800 は,いずれも有効数字4つ[17].
(4) ① 0.123,② 0.00123 は,いずれも有効数字3つ[18].
(5) ① 7300の有効数字は2つ[19]!
 (7250≦7300<7350,7300の3の所がすでに曖昧である)

0が有効数字に含まれるか否かは**指数表示**により明確に示すことができる.たとえば,7300という数字は次のように示すことができる.

② 7.3×10^3 は有効数字 2 つ．$7.3 \times 10^3 \equiv (7.25 \leq 7.3 < 7.35) \times 10^3$
("≡"は，そのように定義する，約束する，という意味である)
③ 有効数字 3 つ．$7.30 \times 10^3 \equiv (7.295 \leq 7.30 < 7.305) \times 10^3$
④ 有効数字 4 つ．$7.300 \times 10^3 \equiv (7.2995 \leq 7.300 < 7.3005) \times 10^3$

b. 有効数字を考慮した計算

掛け算，割り算 掛け算，割り算では，まず，それぞれの数値の与えられた桁数をすべて含めて，電卓を用いて**普通に計算する．答**は元の数値の中で**有効数字のもっとも少ない数値の有効数字に合わせる**（その 1 つ下の桁を四捨五入する）．

例題 2·5 次の計算式の値を正しい有効数字で答えよ（電卓使用）．
① 13.6×0.004，② $67.0 \div 5630$

答 ① 0.05 $13.6 \times 0.004 = 0.0544$（単純計算値）．13.6 の有効数字は 3 つ，0.004 の有効数字は 1 つなので，単純計算値 0.0544 の 2 つ目を四捨五入して有効数字 1 つとする[20]．
② 0.0119 67.0，5630 の有効数字がともに 3 つなので，単純計算した値 0.01190053 の 4 つ目を四捨五入して，有効数字 3 つで表す．

足し算，引き算 足し算，引き算の計算では，まず，それぞれの数値の与えられた桁数をすべて含めて**普通に計算する．答**は，元の各数値の**最下位の桁の中で最高位の桁（最大の誤差を含む最高位の桁）に合わせる**（1 つ下の桁を四捨五入）．下の具体例を見よ．

例題 2·6 次の計算式の値を正しい有効数字で答えよ（電卓使用）．
① $25 + 1.278 + 127.1 + 5.45$，② $19.57 - 1.286$

答 ① 159 25 が一番大きい誤差をもつ．整数 1 位ですでに誤差を含むので，答は単純計算値 158.828 の小数 1 位を四捨五入する．
② 18.28 19.57 が一番大きい誤差をもつ．小数 2 位ですでに誤差を含むので，答は単純計算値 18.284 の小数 3 位を四捨五入する[21]．

演習 2·9 計算を行い，正しい有効数字で答えよ（電卓使用）．
① $43.67 + 27.4 + 0.0265$，② $256 - 139.48$，③ $1.48 \times 39.1 \times 0.312$，
④ $67.84 \div 4.6$，⑤ $\dfrac{9.50 \times 784}{1465}$，⑥ $\dfrac{0.036 \times 25.78}{1.4865 \times 169}$ [22]

手計算で**有効数字を適切に扱うには，一般的には，最終的に求めたい有効数字＋1 桁で計算し，最後に一番下の桁を四捨五入すればよい**[23]．

---

[20] 13.6×0.004 の 0.004 は 0.004 ± 0.0005（$0.0035 \leq 0.004 < 0.0045$）を意味するので，$13.6 \times (0.004 \pm 0.0005) = 0.0544 \pm 0.0068 = 0.054 \pm 0.007$（0.047〜0.061）．つまり，この計算結果はせいぜい 0.05（$0.045 \leq 0.05 < 0.055$）程度の精度しかもたない．したがって，答は 0.004 と同じ有効数字をもつ 0.05 でよい．

[21] 有効数字の計算に関する詳しい説明は"演習 溶液の化学と濃度計算"の 1 章を参照のこと．

[22] この問題は電卓計算では間違いやすいので要注意．

POINT

[23] **有効数字の現実的対応法** 電卓で掛け算・割り算の計算を行う時や，実験・実習の結果（データ）を計算処理する時など，通常は**有効数字 4 つ（4 桁）**取れば必要十分である．目的次第ではそれ以下とするが，有効数字 1 つの場合は皆無と思ってよい．

2・1・4　大きさ・倍率・桁数を表す接頭語 (k, h, da, d, c, m, μ, n)

> **QUIZ** 考えてみよう！②
> (1) 長さの基本単位はメートル m である．km, cm, mm のキロ k, センチ c, ミリ m の意味を述べよ．
> (2) 体積の単位デシリットル dL は何 mL か．デシ d の意味を述べよ．
> (3) 天気予報の気圧単位ヘクトパスカルのヘクト h[24] の意味を述べよ．
> (4) 生物の細胞の大きさなどを記述する時の単位 μ (ミクロン)[25], ミクロの世界で使われる言葉，マイクロ μ の意味を述べよ．
> (5) 最近ハイテク関連でよく聞くナノテクノロジー，ナノワールドのナノ＝nm (ナノメートル) のナノ n の意味を述べよ．

答　c (センチ) とは $1/100 = 0.01$ のこと．その他は表 2・1 を参照[26]．

24) ヘクトとは広さの単位ヘクタール (ヘクト・アール) ha の h と同じ意味である．

25) ミクロン＝マイクロン＝μm (マイクロメートル)

26) k, h, d, c, m, μ, n といった単位の前の接頭語は，すべて，大きさ・倍率を表したものである．

27) 西洋では k, m, μ, n, thouthand (千), million (百万) など，すべて 10^3 が 1 単位．

表 2・1 接頭語

記号	読み	意味	使用例
k	キロ[27]	$10^3 = 1 \times 10^3 = 1000$	$1\,km = 1000\,m$
h	ヘクト	100	$1\,ha = 100\,a$
d	デシ	$\dfrac{1}{10} = \dfrac{1}{10^1} \equiv 10^{-1} = 0.1$	$1\,dL = 0.1\,L = 100\,mL$
m	ミリ[27]	$\dfrac{1}{1000} = \dfrac{1}{10^3} \equiv 10^{-3} = 0.001$	$1\,mm = (1/1000)\,m = 0.001\,m$
μ	マイクロ[27]	$\dfrac{1}{1\,000\,000} = \dfrac{1}{10^6} \equiv 10^{-6} = 0.000\,001$	$1\,\mu m = 100\,万分の\,1\,m$
n	ナノ[27]	$\dfrac{1}{10^9} \equiv 10^{-9}$	$1\,nm = 10\,億分の\,1\,m$
p	ピコ[27]	10^{-12}	$1\,pm = 1\,兆分の\,1\,m$

28) 矢野健太郎先生伝を著者が拡張した語呂合せ．

例題 2・7　倍率を表す接頭語の覚え方[28] を述べよ．**記憶せよ．**

答　"(ギガメガへ) **キロ**キロと，**ヘクトデカ**けた**メートル**が，**デシ**に見られて**センチ ミリミリ**，さらに落ち込み**マイクロ ナノ**よ"[29]

29) (GM) khdadcmμn → きょろきょろと周りを見まわしながら同僚の"へく"さんと出かけた"めーとる"さんが，へくさんの弟子と思われてセンチメンタルになり，めそめそしている？さらに落ち込んで"私の気持ちはまっ黒なのですよ"と言っている．
* "ギガ・メガへ，キロ，キロと…"と，言葉の由来は"演習 溶液の化学と濃度計算"参照．

例題 2・8　mg と g, g と mg ; μg と g, g と μg ; μg と mg, mg と μg の関係式を示せ．

答　下表参照 (記憶せよ)．

	1 g	mg	μg	ng
1 g	1 g	10^3 mg	10^6 μg	10^9 ng
1 mg	10^{-3} g	1 mg	10^3 μg	10^6 ng
1 μg	10^{-6} g	10^{-3} mg	1 μg	10^3 ng
1 ng	10^{-9} g	10^{-6} mg	10^{-3} μg	1 ng

演習 2・10 ① 1 mg, 1 μg, 1 ng, 1 kg は何 g か．また，1 g は何 mg, 何 μg, 何 ng, 何 kg か．

② 1 mL は何 cm³ か．1 cm³ は何 cc か．1 cc は何 mL か．

③ 1 m³ は何 cm³ か，何 mL か，何 L か．

2・1・5 単位の計算－測定値の表示法と単位同士の掛け算，割り算－

演習 2・11 以下の計算をせよ[30]．

① $4.75 \div 0.50$ ② $4.75/0.50$ ③ $\dfrac{4.75}{0.50}$ ④ $4.75 \times \dfrac{1}{0.50}$

⑤ $\dfrac{8}{9} \div 4$ ⑥ $\dfrac{2}{3} \times \dfrac{3}{4}$ ⑦ $\dfrac{2}{7} \div \dfrac{3}{4}$ ⑧ $\dfrac{2}{3} \times \dfrac{5}{4} \times \dfrac{7}{10} \times \dfrac{11}{21}$

POINT

[30] 演習 2・11 ⑤，⑦のように分数を含む割り算では，ある数で割る代わりに，割る数の逆数を掛ける．⑤，⑥，⑧のような分数の計算する際には，まずは分子と分母の数字の約分をする．

a. 測定値の表示法

重さ，長さ，体積などの測定値は，10 g, 5 km, 20 mL といったように，数値と g, m, L などの単位を組み合わせて表す．ここで，k(キロ)とは $1000 = 10^3$ のことだから，5 km とは 5×10^3 m $= 5 \times 10^3 \times$ m のこと，つまり，5 km とは 1 m を 5000 倍したもの，$5 \times k \times 1$ m である．同様に 20 mL とは $(20 \times 10^{-3}) \times$ L, $20 \times$ m(ミリ)$\times 1$ L である．このように，**測定値(物理量)は常に(数値×単位)で表される**．

b. 単位同士の掛け算，割り算

"/"なる記号は演習 2・11 ②に限らず，常に割り算・分数を意味する：自動車が走る速さを時速40 km，または，40 km/hなどと表すが，hとは時間 hour の略であり，"/"なる記号は"パー per，またはオーバー over"，"毎"と読み，1時間"あたり"という意味である．そもそも 40 km/h とは，たとえば 120 km の距離を 3 時間で走った時，1 時間あたり何km 走ったかを知るのに，$120 \text{ km} \div 3 \text{ h} = 120 \text{ km} \times \dfrac{1}{3 \text{ h}} = \dfrac{120 \text{ km}}{3 \text{ h}} = \dfrac{40 \text{ km}}{1 \text{ h}} = \dfrac{40 \text{ km}}{\text{h}} = 40$ km/h(平均時速)として求めたものであり，km/hが割り算，分数，であることが納得できよう．したがって，40 km/h $= \dfrac{40 \text{ km}}{\text{h}} = \dfrac{40 \times k \times m}{h} = \dfrac{40 \times k \times 1 \text{ m}}{1 \text{ h}}$ のように，測定値は数値×単位の掛け算・割り算としても表される．つまり，"/" は 1/3, 2/3 のように分数に用いるだけでなく，単位の表現においても**分数式・割り算を意味する**ものとして用いられており，単位同士であっても掛け算，割り算を行うことができることが理解できよう．

例題 2・9 東京-名古屋 360 km を 2 時間で走る新幹線の時速は何 km か．

答 $360\,\text{km} \div 2\,\text{h} = 360\,\text{km} \times \dfrac{1}{2\,\text{h}} = \dfrac{360\,\text{km}}{2\,\text{h}} = \dfrac{180\,\text{km}}{1\,\text{h}} = \dfrac{180\,\text{km}}{\text{h}} = 180\,\text{km/h}$

例題 2・10 180 km/h で 5 時間走ると何 km 走ったことになるか．

答 $180\,\text{km/h} \times 5\,\text{h} = \dfrac{180\,\text{km}}{\text{h}} \times 5\,\text{h} = \dfrac{900\,\text{km} \times \cancel{\text{h}}}{\cancel{\text{h}}} = 900\,\text{km}$

このように，単位を含めて計算すると，求めるべき値を単位つきで正しく得ることができる．

2・1・6　単位の換算と換算係数を用いた計算（換算係数法）

換算係数法[31] と称する米国式の計算法がある．この方法は変数 x を使わない，したがって式の変形もしない，割り算もしない，掛け算だけを用いるやり方であり，数学・化学の不得意な人でも，やり方を身につければ，さまざまな計算が容易に行える大変強力・有効な方法であり，一生役に立つ計算法である．

例題 2・11 10 年は何秒か．計算式を示せ．

答 この計算を行うには，1 年 = 365 日，1 日 = 24 時間，1 時間 = 60 分，1 分 = 60 秒，を順に考えていけばよい．10 年 = 10 × 365 日 = 3650 日，3650 日 × 24 時間 = 87 600 時間，87 600 時間 = 87 600 × 60 分 = 5 256 000 分，5 256 000 分 = 5 256 000 × 60 秒 = 315 360 000 秒，まとめて考えれば，10 × 365 × 24 × 60 × 60 = 315 360 000 秒．

年 → 日 → 時間 → 分 → 秒への換算は次のようにして計算することもできる．1 年 = 365 日，この等式の両辺を 1 年で割ると，$\dfrac{1\,\text{年}}{1\,\text{年}} = 1 = \dfrac{365\,\text{日}}{1\,\text{年}}$，365 日で割ると，$\dfrac{1\,\text{年}}{365\,\text{日}} = 1 = \dfrac{365\,\text{日}}{365\,\text{日}} = 1$．同様にして[32]，$\dfrac{24\,\text{時間}}{1\,\text{日}}$ と $\dfrac{1\,\text{日}}{24\,\text{時間}}$，$\dfrac{60\,\text{分}}{1\,\text{時間}}$ と $\dfrac{1\,\text{時間}}{60\,\text{分}}$，$\dfrac{60\,\text{秒}}{1\,\text{分}}$ と $\dfrac{1\,\text{分}}{60\,\text{秒}}$，のように，それぞれの単位の間に値が 1 となる 2 つの分数が得られる．これらの分数は値が 1 だから，ある数字にこれらの分数を掛けても値は変化しない．したがって，

1 年 = 1 年 × $\dfrac{365\,\text{日}}{1\,\text{年}}$ = 1 年 × $\dfrac{365\,\text{日}}{1\,\text{年}} \times \dfrac{24\,\text{時間}}{1\,\text{日}}$ ……が成り立つ．$\dfrac{365\,\text{日}}{1\,\text{年}}$ は年を日に，$\dfrac{1\,\text{年}}{365\,\text{日}}$ は日を年に変換するための分数，などであり，これら分数を（単位の）**換算係数**という．

これらの換算係数を用いて　年 → 日 → 時間 → 分 → 秒　の換算を行うと，

$10\,\text{年} = 10\,\cancel{\text{年}} \times \dfrac{365\,\cancel{\text{日}}}{1\,\cancel{\text{年}}} \times \dfrac{24\,\cancel{\text{時間}}}{1\,\cancel{\text{日}}} \times \dfrac{60\,\cancel{\text{分}}}{1\,\cancel{\text{時間}}} \times \dfrac{60\,\text{秒}}{1\,\cancel{\text{分}}}$

$= 10 \times 365 \times 24 \times 60 \times 60\,\text{秒} = 315\,360\,000\,\text{秒}$

---

31) 単位換算法，因子・要素ラベル化法，単位分析法・解析法，次元分析法・解析法とも呼称される．
　単位を合わせる計算法は物理学の基本的な方法である．

32) 1 日 = 24 時間，この式を 1 日で割ると，$\dfrac{1\,\text{日}}{1\,\text{日}} = 1 = \dfrac{24\,\text{時間}}{1\,\text{日}}$，24 時間で割ると，$\dfrac{1\,\text{日}}{24\,\text{時間}} = 1 = \dfrac{24\,\text{時間}}{24\,\text{時間}} = 1$

このように，扱う数値を単位込みで計算する癖をつけておくと，複雑な計算でも間違いを起こしにくいことがわかる．また，計算法がわからない場合でも，計算で求めるべき値の単位に一致するように2種類の換算係数を使い分ければ正しい値を得ることができる[33]．

POINT
33) 換算係数は消去すべき単位を分母，残すべき単位を分子にもってくる．

演習 2・12 ① 315 360 000 秒は何年か(換算係数法で計算せよ)．
② 6.37×10^8 cm を km で表せ(換算係数法で計算せよ)．

演習 2・13 ① 10 kg, 10 mg, 100 μg はそれぞれ 何 g か[34]．
② 10 mg は何 μg か． ③ 100 μg は何 mg か．

34) 指数・指数計算の不得意な人は pp. 46〜48 の問題を繰り返し何度も解くこと．電卓の使い方は p. 47 参照．

演習 2・14 ① お米1カップは約160gである．お米8カップは何gか．
② 1人1回の食事で食べるお米が90gの時，2.0kgのお米は何食分か．
③ 白米のタンパク質は50gあたり3.1gである．1日あたりのタンパク質所要量を60gとすると，必要なタンパク質を白米だけから取るには1日何gの白米を食べればよいか．
④ 平均時速48km/hで走る自動車は3時間半後には何km進むか．
⑤ 平均時速48km/hで走る自動車で東京から名古屋(360km)に向かうと何時間後に到着するか．

2・2 mol(モル)，モル濃度，ファクター

化学の分野で物質の量を議論する際には，物質の量を示す単位である **mol**，および，mol を用いた濃度表示法である**モル濃度 mol/L**(1 L 中に何 mol の目的物質が溶けているか)の知識は必須である．この知識は，生理学，生化学，臨床栄養学，食品学，衛生学，などの分野の学習には当然必要とされる．たとえば，酸性・塩基性(アルカリ性)の尺度である pH(水素イオン指数)は水素イオンのモル濃度を指数表示したものである．

モルの概念を学ぶには以下の予備知識が必要である．
分子量：分子式中の原子の原子量(原子の体重，原子番号ではない！)の総和．分子の体重．
式 量：化学式中の原子の原子量の総和．物質の構成単位が分子でない時，分子量の代りに式量(＝化学式量)という言葉を使う．ここでは分子量と式量は同じと思ってよい．

🌡️**デモ**
グルコース(ブドウ糖)をなめる．脳のエネルギーの素・静脈栄養点滴の中身．血糖．NaCl と Na_2SO_4(硫酸ナトリウム)をなめる：しょっぱさの素は何か．Na_2SO_4 の無水物は乾燥剤として使用(ボウ硝)．

例題 2・12 グルコース(ブドウ糖)$C_6H_{12}O_6$ の分子量，硫酸ナトリウム Na_2SO_4 の式量を計算せよ．原子量は表表紙裏の周期素を参照のこと(電卓使用可)．

答 $C_6H_{12}O_6$ = C の原子量 × 6 + H の原子量 × 12 + O の原子量 × 6
  = 12.01 × 6 + 1.008 × 12 + 16.00 × 6 = 180.156 ≒ 180.16

$$Na_2SO_4 = Na の原子量 \times 2 + S の原子量 \times 1 + O の原子量 \times 4$$
$$= 22.99 \times 2 + 32.07 \times 1 + 16.00 \times 4 = 142.05$$

2・2・1　mol(モル)とは

> **QUIZ　考えてみよう！ ③**
> われわれがみかんやりんごの量(数)を知りたいときには1個, 2個, ……と数を数える．では，お米やお砂糖の量(数)を知りたい場合にはどのように表すか．

答　お米やお砂糖のように，小さくて数が多いものの場合には，1粒，2粒，……と数を数える代わりに，お米やお砂糖何gとその重さで量(数)を表すか，または計量カップ・計量スプーン何杯と容積で表す．みかんやりんごでも数が多いとみかん何kgとか，りんご何箱とかのように，やはり重さ，箱の数・容積で表す．

mol とは物質の量・物質量を表す単位である．物質の量を表す場合，構成原子，分子，イオンの数を1個，2個……と数えれば，分子の個数○○個，とその物質の量を厳密に定義できる．しかしながら，原子・分子はあまりにも小さく目にも見えないので，数えることは不可能である．そこで化学者が考えたことは，お米やお砂糖の場合と同様に，原子・分子の数を数える代わりに重さをはかる，重さで量を表すことであった．

原子・分子の重さ(体重)は原子量・分子量(水素原子の何倍の重さか)としてすでにわかっていたので，原子量・分子量・式量にグラム(g)をつけて，原子・分子の世界もグラム単位で量を表すこととした．たとえば，水の場合は，分子量18にgをつけて分子量g = 18 g，分子量gの2倍の水は18 × 2 = 36 gといった具合である．

こうして原子量g・分子量gをひとかたまり・単位として原子・分子の世界の物質量を表すことができるようになった．この"ひとかたまり=原子量g・分子量gの重さの**物質量**"をひと山"1 mol(モル)(の数の原子・分子集合体)"と呼ぶ．たとえば，水180 gは水分子の10 mol(10山)である．mol(mole)とはギリシャ語のひと山，ひとかたまりから来ている．したがって，1 molとは，たとえば八百屋の店先でかご入りで売られているミカンのひと山，または紅茶を飲む時に入れるお砂糖のスプーン1杯分(ひと山)と同じ意味である．

原子量・分子量は水素原子Hの重さを1(厳密には $^{12}C = 12$)[1]とした相

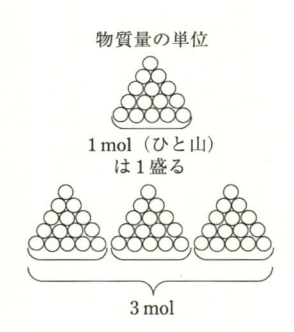

---

[1] この宇宙に一番多く存在する元素でかつ一番軽い元素は水素である．そこで水素の重さを基準(H=1)としてほかの元素の(相対的な)重さを表す．これがドルトンによって歴史的に最初に定義された原子量である．現在では炭素の同位体の中でもっとも存在比の多いもの，^{12}C，の原子1個の質量を12(12原子質量単位)として定義されている．"有機化学 基礎の基礎"，p. 13 も参照のこと．

対質量であり，分子量 18 の水分子は水素原子の 18 倍の重さがあることを意味している．したがって，"水素 1 g 中に含まれている水素原子の数と水 18 g 中に含まれている水分子の数は同じである"(理解・納得せよ)．つまり，どのような物質であれ，1 mol 中には同じ数の原子・イオン・分子・組成式で表される物質単位が含まれていることになる．しかし，この "**1 mol (モル)**" 中に含まれている粒子の個数，この数を**アボガドロ数**と呼ぶが，当時はその数は明らかではなかった．

時代が進み，実験的に**アボガドロ数＝6.02×10^{23} 個**が求められた現在では "分子量 g の物質量＝1 mol (モル)＝6.02×10^{23} 個の分子集合体" として扱うことができる．そこで，純物質の重さをはかることは分子数を数えることと等価である．たとえば，水 1.8 g ＝ 0.1 × 分子量 g ＝ 0.1 mol(モル) ＝ $0.1 \times 6.02 \times 10^{23}$ 個の分子 ＝ 6.02×10^{22} 個の水分子のことである．現在では**アボガドロ数 6.02×10^{23} 個の粒子からなる物質の量＝1 mol (1 モル)** と定義している．1 mol の分子数＝アボガドロ定数＝6.02×10^{23} 個/mol．ただし，実際に役立つ定義は，"1 mol ＝ 分子量・式量にグラム g をつけた物質量"，である．1 mol の物質量の重さを**モル質量**と呼ぶ．

例題 2・13 ① 1 mol の重さ(モル質量)はどのように表されるか．
② モル質量の単位を示せ． ③ ①，②の水の例を示せ．

答
> ① **1 mol ＝ 分子量 g ＝ 式量 g (＝ 6.02×10^{23} 個の分子)**
> ② **モル質量 ＝ 分子量 g/mol ＝ 式量 g/mol**[2]

③ ① H_2O の分子量 18 → 水の 1 mol ＝ 18 g (水のモル質量 ＝ 18 g)
　② 水のモル質量 ＝ 18 g/mol

[2] モル質量(g/mol)
　＝分子量 g/mol
　＝$\dfrac{\text{分子量 g}}{1 \text{ mol}}$
　＝式量 g/mol
　＝$\dfrac{\text{式量 g}}{1 \text{ mol}}$

モル計算がわからない・不得意という話をよく聞く．じつはモル計算は簡単である！ 基本はただ 3 つ，クイズ④と p.59 の⑤，p.61 の⑥である．

2・2・2　質量(重さ)(g)から物質量(mol)，物質量(mol)から質量(g)を求める

> **QUIZ 考えてみよう！ ④**
> スプーン 1 杯(ひと山)の砂糖は 5 g だった．
> (1) スプーン 10 杯分(10 山)は何 g か．0.5 杯(0.5 山)は何 g か．
> (2) 100 g の砂糖はスプーン何杯分か(何山か)．1 g の砂糖は何杯分か．

答　(1)　ひと山 5 g だから 10 山は　5 g × 10 ＝ **50 g**．

3) 1杯当たり5gという意味.

または,$5\mathrm{g}/1杯^{3)} \times 10杯 = \dfrac{5\mathrm{g}}{1杯} \times 10杯 = \mathbf{50\,g}$.

同様に,0.5杯は,$5\mathrm{g} \times 0.5 = \mathbf{2.5\,g}$,または,$\dfrac{5\mathrm{g}}{1杯} \times 0.5杯 = \mathbf{2.5\,g}$

(2) ひと山5gだから,100gは直感的に20山とわかる.この直感の内容を考えてみると,無意識に割り算をしていることがわかる.

つまり,$100\mathrm{g} \div 5\mathrm{g} = \mathbf{20}$,または,$100\mathrm{g} \div (5\mathrm{g}/1杯) = 100\mathrm{g} \div \dfrac{5\mathrm{g}}{1杯}$

4) 分数の割り算はひっくり返して掛ける(p.45参照).

$= 100\mathrm{g} \times \dfrac{1杯}{5\mathrm{g}}^{4)} = \mathbf{20\,杯(20\,山)}^{5)}$.同様に,1gは,$1\mathrm{g} \div (5\mathrm{g}/1杯)$

5) $\dfrac{100\,\mathrm{g}}{5\,\mathrm{g/mol}} = 20\,\mathrm{mol}$

6) $\dfrac{1\,\mathrm{g}}{5\,\mathrm{g/mol}} = 0.2\,\mathrm{mol}$

$= 1\mathrm{g} \times \dfrac{1杯}{5\mathrm{g}} = \mathbf{0.2\,杯(0.2\,山)}^{6)}$.このクイズの,○○杯,○○山が,じつは○○ mol のことである.以下,具体例を解いてみよう.

例題 2・14 食塩(塩化ナトリウム NaCl)の 1 mol(ひと山)は何gか.

答 1 mol とはひと山のこと.ひと山(1 mol)の重さ ≡ モル質量 = 分子量g,式量g.周期表からNaとClの原子量を調べて,NaClの式量(分子量)を求めると,Na = 22.99, Cl = 35.45. NaClの式量 = Na + Cl = 22.99 + 35.45 = 58.44,したがって,NaClの1 molは **58.44 g** となる.

a. 物質量(mol)から試料の質量(g)を求める[7]

7) $\mathrm{mol} \times \left(\dfrac{\mathrm{g}}{\mathrm{mol}}\right) = \mathrm{g}$

例題 2・15 NaClの10 mol, 0.2000 mol はおのおの何gか.NaCl式量 = 58.44.

答

解法1 イメージ法,イメージを浮かべて計算する方法[8]

8) モル mol のイメージをもつこと:イメージがわからないから,難しく感じるだけである.molとはひと山という意味であるから,ここでは,クイズ④の例のように,1 mol = スプーンひと山のお砂糖,というイメージで考える.

ひと山(1 mol)が58.44 g(58.44 g/mol)だから,クイズ④と同様に,10山(mol)は10倍すればよい.つまり,ひと山の重さ(モル質量,分子量・式量 g/mol) × 山の数(mol),$\dfrac{58.44\,\mathrm{g}}{\mathrm{mol}} \times 10\,\mathrm{mol} = 584.4\,\mathrm{g}$.

同様に,0.2000山(0.2000 mol)は,0.2000倍すればよいから,

$\dfrac{58.44\,\mathrm{g}}{\mathrm{mol}} \times 0.2000\,\mathrm{mol} = 11.688\,\mathrm{g} ≒ 11.69\,\mathrm{g}$

$$\boxed{試料の質量(\mathrm{g}) = \dfrac{モル質量\,\mathrm{g}}{\mathrm{mol}} \times 物質量(\mathrm{mol})}$$

9) 本法は分数のたすき掛けによる計算と未知数 x を含む式の変形が必要である.

解法2 分数比例式法,比例関係を分数式で表示し計算する方法[9,10]

10) 比例式でなく,分数式で表すようにすること.比例式は後の勉強に役立たない.

$\dfrac{58.44\,\mathrm{g}}{1\,\mathrm{mol}} = \dfrac{x\,\mathrm{g}}{0.2000\,\mathrm{mol}}$.この式は,1 mol : 58.44 g = 0.2000 mol : x g,または,58.44 g : 1 mol = x g : 0.2000 mol,と同じ.つまり,

1 mol が 58.44 g なら 0.2000 mol は何gか,という意味である[9].

上式を**たすき掛け**すると（左の分数の分子 × 右の分数の分母 = 右の分数の分子 × 左の分数の分母，つまり，= の両端の分数をたすき形に掛け合わせると），$58.44\,\text{g} \times 0.2000\,\text{mol} = x\,\text{g} \times 1\,\text{mol}$．この式を $x =$ と変形すると，

$$x\,\text{g} = \frac{58.44\,\text{g} \times 0.2000\,\text{mol}}{1\,\text{mol}} = \frac{58.44\,\text{g}}{1\,\cancel{\text{mol}}} \times 0.2000\,\cancel{\text{mol}} = 11.688\,\text{g} \fallingdotseq 11.69\,\text{g}$$

解法 3　換算係数法，単位が合うように計算する方法

食塩 NaCl の式量 = 58.44，NaCl の**物質量 (mol) を重さ (g) に変換する**には $\text{mol} \times \left(\dfrac{?}{?}\right) = \text{g}^{11)} \rightarrow \text{mol} \times \left(\dfrac{\text{g}}{\text{mol}}\right) = \text{g}$ だから換算係数①[12] を用いればよい．

NaCl の質量 (g) = NaCl $0.2000\,\cancel{\text{mol}} \times \left(\dfrac{\text{NaCl}\ 58.44\,\text{g}}{\text{NaCl}\ 1\,\cancel{\text{mol}}}\right) \fallingdotseq$ NaCl $11.69\,\text{g}$

つまり，解法 1〜3[13] はともに，物質の質量 (g) = $\left(\dfrac{分子量\ \text{g}}{\text{mol}}\right) \times (物質量\,(\text{mol}))$，

> 試料の質量 (g) = モル質量 $\left(\dfrac{\text{g}}{\text{mol}}\right) \times$ 物質量 (mol)

b.　試料の重さ (g) から物質量 (mol) を求める[14]

例題 2・16　食塩 11.70 g は何 mol（何山）か．NaCl の式量は 58.44 である．

答

解法 1　イメージ法

本問はクイズ④(2)，○g の砂糖はスプーン何杯分か，と同じ．山の重さ 11.70 g をスプーン 1 杯（ひと山，1 mol）の重さ 58.44 で割ればよい．

ピンとこない人は，以下の例を考えるとよい．

ある大きさ（重さ 100 g）の塩の山がある．スプーン 1 杯（ひと山）5 g とすると 100 g はスプーンで何山か．また，1 g の塩の山はスプーンで何山か．

100 g の塩の山がスプーン何杯分（何山 = 何 mol）になるかを知るためには，実際に手を動かしてこの山をスプーンではかり取り数えればよい．このことを，手をうごかす代わりに計算で行うとすると，塩の山の重さ 100 g をスプーン 1 杯（ひと山 = 1 mol）の重さ (5 g) で**割ればよい**ことがわかるだろう．1 g の塩の山についても同じく割ればよいはずである．

（重さ）	（ひと山の重さ）		何山 (mol) か？	求め方：重さ÷1 杯の重さ
100 g	5 g	⟶	20 山	$\dfrac{100\,\text{g}}{5\,\text{g}} = 20$ 山 (mol)
1 g	5 g	⟶	0.2 山	$\dfrac{1\,\text{g}}{5\,\text{g}} = 0.2$ 山 (mol) となる．

つまり，スプーンの杯数（物質量 (mol)）= 塩の山の重さ ÷ スプーン 1 杯の重さ
$= \dfrac{塩の山の重さ\,(\text{g})}{スプーン\,1\,杯の重さ\,(\text{g})} = \dfrac{100\,\text{g}}{5\,\text{g}} = 20$ 杯 (20 mol)．

---

11)　$\text{mol} \times \left(\dfrac{?}{?}\right) = \text{g}$ で，左辺の mol を消去するために分母の？に mol を入れる．答 = g とするための分子の？に g を入れる．

12)　換算係数はモル質量，
① $\dfrac{\text{NaCl}\ 58.44\,\text{g}}{\text{NaCl}\ 1\,\text{mol}}$ と
その逆数，
② $\dfrac{\text{NaCl}\ 1\,\text{mol}}{\text{NaCl}\ 58.44\,\text{g}}$

13)　解法 1，2，3 のうちで，自分にとってもっとも考えやすいものの 1 つを用いて計算できればよい．以下の問題についても同様である．

14)　$\text{g} \times \left(\dfrac{\text{mol}}{\text{g}}\right) = \text{mol}$

100 g は何 mol かを考える．
100 g はスプーン何山 (杯) か？
= 何 mol か？

試料 100 g
5 g
（ひと山の重さ）

この問いでは，11.70 g の塩の物質量(mol)は，

$$\frac{\text{塩の山の重さ(g)}}{\text{塩ひと山の重さ(g)}} = \frac{\text{塩の山の重さ(g)}}{\text{食塩の式量 g}} = \frac{11.70\,\text{g}}{58.44\,\text{g}} = 0.2002\,\text{mol(山)}.$$

単位をつけて計算すると，物質量(mol) $= \dfrac{11.70\,\text{g}}{58.44\,\text{g/mol}^{15)}} = 11.70\,\text{g}$

$\div \dfrac{58.44\,\text{g}^{15)}}{\text{mol}} = 11.70\,\text{g} \times \dfrac{\text{mol}}{58.44\,\text{g}} = \dfrac{11.70\,\text{g}}{58.44\,\text{g}}\,\text{mol} = 0.2002\,\text{mol}^{16)}$

一般に， $\boxed{\text{物質量(mol)} = \dfrac{\text{試料の重さ(g)}}{\text{ひと山の重さ(式量 g)}}\,\text{mol}} = \dfrac{\text{試料の質量(g)}}{\text{分子量 g}}\,\text{mol}$

$= \dfrac{\text{試料の質量(g)}}{\text{モル質量(g/mol)}} = \dfrac{\text{試料の質量(g)}}{\dfrac{\text{モル質量 g}}{\text{mol}}} = \text{試料の質量(g)} \div \dfrac{\text{モル質量 g}}{\text{mol}}$

$= \text{試料の質量(g)} \times \dfrac{\text{mol}}{\text{モル質量 g}} = \boxed{\dfrac{\text{試料の質量}}{\text{モル質量}}\,\text{mol}}$

解法 2　分数比例式法

1 mol が 58.44 g のとき，11.70 g は何 mol か(比例関係)を分数式として表す．求める物質量(mol)を x mol と置くと，$\dfrac{58.44}{1\,\text{mol}} = \dfrac{11.70\,\text{g}}{x\,\text{mol}}$，

または，$\dfrac{1\,\text{mol}}{58.44} = \dfrac{x\,\text{mol}}{11.70\,\text{g}}$(この分数の意味は $1\,\text{mol} : 58.44\,\text{g} = x\,\text{mol} : 11.70\,\text{g}$，または，$58.44\,\text{g} : 1\,\text{mol} = 11.70\,\text{g} : x\,\text{mol}$)．この分数式をたすき掛けして変形すると，

$x\,\text{mol} = \dfrac{11.70\,\text{g}}{58.44\,\text{g}} \times 1\,\text{mol} = \dfrac{11.70\,\text{g}}{58.44\,\text{g}}\,\text{mol} = \mathbf{0.2002\,mol}\left(\dfrac{\text{試料の質量}}{\text{モル質量}}(\text{mol})\right)$

解法 3　換算係数法

NaCl の重さ(g)を mol へ換算するには $\text{g} \times \left(\dfrac{?}{?}\right) = \text{mol}^{17)} \to \text{g} \times \left(\dfrac{\text{mol}}{\text{g}}\right)$
$= \text{mol}$，だから，換算係数②[18] を用いて，食塩の物質量 $= \text{NaCl}\,11.70\,\text{g} \times$

$\left(\dfrac{\text{NaCl}\,1\,\text{mol}}{\text{NaCl}\,58.44\,\text{g}}\right) = \text{NaCl}\,\dfrac{11.70}{58.44}\,\text{mol} = \text{NaCl}\,\mathbf{0.2002\,mol}\left(\dfrac{\text{試料の質量}}{\text{モル質量}}(\text{mol})\right)^{18)}$

つまり，解法 1，2，3 のいずれの場合も，

$$\boxed{\text{物質量(mol)} = \dfrac{\text{試料の質量}}{\text{モル質量}}(\text{mol})\left(=\dfrac{\text{試料の質量}}{\text{分子量}}(\text{mol})\right)}\ \text{である}^{19),20)}.$$

演習 2・15　① お酒 1 合 180 mL 中にはお酒のアルコール成分エタノール C_2H_5OH が 27.0 g 含まれている．このエタノールは何 mol か．エタノール分子は何個含まれているか．0.250 mol は何 g か．アボガドロ定数 $= 6.02 \times 10^{23}$ 個/mol(p. 55)．原子量は周期表の値を参照のこと．

② NaOH の 0.835 g は何 mol か．また 0.0687 mol は何 g か．

側注:

15) NaCl のモル質量(g/mol)　1 mol 当たりの質量・1 mol の重さは式量・分子量 g．これをモル質量といい，g/mol，で表す．

16) ここの考え方・イメージ法のもっと詳しい学習は"演習 溶液の化学と濃度計算"を参照のこと．

17) 左辺の g が消去されて，右辺の答に mol が残るためには，分母に g，分子に mol を掛ければよい．

18) NaCl の質量(g)と物質量(mol)の換算係数(p. 52)は

① $\dfrac{\text{NaCl}\,58.44\,\text{g}}{\text{NaCl}\,1\,\text{mol}}$

② $\dfrac{\text{NaCl}\,1\,\text{mol}}{\text{NaCl}\,58.44\,\text{g}}$

19) "解法 3"の解き方も"解法 2"の解き方とじつはまったく同じである(両者の最後の行の式を比較せよ)．"解法 3"では割り算をする代わりに・x を使う代わりに，2 種類の換算係数を考え，そのどちらが答の要求する単位に合うかを判断する．この計算法は単位が合うようにすることだけ，掛け算だけを考えて，なぜそういう計算になるか(比例式の意味など)をまったく考えない，機械的なやり方，誰にでもできるやり方である．

20) **計算は公式に頼らない，公式に代入しない！** いつも上の問題を解いた時の考え方を繰り返す．すると知らず知らずのうちに公式(考え方)が頭に入り，使えるようになる．

2・2・3　モル濃度(mol/L)

> **QUIZ**　考えてみよう！　⑤
> 2カップ分の紅茶に砂糖をスプーン6杯分加えて溶かした．この紅茶の中のお砂糖の濃さはどれだけか．

答　濃さはどれだけか，と言われても，どう表現してよいかわからないかもしれない．→ 紅茶1カップあたりにスプーン3杯分のお砂糖が溶けている，と表現すればよい．

a．モル濃度

モル濃度(**mol/L**)とは溶液の濃度をmol単位で表したもの．溶液1Lに溶けている物質の物質量(mol)で表す．たとえて言えば，お砂糖スプーン1杯(ひと山，1mol)が紅茶カップ(容積1Lの大型と思えばよい)に溶けているものは $\frac{1\,\mathrm{mol}}{1\,\mathrm{L}} = 1\,\mathrm{mol/L}$ と表し，1L中に1mol溶けているという意味の濃度表示である．砂糖6杯を2カップに溶かした紅茶の砂糖濃度は，砂糖6杯/2カップ $= \frac{砂糖6杯}{2カップ} = \frac{6\,\mathrm{mol}}{2\,\mathrm{L}} = \frac{3\,\mathrm{mol}}{1\,\mathrm{L}} = 3\,\mathrm{mol/L}$ (3杯/1カップ，紅茶1カップあたりにスプーン3杯分の砂糖が溶けている)濃度となる．3mol/Lは3杯の砂糖/紅茶カップのことである．ある物質量を溶かして一定体積(L)とした時のモル濃度は

$$\text{モル濃度(mol/L)} = \frac{\text{物質量(mol)}}{\text{体積(L)}}$$

モル濃度(**mol/L**)は砂糖の杯数・物質量(**mol**)をカップ数(体積(**L**))で割ったもの．

b．試料の質量と溶液の体積からモル濃度を求める[21]

例題 2・17　13.5gのブドウ糖(グルコース $C_6H_{12}O_6$，砂糖の親戚)を溶かして350mLとした[22]．ブドウ糖水溶液のモル濃度を求めよ．

答

解法1　イメージ法[23]

グルコース13.5gはスプーン何山(何杯)，つまり何molかを考える．例題2・16と同様に考えると，

$$\text{物 質 量(mol)} = \frac{\text{ものの重さ}}{\text{ひと山の重さ}} = \frac{\text{試料の質量(g)}}{\text{モル質量 g}}\,\mathrm{mol(山)} = \frac{13.5\,\mathrm{g}}{180.16\,\mathrm{g}}\,\mathrm{mol}^{[24]}$$

0.0749mol．モル濃度の計算では，まず，モル濃度の定義 $\left(\mathrm{mol/L} = \frac{\mathrm{mol}}{\mathrm{L}}\right)$ の通りに，分子に**mol**，分母に体積**L**とした分数を書く，この分数を計算して濃度を求める癖をつけること．すなわち，

---

21) $\mathrm{g} \times \left(\frac{\mathrm{mol}}{\mathrm{g}}\right) = \mathrm{mol}$
$\mathrm{mol} \times \left(\frac{1}{\mathrm{L}}\right) = \frac{\mathrm{mol}}{\mathrm{L}}$
$= \mathrm{mol/L}$

22) 日本語の表現の違いを理解せよ．
① 溶かして100mLとする．
② 100mLの水に溶かす．
③ 100gの水に溶かす．

23) 計算の意味がわかってやるやり方
　計算の仕方：まず**物質量(mol)**を求める．次に定義に従って**モル濃度，mol/L**(1L中に何モル，何山溶けているか)を求める．

24) ブドウ糖の分子量
$= 12.01 \times 6 + 1.008 \times 12 + 16.00 \times 6 \fallingdotseq 180.16 \rightarrow$ ブドウ糖のひと山の重さ＝ブドウ糖1molの重さ＝モル質量＝ブドウ糖180.16g/mol

$$\text{モル濃度} = \frac{\text{mol}}{\text{L}} = \frac{\left(\dfrac{\text{試料の質量}}{\text{モル質量}}\right)(\text{mol})}{\text{体積}(\text{L})} = \frac{0.0749\,\text{mol}}{0.350\,\text{L}} = 0.214\,\text{mol/L}$$

解法2 比例式法

グルコース 13.5 g を x mol とすると，$\dfrac{1\,\text{mol}}{180.16\,\text{g}} = \dfrac{x\,\text{mol}}{13.5\,\text{g}}$，または $\dfrac{180.16\,\text{g}}{1\,\text{mol}} = \dfrac{13.5\,\text{g}}{x\,\text{mol}}$ (比例式の分数表示)[25]．たすき掛けすると，

$180.16\,\text{g} \times x\,\text{mol} = 1\,\text{mol} \times 13.5\,\text{g}$, $x\,\text{mol} = 1\,\text{mol} \times \dfrac{13.5\,\text{g}}{180.16\,\text{g}} = 0.0749\,\text{mol}$.

1 L に y mol 溶けているとすると，$\dfrac{0.0749\,\text{mol}}{0.350\,\text{L}} = \dfrac{y\,\text{mol}}{1\,\text{L}}$ (比例式)[26] より，

$y\,\text{mol} = 0.214\,\text{mol}$. よって，**モル濃度は 0.214 mol/L**.

または，解法1と同様にして，定義に従い物質量(mol)を液量(L)で割ると，

$$\text{モル濃度} = \frac{\text{mol}}{\text{L}} = \frac{0.0749\,\text{mol}}{0.350\,\text{L}} = 0.214\,\frac{\text{mol}}{\text{L}} = 0.214\,\text{mol/L}$$

解法3 換算係数法[27]

(1) 13.5 g のブドウ糖からモル濃度を求めるためには，つまり，g を $\dfrac{\text{mol}}{\text{L}}$ とするには，$\dfrac{\text{g}}{1} \times \left(\dfrac{?}{?}\right) \times \left(\dfrac{?}{?}\right) = \dfrac{\text{mol}}{\text{L}}$．この式の左辺のgを消去するために分母にg，また，答えを $\dfrac{\text{mol}}{\text{L}}$ とするために，分母にL，分子にmolが必要である．→ $\dfrac{\cancel{\text{g}}}{1} \times \left(\dfrac{\text{mol}}{\cancel{\text{g}}}\right) \times \left(\dfrac{1}{\text{L}}\right) = \dfrac{\text{mol}}{\text{L}}$．したがって，$\dfrac{13.5\,\cancel{\text{g}}}{1} \times \left(\dfrac{1\,\text{mol}}{180\,\cancel{\text{g}}}\right)^{[28]} \times \left(\dfrac{1}{0.350\,\text{L}}\right) = 0.214\,\dfrac{\text{mol}}{\text{L}} = 0.214\,\text{mol/L}$.

(2) g を mol, mol を $\dfrac{\text{mol}}{\text{L}}$ とする：ブドウ糖の重さ(g)を物質量(mol)に変換する．g → mol は，$\text{g} \times \left(\dfrac{?}{?}\right) = \text{mol} \rightarrow \cancel{\text{g}} \times \left(\dfrac{\text{mol}}{\cancel{\text{g}}}\right) = \text{mol}^{[29]}$.

物質量(mol)を $\dfrac{\text{mol}}{\text{L}}$ に変換する．mol → $\dfrac{\text{mol}}{\text{L}}$ は，$\text{mol} \times \left(\dfrac{?}{?}\right) = \dfrac{\text{mol}}{\text{L}} \rightarrow \text{mol} \times \left(\dfrac{1}{\text{L}}\right) = \dfrac{\text{mol}}{\text{L}}$.

したがって，g → $\dfrac{\text{mol}}{\text{L}}$ は，$\cancel{\text{g}} \times \left(\dfrac{\text{mol}}{\cancel{\text{g}}}\right) \times \left(\dfrac{1}{\text{L}}\right) = \dfrac{\text{mol}}{\text{L}}$．以下(1)と同じ．

(3) 濃度 $= \dfrac{\text{重さ}}{\text{体積}}$，だから，まず，$\dfrac{13.5\,\text{g}}{350\,\text{mL}}$ を考え，これを $\dfrac{\text{mol}}{\text{L}}$ に変換する．つまり，$\left(\dfrac{\text{g}}{\text{mL}}\right) \times \left(\dfrac{?}{?}\right) \times \left(\dfrac{?}{?}\right) = \dfrac{\text{mol}}{\text{L}} \rightarrow \left(\dfrac{\cancel{\text{g}}}{\cancel{\text{mL}}}\right) \times \left(\dfrac{\cancel{\text{mL}}}{\text{L}}\right) \times \left(\dfrac{\text{mol}}{\cancel{\text{g}}}\right) = \dfrac{\text{mol}}{\text{L}}$.

よって，$\dfrac{13.5\,\cancel{\text{g}}}{350\,\cancel{\text{mL}}} \times \left(\dfrac{1000\,\cancel{\text{mL}}}{1\,\text{L}}\right) \times \left(\dfrac{1\,\text{mol}}{180.16\,\cancel{\text{g}}}\right) = \dfrac{0.214\,\text{mol}}{1\,\text{L}}$ (0.214 mol/L).

側注

25) 比例式で考えないこと．分数式が使えるようにせよ．
1 mol : 180.16 g = x mol : 13.5 g, 1 mol : x mol = 180.16 g : 13.5 g, の代わりに，
$\dfrac{1\,\text{mol}}{180.16\,\text{g}} = \dfrac{x\,\text{mol}}{13.5\,\text{g}}$, のような書き方に慣れること．

26) 比例式は，0.350 L 中に 0.0749 mol あるなら，1 L 中には y mol ある，と読む．分数式は比例式と同じに読むこともできるが "0.350 L 中に 0.0749 mol 溶けている溶液と 1 L 中に y mol 溶けている溶液は同じ濃度である" ことを示した式である．つまり，$\dfrac{0.0749\,\text{mol}}{0.350\,\text{L}}$ は濃度を表している．比例式より式の意味が明白であり，慣れれば分数式が便利．

27) **計算の意味を考えない，誰でもできるやり方**
計算方法：計算の元データと計算で求める値の間で，ただ，単位を合わせるだけの方法．どのような計算でも，まず，mol へ変換するとよい (p. 63 右欄の POINT 参照)．

28) 換算係数：
① $\dfrac{\text{ブドウ糖}\,180.16\,\text{g}}{\text{ブドウ糖}\,1\,\text{mol}}$
② $\dfrac{\text{ブドウ糖}\,1\,\text{mol}}{\text{ブドウ糖}\,180.16\,\text{g}}$

29) $\text{g} \times \dfrac{\text{mol}}{\text{g}} = \text{mol} \rightarrow 13.5\,\text{g} \times \dfrac{1\,\text{mol}}{180\,\text{g}} = 0.0749\,\text{mol}$ なるやり方は数学的には単なる式の代入にほかならない．
1 mol = 180 g, 1 g = $\dfrac{1}{180}$ mol だから，13.5 g = 13.5×1 g $= 13.5 \times \dfrac{1}{180}$ mol $= 0.0749$ mol.

または，$\left(\dfrac{\text{g}}{\text{L}}\right) \times \left(\dfrac{?}{?}\right) = \dfrac{\text{mol}}{\text{L}} \to \left(\dfrac{\text{g}}{\text{L}}\right) \times \left(\dfrac{\text{mol}}{\text{g}}\right) = \dfrac{\text{mol}}{\text{L}}$ だから，$\left(\dfrac{13.5\,\text{g}}{0.350\,\text{L}}\right)$
$\times \left(\dfrac{1\,\text{mol}}{180\,\text{g}}\right)^{28)} = 0.214\,\text{mol/L}$．

（モル濃度には上で学んだ容量モル濃度のほかに質量モル濃度[30]，オスモル濃度がある[31]）

c．モル濃度と溶液の体積から，溶けている試料の物質量と重さを求める[32]

> **QUIZ 考えてみよう！⑥**
>
> 紅茶カップにスプーン3杯分（3山）の砂糖を溶かした紅茶がある．このカップを5カップもってきたら，その5カップ全体でスプーンに何杯分（何山）の砂糖が溶けているか．また，その砂糖は全体で何gか．ただし，スプーン1杯（ひと山）の砂糖は5gである．

答 砂糖3杯が1カップに溶けているのだから，5カップでは，3杯 × 5 = 15杯．1杯が5gだから，砂糖全体の重さは，5g × 15 = 75g．

つまり，砂糖3杯を1Lの紅茶カップに溶かしたもの（3 mol/Lの溶液）を5L（紅茶カップ5個）もってきたら，この中には砂糖は，

$\dfrac{\text{砂糖3杯}}{1\,\text{カップ}} \times 5\,\text{カップ} = \text{砂糖15杯}$，または，$\dfrac{3\,\text{杯(mol)}}{1\,\text{L}} \times 5\,\text{L} = 15\,\text{杯(mol)}$

（砂糖15杯），があることがわかる．すなわち，

$$\boxed{\text{濃度}\left(\dfrac{\text{mol}}{\text{L}}\right) \times \text{体積(L)} = \text{物質量(mol)}}$$

となる．また，15杯（山，mol）の重さは，$\dfrac{5\,\text{g}}{1\,\text{杯}} \times 15\,\text{杯} = \dfrac{\text{モル質量 g}}{\text{mol}} \times \text{物質量(mol)} = \text{重さ(g)} = 75\,\text{g}$．

例題 2・18 1.50 mol/L のブドウ糖（グルコース）溶液を400 mL作るには何molのブドウ糖が必要か．また，何gのブドウ糖が必要か．ブドウ糖の式量 = 180．

答

解法1　イメージ法

1.50 mol/L（1Lに1.50 mol溶けている）なら，0.400 L中にはどれだけ溶けているか考える．1カップに1.50山溶けているなら，0.400カップには1カップの0.400杯分，$\dfrac{1.50\,\text{山}}{1\,\text{カップ}} \times 0.400\,\text{カップ} = 0.600\,\text{山}$，溶けているはずである．$\dfrac{1.50\,\text{mol}}{1\,\text{L}} \times 0.400\,\text{L} = 0.600\,\text{mol}$．つまり，$\boxed{\text{濃度}\dfrac{\text{mol}}{\text{L}} \times \text{体積 L} = \text{物質量(mol)}}$

したがって，物質量 = $\dfrac{1.50\,\text{mol}}{1\,\text{L}} \times 0.400\,\text{L} = 0.600\,\text{mol}$．ひと山（1 mol）の重さはモル質量（分子量 g）だから，0.600 mol の質量 = $0.600\,\text{mol} \times \dfrac{180\,\text{g}}{1\,\text{mol}} = 108\,\text{g}$．

---

30) **質量モル濃度**（重量モル濃度 p.176）：浸透圧，沸点上昇，凝固点降下などの溶液の性質を考える時には，通常のモル濃度（**容量モル濃度**，molarity）・**mol/L**（1 L の溶液中に溶けている**物質量（mol）**）に対して，**質量モル濃度（molality）・mol/kg 溶媒**（1 kg の溶媒中に溶けている**物質量（mol）**）を用いる．その理由は，水溶液の体積は温度や圧力や濃度により変化するので，その影響を除くためである．実際は，希薄溶液では両者の濃度差は小さいので，浸透圧計算などで容量モル濃度を用いても大差はない．

31) **オスモルとオスモル濃度**（浸透圧モル濃度 p.176）：溶液の浸透圧は溶液に溶けている粒子の数（濃度）に比例している．そこで，溶液の濃度を粒子の数で表したもの，オスモル，を定義する．ブドウ糖の 1 mol（分子量 180）は 1 オスモル，NaCl（式量 58.5）は溶けると Na^+，Cl^- の 2 つのイオン・粒子に分かれるので 1 mol は 2 オスモル，$CaCl_2$ ならば 1 mol は 3 オスモルとなる．細胞の内液と外液は浸透圧を等しくするために等しいオスモル濃度になっている（等張液 p.177）．容量オスモル濃度と質量オスモル濃度がある．通常は質量オスモル濃度を用いる．ほかに，**イオン当量・当量濃度 Eq/L**（臨床栄養の専門用語）なる濃度表示もある．より詳しくは"演習 溶液の化学と濃度計算"参照．

32) $\dfrac{\text{mol}}{\text{L}} \times \text{L} = \text{mol}$

$\text{mol} \times \left(\dfrac{\text{g}}{\text{mol}}\right) = \text{g}$

つまり，$\boxed{\text{試料の質量(g)} = \text{物質量(mol)} \times \dfrac{\text{モル質量 g}}{1\,\text{mol}}}$

解法2　比例式法

1.50 mol/L，つまり，1 L に 1.50 mol 溶けているなら 0.400 L 中には何 mol 溶けているか．比例式，$\dfrac{1.50\,\text{mol}}{1\,\text{L}} = \dfrac{x\,\text{mol}}{0.400\,\text{L}}$，が成り立つ．これをたすき掛けして，$x\,\text{mol} = \dfrac{1.50\,\text{mol}}{1\,\text{L}} \times 0.400\,\text{L} = 0.600\,\text{mol}$．0.600 mol の重さは，

33) 1 mol = 180 g だから，$\dfrac{180\,\text{g}}{1\,\text{mol}}$, $\dfrac{1\,\text{mol}}{180\,\text{g}}$

$\dfrac{\text{モル質量(g)}}{1\,\text{mol}} = \dfrac{\text{試料の質量}}{\text{物質量(mol)}}$，より，$\dfrac{180\,\text{g}}{1\,\text{mol}} = \dfrac{y\,\text{g}}{0.600\,\text{mol}}$．

よって，$y\,\text{g} = 0.600\,\text{mol} \times \dfrac{180\,\text{g}}{1\,\text{mol}} = 108\,\text{g}$．

$\left(\text{または，試料の質量} = \text{物質量(mol)} \times \dfrac{\text{モル質量 g}}{1\,\text{mol}}\right)$

解法3　換算係数法

mol/L から mol，mol/L から g を求めよという問題である．

$\dfrac{\text{mol}}{\text{L}} \to \text{mol}$ とするには，$\dfrac{\text{mol}}{\text{L}} \times \left(\dfrac{?}{?}\right) = \text{mol}$．この式の左辺の分母の L を消去するのに分子に L が必要 $\to \dfrac{\text{mol}}{\cancel{\text{L}}} \times \left(\dfrac{\cancel{\text{L}}}{1}\right) = \text{mol}$．$\dfrac{1.50\,\text{mol}}{\cancel{\text{L}}} \times \left(\dfrac{0.400\,\cancel{\text{L}}}{1}\right) = 0.600\,\text{mol}$．

mol → g とするには，$\text{mol} \times \left(\dfrac{?}{?}\right) = \text{g}$．この式の左辺の mol を消去するのに分母に mol，また，答を g とするために分子に g が必要 $\to \cancel{\text{mol}} \times \left(\dfrac{\text{g}}{\cancel{\text{mol}}}\right) = \text{g}$．$0.600\,\cancel{\text{mol}} \times \left(\dfrac{180\,\text{g}}{1\,\cancel{\text{mol}}}\right)^{33)} = 108\,\text{g}$．

$\dfrac{\text{mol}}{\text{L}} \to \text{g}$ とするには，$\dfrac{\text{mol}}{\text{L}} \times \left(\dfrac{?}{?}\right) \times \left(\dfrac{?}{?}\right) = \text{g}$．この式の左辺の分母の L，分子の mol を消去するには分子に L，分母に mol が必要．また，答を g とするのに分子に g が必要．したがって，$\dfrac{\cancel{\text{mol}}}{\cancel{\text{L}}} \times \left(\dfrac{\cancel{\text{L}}}{1}\right) \times \left(\dfrac{\text{g}}{\cancel{\text{mol}}}\right) = \text{g}$．$\dfrac{1.50\,\cancel{\text{mol}}}{\cancel{\text{L}}}$ $\times \left(\dfrac{0.400\,\cancel{\text{L}}}{1}\right) \times \left(\dfrac{180\,\text{g}}{1\,\cancel{\text{mol}}}\right) = 108\,\text{g}$．L → g とするには，$\cancel{\text{L}} \times \left(\dfrac{\cancel{\text{mol}}}{\cancel{\text{L}}}\right) \times \left(\dfrac{\text{g}}{\cancel{\text{mol}}}\right)$，とすればよい．

34) わからなければ，
(1) 例題 2・17
(2), (3) 例題 18，演習 2・15
(4) 例題 2・18，演習 2・13 を復習せよ．
　例題の記述と演習問題の記述を対応させながら，例題のやり方をまねて演習問題を解け．

演習 2・16[34]　(1) 6.0 g の NaOH を純水に溶かして 400 mL にした．この NaOH 水溶液のモル濃度を求めよ．

(2) 2.00 mol/L の食塩水 200 mL 中には，① 何 mol の NaCl，② 何個の NaCl，③ 何 g の NaCl，が溶けているか．

(3) 1.00 mol/L の食塩の水溶液 100 mL を作るのには NaCl 何 g が必要か．

(4) 0.50 mmol/L の NaOH 水溶液 40 mL 中には，① 何 mol，② 何 mmol，③ 何 μmol の NaOH が含まれているか．

2・2・4 力価(ファクターともいう) —溶液のモル濃度の表し方—

中和滴定(p.64)など,さまざまな方法で分析を行う際には,しばしば,分析値の標準となる濃度が正確にわかった溶液,**標準液**,を調製する必要がある.

標準液として 0.1000 mol/L の NaCl 溶液を 100 mL 作る場合には,純度 100% の NaCl 結晶(式量 58.44)の 0.5844 g を正確にはかり取り,これを溶かして,メスフラスコ中で液量を 100.0 mL とする必要がある.しかし,0.5844 g をぴったりとはかり取るのは面倒である.したがって,このような場合には,約 0.6 g を 0.1 mg の桁まで精密に(たとえば 0.6085 g のように)はかり取って溶液を 100.0 mL 調製した後,計算でこの溶液の濃度を求めるのが普通である (0.1041 mol/L)[35].

または,0.5844 g で 0.1000 mol/L となるので,0.6085 g では,0.1000 mol/L × (0.6085 g / 0.5844 g) = 0.1000 × 1.041 = 0.1041 mol/L.この方がずっと能率的であり,通常,濃度を 0.1000 mol/L のように厳密に合わせて調製することは不必要である.**約 0.1 mol/L の溶液でかつ,濃度が正確に求まっていれば必要十分である**.

上の例で,調製した標準液の濃度を **0.1041 mol/L** と,そのまま表現してもよいが "0.1 mol/L の溶液を調製したのだが,少しだけずれた濃度になってしまった" という示し方で,**0.1 mol/L (F = 1.041)** と表現する場合が多い.この意味は,**作ろうと思った濃度 0.1 mol/L の 1.041 倍の溶液ができてしまった**,4.1% だけ濃い液ができた,ということである(溶液の真の濃度は $0.1 × F = 0.1 × 1.041 = 0.1041$ mol/L).この F をその溶液の**力価,ファクター**と呼ぶ.**factor** とは単純に "倍率" という意味である.

例題 2・19 力価(ファクター)とは何か.その略号,作ろうと思った濃度 C_0,できあがった濃度 C とファクターとの関係式を示せ.

答 作ろうと思った濃度 C_0 と実際にできた濃度 C の倍率.略号 F.
$C = C_0 × F = C_0 F$, $F = C/C_0$

演習 2・17 0.2 mol/L の溶液を作るつもりでいたが,実際には 0.1950 mol/L の濃度の溶液ができた.この溶液のファクターはいくつか.溶液の濃度は F を用いると,どう表されるか.

演習 2・18[36] ① 物質量(mol) = ? (物質量(mol)と,物質の質量(g)とモル質量(分子量 g/mol)との関係式を示せ).

② モル濃度とは何か説明せよ.その単位も示せ.

③ モル濃度(mol/L) = ? (モル濃度と物質量(mol)・体積(L)との関係式,物質の質量(g)・モル質量(分子量 g/mol)・体積との関係式を示せ).

---

35) $\dfrac{\left(\dfrac{0.6085\,\text{g}}{58.44\,\text{g}}\right)\text{mol}}{\left(\dfrac{100.0\,\text{mL}}{1000\,\text{mL}}\right)\text{L}}$

$= \dfrac{0.01042\,\text{mol}}{0.1000\,\text{L}}$

$= 0.1041\,\text{mol/L}$

$= 0.1041\,\dfrac{\text{mol}}{\text{L}}$

$= (0.1000 × 1.041)\,\text{mol/L}$

36) 解き方:以下の3種類のいずれか1つの方法で計算せよ.① 紅茶と砂糖・スプーンの例を考える.② 比例関係を分数で表す.③ 換算係数法を用いる.

POINT

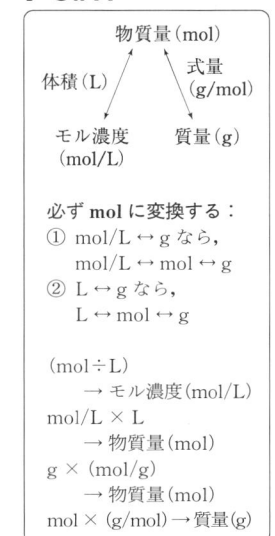

物質量(mol) — 式量(g/mol)
体積(L) — モル濃度(mol/L) — 質量(g)

必ず mol に変換する:
① mol/L ↔ g なら,
  mol/L ↔ mol ↔ g
② L ↔ g なら,
  L ↔ mol ↔ g

(mol ÷ L)
 → モル濃度(mol/L)
mol/L × L
 → 物質量(mol)
g × (mol/g)
 → 物質量(mol)
mol × (g/mol) → 質量(g)

④ 物質量(mol)＝？（物質量(mol)とモル濃度(mol/L)・体積(L)との関係式を示せ）．

⑤ 物質の質量(g)＝？（モル質量(分子量 g/mol)と物質量(mol)・モル質量(g/mol)・モル濃度(mol/L)・体積(L)との関係式を示せ）．

2・3 中和反応と濃度計算

2・3・1 中和とは

酸の出す H^+ は酸っぱい素・リトマス紙を赤くする素・酸性の素，塩基の出す OH^- はぬるぬるの素・にがっぽい素・リトマス紙を青くする素・塩基性(アルカリ性)の素である．酸と塩基が中和するとは，酸が出す H^+ の数(物質量(mol))と塩基が出す OH^- の数(物質量(mol))とが等しくなり，酸，塩基がともに上記のおのおのの特性を失うことである．つまり，中和反応とは H^+ の物質量(mol)＝ OH^- の物質量(mol)となり，酸と塩基由来の H^+ と OH^- のすべてが水分子となること($H^+ + OH^- \rightarrow H_2O$)である．

2・3・2 中和滴定法による濃度の求め方(中和反応の化学量論)

中和滴定は図2・1の装置を用いて行う．滴定に伴う溶液の pH (p. 79)の変化を示したものが図2・2である．滴定の終点決定には指示薬(終点で色が変化する)を用いる．図中には指示薬の変色 pH 域が示されている．

例題 2・20 ① 硫酸の 1 mol から何 mol の H^+ を生じるか．0.3 mol は何 mol の H^+ を与えるか．
② 水酸化ナトリウムの 1 mol から何 mol の OH^- を生じるか．0.5 mol は OH^- 何 mol を与えるか．

答 酸，塩基の価数(pp. 26, 29)を復習せよ．
① H_2SO_4 は 2 価の酸，1 mol(98 g)から **2 mol** の H^+ を生じる ($H_2SO_4 \rightarrow 2H^+ + SO_4^{2-}$)．価数 $m = 2$．H^+ の物質量(mol)＝価数 m × 酸の物質量(mol)，だから，0.3 mol からは $2 \times 0.3 =$ **0.6 mol** の H^+ を生じる．
② NaOH は 1 価の塩基より，その 1 mol(40 g)から **1 mol** の OH^- を生じる ($NaOH \rightarrow Na^+ + OH^-$)．よって，0.5 mol から **0.5 mol** の OH^- を生じる．

例題 2・21 水酸化ナトリウムを用いて塩酸を滴定した．① この中和反応の反応式を示せ．また，この式が示す意味を述べよ．② 中和反応の一般反応式を書け．また，この式が示す意味を述べよ．

答 ① $HCl + NaOH \longrightarrow H_2O + NaCl$
この式は 1 個の塩化水素と 1 個の水酸化ナトリウムが反応することを意味す

デモ
ピペットを用いた滴定のデモ実験(フタル酸水素カリウム，シュウ酸と NaOH，"演習 溶液の化学と濃度計算" p. 44)．滴定のイメージを与える，酸と塩基の体験，中和・中和液の五感での検証．なめる．

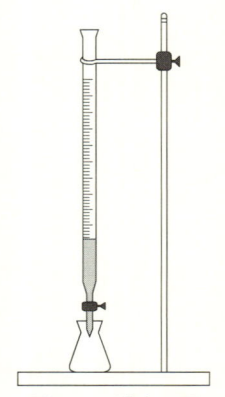

図 2・1 滴定の図

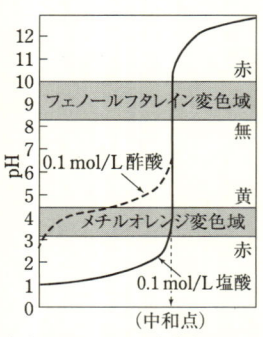

図 2・2 滴定の指示薬と滴定曲線

る．したがって，1000 個の HCl と 1000 個の NaOH，1 mol の HCl（6×10^{23} 個の H^+）と 1 mol の NaOH（6×10^{23} 個の OH^-）とが反応することを意味する．

② $H^+ + OH^- \longrightarrow H_2O$

この式は，1 個の水素イオンと 1 個の水酸化物イオンとが反応して 1 個の H_2O ができる．したがって，6×10^{23} 個と 6×10^{23} 個，すなわち，1 mol の H^+ と 1 mol の OH^- とが反応することを意味する．

例題 2・22 濃度既知の水酸化ナトリウムを用いて濃度未知の塩酸の中和滴定を行えば，この塩酸の濃度を求めることができる理由を述べよ．

答 1 mol の H^+ と 1 mol の OH^-，等モルの H^+ と OH^- とが反応するのだから，H^+，または OH^- の一方の物質量がわかれば，もう一方の物質量もわかる（**H^+ の数 = OH^- の数，H^+ の物質量(mol) = OH^- の物質量(mol)**）[1]．

例題 2・23 0.2 mol/L（$F=0.987$）の NaOH 水溶液を用いて約 0.1 mol/L の硫酸水溶液 10.00 mL を滴定したところ，NaOH の 11.32 mL で中和した．硫酸のモル濃度を求めよ．また，答をファクターを用いて表せ．

答 滴定の問題の解き方：まず，酸の価数 m・モル濃度 C(mol/L)・体積 V(L)，塩基の価数 m'・濃度 C'・体積 V' の値をリストアップする．

中和の条件は，H^+ の個数(物質量(mol)) = OH^- の個数(物質量(mol))．

① 0.2 mol/L（$F=0.987$）の NaOH 11.32 mL に含まれる **OH^- 物質量(mol)** = NaOH 価数 m' [2] × NaOH 物質量(mol) = NaOH の価数 m' ×（NaOH モル濃度 C'(mol/L) × NaOH 体積 V'(L)）[3] = $m'C'V'$(mol) = $1^{[4]} \times (0.2 \times 0.987)^{[4]} \times \dfrac{\text{mol}}{\text{L}} \times \left(\dfrac{11.32\,\text{mL}}{1000\,\text{mL}}\right)\text{L} = 0.1974\,\dfrac{\text{mol}}{\text{L}} \times 0.01132\,\text{L} \fallingdotseq 0.002235\,\text{mol}$．

② 硫酸の未知濃度を C(mol/L) とすると，約 0.1 mol/L の硫酸 10.00 mL 中の **H^+ 物質量(mol)** = H_2SO_4 価数[2] × H_2SO_4 物質量(mol) = H_2SO_4 価数 m ×（H_2SO_4 モル濃度 $C\left(\dfrac{\text{mol}}{\text{L}}\right) \times H_2SO_4$ 体積 V(L)）= mCV(mol) = $2 \times C\left(\dfrac{\text{mol}}{\text{L}}\right) \times \left(\dfrac{10.00\,\text{mL}}{1000\,\text{mL}}\right)\text{L} = 0.02000\,C$ mol．

③ 中和条件，**OH^- 物質量(mol) = H^+ 物質量(mol)**，より，$m'C'V' = 0.002235$ mol = mCV[5] = $0.02000\,C$ mol．よって，$C = \dfrac{0.002235}{0.02000}$ mol/L $\fallingdotseq$ **0.1118 mol/L**

（H^+ としてのモル濃度は，$mC = 2 \times 0.1118 = 0.2235$ mol/L）

④ 答を**ファクター F** を用いて表すには，$C = 0.1118$ mol/L = $C_0F = 0.1$ mol/L × F．$F = 1.118$，したがって，$C = \mathbf{0.1\,\text{mol/L}\,(F = 1.118)}$

⑤ 0.1 mol/L の硫酸の**ファクター F** を求める問題として扱う（最初からファク

---

1) 1 個の H^+ と 1 個の OH^-，100 個の H^+ と 100 個の OH^- とが反応する．したがって，99 個の H^+ と 100 個の OH^- とが反応すれば OH^- が 1 個余る，また 101 個の H^+ と 100 個の OH^- とが反応すれば H^+ が 1 個余る．→ 完全に中和していないことになる．すなわち H^+ の数 = OH^- の数，H^+ の物質量(mol) = OH^- の物質量(mol) が中和の必須条件である．

2) 1 個の NaOH が何個の OH^- を出すか．NaOH → Na^+ + OH^-，価数 $m' = 1$．1 個の H_2SO_4 が何個の H^+ を出すか．$H_2SO_4 \to 2H^+ + SO_4^{2-}$，価数 $m = 2$ → H_2SO_4 ひと山（1 mol）= H^+ 2 山（2 mol）

3) 濃度 mol/L × 体積 L = mol となることからわかるように，物質量(mol) = 濃度 × 体積．

POINT

4) 注意：滴定計算では酸塩基の価数 m, m' とファクター F, F' を抜かさないこと．

ファクター，$F = 0.987$，とは作ろうと思った濃度，0.2 mol/L，に対して 0.987 倍の濃さの液（作ろうと思った液の 98.7% の濃さの液，1.3% だけ薄い液）ができたという意味である．したがって，**実際にできた NaOH の濃度・真の濃度は，(0.2×0.987) mol/L = 0.1974 mol/L** である．

5) 価数を考慮する必要性については，双頭の鷲，八岐大蛇（やまたのおろち）の例をイメージせよ．双頭の鷲はからだ 1 つに頭 2 つ，八岐大蛇はからだ 1 つに頭 8 つ．

須佐之男命（すさのおのみこと）が 1 人で八岐大蛇を退治するには，大蛇を酒に酔わせるために酒樽は何個必要だったか．

八岐大蛇と双頭の鷲が対等に戦うには大蛇 1 匹に対して，双頭の鷲は何羽が必要か（8 樽，鷲 4 羽）．

6) 真の濃度 $C = C_0 F$
 $= 0.1 \times 1.118 = 0.1118$ mol/L

7) 1個の酸が m 個の H^+ を出す．1個の塩基が m' 個の OH^- を出す．

8) この際には酸と塩基の頭の数＝価数を，5)の八岐大蛇・双頭の鷲の例のように，きちんと考慮する必要がある．

9) 問題を解くには，単純に，$mCV = m'C'V'$，または $m(C_0 F) V = m'(C_0'F') V'$ の式にそれぞれの値を代入するだけでよい．

POINT

10) 滴定の問題を解く手順は，問題文中から価数 m，モル濃度 C，体積 V，m'，C'，V' を探し出し，
① m, C, V, m', C', V' の値をまず列記する．次に，
② $mCV = m'C'V'$ にこれらの値を代入する．
③ 価数を正しく判断する．
④ ファクター F を正しく扱う．

11) これらの価数はそれぞれの物質の反応前後の酸化数の変化量に対応している．たとえば，MnO_4^- 中の Mn は酸化数 +7，Mn^{2+} の酸化数 +2 だから，その差は5，したがって，MnO_4^- は5価の酸化剤である．$+7+(-5) \to +2$，だから電子 (e^-) 5個を奪う．詳しくは"演習 溶液の化学と濃度計算"参照)

12) 過マンガン酸滴定，ヨウ素滴定など．

13) "演習 溶液の化学と濃度計算"参照.

ターを用いて計算する)のであれば，$m(C_0 F) V = m'(C_0'F') V'$，を用いる．作ろうと思った硫酸の濃度は $C_0 = 0.1$ mol/L，F は未知だから，

H^+ 物質量(mol) $= 2 \times (0.1 \times F)$ mol/L $\times (10.00/1000)$ L
OH^- 物質量(mol) $= 1 \times (0.2 \times 0.987)$ mol/L $\times (11.32/1000)$ L
H^+ の物質量(mol) $= OH^-$ の物質量(mol) より，0.1 mol/L 硫酸の $F = 1.118$ [6].

一般に，酸の価数を m，塩基の価数を m' とすると[7],

H^+ の数(物質量(mol))＝酸の価数 $m \times$ 酸の物質量(mol)

$\qquad =$ 酸の価数 $m \times$ (モル濃度 $C\left(\dfrac{\text{mol}}{\text{L}}\right) \times$ 体積 V(L))

$\qquad = mCV$ (mol).

OH^- の数(物質量(mol))＝塩基の価数 $m' \times$ 塩基の物質量(mol)

$\qquad =$ 塩基の価数 $m' \times$ (モル濃度 $C'\left(\dfrac{\text{mol}}{\text{L}}\right) \times$ 体積 V'(L))

$\qquad = m'C'V'$ (mol)

酸と塩基が中和するため**中和条件**は，$\mathbf{H^+}$ **の数 = $\mathbf{H^+}$ の物質量**(mol)[8] $=$
$\boxed{\boldsymbol{mCV = m'C'V'}} = OH^-$ の数 $= OH^-$ の物質量(mol)．
ファクター F を用いると，$\boxed{\boldsymbol{m(C_0 F) V = m'(C_0' F') V'}}$ となる[9].

演習 2・19 約 0.1 mol/L のリン酸 H_3PO_4 5.00 mL を NaOH(0.1 mol/L，$F = 1.023$) で滴定したところ，NaOH の 15.67 mL で当量点となった(中和した)．リン酸のモル濃度を求めよ[10]．ファクターを用いて答えよ．

2・3・3 酸化還元滴定による濃度の求め方

中和反応・酸塩基反応は1個の H^+ と1個の OH^- の反応 ($H^+ + OH^- \to H_2O$)，または1個の H^+ のやり取りとして定義されたが，酸化還元反応は酸化剤と還元剤との間の1個の**電子のやり取り**(還元剤が1個の電子を放出し，酸化剤が1個の電子を受け取る)として定義される．

中和反応における酸・塩基の価数は酸・塩基の放出する H^+・OH^- の個数に対応したが，酸化還元反応における酸化剤の**価数**は1個の酸化剤が相手から奪い取る**電子数**，還元剤では1個の還元剤が放出する電子の数に**対応する**．たとえば，$MnO_4^- + 8H^+ + 5e^- \to Mn^{2+} + 4H_2O$ では酸化剤 MnO_4^- の価数は 5，$Fe^{2+} \to Fe^{3+} + e^-$ では還元剤 Fe^{2+} の価数は 1，$(COOH)_2 \to 2CO_2 + 2H^+ + 2e^-$ では還元剤シュウ酸 $(COOH)_2$ の価数は 2 である[11].

酸化還元滴定[12]における濃度計算では，酸化剤が奪う電子の総数と還元剤が放出する電子の総数は等しいので(電子のやり取り，金の貸し借りと同じ(p.39))，中和滴定の場合と同様に，酸化剤が奪う電子の総数 $= mCV = m'C'V' =$ 還元剤が放出する電子の総数，が成立する．したがって，滴定の計算は中和滴定とまったく同様に行えばよい．その他の滴定法，

演習 2·20 約 0.1 mol/L のシュウ酸 $(COOH)_2$ の 10.00 mL を，硫酸酸性条件下，0.02 mol/L の過マンガン酸カリウム $KMnO_4$ 溶液（$F=0.987$）で滴定したところ，21.34 mL で終点となった．シュウ酸の濃度を求めよ．また，結果を F を用いて表せ．$KMnO_4$ と $(COOH)_2$ は，それぞれ次のように反応する．

$$MnO_4^- + 8H^+ + 5e^- \longrightarrow Mn^{2+} + 4H_2O,$$
$$(COOH)_2 \longrightarrow 2CO_2 + 2H^+ + 2e^-$$

2·4 化学反応式を用いた計算

1章で学んだ酸・塩基の価数を知らなくても，実験書，または実験指導者により反応式が与えられれば，この章の mol，mol/L の知識だけで濃度計算（量論計算）をすることができる[1]．以下，その考え方と例を示す．

例題 2·24 $H_2SO_4 + 2NaOH \rightarrow Na_2SO_4 + 2H_2O$ なる反応式は1個の H_2SO_4 と2個の $NaOH$ とが反応し，1個の Na_2SO_4 と2個の H_2O を生じるという意味である．言い換えれば，1 mol の H_2SO_4 と 2 mol の $NaOH$ とが反応するから $\dfrac{NaOH の物質量(mol)}{H_2SO_4 の物質量(mol)} = \dfrac{y}{x}$ なる式が成立する[2]．x, y の値はいくつか．

答 $x=1, y=2$；$H_2SO_4 + 2NaOH \rightarrow Na_2SO_4 + 2H_2O$ なる反応式では $\dfrac{NaOH の物質量(mol)}{H_2SO_4 の物質量(mol)} = \dfrac{2}{1}$ なる関係式（比例式）が成立する[3]．

または，反応量としては，2 mol の $NaOH$ = 1 mol の H_2SO_4．したがって，この反応の換算係数として，$\dfrac{NaOH の 2\,mol}{H_2SO_4 の 1\,mol}$，$\dfrac{H_2SO_4 の 1\,mol}{NaOH の 2\,mol}$ が得られる．同様にして，H_2SO_4, $NaOH$, Na_2SO_4, H_2O の任意の2組の間の換算係数を得ることができる．

例題 2·25 $aA + bB \rightarrow \cdots\cdots$ なる反応における A, B の物質量（mol）と係数 a, b の関係式を示せ．A, B の濃度 C_A, C_B と体積 V_A, V_B との関係式を示せ．

答 例題 2·24 と同様に，$aA + bB \rightarrow \cdots\cdots$ では，
$\dfrac{B の物質量, n_B (分子の数)}{A の物質量, n_A (分子の数)} = \dfrac{C_B \times V_B \,(mol)}{C_A \times V_A \,(mol)} = \dfrac{b}{a}$ [4]
（この式は，A 分子の a 個と B 分子の b 個とが反応する，言い換えれば，a mol の A 分子と b mol の B 分子とが反応することを意味する）．

または，$bC_A V_A = aC_B V_B$ [5]．一方，例題 2·24 と同様に，A の a mol と B の b

---

1) 反応式の係数の中に価数の概念が含まれている（価数と係数は逆の関係）．

2) この式は反応する $NaOH$ の物質量(mol)：H_2SO_4 物質量(mol) $= y : x$ なる比例式を分数表示したものである．

3) 分数式の意味を納得せよ．$NaOH$ の物質量(mol)：H_2SO_4 の物質量(mol) $= 2 : 1$ で反応する．

4) この等式の分子と分母は逆さでもよい．物質量 n(mol) = モル濃度 C(mol/L) × 体積 V(L) = CV(mol)．

5) 反応の係数を用いる場合は $C_B V_B / C_A V_A = b/a$ をたすき掛けすると，$bC_A V_A = aC_B V_B$．一方，$mCV = m'C'V'$ より，$m_A C_A V_A = m_B C_B V_B$．したがって，反応式の係数 a, b と価数 m_A, m_B の関係は逆になる．すなわち，$a = m_B$, $b = m_A$．例題 2·27 で確認せよ．

mol とが反応するのでこの反応の換算係数として，$\dfrac{\text{B の }b\,\text{mol}}{\text{A の }a\,\text{mol}}$，$\dfrac{\text{A の }a\,\text{mol}}{\text{B の }b\,\text{mol}}$ が得られる．

デモ
Fe，Mg の酸化反応．

例題 2·26 鉄粉 Fe が酸化されて酸化鉄 Fe_2O_3 となった．
① この酸化反応の反応式を示せ[6]．
② 鉄粉 2.345 g が完全に反応したとすると何 g の酸化鉄を生じるか．

6) ヒント：Fe_2O_3 とは Fe 原子が 2 個と O 原子が 3 個よりできていることを示している．使い捨てカイロは，この鉄の酸化反応の反応熱を利用した商品である．

答 ① 反応式，$Fe + O_2 \to Fe_2O_3$ で，同一原子数が一番多い Fe_2O_3 の係数を 1 として，式の左右を比較すれば(p. 22)，左辺は $2\,Fe$ と $1.5\,O_2$ となる．全体を 2 倍する．$4\,Fe + 3\,O_2 \to 2\,Fe_2O_3$

② 反応式より 4 mol の Fe から 2 mol の Fe_2O_3 が得られることがわかる．生成する Fe_2O_3 の重さを x g とすると，表表紙裏の周期表より Fe の原子量 55.85，Fe_2O_3 の式量 $55.85 \times 2 + 16.00 \times 3 = 159.7$ だから，

7) まず，Fe の 2.345 g は何 mol か，Fe_2O_3 の x g は何 mol かを求める．この式は，反応する Fe の物質量(mol)：生じる Fe_2O_3 の物質量(mol) $= 4:2$ を分数式で表したものである．

$$\dfrac{\text{Fe の物質量}}{Fe_2O_3\text{ の物質量}} = \dfrac{\dfrac{2.345\,\text{g}}{55.85\,\text{g}}\,\text{mol}}{\dfrac{x\,\text{g}}{159.7\,\text{g}}\,\text{mol}} = \dfrac{4}{2}{}^{7)} \quad \left(\dfrac{Fe_2O_3\text{ の物質量}}{\text{Fe の物質量}} = \dfrac{2}{4}\text{ でもよい}\right)$$

たすき掛けして，$2 \times \dfrac{2.345\,\text{g}}{55.85\,\text{g}} = 4 \times \dfrac{x\,\text{g}}{159.7\,\text{g}}$，さらにたすき掛けして，

$\to 2 \times 2.345\,\text{g} \times 159.7\,\text{g} = 55.85\,\text{g} \times 4\,x\,\text{g} \to x = 3.353\,\text{g}$

別解 換算係数法

8) 反応式より，4 mol の Fe から 2 mol の Fe_2O_3 が生じるので，この換算係数が得られる．

$$Fe\,2.345\,\text{g} \times \left(\dfrac{Fe\,1\,\text{mol}}{Fe\,55.85\,\text{g}}\right) \times \left(\dfrac{Fe_2O_3\,2\,\text{mol}}{Fe\,4\,\text{mol}}\right)^{8)} \times \left(\dfrac{Fe_2O_3\,159.7\,\text{g}}{Fe_2O_3\,1\,\text{mol}}\right)$$

Fe の重さ(g) → Fe の物質量(mol) → Fe_2O_3 の物質量 → Fe_2O_3 の質量(g)
$= Fe_2O_3\,3.353\,\text{g}$

9) 水に溶けにくいという意味．

演習 2·21 シュウ酸イオンとカルシウムイオンは水に難溶性[9] の塩，シュウ酸カルシウム $Ca(COO)_2$ を生成する：$Ca^{2+} + (COO^-)_2 \to Ca(COO)_2\downarrow$．食品中の Ca は $(COO^-)_2{}^{10)}$ が存在すると，その分が沈殿してしまい，栄養素として体に吸収されない．食品中に含まれるシュウ酸 $(COOH)_2$ 100 mg 当たり何 mg の Ca^{2+} が吸収されないか．

10) シュウ酸イオンは $C_2O_4{}^{2-}$ とも書き表される．100 個の Ca^{2+} が水に溶けていたら，Ca^{2+} はほぼ 100 個とも 100 個の $(COO^-)_2$ と結合して $Ca(COO)_2$ となって沈殿してしまう．

例題 2·27 中和反応：$0.1\,\text{mol/L}\,(F=0.987)$ の H_2SO_4 10.00 mL を約 $0.2\,\text{mol/L}$ $(F=1.118)$ の NaOH で中和滴定した．
① この滴定の際に起こる反応の反応式を書け．
② この硫酸は何 mL の NaOH で中和されるか．$mCV = m'C'V'$ を用いないで，化学反応式の係数と反応物の物質量(mol)との関係式[11] を用いて解け．

11) 反応における量的関係を示す式．

答 ① $H_2SO_4 + 2\,NaOH \to Na_2SO_4 + 2\,H_2O$（反応式の求め方は p. 32 参照）．この式の係数は H_2SO_4 と NaOH が 1 mol と 2 mol とで反応することを示す．
② まず，H_2SO_4 と NaOH の物質量(mol)を求める．$0.1\,\text{mol/L}\,(F=0.987)$ の H_2SO_4 10.00 mL 中に含まれる H_2SO_4 の物質量(mol)は $CV = (0.1 \times 0.987)$

mol/L × (10.00/1000) L = 0.000 987 mol．NaOHの体積を V (mL) とすると，この 0.2 mol/L ($F = 1.118$) の NaOH V L 中に含まれる NaOH の物質量 (mol) は，$C'V' = (0.2 \times 1.118)$ mol/L × $(V/1000)$ L $= 0.000 223 6\, V$ mol．よって，

$$\frac{\text{NaOHの物質量(mol)}}{\text{H}_2\text{SO}_4\text{の物質量(mol)}} = \frac{(0.2 \times 1.118)\,\text{mol/L} \times (V/1000)\,\text{L}}{(0.1 \times 0.987)\,\text{mol/L} \times (10.00/1000)\,\text{L}}$$

$$= \frac{0.000\,223\,6\,V\,\text{mol}}{0.000\,987\,\text{mol}} = \frac{2}{1}$$

$V = (0.000987 \times 2/0.0002236)$ mL $\fallingdotseq 8.83$ mL

別解　換算係数法

$$\text{H}_2\text{SO}_4\ 10.00\,\text{mL} \times \left(\frac{\text{H}_2\text{SO}_4\ (0.1 \times 0.987)\,\text{mol}}{\text{H}_2\text{SO}_4\ 1000\,\text{mL}}\right)^{12)} \times \left(\frac{\text{NaOH 2 mol}}{\text{H}_2\text{SO}_4\ 1\,\text{mol}}\right)^{13)}$$

H$_2$SO$_4$の体積　→　含まれるH$_2$SO$_4$の物質量　→　これと中和するNaOHの物質量

$$\times \left(\frac{\text{NaOH 1000\,mL}}{\text{NaOH}\,(0.2 \times 1.118)\,\text{mol}}\right)^{12)} \fallingdotseq \text{NaOH}\ 8.83\,\text{mL}$$

→　NaOHの体積

例題 2・23 をこのやり方で解くと，

$$\text{NaOH}\ 11.32\,\text{mL} \times \left(\frac{1\,\text{L}}{1000\,\text{mL}}\right) \times \left(\frac{\text{NaOH}\,(0.2 \times 0.987)\,\text{mol}}{\text{NaOH 1 L}}\right)^{12)}$$

NaOHの体積　→　NaOHの物質量

$$\times \left(\frac{\text{H}_2\text{SO}_4\ 1\,\text{mol}}{\text{NaOH 2 mol}}\right)^{13)} \times \left(\frac{1}{\text{H}_2\text{SO}_4\ 10.00\,\text{mL}}\right)^{12)} \times \left(\frac{1000\,\text{mL}}{1\,\text{L}}\right)$$

→　中和に必要なH$_2$SO$_4$の物質量　→　　H$_2$SO$_4$のモル濃度

$\fallingdotseq$ H$_2$SO$_4$ 0.1117 mol/L

演習 2・22　酸化還元反応：0.05 mol/L ($F = 1.034$) のシュウ酸ナトリウム標準液 10.00 mL を硫酸酸性下，約 0.02 mol/L の過マンガン酸カリウム溶液で滴定したところ 11.23 mL で終点となった．この時の KMnO$_4$ 溶液の濃度を求めよ．反応式は，5(COONa)$_2$ + 2 KMnO$_4$ + 8 H$_2$SO$_4$ → 10 CO$_2$ + 2 MnSO$_4$ + K$_2$SO$_4$ + 5 Na$_2$SO$_4$ + 8 H$_2$O．$mCV = m'C'V'$ の式を用いないで，化学反応式の係数と反応物の物質量 (mol) との関係式を用いて解け[14)]．

2・5　密度，パーセント濃度，含有率，希釈

2・5・1　密度 (比重) とは[1)]

Quiz　考えてみよう！　⑦

アイスコーヒーに加えるガムシロップは，まぜないとコーヒー液の底に沈むが，ミルク・クリームは液の表面に浮くことは知っていよう．これはシロップが水より重たく，クリームが水より軽いためであることはみな，理解しているはずである．では水よりどれくらい軽いか，重いかはどのようにして表現すればよいだろうか．

---

12) 滴定の計算では体積 (L) を mol, mol を体積 (L), mol を mol/L に変換する必要がある．L × $\frac{\text{mol}}{\text{L}}$ (モル濃度) = mol, mol × $\frac{\text{L}}{\text{mol}}$ = L, mol × $\frac{1}{\text{L}}$ = $\frac{\text{mol}}{\text{L}}$ = mol/L

13) この変換係数は反応式の係数より求まる．

14) この解き方は，反応式が与えられていないと用いることができない．一方，$mCV = m'C'V'$ を用いる方法では，m, m' がいくつかを教われば，反応式のことはまったくわからなくても簡単に濃度が計算できる．この場合では，シュウ酸は 2 価 (1 mol = 2 mol の電子)，過マンガン酸カリウムは 5 価 (1 mol = 5 mol の電子) という知識さえあれば濃度が計算できる．ただし，これらがなぜ 2 価，5 価かを理解するには酸化数の概念や，生成物の知識も必要である．

1) 定義をきちんと頭に入れること．単位は g/cm^3 (g/mL) である．

2) 1cc とは 1 cubic（立方）centimeter(cm)，つまり 1 cm³ のこと．

POINT

3) 密度は体積(mL)と質量 g の相互変換（体積(mL) ↔ 重さ(g)）に用いる**換算係数**である．

答　同じ体積のガムシロップとクリームの重さを比較すればよい．同体積の標準物（通常は 4°C の水）の重さを基準にして重さを比較したもの，水の重さの何倍になっているかを示したもの，比の値，が "**比重**" である．たとえば，ガムシロップの比重は 1.20，クリームは 0.82 と表される．4°C の水の比重は 1 である．比重は比の値であるから単位なしの数値である．

一方，$1\,\text{cm}^3\,(1\,\text{mL}^{2)}) = 1\,\text{mL}$ の物質の質量（重さ）を g 単位で表したものをその物質の "**密度**" という．したがって密度の単位は **g/cm³(g/mL)** である³⁾．$1\,\text{cm}^3(=1\,\text{mL})$ の水の重さは 4°C で $1.0000\,\text{g/cm}^3$ だから，ガムシロップの密度 $1.20\,\text{g/cm}^3$，クリーム $0.82\,\text{g/cm}^3$ と表される．つまり，比重と密度では単位は異なるが数値は同一である．

例題 2・28　水銀の 500 mL は 6800 g である．水銀の密度(g/cm³)を求めよ．

答　水銀の密度(g/cm³)は，$\dfrac{\text{g}}{\text{cm}^3} = \dfrac{\text{g}}{\text{mL}} = \dfrac{6800\,\text{g}}{500\,\text{mL}} = \dfrac{13.6\,\text{g}}{\text{mL}} = 13.6\,\text{g/mL}$．密度は g/mL だから，その定義通りに，質量(g)を体積(mL=cm³)で割りつければよい．

例題 2・29　25°C における水の密度は $0.9970\,\text{g/cm}^3$ である．
① 25°C の水 500 mL の重さは何 g か．② 25°C の水 1 kg は何 mL か．

答　① g/cm³ = g/mL．1 mL の重さが 0.9970 g だから，500 mL の重さは 500 倍すればよい．$500\,\text{mL} \times 0.9970\,\text{g/mL} = 500\,\text{mL} \times \dfrac{0.9970\,\text{g}}{\text{mL}} ≒ 498.5\,\text{g}$

4) 体積が 1000 mL より大きいか小さいかを直感的に考えると掛けるか割るかがわかる．たとえば密度を 0.5 g/mL として考える．

② 1 kg = 1000 g を 1 mL の重さで割ればよい⁴⁾．
求める体積を x mL とすると，$x\,\text{mL} \times 0.9970\,\text{g/mL} = 1000\,\text{g}$ だから，
$x\,\text{mL} = 1000\,\text{g} \div 0.9970\,\text{g/mL} = 1000\,\text{g} \times \dfrac{1\,\text{mL}}{0.9970\,\text{g}} = 1003.0\,\text{mL}$

別解 1　① 比例式 $\dfrac{0.9970\,\text{g}}{1\,\text{mL}} = \dfrac{x\,\text{g}}{500\,\text{mL}}$ をたすき掛けして，

$x\,\text{g} = \dfrac{0.9970\,\text{g}}{\text{mL}} \times 500\,\text{mL} ≒ 498.5\,\text{g}$

5) つまり，換算係数は，$\dfrac{0.9970\,\text{g}}{1\,\text{mL}}$，$\dfrac{1\,\text{mL}}{0.9970\,\text{g}}$

② $\dfrac{0.9970\,\text{g}}{1\,\text{mL}} = \dfrac{1000\,\text{g}}{y\,\text{mL}}$ をたすき掛けして，$y\,\text{mL} = \dfrac{1000\,\text{g}}{0.9970\,\text{g}} \times 1\,\text{mL} = 1003.0\,\text{mL}$

別解 2　密度とは体積(mL)と質量(g)の換算係数である⁵⁾．
① 体積 500 mL を質量(g)に変換するには，mL 単位が消去される（分母に mL，分子に g がある）換算係数を 500 mL に掛ければよい．$500\,\text{mL} \times \dfrac{0.9970\,\text{g}}{\text{mL}} ≒ 498.5\,\text{g}$

② 重さ 1 kg を体積 mL に変換するには，逆に，$1000\,\text{g} \times \dfrac{\text{mL}}{0.9970\,\text{g}} = 1003\,\text{mL}$

例題 2・30 比重 1.23 の溶液 1 L の質量は何 g か.

答 比重 1.23 とは密度 $1.23\,\text{g/cm}^3$ ($1.23\,\text{g/mL}$) と同じ意味である. したがって, 密度 $1.23\,\text{g/mL}$ の溶液 1 L ($= 1000\,\text{mL}$) の質量は, $1000\,\text{mL} \times \dfrac{1.23\,\text{g}}{1\,\text{mL}} = 1230\,\text{g}$

考え方は例題 2・29 の答, 別解 1, 2 と同じ.

演習 2・23 ① 密度 $1.29\,\text{g/cm}^3$ のクロロホルム $CHCl_3$ の 100 mL は何 g か.
② $CHCl_3$ の 100 g は何 mL か (ヒントは右欄).

演習 2・24 ① 密度とは何か, **定義を述べよ. 単位も示せ**.
② 4°C の水の密度はいくつか. ③ 比重とは何か.

(直感法) $1.29\,\text{g}/1\,\text{mL} \to 129\,\text{g}/100\,\text{mL}$. 100 g は何 mL?(100 g/? mL)→ 直感で 100 mL より少ないことが分かる → 考えるべき数値は 100 g と 1.29 だから 100 mL より少ない答を得るためには 100 g を 1.29 で割ればよい. (換算係数法) g → mL への換算だから, g×(mL/g) → mL とすればよい (100 g×(1 mL/1.29 g)=…mL).

2・5・2 パーセントの定義

例題 2・31 パーセント (%) とは何か. また, その定義式を示せ.

答 百分率のこと. 全体を百に分けた時の割合 (率). つまり, **全体を 100 とした時, その部分がいくつにあたるかが % である**.

5% とは $5/(\text{per})100(\text{cent}) = 5/100 = \dfrac{5}{100}$ なる分数のこと[6] である.

$(5\% = \dfrac{5}{100} = ?, \underset{\uparrow}{0}005. \to 0.05 ; 0.5\% = \dfrac{0.5}{100} = ?, \underset{\uparrow}{0}000.5 \to 0.005)$

小数点を左に 2 桁移動[7]

→ 100 分の何個. 何個/100. $\boxed{\dfrac{\text{部分}}{\text{全体}} = \dfrac{x\%}{100\%}}$, たすき掛けすると

$\boxed{x\% = \dfrac{\text{部分}}{\text{全体}} \times 100\%}$, $\boxed{\text{全体}\,100\% \times \dfrac{\text{部分}}{\text{全体}} = \text{部分}\%}$

[6] % とは, そもそも "**百分のいくつ**" という**分数**の意味である. つまり, per とは "/", cent とはラテン語で "100" という意味 (1 世紀 = **cent**ury 100 年).

[7] % とは 100 で割った値だから, % の値を小数に変えるには小数点を左に 2 桁移動すればよい.

例題 2・32 ① ある小学校では児童 450 人のうち 81 人が朝食を欠食していた. この小学校における欠食児は全児童の何 % か.
② ある 36 人のクラスでは 17% が欠食児であった. クラスの中の欠食児は何人か.
③ ある中学校では 15 人の生徒が欠席しており, この時の欠席率は 3.0% だった. この中学校の全体の生徒数は何人か.

答 ① $\dfrac{\text{部分}}{\text{全体}} = \dfrac{81\,\text{人}}{450\,\text{人}} = \dfrac{x\%}{100\%}$ (この分数式は比例式:百分率=450 人を 100 とした時, 81 人がいくつに対応するか[8]). たすき掛けすると, $x\% = \dfrac{81\,\text{人}}{450\,\text{人}} \times 100\% = 18\%$ (100 人あたり 18 人が欠食児である).

② $\dfrac{\text{部分}}{\text{全体}} = \dfrac{x\,\text{人}}{36\,\text{人}} = \dfrac{17\%}{100\%}$, たすき掛けして, $x = 36\,\text{人} \times \dfrac{17}{100} = 6.1 = 6\,\text{人}$.

③ $\dfrac{\text{部分}}{\text{全体}} = \dfrac{15\,\text{人}}{x\,\text{人}} = \dfrac{3.0\%}{100\%}$, たすき掛けして, $x = 15\,\text{人} \times \dfrac{100}{3.0} = 500\,\text{人}$.

[8] この分数式は $450 : 81 = 100 : x$, または $450 : 100 = 81 : x$ と同じ意味.

別解 換算係数法(換算係数は何かを考える．換算係数とは**同じものに関する異なった単位表現**の関係を示した分数式．最終的に**消したい単位を分母，得たい単位を分数の分子にもってくる**．)

① 欠食 81 人 → 欠食 % としたい．そのため，換算係数は分母に人数，分子に % とすればよいので[9]，

$$欠食(部分)81 人 \times \left(\frac{全体 100\%}{全体 450 人}\right) = 欠食(部分)18\%$$

② 欠食 17 % → 欠食児数としたい．換算係数は分母に %，分子に人数とすればよい[9]．

$$欠食(部分)17\% \times \left(\frac{全体 36 人}{全体 100\%}\right) = 欠食(部分)6 人$$

③ 欠席数と欠席 % → 全体人数としたい[9,10]．換算係数が 15 人/3.0 %．全体の人数は ×全体 100 %．

$$\frac{欠席 15 人}{欠席 3.0\%} \times (全体^{9)} 100\%) = 全体 500 人$$

9) % は常に**全体と全体の %**（**100 %**），**部分と部分の %** とを念頭に考える（定義式を思い出せ）．

10) ③では問題文中に換算係数（同じものを異なった単位で示したもの）が与えてある．

演習 2・25 (1) 大豆 5.0 g は 1.75 g のタンパク質を含む．大豆中のタンパク質の含有率（大豆 100 g 中の含有量）を求めよ．
(2) 豆腐のタンパク質含有率は 5.0 % である[11]．① 豆腐 250 g 中にはタンパク質は何 g 含まれるか．② 何丁かの豆腐を合わせてタンパク質が 60 g 含まれていたとすると，豆腐全体は何 g か．

11) 豆腐 100 g あたりの含有量 = 5 g．

2・5・3 さまざまなパーセント濃度

パーセント % 濃度にはさまざまな種類があり，目的に応じて用いられる．

質量%（= 重量 % = wt % = **w/w%**（= weight/weight = 質量/質量 = **g/g%**，全体と部分，ともに重さ g で表す））は小中高校で学んだ % のことであり，% といえば通常この % をさす．

容量%（= 体積 % = vol % = **v/v%**（= volume/volume = 容量/容量 = **mL/mL%**，全体と部分，ともに容積 mL で表す））は液体について用いる．

一方，この両者をまぜた**質量容量%**（**w/v% = g/mL%**，重量容量%，重容%）がある．この % は分子（部分）が質量・重さ（g）で分母（全体）が体積（mL）として定義される．本来，分子と分母は同じ単位でなければ"百分率"とは言えないので奇妙な定義ではある．この重容 % はモル濃度に換算できることもあり，食品学，生化学といった分野ではよく用いられている．このほかに調理の分野で用いられる**調味%** などがある．

例題 2・33 溶液，溶媒，溶質とは何か？ 食塩水を例にあげて説明せよ．

答 **溶質**（溶ける物質）とは NaCl，**溶媒**（溶質を溶かし込む媒体）は 水，**溶液**（溶質を溶媒に溶かしたもの全体[12]）は 食塩水溶液．

12) 全体 = 溶質 + 溶媒 = 溶液

2・5 密度，パーセント濃度，含有率，希釈   73

例題 2・34 固体，液体を問わず，たんに％濃度という時は，**質量％**[13] のことを意味する．質量％濃度の定義を示せ．

答 $\dfrac{部分\,g}{全体\,g} = \dfrac{x\,g}{100\,g} = \dfrac{x\%}{100\%}$ （定義：**全体を 100 g としたとき部分は何**

g か，全体の何％か）．この式をたすき掛けすると，

$$x\%(\mathrm{w/w}) = \dfrac{部分(\mathrm{g})}{全体(\mathrm{g})} \times 100\% = \dfrac{溶質の質量(\mathrm{g})}{(溶質＋溶媒)の質量(\mathrm{g})} \times 100\%$$

$$= \dfrac{溶質(\mathrm{g})}{溶液(\mathrm{g})} \times 100\%^{[14]}$$

または，$\boxed{部分\%(\mathrm{w/w}) = \dfrac{部分(\mathrm{g})}{全体(\mathrm{g})} \times 100\%^{[14]}}$

例題 2・35 **重容％**[15] なる％濃度がある．このものの定義を示せ．

答 $\dfrac{部分(\mathrm{g})}{全体\,(\mathrm{mL})} = \dfrac{x\,\mathrm{g}}{100\,\mathrm{mL}} = \dfrac{x\%}{100\%}$ （定義：**全体を 100 mL としたとき**

部分は何 g か，全体の何％か）．この式をたすき掛けすると，

$$x\%(\mathrm{w/v}) = \dfrac{部分(\mathrm{g})}{全体(\mathrm{mL})} \times 100\% = \dfrac{溶質の質量(\mathrm{g})}{(溶質＋溶媒)の体積(\mathrm{mL})} = 100\%$$

$$= \dfrac{溶質(\mathrm{g})}{溶液(\mathrm{mL})} \times 100\%^{[16]}$$ または，$\boxed{部分\%(\mathrm{w/v}) = \dfrac{部分(\mathrm{g})}{全体(\mathbf{mL})} \times 100\%^{[16]}}$

これらの％は，％の種類により，質量，容量と表示単位は異なるが，定義式は同形である．

$\boxed{\%の定義式}$ の一般形：$\boxed{\dfrac{溶質}{溶質＋溶媒} \times 100\% = \dfrac{部分}{全体} \times 100\%}$

例題 2・36 **調味％**（外割り％）なる調理学・調理実習で用いる％濃度がある．このものの定義を示せ．

答 $\dfrac{調味料(\mathrm{g})}{食材(\mathrm{g})} = \dfrac{x\,\mathrm{g}}{100\,\mathrm{g}} = \dfrac{x\%}{100\%}$ （**食材 100 g に対して調味料は何 g か，**

食材に対して何％か）[17]　調味％（外割り％）＝ $\dfrac{調味料(\mathrm{g})}{食材(\mathrm{g})} \times 100\%$

例題 2・37 グルコース（分子量 180）21.6 g を溶かして 300 mL とした水溶液の密度は 1.03 g/cm³ である．この水溶液の**重容**（w/v, g/mL, 全体は mL, 部分は g）％，**質量**（w/w, g/g）％はいくつか[18]．また，モル濃度はいくつか．

答 ％計算では，まず，全体の質量，全体の体積，部分の質量を求める．問題では，**部分は 21.6 g，全体は 300 mL**，質量で表すと，密度 ＝ 1.03 g/cm³ ＝ 1.03 g/mL，つまり，**1 mL の重さは 1.03 g** だから，**全体の質量は，**$300\,\mathrm{mL} \times \dfrac{1.03\,\mathrm{g}}{1\,\mathrm{mL}} =$

POINT

13) 質量％＝重量％
＝w/w％
(w/w＝weight/weight
＝質量/質量＝g/g)

14) 全体 100 g 中に何 g 溶けているか・100 g 中の質量(g)．

POINT

15) 重容％(質量容量％)
＝(重量/容量)％
＝(質量/体積)％
＝**w/v％**
(w/v＝weight/volume
＝質量/体積＝g/mL)

16) 全体 100 mL 中に何 g 溶けているか，100 mL 中の質量(g)．分子と分母で単位が異なる奇妙な％．

17) 分母は，全体(食材＋調味料)ではなく，食材だけ．調理における味つけ(調味％)に必要な調味料の量を求めるための複雑な計算にも換算係数法(p. 52)が有用である(演習 2・31)．

POINT

18) ％の問題の解き方：
全体の体積がいくつか，全体の質量がいくつかをまず考えよ！
体積 ↔ 質量の変換には密度(g/cm³，g/mL)を用いる．

309 g. または 300 mL → g とするには，mL × $\dfrac{g}{mL}$ = g，300 mL × $\dfrac{1.03\,g}{1\,mL}$ = 309 g，全体は 309 g. したがって，

w/v% は $\dfrac{21.6\,g}{300\,mL} = \dfrac{x\,g}{100\,mL}$，たすき掛け[19]，$x = \dfrac{21.6\,g}{300\,mL} \times 100 = 7.20\%$

w/w% は $\dfrac{21.6\,g}{309\,g} = \dfrac{x\,g}{100\,g}$，たすき掛け[19]，$x = \dfrac{21.6\,g}{309\,g} \times 100 = 6.99\%$*

[19] または，% = $\dfrac{部分}{全体} \times 100$

* モル濃度は問題文から直接，または w/v% から求める. {21.6 g / (180 g/mol)}/0.300 L = 0.400 mol/L，または，w/v 7.20% は 7.20 g/100 mL だから，{7.20 g/(180 g/mol)}/0.100 L = 0.400 mol/L

例題 2·38 ① グルコース 5.00 g を溶かして 7.00%(w/v, g/mL)溶液を作った．溶液は何 mL できたか．
② グルコースの 7.00%(w/w, g/g)溶液を作ったところ**全体が 250 g** となった．何 g を溶かしたのか．

答 7.00%(w/v)とは，$\dfrac{部分\ 7.00\,g}{全体\ 100\,mL}$，$\dfrac{全体\ 100\,mL}{部分\ 7.00\,g}$，7.00%(w/w)とは，$\dfrac{部分\ 7.00\,g}{全体\ 100\,g}$，$\dfrac{全体\ 100\,g}{部分\ 7.00\,g}$

① 部分 5.00 g × $\dfrac{全体\ 100\,mL}{部分\ 7.00\,g}$ = 全体 71.4 mL $\left(\dfrac{7.00\,g}{100\,mL} = \dfrac{5.00\,g}{x\,mL},\ x = 71.4\,mL\right)$

② 全体 250 g × $\dfrac{部分\ 7.00\,g}{全体\ 100\,g}$ = 部分 17.5 g $\left(\dfrac{7.00\,g}{100\,g} = \dfrac{y\,g}{250\,g},\ y = 19.5\,g\right)$

POINT

[20] % 溶液では溶液を調製する際のさまざまな日本語表現の**意味の違いを理解せよ**！ "演習 溶液の化学と濃度計算" も参照. 溶かして 100 mL とする，100 mL に溶かす，100 mL 作る，100 g に溶かす，100 g 作る．

[21] 以下の解答は換算係数法のみを示した．イメージ法，分数比例式法は"演習 溶液の化学と濃度計算" pp. 98〜103 参照．

演習 2·26 グルコース 7.2 g (分子量 180) を**水 100 mL** (密度 1.00 g/cm³) **に溶かす**と[20,21]溶液の密度は 1.04 g/cm³ となった．
① 水溶液の体積は何 mL か．
② グルコース濃度を w/w%，w/v%，mol/L で表せ．

演習 2·27 ① 食塩(NaCl)の 10.0%(w/w)水溶液を **100 g 作る**には[20] 水，および，NaCl の何 g 必要か．
② この食塩水の密度は 1.07 g/cm³ である．モル濃度を求めよ(NaCl の式量 = 58.4)．

演習 2·28 しょうゆの塩分濃度は 15%(w/w)である．x, y, z を求めよ．
① しょうゆ 20 g 中には食塩は x g 含まれている．
② y g のしょうゆ中に食塩 1.0 g が含まれる．
③ しょうゆの密度(比重)は 1.2 g/mL なので，y g のしょうゆは z mL である．

演習 2·29 砂糖 20%(w/v)水溶液を **200 mL 作りたい**(砂糖を溶かして 200 mL とした)[20]．砂糖(ショ糖，スクロース，分子量 = 342)何 g を用いて 200 mL とすればよいか．また，この溶液のモル濃度を求めよ．

演習 2·30 食塩の 120 g を **2 L の水** (密度 1.00 g/cm³) **に溶かした**[20]．この水の塩分濃度(調味%，外割り%)はいくつか．

演習 2·31 肉 300 g を調理するのに塩分 2.0%(調味%)．塩分はしょうゆで調味する．しょうゆの塩分濃度は 15%(w/w)，密度 1.2 g/mL とすると，しょう

ゆは何 mL 必要か．このしょうゆは 1 杯 15 mL の計量スプーンで何杯か．

2・5・4 質量濃度

溶液の濃度の表示にはモル濃度，％濃度のほかに，1 mL，1 L 中に目的物質がどれだけの重さ含まれているかを表す単位として，mg/mL，mg/dL，mg/L，μg/mL，μg/L といった単位で表される**質量濃度**(重容濃度)も分析化学，環境化学，医学，生化学分野などで用いられる[22]．

$$質量濃度 = \frac{質量(g，または mg，μg)}{容量(mL，または L)}$$

例題 2・39 NaCl の質量濃度 0.15 g/mL 水溶液は w/v，w/w でそれぞれ何％濃度か．モル濃度はいくつか(NaCl の式量 58.5)．密度 = 1.2 g/cm³．

答 0.15 g/mL とは NaCl 水溶液 1 mL に 0.15 g の NaCl が溶けているということ．したがって，100 mL 中の NaCl の質量は，

NaCl 水溶液 100 mL × $\frac{NaCl\ 0.15\ g}{NaCl\ 水溶液\ 1\ mL}$ = NaCl 15 g．

つまり，$\frac{NaCl\ 15\ g}{NaCl\ 水溶液\ 100\ mL}$ × 100％ = 15％(g/mL) ≡ **15％(w/v)**．

または，w/v％ = $\frac{部分(g)}{全体(mL)}$ × 100％ = $\frac{NaCl\ 0.15\ g}{NaCl\ 水溶液\ 1\ mL}$ × 100％ = 15％(g/mL) ≡ **15％(w/v)**．

溶液全体 100 mL の質量は 100 mL × (1.2 g/1 mL) = 120 g．したがって，質量％濃度は (部分(g)/全体(g)) × 100％ = (NaCl 15 g/溶液 120 g) × 100 = **12.5％(w/w)**．または，$\frac{NaCl\ 0.15\ g}{NaCl\ 水溶液\ 1\ mL}$ × $\frac{NaCl\ 水溶液\ 1\ mL}{NaCl\ 水溶液\ 1.2\ g}$ × 100 = 12.5％(NaCl g/水溶液(g)) ≡ **12.5％(w/w)**

15％(w/v)溶液 1 L 中に NaCl は (15 g/100 mL) × 1000 mL = 150 g 溶けている．したがって，モル濃度は (150/58.5) mol/L ≒ **2.6 mol/L**．

または，$\frac{NaCl\ 0.15\ g}{NaCl\ 水溶液\ 1\ mL}$ × $\frac{NaCl\ 1\ mol}{NaCl\ 58.5\ g}$ × $\frac{1000\ mL}{L}$ ≒ **2.6 mol/L**．

2・5・5 さまざまな含有率 − ppm，ppb，ppt[23] −

お酒はエタノールの水溶液であり，日本酒のアルコール含有率は 15％ である．この含有率は 15℃ における酒類 100 mL 中のエタノールの容積，と日本国の酒税法で規定されている．すなわち，この**含有率＝容量％** である．しょうゆ中の食塩の**含有率**は 100 g のしょうゆ中における食塩の質量(g)・**質量％** として表される．濃塩酸中の HCl 含有率といった薬品の含有率も質量％ 表示である．食品成分表には 100 g あたりの成分の含有量(g)，すなわち，含有率＝質量％ が表記されている．このように**全体に対する特定成分の比率**を**含有率**といい，通常は**質量％**(≡全体の質量に占める特定

---

[22] たとえば，血液中のブドウ糖の量(血糖値)は mg/dL(mg/100 mL) で表す("演習 溶液の化学と濃度計算"参照)．

[23] ここでは指数計算が必要である．**指数計算に不慣れな人は pp.46〜48 の問題を繰り返し解くこと**．
この項の詳細は"演習 溶液の化学と濃度計算"を参照せよ．

物質の質量の比率）で表す．一方，微量，ごく微量しか存在しない物質の含有率の表示法として，水俣病の水銀 Hg（原因物質はジメチル水銀），イタイイタイ病のカドミウム Cd などの環境汚染・公害病の原因物質の濃度単位 **ppm**，母乳中のダイオキシン，内分泌かく乱物質（環境ホルモン）などの濃度単位 **ppb**，**ppt** がある[24]．

24) これらの単位表示は食品衛生学，環境衛生学などの授業においても頻出するはずである．

％ 百分率は，全体を 100 個に分けたうちの何個にあたるか，という意味であり，いわば parts per hundred である（pph：ただし，こういう言い方はしない）．これに対して，**ppm＝parts per million＝何個**$/10^6$（ミリオン）**＝百万分率**，百万分の 1 単位で表したもの，全体を 100 万個に分けたうちの何個にあたるか，ppb＝何個$/10^9$（ビリオン）**＝10 億分率**，ppt＝何個$/10^{12}$（トリリオン）**＝1 兆分率**，のことである．これらは，質量％ 同様，全体の質量に占める特定物質の**質量の比率**として定義されている．

1	,	000	,	000	,	000	,	000
kg		g		mg		μg		ng
				ppm		ppb		ppt
		1	,	000	,	000	,	000
		g				ppm		ppb

例題 2・40 ppm, ppb, ppt とは何か．定義を示せ．

答
$$\frac{\text{目的物の質量(g)}}{\text{全体の質量(g)}} \equiv \frac{\text{いくつか}}{100}(\%) = \frac{\text{いくつか}}{10^6}(\text{ppm})$$
$$= \frac{\text{いくつか}}{10^9}(\text{ppb}) = \frac{\text{いくつか}}{10^{12}}(\text{ppt})$$

$$16\,\text{ppm} = \frac{16}{10^6} \quad \leftarrow \quad \frac{16\,\text{parts}}{\text{million}} \quad \leftarrow \quad \text{per} = \text{百万分の 16}$$

よって，上式[25]をたすき掛けすると，

$$\% = \frac{\text{目的物}}{\text{全体}} \times 100, \quad \text{ppm} = \frac{\text{目的物}}{\text{全体}} \times 10^6, \quad \text{ppb} = \frac{\text{目的物}}{\text{全体}} \times 10^9, \quad \text{ppt} = \frac{\text{目的物}}{\text{全体}} \times 10^{12}$$

または，$\text{部分 ppm} = \dfrac{\text{部分(g)}}{\text{全体(g)}} \times \text{全体}\,10^6\,\text{ppm}$, $\text{部分 ppb} = \dfrac{\text{部分(g)}}{\text{全体(g)}} \times \text{全体}\,10^9\,\text{ppb}$

$1\,\text{ppm} = \mathbf{1\,mg/kg}$[26] $\fallingdotseq 1\,\text{mg/L}$. $1\,\text{ppb} = \mathbf{1\,\mu g/kg}$[27] $\fallingdotseq 1\,\mu\text{g/L}$. $1\,\text{ppt} = \mathbf{1\,ng/kg}$. または，1 ppm, 1 ppb, 1 ppt は，それぞれ $\mathbf{1\,\mu g/g}$, $\mathbf{1\,ng/g}$, $\mathbf{1\,pg/g}$（ピコ）．

25) **ppm**, ……は％ とまったく同じ表現・意味である！ m, b, t の意味，μ, n, p の意味は p.50 参照．

26) $1\,\text{kg} = 1000\,\text{g} = 1000 \times 1000\,\text{mg} = 10^6\,\text{mg}$ だから $1\,\text{kg}$ 中の $1\,\text{mg}$ は $1/10^6$，つまり，$1\,\text{ppm}$．

27) $1\,\text{kg} = 1000\,\text{g} \times 10^6\,\text{mg} = 10^9\,\mu\text{g}$ だから $1\,\text{kg}$ 中の $1\,\mu\text{g}$ は $1/10^9$，つまり，$1\,\text{ppb}$．

演習 2・32 ① 10 kg の精白米の中に 2 mg のビタミン B_1 が含まれている（胚芽精米では 8 mg）．この米のビタミン B_1 濃度は何 ppm, 何 ppb, 何 ppt か．
② 人体中には約 70 ppm の鉄がある．体重 70 kg の人の鉄は何 g か．

2・5・6 溶液の希釈法

Quiz 考えてみよう！ ⑧
昼食に自宅でつけ麺を食べた．用いた麺つゆは市販の濃縮つゆであり，"3 倍に薄めてご使用ください" とあったので，4 人分として，濃縮

つゆを 100 mL とり，これに水を 300 mL 加えて使用した．ところが，家族の皆が，つゆが薄いと文句を言った．さて，このメーカーのつゆの素は薄味だったのだろうか，みなが濃い味好みだったのだろうか．それとも……？ → 濃縮つゆ 100 mL を水 300 mL で薄めたら，400 mL の液ができる．これで元の液は 3 倍に薄まったのだろうか．

答　100 mL が 400 mL となったのだから，つゆの素は 4 倍に薄まったに違いない．3 倍に薄めるには，原液 100 mL × 3 = 300 mL と，全体が 300 mL になるように薄める必要がある．したがって加えるべき水の量は 300 mL − 100 mL = 200 mL である．油断をすると，つい，このような過ちをおかすことになりかねない．化学系の実験では，たとえば濃塩酸から希塩酸を作るとか，濃い％液から薄い％液を作るといった希釈操作は日常茶飯事である．以下，希釈の際の計算法を学ぼう．

例題 2·41　スプーン 4 杯分の砂糖が溶けたカップ 1 杯分の紅茶がある．これを砂糖を加えていない紅茶で薄めてカップ 5 杯分とした．① この液は元の液の何倍(何分の 1)に薄まったか．② この薄めた紅茶の砂糖は 1 カップあたりスプーン何杯分の濃さ・濃度となるか．

答　① 希釈倍率：1 杯分が 5 杯分になったから **5 倍 (1/5)** に薄まった．
② 砂糖の濃度：$\dfrac{スプーン 4 杯の砂糖}{1 カップ}$ が 5 倍に薄まった．

$$\dfrac{スプーン 4 杯の砂糖}{5 カップ} = \dfrac{スプーン 4/5 杯の砂糖}{1 カップ} = \dfrac{\textbf{スプーン 0.8 杯の砂糖}}{\textbf{1 カップ}}$$

砂糖量は希釈前後で不変，したがって次のように考えることもできる．
$\dfrac{スプーン 4 杯の砂糖}{1 カップ}$ の濃さのものが 1 カップあれば，その中には砂糖はスプーン 4 杯存在．つまり，物質の量 = 濃度 C × 体積 V = $\dfrac{スプーン 4 杯の砂糖}{1 カップ}$ × 1 カップ = スプーン 4 杯の砂糖．

一方，薄まった方を $\dfrac{スプーン x 杯の砂糖}{1 カップ}$ とすると，これが 5 カップあるから，$C' \times V' = \dfrac{スプーン x 杯の砂糖}{1 カップ} \times 5 カップ = 砂糖 5x 杯．薄める前も後も砂糖の全量は同じ＝スプーン 4 杯だから，$5x$ = スプーン 4 杯の砂糖，x = **スプーン 0.8 杯の砂糖 (/1 カップ)**．

例題 2·42　希釈前の濃度 C (mol/L) と体積 V (L)，希釈後の濃度 C' と体積 V' の関係式を示せ．

答　薄める前の液(モル濃度 C，体積 V)と薄めた後の液(モル濃度 C'，体積

POINT

$CV = C'V'$
$CVd = C'V'd'$

V') では溶液中に含まれるものの量 (物質量 (mol)) は同じ (一定) である. すなわち, C (mol/L) × V (L) = CV (**mol**) = $C'V'$ (**mol**) = 溶質 mol が成立する. C, V と C', V' を同じ単位で表せば例題 2・41 のように mol/L だけでなくこの式は常に成り立つ. たとえば C が質量濃度の場合は, $CV = C'V'$ = 溶質の質量, が成り立つ. C が % 濃度の場合, w/v% では $(CV)/100 = (C'V')/100$ = 溶質 (g), v/v% では $(CV)/100 = (C'V')/100$ = 溶質 (mL), つまり, $CV = C'V'$ が成立. C が w/w% では, **密度 d** を用いて体積 V' (mL) を質量 Vd (g) とすれば $(CVd)/100 = (C'V'd')/100$ = 溶質 (g), つまり, $CVd = C'V'd'$ が成立する[28].

28) 詳しくは "演習 溶液の化学と濃度計算" を参照のこと.

演習 2・33 (1) 2.00 mol/L の NaOH 溶液 100 mL を水で薄めて 500 mL とした. この液のモル濃度を求めよ.
(2) 11.5 mol/L の塩酸を水で薄めて 1.00 mol/L の溶液 200 mL を作りたい. 塩酸の何 mL を取って 200 mL に薄めればよいか.
(3) 食塩 9.0% (w/v) 水溶液を用いて 8.0% (w/v) 水溶液を 100 mL 作るには, 9.0% 水溶液の何 mL を 100 mL に薄めればよいか.
(4) 市販の試薬塩酸 (濃塩酸) は HCl 含有率 36% (w/w), 密度 1.20 g/cm³ である. 以下の溶液を調製するには濃塩酸の何 mL が必要か. ① 1.0% (w/w) の塩酸 (HCl 水溶液, 密度 1.03 g/cm³) を 100 mL 調製する. ② 1.0% (w/v) の塩酸を 100 mL 調製する. ③ 0.10 mol/L の希塩酸溶液を 500 mL 調製する.

2・6 水素イオン濃度と pH

水溶液中に酸が存在するとその溶液の液性は酸性, 塩基が存在すると塩基性を示す. この水溶液の酸性, 塩基性を示す尺度が**水素イオン (濃度) 指数**といわれる pH である.

1) 食酢・酸の殺菌・除菌効果はよく知られており, 寿司飯, 日の丸弁当・おにぎりの中の梅干はまさにこの効果を利用したものである. 酒・ビールの醸造初期過程では, 乳酸菌を繁殖させ生じた乳酸により, pH を低くして雑菌を殺す操作が行なわれている. 火口湖のように火山性ガスが原因で生じた pH の低い酸性湖では生育できる生物・魚類は限られている. 酸性の胃液は殺菌作用があるが, 胃中には胃がんの元となるピロリ菌が生息していることが近年明らかになった.

2) 無機・有機・分析化学, 地球科学, 環境科学, 生理学, 生化学, 栄養学, 食品学, 調理学, 衛生学など多分野と関連している.

われわれの胃液は pH = 1.0〜2.0 と酸性 (塩酸), 膵液・腸液は pH = 8〜9 と塩基性であり (炭酸水素ナトリウム $NaHCO_3$), 血液は pH = 7.4 に厳密に制御されている (炭酸 H_2CO_3, 炭酸水素イオン HCO_3^-). 血液, 酒, しょうゆ, プールの水などは酸・塩基を加えても pH があまり変化しない**緩衝液** (p.83) である. 多くの生物は pH = 3 以下の酸性条件下では生育できない[1]. 地球環境問題の 1 つである酸性雨 (pH < 5.6) は, 車の排ガスなどの人間活動で生じた窒素酸化物 NO_x や硫黄酸化物 SO_x から生じた酸 (HNO_3, H_2SO_4 など) が原因であり, 森林破壊の一因となっている. このように, 酸性・塩基性, pH, 緩衝液は, われわれのからだと健康, 身の周り, 食品, 環境などと密接に関係している[2]. 酸・塩基については 1 章ですでに学んだ. 以下, pH について学ぼう.

> **QUIZ** 考えてみよう！⑨
> 中性とは何か. 酸性・塩基性 (アルカリ性) の原因物質は何か.

答 中性とは酸性と塩基性(アルカリ性)との中間にある性質．酸性(なめて酸っぱい)でもないし，塩基性・アルカリ性(にがっぽい，触るとぬるぬるする)でもない．原因物質は酸，塩基，その素は H^+, OH^-．

> **QUIZ 考えてみよう！⑩**
> 水は電気を通すだろうか．それはなぜか．

答 ごくわずかだけ通す．これは，水中に不純物として低濃度の Ca^{2+}, Cl^- などのイオンが溶けているためである．純粋な水はほとんど電気を通さないが，アルコールや石油よりは電気抵抗が小さい．その理由は，アルコールや石油などと異なり，水分子 H_2O はごくわずかだが解離して水素イオン H^+ と水酸化物イオン OH^- とを生じているからである：$H_2O \rightarrow H^+ + OH^-$ [3,4]．H^+ と OH^- の濃度の間には，$[H^+] \times [OH^-] = [H^+][OH^-] =$ 一定，の関係が成立している[5]．これを**水のイオン積** K_w といい，室温では

$$K_w = [H^+][OH^-] = 10^{-14} \ (= 0.00000000000001) \ (mol/L)^2 \ (実験値)$$

である．

例題 2・43 ① 塩酸 HCl の 1.0 mol/L 水溶液の水素イオン濃度はいくつか．
② 水酸化ナトリウム NaOH の 1.0 mol/L 水溶液の水酸化物イオン濃度はいくつか，また水素イオン濃度はいくつか．

答 ① 食塩 NaCl (塩化ナトリウム)や硫酸ナトリウムのような塩類が，$NaCl \rightarrow Na^+ + Cl^-$, $Na_2SO_4 \rightarrow 2\,Na^+ + SO_4^{2-}$ のように陽イオンと陰イオンとに完全に解離するのと同様に，塩酸や水酸化ナトリウムのような**強酸，強塩基**は，$HCl \rightarrow H^+ + Cl^-$, $NaOH \rightarrow Na^+ + OH^-$ のように，H^+ イオンと Cl^- イオン，Na^+ イオンと OH^- イオンにほぼ**完全に解離**する[6]．このようにイオンに完全に解離(電離，イオン化)する物質を**強電解質**という(解離度[7] $\alpha = 1$, 解離度 100%)．塩酸 HCl は強酸=強電解質なので[8] 水素イオン濃度は $[H^+] = 1.0$ mol/L である．

② NaOH は強電解質なので，水酸化物イオン濃度は $[OH^-] = 1.0$ mol/L，一方，水のイオン積，$[H^+] \times [OH^-] = 1 \times 10^{-14}$，より，

$$[H^+] = \frac{1 \times 10^{-14}}{[OH^-]} = \frac{1 \times 10^{-14}}{1.0} = 1 \times 10^{-14} \ (= 0.00000000000001) \ mol/L.$$

2・6・1 pH とは

> **QUIZ 考えてみよう！⑪**
> pH は何と発音するか．pH とは何か．

答 ピー・エイチ，昔はドイツ語読みでペーハーと発音された．酸が水溶液中に存在するとその溶液の液性は酸性，塩基が存在すると塩基性(アル

---

3) 1億体の水(H_2O, H—OH)という人形があるとすると，そのうち 10 体だけが頭(H^+)と胴体(OH^-)がばらばら事件，$H_2O \rightarrow H^+ + OH^-$，になっている．

4) H^+ は水素の原子核であり，+の電荷をもったきわめて小さい粒である．水溶液中ではただちに水分子の非共有電子対(−の電荷)にくっついてしまい(配位結合して)，オキソニウムイオン H_3O^+ となる．したがって，H^+ と書かれたものは，じつは H_3O^+ を意味する．したがって，水のイオン解離式は厳密には $H_2O + H_2O \rightarrow H_3O^+ + OH^-$ (p.31 参照)

5) ここで頻出する [ ] (カギカッコ) は"濃度"を表す記号である．たとえば，$[H^+]$ は H^+ の濃度を示しており，"水素イオン濃度"と読む．この濃度単位はモル濃度(mol/L)である．

6) 酸や塩基の強弱，解離度の大小を直感的に理解するためには，酸・塩基を人形と思って欲しい．人形が100体あったとして，強酸の塩酸は，塩酸という100体の人形が，100体ともに，いたずら小僧に胴体と頭部をばらばらにされてしまった(解離度 $\alpha = 1.00$, 解離度 100%)．弱酸の酢酸 CH_3COOH の場合は，100体のうち，小数，たとえば3体だけがばらばら事件にあった($CH_3COO^- + H^+$)，残り97体はこわれていないとイメージするとよい(解離度 $\alpha = 0.03$, 解離度 3%)．ばらばらになった頭が酸っぱい素の H^+，胴体が残りの Cl^- や酢酸イオン CH_3COO^- である．

7) **解離度 α の定義**：
$$\alpha = \frac{イオン化した数}{全体の数}$$
$$= \frac{イオン化したものの濃度}{全体の濃度}$$

8) 塩酸は強い酸なので，実は，自らばらばらになりたがり，水中では HCl 分子のほとんど全部が H^+ と Cl^- に
(次ページに続く)

カリ性)を示す．この，水溶液の液性(酸性・塩基性)の程度を示す尺度がpH，**水素イオン(濃度)指数**である．

例題 2·43 で示したように，[H$^+$]は水中で 1.0～0.000 000 000 000 01 mol/L のように大幅に変化する．この濃度値をそのまま表すのは不便なので，[H$^+$] = 10^{-14}，10^{-7} のように指数で表す．この指数を 10 の −14 乗，10 の −7 乗と呼ぶのも面倒である．そこで，指数部分のみをとって −14，−7，さらにはこれに −をつけて 14，7 と正の値で [H$^+$] の大小を表せば便利である．これがスウェーデンの Sørensen が導入した pH の概念である．つまり，[H$^+$] = 10^{-n} の時，その溶液の pH = n と表現する．[H$^+$] = 10^{-14} なら溶液の pH = 14，10^{-7} では pH = 7．

POINT

[H$^+$] = 10$^{-\infty}$ ← この○○(指数)が pH の値，[H$^+$] = 10$^{-\text{pH}}$．
pH とは power of [H$^+$]([H$^+$]の累乗・冪乗)という意味である．

2·6·2 pH の定義

例題 2·44 ① pH の和訳語を示せ．
② pH の定義を対数形と指数形の 2 種類示せ．
③ 中性，酸性，塩基性(アルカリ性)の pH はいくつか．
④ pH は通常どの範囲の値をとるか．

答 ① pH とは "**水素イオン(濃度)指数**"．水素イオン濃度を指数で表したもの．
② pH の定義：$\text{pH} = -\log([\text{H}^+])$$^{9,10)}$，または，
水素イオン濃度，[H$^+$] = 10$^{-\text{pH}\ 10)}$
③ **酸性，pH < 7；中性，pH = 7；塩基性(アルカリ性)，pH > 7**
(pH = 7 で水溶液は中性([H$^+$] = [OH$^-$])，pH の値が 7 より小さいほど溶液の酸性が強く，7 より大きいほど塩基性が強くなる)
④ pH の値は通常 0～14 の範囲である．pH メーターや pH 試験紙で調べることができる．

演習 2·34 ほとんどの読者は pH = 7 が中性と知っているだろう．では，なぜ pH = 7 は中性なのだろうか．① 中性の定義を述べよ．② 中性における水素イオン濃度を求め，この時に pH = 7 となることを示せ．

2·6·3 強酸，強塩基の pH

例題 2·45 次の水溶液の pH，または水素イオン濃度 [H$^+$] を求めよ．
① [H$^+$] = 0.01 mol/L 水溶液の pH   ② HCl，0.001 mol/L 水溶液の pH

なってしまう．したがって酸っぱい素の人形の頭(H$^+$)が水溶液中にたくさんあり，なめるとすごく酸っぱい(強い酸性を示す)．一方，酢酸は，ばらばら事件に少ししかならない(人形のままでいたい・首を切られたがらない)ので，水溶液中に頭の数が少なく，あまり酸っぱくない(弱い酸性しか示さない)．

9) 数学では，関数 $y = 10^x$ なら $x = \log_{10} y$ (指数形を対数に変換する対数の定義，式 $x = \log_{10} y$ は $10^x = y$ という意味)だから，[H$^+$] = 10^{-n} なら $n = -\log_{10}[\text{H}^+]$，つまり [H$^+$] = 10$^{-\text{pH}}$ は **pH = −log [H$^+$]** とも表される．

POINT

10) 定義を覚えるだけでは意味がない！ 理解せよ．
指数・対数の実感をもつ必要がある．1, 10, 100, 1000 円, 10 000 (一万) 円, 1 000 000 (百万) 円を指数で表すと，10^0, 10^1, 10^2, 10^3, 10^4, 10^6 円となる．これを対数で表すと，0, 1, 2, 3, 4, 6 である．

対数とは指数の別の表現である．10^a なる指数があるとする．この 10 の冪乗・累乗部分＝指数部分 a が 10^a の対数値である．これを，$\log(10^a) = a$，と表す．つまり，この **log なる関数・式は，この指数の冪乗部分は a ですよ**，という意味である．ある数 b を 10 の冪乗で表したい時，つまり，$b = 10^a$，なる a の値を求めたい時は，$\log(b) = a$，とする．"b を 10 の冪乗で表すとき，その冪乗は a です よ"という意味である．2 を 10 の冪乗で表す．2 が 10 の何乗かを知るには，$2 = 10^a$，$a = \log(2) = 0.3010……$，つまり，$\log 2 = 0.3010……$ とは，$2 = 10^{0.3010……}$ であることを意味している．$2 = 10^{\log 2} = 10^{0.3010……}$．

③ $[H^+] = 0.1\,mol/L$ 水溶液の pH ④ $[H^+] = 0.001\,mol/L$ 水溶液の pH
⑤ pH = 3 の水溶液の $[H^+]$ ⑥ pH = 4 の水溶液の $[H^+]$
⑦ NaOH の濃度が $0.01\,mol/L$ の水溶液の pH

* pH = $-\log[H^+]$, つまり, $\log[H^+] = -pH$ とは, $[H^+]$ を指数で表すと, 冪乗部分は $-pH$ ですよ, という意味である. $[H^+] = 10^{-pH}$.

答 ① $[H^+] = 0.01\,mol/L$ では $[H^+] = 0.01 = \dfrac{1}{100} = \dfrac{1}{10^2} = 10^{-2}$. 一方, $[H^+] = 10^{-pH}$ だから, 両者を比較して $10^{-2} = 10^{-pH}$. pH = 2. または, pH = $-\log[H^+] = -\log 10^{-2} (= -\log 0.01) = -\log 10^{-2} = -(-2)\log 10 = -(-2) = 2^{11)}$.

② HCl は強酸だからすべてが解離して H^+ を生じる:HCl → H^+ + Cl^-.
$[H^+] = 0.001\,mol/L = (1/1000)\,mol/L = 1/10^3\,mol/L = 10^{-3}\,mol/L = 10^{-pH}$.
よって, pH = 3. または, pH = $-\log(0.001) = 3$ (電卓計算, 11)参照)

③ $[H^+] = 0.1 = \dfrac{1}{10} = 10^{-1}$ よって pH = 1, または pH = $-\log 10^{-1} = 1$

④ $[H^+] = 0.001 = \dfrac{1}{1000} = \dfrac{1}{10^3} = 10^{-3}$ よって pH = 3,
または pH = $-\log 10^{-3} = 3$ (電卓計算, 11)参照)

⑤ pH = 3 とは, $[H^+] = 10^{-3} (= 0.001)$ のこと(定義, $[H^+] = 10^{-pH}$ に代入)

⑥ 定義より, $[H^+] = 10^{-4}\,mol/L$, または電卓:1, EXP, 4, $^+/_-$, =, F↔E.

⑦ NaOH の濃度 $0.01\,mol/L$ では $[OH^-] = 0.01\,mol/L^{12)}$. 水のイオン積, $[H^+] \times [OH^-] = 10^{-14}$ より, $[H^+] = 10^{-14}/[OH^-] = 10^{-14}/0.01 = 10^{-12}$. よって, pH = $12^{13)}$.

11) 電卓による対数計算:水素イオン濃度"0.01" "log" "$^+/_-$".

12) NaOH は強塩基だから, すべてがイオンに解離している.

13) または, pH = $-\log[H^+] = -\log 10^{-12} = -(-12) = 12$. または, $[H^+] \times [OH^-] = 10^x \times 0.01 = 10^x \times 10^{-2} = 10^{-14}$. よって, $x = -12$. つまり, $[H^+] = 10^{-12}$, pH = 12.

演習 2·35 以下の pH, または水素イオン濃度 $[H^+]$ を指数表示で示せ.

	pH	$[H^+]$		pH	$[H^+]$
① 胃液	pH=2	$10^?$	④ 血液	pH=?	$10^{-7.4}$
② 水(pH≠7)	pH=?	$10^{-5.4}$	⑤ せっけん	pH=8.6	$10^?$
③ レモン	pH=?	10^{-3}	⑥ 住いの洗剤	pH=11	$10^?$

胃液は $0.01 \sim 0.03\,mol/L$ の塩酸水溶液である. 胃液の pH はどのようにして求めればよいだろうか. 塩酸は強酸なので, 胃液の水素イオン濃度は $[H^+] = 0.01 \sim 0.03\,mol/L$. したがって, 胃液の pH = $-\log[H^+] = -\log(0.01 \sim 0.03) = 1.5 \sim 2.0$. この対数計算には電卓が必要である.

例題 2·46 関数電卓を用いて計算せよ$^{14)}$.
① $0.003\,mol/L$ の HCl 水溶液の pH
② $5 \times 10^{-4}\,mol/L$ の HCl 水溶液の pH
③ pH = 2.50 の水溶液の水素イオン濃度
④ $0.01\,mol/L$ NaOH(水酸化ナトリウム)水溶液の pH

14) 指数計算と電卓の使い方は pp. 47, 48, 電卓による対数計算法は 11)と答を参照.

答 ① pH = $-\log(0.003) \fallingdotseq 2.5$ 電卓 "0.003" "log" "$^+/_-$" → 2.52
② pH = $-\log(5 \times 10^{-4}) \fallingdotseq 3.3$ 電卓 "5" "EXP" "4" "$^+/_-$" "log" "$^+/_-$"* → 3.30

* または, "5" "×" "4" "$^+/_-$" "2nd F" "10^x" "=" "log" "$^+/_-$"

15) 水のイオン積，$[H^+]\times[OH^-] = 10^{-14}$，の両辺の対数をとると，
$\log([H^+]\times[OH^-])$
$= \log[H^+] + \log[OH^-]$
$= \log 10^{-14} = -14$.
式全体に -1 を掛けると，
$-\log[H^+] - \log[OH^-]$
$= \mathbf{pH + pOH = 14}$,
が成り立つ．ただし，$\mathbf{pOH = -\log[OH^-]}$，または，$\mathbf{[OH^-] = 10^{-pOH}}$．

16) または，$pOH = -\log[OH^-] = -\log 0.01 = 2$（電卓："0.01" "log" "+/-"）．

17) 例題 2・46 に習い関数電卓を用いて計算せよ．

③ $[H^+] = 10^{-2.50} \fallingdotseq 3.2 \times 10^{-3} (= 0.003\,16)$
電卓 "2.5" "+/-" "2nd F" "10^x" → 0.003 16…… → "F↔E" → 3.16…… −03

④ 例題 2・45 ⑦ の答と同じ．または，別解として，$[H^+]\times[OH^-] = 10^{-pH} \times 10^{-pOH} = 10^{-14}$，より pH + pOH = 14[15]．$[OH^-] = 10^{-pOH} = 0.01 = 10^{-2}$ より，pOH = 2[16]．pH + pOH = pH + 2 = 14．よって，pH = 14 − 2 = 12．

演習 2・36 以下の水溶液の pH，$[H^+]$ を求めよ[17]．

① 0.005 mol/L の塩酸 HCl の pH
② 0.01 mol/L の硫酸 H_2SO_4 の pH
③ 7.9×10^{-5} mol/L の $[H^+]$ の水溶液の pH
④ pH = 2 の塩酸を水で 8 倍に薄めた液の pH（pH = 2 より大か小か？）
⑤ pH = 4.80 の水溶液の水素イオン濃度（○○×10○○ の形で示せ）
⑥ 0.002 mol/L の NaOH の pH
⑦ 0.04 mol/L の NaOH の水素イオン濃度と pH

2・6・4 pH，pOH と水素イオン濃度 $[H^+]$，水酸化物イオン濃度 $[OH^-]$

pH と水素イオン濃度 $[H^+]$，水酸化物イオン濃度 $[OH^-]$，pOH ($= -\log([OH^-])$, $[OH^-] = 10^{-pOH}$)，水のイオン積・$[H^+]\times[OH^-] = 10^{-14}$，pH + pOH の間の関係を図 2・3，および，表 2・2 に示した．

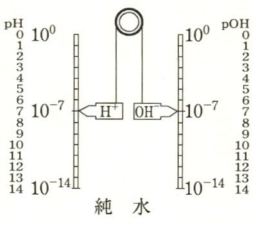

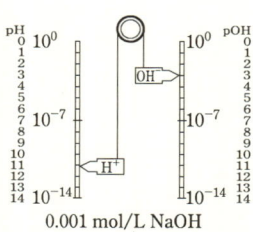

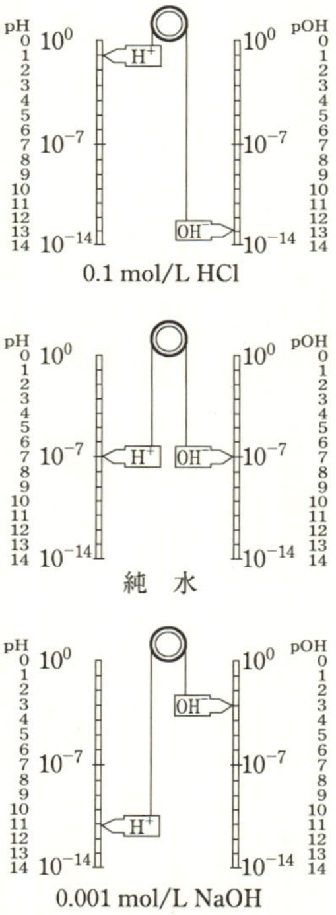

表 2・2 pH，pOH と水素イオン濃度，水酸化物イオン濃度

	pH	$[H^+]=10^{-pH}$ (mol/L)	$[OH^-]=10^{-pOH}$ (mol/L)	pOH	$[H^+]\times[OH^-]^*$ (水のイオン積)	pH+pOH* (=14(一定))
酸性	0	$10^0=1$	10^{-14}	14	10^{-14}	14
性	1	$10^{-1}=0.1$	10^{-13}	13	10^{-14}	14
	2	$10^{-2}=0.01$	10^{-12}	12	10^{-14}	14
↑	3	$10^{-3}=0.001$	10^{-11}	11	10^{-14}	14
	4	$10^{-4}=0.0001$	10^{-10}	10	10^{-14}	14
	⋮	⋮	⋮	⋮	⋮	⋮
中性	7	10^{-7} =中性	$=10^{-7}$	7	10^{-14}	14
	⋮	⋮	⋮	⋮	⋮	⋮
	10	10^{-10}	$10^{-4}=0.0001$	4	10^{-14}	14
↓	11	10^{-11}	$10^{-3}=0.001$	3	10^{-14}	14
	12	10^{-12}	$10^{-2}=0.01$	2	10^{-14}	14
塩基性	13	10^{-13}	$10^{-1}=0.1$	1	10^{-14}	14
	14	10^{-14}	$10^0=1$	0	10^{-14}	14

* $[H^+]\times[OH^-] = 10^{-pH} \times 10^{-pOH} = 10^{-14}$（一定）．
指数部分を比較すると，pH + pOH = 14．

図 2・3 pH と pOH，$[H^+]$ と $[OH^-]$ の関係

（0.1 mol/L HCl，純水，0.001 mol/L NaOH）

POINT

$pH = -\log[H^+]$，$[H^+] = 10^{-pH}$ だから，**pH（対数値）が 1 大きければ水素イオン濃度 $[H^+]$ は 1/10 倍（0.1 倍）の濃度，1 小さければ 10 倍の濃度である．**

2・6・5 pH 緩 衝 液

　水溶液に酸を加えると溶液の pH は急降下し(pH↓)酸性となる．また，水溶液に塩基を加えた場合 pH は急上昇し(pH↑)塩基性(アルカリ性)となる．ところが，**酸，塩基を加えても pH があまり変化しない水溶液**が存在する．このような溶液を **pH 緩衝液**，またはたんに**緩衝液**(バッファー buffer)という．われわれの血液や細胞内液，細胞間質液，酒，しょうゆ，プールの水などは，そのような pH，水素イオン濃度に対する緩衝作用(衝撃をゆるめ和らげる作用)をもつ溶液である．**弱酸とその塩・共役塩基** p.31の62)(酢酸-酢酸ナトリウム CH_3COOH-CH_3COONa など)，**弱塩基とその塩・共役酸**(アンモニア-塩化アンモニウム NH_3-NH_4Cl など)の混合液が緩衝液として機能する[18]．血液，プールの水[19]は**炭酸緩衝液**(H_2CO_3-HCO_3^-)，細胞内液は**リン酸緩衝液**($H_2PO_4^-$-HPO_4^{2-})である．

　＊　弱酸の pH(p.183)，緩衝液の pH(p.184)，塩の加水分解(p.31)と溶液の pH については"演習 溶液の化学と濃度計算" 8 章を参照のこと．

演習 2・37　炭酸緩衝液(血液・体液)，リン酸緩衝液(細胞内液)に酸(+H^+)・塩基(+OH^-)を加えた時の緩衝作用(H^+ を加えても H^+ は増えない・OH^- を加えても OH^- は増えない，つまり，pH はあまり変化しない)を反応式で示せ(緩衝液の緩衝作用の原理)．

【キーワード】：　分数表示の比例式，たすき掛け，有効数字，キロキロと……，m・μ・n，分子量，式量，mol$\left(\dfrac{\text{質量 g}}{\text{分子量 g}}\right)$，モル濃度$\left(\dfrac{\text{mol}}{\text{L}}\right)$，$C\left(\dfrac{\text{mol}}{\text{L}}\right) \times V(\text{L}) = CV(\text{mol})$，重さ w = 物質量(mol) × 分子量 g，$mCV = m'C'V'$，H^+ の物質量(mol) = OH^- の物質量(mol))，密度$\left(\dfrac{\text{g}}{1\,\text{mL}}\right)$，%(w/w$\left(\dfrac{\text{g}}{100\,\text{g}}\right)$，w/v$\left(\dfrac{\text{g}}{100\,\text{mL}}\right)$，v/v$\left(\dfrac{\text{mL}}{100\,\text{mL}}\right)$)，ppm・ppb・ppt，希釈 $CV = C'V'$，pH = $-\log([H^+])$，$[H^+] = 10^{-\text{pH}}$，pH 3 ⇔ $[H^+]$ = 0.001 (10^{-3}) mol/L，$[H^+][OH^-] = 10^{-14}$，緩衝液

---

[18]　酢酸緩衝液 CH_3COOH-CH_3COONa の系に OH^- が加わると緩衝液中の酢酸が OH^- と反応し $CH_3COOH + OH^- \rightarrow CH_3COO^- + H_2O$ と OH^- を水分子に変えてしまい塩基性(アルカリ性)の素 OH^- はあまり増えない．H^+ が加わると酢酸イオン(ブレンステッド塩基，p.31，酢酸の共役塩基)が，$CH_3COO^- + H^+ \rightarrow CH_3COOH$，と H^+ を酢酸分子に変えてしまうので酸性の素 H^+ はあまり増えない．

　弱酸とはイオンになりたがらないもののこと．CH_3COO^- は酢酸が無理やりイオンにされたものなので，H^+ がやってくれば，イオンは喜んで $CH_3COO^- + H^+ \rightarrow CH_3COOH$ と元の酸に戻る．

[19]　プールの水は消毒のために加える塩素 Cl_2 により酸性となるので($Cl_2 + H_2O \rightarrow HClO + HCl$)，pH を中性に保つために $NaHCO_3$ を加えてある($HCl + NaHCO_3 \rightarrow NaCl + H_2CO_3$)．

演習問題解答

2・1 ① $\dfrac{7}{10}$ ② 6   ③ 18   ④ $\dfrac{17}{12}$
    ⑤ $8\dfrac{3}{4}$ ⑥ 1

2・2 ① $\dfrac{20}{3}$ ② $\dfrac{15}{4}$ ③ $\dfrac{21}{20}$ ④ $\dfrac{1}{6}$
    ⑤ 4   ⑥ $\dfrac{8}{9}$ ⑦ $\dfrac{1}{6}$ ⑧ $\dfrac{acd}{b}$

2・3 ① $1×10^1$ ② $1×10^5$ ③ $1/100 = 1/10^2 = 1×10^{-2}$ ④ $1/1\,000\,000 = 1/10^6 = 1×10^{-6}$ ⑤ $4.5×10^1$ ⑥ $1.278×10^3$ ⑦ $4.7654×10^2$ ⑧ $2.45×10^4$ ⑨ $3.7×0.01 = 3.7×1/10^2 = 3.7×10^{-2}$ ⑩ $8.2×10^{-5}$

2・4 ① 7200   ② 0.000 001 8

2・5 ① $= 1×10^{(4+6)} = 1×10^{10}$ ② $= (4×10×10)×(6×10×10×10×10) = (4×6)×(10×10×10×10×10×10×10) = 24×10^{(2+5)} = 24×10^7 = (2.4×10)×10^7 = \mathbf{2.4×10^8}$
    ③ $= (2×10×10×10×10)× \dfrac{3}{10×10×10×10×10×10}$
    $= \dfrac{(2×10×10×10×10)×3}{10×10×10×10×10×10} = (2×3)×10^{(4+(-6))} = \mathbf{6×10^{-2}}$

2・6 ① $\dfrac{1×10^6}{1×10^4} = \dfrac{1×10×10×10×10×10×10}{1×10×10×10×10} = 1×10×10$
    $= 1×10^{(6-4)} = 1×10^2$ 慣れたら,直接,$1×10^{6-4} = \mathbf{1×10^2}$.
    ② $\dfrac{8×10^7}{2×10^5} = \dfrac{8×10\,000\,000}{2×100\,000} = \dfrac{8×100}{2} = 4×10^2$ また
は,直接に,$\dfrac{8×10^7}{2×10^5} = \dfrac{8}{2}×10^{(7-5)} = 4×10^2$
    ③ $\dfrac{8×10^4}{3×10^{-2}} = \dfrac{8×10^4}{\dfrac{3}{10^2}} = \dfrac{(8×10^4)×(10^2)}{1×3} = \dfrac{8}{3}×10^{(4+2)}$
    $= 2.67×10^6$ または,$\dfrac{8×10^4}{3×10^{-2}} = \dfrac{8}{3}×10^{(4-(-2))} = 2.67×10^6$
または,割り算はひっくり返して掛ければよいから,
$\dfrac{8×10^4}{3×10^{-2}} = (8×10^4)×\left(\dfrac{1}{3}×10^2\right) = \dfrac{8}{3}×10^{(4+2)} = 2.67×10^6$
    ④ $\dfrac{4×10^{-3}}{8×10^2} = \dfrac{\dfrac{4}{10^3}}{8×10^2} = \dfrac{4×1}{(8×10^2)×(10^3)} = \dfrac{4}{8×10^5}$
    $= 0.5×10^{-5} = 5×10^{-1}×10^{-5} = 5×10^{-6}$
または,$\dfrac{4×10^{-3}}{8×10^2} = \dfrac{4}{8}×10^{(-3-2)} = 0.5×10^{-5} = 5×10^{-6}$

2・7 ① $4×10^3$ ② $0.48×10^{-7} = 4.8×0.1×10^{-7} = 4.8×10^{-1}×10^{-7} = 4.8×10^{-8}$ ③ $18×10^9 = 1.8×10×10^9 = 1.8×10^{10}$ ④ $6.0×10^{-2}$

2・8 ① $10^{8.3}$, $1.99\cdots×10^8$ ② $10^{-8.3}$, $5.01\cdots×10^{-9}$ ③ $6×10^8$, $10^{8.77\cdots}$ ④ $6×10^{-8}$, $10^{-7.22\cdots}$ ⑤ $1.5×10^{-9}$, $10^{-8.82\cdots}$

2・9
	①	②	③
単純計算値	71.0965	116.52	18.054 816
有効数字を考慮した値	71.1 (27.4 に合)	117 (256 に合)	18.1 (有効数字3桁)

	④	⑤	⑥
単純計算値	14.747 826	5.083 959	0.003 694 3
有効数字を考慮した値	15 (有効数字2桁)	5.08 (有効数字3桁)	0.0037 (有効数字2桁)

2・10 ① m, μ, n, k の定義より,$1\,mg = (1/1000)\,g = 1×10^{-3}\,g = 0.001\,g$, $1\,μg = (1/10^6)\,g = 1×10^{-6}\,g$, $1\,ng = (1/10^9)$
$g = 1×10^{-9}\,g$, $1\,kg = 1000\,g = 10^3\,g$. それぞれの式の両辺を 1000, 10^6, 10^9, $1/1000$ 倍すると, $1\,g = 1000\,mg = 10^3\,mg = 10^6\,μg = 10^9\,ng = 1/1000\,kg = 0.001\,kg$

② **$1\,L$** とは $\mathbf{10\,cm×10\,cm×10\,cm}$ の立方体の体積のこと. したがって,$1\,L ≡ 10\,cm×10\,cm×10\,cm = 1000\,cm^3$, よって $1\,cm^3 = (1/1000)\,L = 1\,mL$. $1\,cm^3 ≡ 1$ 立方 cm $≡$ 1 cubic (立方) centimeter $≡$ 1 cc, $\mathbf{1\,mL = 1\,cm^3 ≡ 1\,cc}$.
注) ≡ は定義・約束であることを示す記号.

③ **$1\,m^3$** とは $\mathbf{1\,m×1\,m×1\,m}$ の体積のこと. したがって, $1\,m^3 = 1\,m×1\,m×1\,m = 100\,cm×100\,cm×100\,cm = 10^6\,cm^3 = 1×10^6\,mL$. $1\,L = 1000\,cm^3 = 1×10^3\,cm^3$. よって, $\mathbf{1\,m^3} = 10^6\,cm^3 ÷ 10^3\,cm^3/L = \mathbf{10^3\,L}$. または, $1\,m^3 = 10^6\,cm^3 = x\,L$ とすると,
$\dfrac{1\,L}{1000\,mL} = \dfrac{1\,L}{1000\,cm^3} = \dfrac{x\,L}{10^6\,cm^3}$ ($1\,L : 1000\,mL = x\,L : 10^6$ cm^3 の分数表示). $\mathbf{1\,m^3} = x\,L = (10^6 cm^3/1000\,cm^3)×1\,L = \mathbf{1000\,L}$.

2・11 ① 9.5   ② 9.5   ③ 9.5   ④ 9.5   ①〜④のいずれの式も同じ意味である.
    ⑤ $\dfrac{8}{9}×\dfrac{1}{4} = \dfrac{2}{9}$ ⑥ $\dfrac{2}{3}×\dfrac{3}{4} = \dfrac{1}{2}$ ⑦ $\dfrac{2}{7}×\dfrac{4}{3} = \dfrac{8}{21}$
    ⑧ $\dfrac{2}{3}×\dfrac{5}{4}×\dfrac{7}{10}×\dfrac{11}{21} = \dfrac{11}{3×2×2×3} = \dfrac{11}{36}$

2・12 ① 例題 2・11 と逆の換算係数で計算. $315\,360\,000$ 秒 $= 315\,360\,000$ 秒 $×\dfrac{1\,分}{60\,秒}×\dfrac{1\,時間}{60\,分}×\dfrac{1\,日}{24\,時間}×\dfrac{1\,年}{365\,日} = \mathbf{10\,年}$.

② $1\,m = 100\,cm$ だから $1\,cm = (1/100)\,m$. $6.37×10^8\,cm = 6.37×10^8×(1/100)\,m = 6.37×10^6\,m$. (または, $6.37×10^8\,cm ÷ 100 = 6.37×10^6\,m$). $1\,km = 1000\,m$ より, $1\,m = (1/1000)\,km$. $6.37×10^6\,m = 6.37×10^6×(1/1000)\,km = \mathbf{6.37×10^3\,km}$ **$(6370\,km)$** (または, $6.37×10^6\,m ÷ 1000 = 6.37×10^3\,km$).
別解(換算係数法) 換算係数を用いて cm → m → km と, cm, m が消去され km となるように単位を換算する. cm と m との換算係数は, $\dfrac{100\,cm}{1\,m}$ と $\dfrac{1\,m}{100\,cm}$, cm を m にするには, $cm×\dfrac{1\,m}{100\,cm}$, m と km との換算係数は, $\dfrac{1000\,m}{1\,km}$ と $\dfrac{1\,km}{1000\,m}$, m を km にするには, $m×\dfrac{1\,km}{1000\,m}$ とすればよい. したがって, $6.37×10^8\,cm = 6.37×10^8\,cm × \dfrac{1\,m}{100\,cm}×\dfrac{1\,km}{1000\,m} = \dfrac{6.37×10^8}{10^5}\,km = \mathbf{6.37×10^3\,km}$

2・13 ① $10\,kg = 10×k×1\,g = 10×10^3(1000)×1\,g = 1×10^4(10\,000)\,g = \mathbf{1×10^4\,g}$; $10\,mg = 10×m×1\,g = 10×10^{-3}\,g = 1×10^{-2}(0.01)\,g = \mathbf{1×10^{-2}\,g}$; $100\,μg = 100×μ×1\,g = 100×10^{-6}(=1/10^6)\,g = 1×10^{-4}(0.0001)\,g = \mathbf{1×10^{-4}\,g}$

② $10\,mg = 10×m×g = 10×10^{-3}×1\,g\,(1\,g = 10^6\,μg$ 代入$) = 10×10^{-3}×10^6\,μg = 10^4\,μg = \mathbf{10\,000\,μg}$. または, mg は μg の千倍だから $1\,mg = 1000\,μg$, $10\,mg = 10×1\,mg = 10×1000\,μg = \mathbf{1×10^4\,μg}$

③ $100\,μg$ μg は $10^{-3}(1/1000)\,mg$ ゆえ, $100×10^{-3}\,mg = \mathbf{0.1\,mg}$. または, $100\,μg = 100×10^{-6}\,g\,(g = 10^3\,mg) = 100×10^{-6}×10^3\,mg = 10^{-1}\,mg = \mathbf{0.1\,mg}$. または, $1\,mg = 10^3\,μg = 1000\,μg$, $100\,μg = 100×10^{-6}\,g = 10^{-3}\,g = 1\,mg$

別解1(換算係数法) 単位の換算を行うやり方. この問題において考えるべき単位の換算係数は以下の8種類である.
④ $\dfrac{1000\,g}{1\,kg}$, ㋺ $\dfrac{1\,kg}{1000\,g}$, ㋩ $\dfrac{1000\,mg}{1\,g}$, ㊁ $\dfrac{1\,g}{1000\,mg}$,

㊧ $\dfrac{10^6 \mu g}{1 g}$, ㊈ $\dfrac{1 g}{10^6 \mu g}$, ㊉ $\dfrac{1000 \mu g}{1 mg}$, ㊊ $\dfrac{1 mg}{1000 \mu g}$

① 10 kg の **kg** が消去されるように，つまり，**kg** が分母にくるように，換算係数㋑を選ぶ．

$10 \text{ kg} = 10 \text{ kg} \times \dfrac{1000 \text{ g}}{1 \text{ kg}} = \textbf{10 000 g} = \mathbf{1 \times 10^4}$ **g**．㋺の換算係数では単位は消去し合わない．同様にして，$10 \text{ mg} = 10 \text{ mg} \times \dfrac{1 \text{ g}}{1000 \text{ mg}} = \dfrac{1}{100} \text{ g} = \dfrac{1}{10^2} \text{ g} = \textbf{0.01 g}$．$100 \mu g = 100 \mu g \times \dfrac{1 \text{ g}}{10^6 \mu g} = \dfrac{1}{10^4} \text{ g} = 1 \times 10^{-4} \text{ g} (= \textbf{0.0001 g})$

② $10 \text{ mg} \to \text{g} \to \mu\text{g}$ には㊈，㊧を用いて，$10 \text{ mg} = 10 \text{ mg} \times \dfrac{1 \text{ g}}{1000 \text{ mg}} \times \dfrac{10^6 \mu g}{1 \text{ g}} = \dfrac{10^7}{10^3} \mu g = \mathbf{1 \times 10^4}$ μg または，$10 \text{ mg} \to \mu g$ に㊉を用いると，$10 \text{ mg} = 10 \text{ mg} \times \dfrac{1000 \mu g}{1 \text{ mg}} = \textbf{10 000} \mu g (= 1 \times 10^4 \mu g)$

③ $100 \mu g \to g \to mg$ には㊈，㊇を用いて，$100 \mu g = 100 \mu g \times \dfrac{1 \text{ g}}{10^6 \mu g} \times \dfrac{1000 \text{ mg}}{1 \text{ g}} = \dfrac{10^5}{10^6} \text{ mg} = \dfrac{1}{10} \text{ mg} = \textbf{0.1 mg}$．または，$100 \mu g \to mg$ に㊊，$100 \mu g = 100 \mu g \times \dfrac{1 \text{ mg}}{1000 \mu g} = \textbf{0.1 mg}$．以上の方法は実質的には②では $10 \text{ mg} = 10 \times \text{mg}$ の mg に mg $= \dfrac{1}{1000}$，この g に g $= 10^6 \mu g$ を代入，または，$10 \text{ mg} = 10 \times \text{mg}$ の mg に mg $= 1000 \mu g$ を代入するのと同じであるが，なぜそういう計算の仕方をするのかという理屈をあまり考えないで，単位を合わせるだけで正しい結果を得る計算法であり，より複雑な計算を行う場合には間違いを起こしにくい強力な方法である．

別解 2 変換前後の単位を左辺，右辺として，それぞれを g で表示し，両者を比較し求める方法．本法は，実質的には演習 2・13 の答と同じ方法だが，関係式 mg $= 10^{-3}$ g, $\mu g = 10^{-6}$ g (m, μ の定義)のみを用い，g $= 10^3$ mg, g $= 10^6 \mu g$ なる関係式を用いない(代入しない)点が異なる．

② 10 mg を μg に変換するということは，$10 \text{ mg} = (\ )\mu g$, の $(\ )$ を求めることである．左辺 $= 10 \text{ mg} = 10 \times 10^{-3} \text{ g} = 10^1 \times 10^{-3} \text{ g} = 10^{1-3} \text{ g} = \mathbf{10^{-2}}$ **g** (10 mg を g 単位で表した)．右辺 $= (\ )\mu g = (\ ) \times 10^{-6} \text{ g}$(($\ )\mu g$ を g 単位で表した)．左辺 = 右辺だから，$10^{-2} \text{ g} = (\ ) \times 10^{-6} \text{ g}$．左右の ____ の部分の比較・目視により，$(\ )$ に入れるべき数値，$10^4 = 10 000$, を見出す(指数の掛け算は指数部分の足し算：$10^a \times 10^b = 10^{a+b}$). つまり，$10 \text{ mg} = \textbf{10 000} \mu g$.

③ $100 \mu g = (\ )$ mg. 左辺 $= 100 \mu g = 100 \times 10^{-6} g = \mathbf{10^{-4}}$ **g**. 右辺 $= (\ )$ mg $= (\ ) \times 10^{-3}$ **g** 左辺 = 右辺より，$10^{-4} \text{ g} = (\ ) \times 10^{-3}$ **g**. よって，$(\ ) = 10^{-1} = 0.1$. つまり，$100 \mu g = \textbf{0.1 mg}$.

2・14 ① 分数表示比例式をたすき掛け：

$\dfrac{1 \text{ カップ}}{160 \text{ g}} = \dfrac{8 \text{ カップ}}{x \text{ g}} \to x = \dfrac{8 \text{ カップ} \times 160 \text{ g}}{1 \text{ カップ}} = \textbf{1280 g}$

換算係数法：換算係数は $\dfrac{160 \text{ g}}{1 \text{ カップ}}$ と $\dfrac{1 \text{ カップ}}{160 \text{ g}}$. 1 カップは 160 g → 8 カップ は何 g? カップ数を質量(g)に換算すればよい．$8 \text{ カップ} \times \dfrac{160 \text{ g}}{1 \text{ カップ}} = \textbf{1280 g}$

② 換算係数法：2.0 kg は何食分？
換算係数は $\dfrac{1 \text{ 食}}{90 \text{ g}}$ と $\dfrac{90 \text{ g}}{1 \text{ 食}}$, $2.0 \text{ kg} \times \dfrac{1000 \text{ g}}{1 \text{ kg}} \times \dfrac{1 \text{ 食}}{90 \text{ g}} = 22.2$ 食 ≒ **22 食分**$(2000 \text{ g} \div (90 \text{ g}/1 \text{ 食}) = 22.2 \text{ 食})$.

③ 換算係数法：タンパク質 60 g は白米何 g? 換算係数は，$\dfrac{\text{タンパク質 } 3.1 \text{ g}}{\text{白米 } 50 \text{ g}}$ と $\dfrac{\text{白米 } 50 \text{ g}}{\text{タンパク質 } 3.1 \text{ g}}$,

タンパク質 $60 \text{ g} \times \dfrac{\text{白米 } 50 \text{ g}}{\text{タンパク質 } 3.1 \text{ g}} = $ 白米 $967.7 ≒ $ 白米 $970 \text{ g} ≒ $ 白米約 **1 kg (11 食分)** $((60 \div 3.1) \times 50 ≒ 970 \text{ g})$.

④ 換算係数法：換算係数は，$\dfrac{48 \text{ km}}{1 \text{ h}}$ と $\dfrac{1 \text{ h}}{48 \text{ km}}$. 3.5 h = で何 km? $3.5 \text{ h} \times \dfrac{48 \text{ km}}{1 \text{ h}} = \textbf{168 km}$

⑤ 換算係数法：360 km 走るには何 h かかる？ $360 \text{ km} \times \dfrac{1 \text{ h}}{48 \text{ km}} = \textbf{7.5 h}$ $(360 \text{ km} \div (48 \text{ km/h}) = 7.5 \text{ h})$.

2・15 ① **解法 1** エタノール 27.0 g は，$27.0 \text{ g}/(46.07 \text{ g/mol}) = \textbf{0.586 mol}$．$0.586 \text{ mol} \times (6.02 \times 10^{23} \text{ 個/mol}) = \mathbf{3.53 \times 10^{23}}$ **個**．$0.250 \text{ mol} \times 46.07 \text{ g/mol} = \textbf{11.5 g}$

解法 2 $\dfrac{46.97 \text{ g}}{1 \text{ mol}} = \dfrac{27.0 \text{ g}}{x \text{ mol}}$, たすき掛けして, $x = \textbf{0.586 mol}$.

$\dfrac{6.02 \times 10^{23}}{1 \text{ mol}} = \dfrac{y \text{ 個}}{0.586 \text{ mol}}$, たすき掛け, $y = \mathbf{3.53 \times 10^{23}}$ 個.

$\dfrac{46.97 \text{ g}}{1 \text{ mol}} = \dfrac{z \text{ g}}{0.25 \text{ mol}}$, たすき掛けして, $z = \textbf{11.5 g}$.

解法 3(換算係数法) 分子量 = 46.07, g と mol の換算係数は，$\dfrac{46.07 \text{ g}}{1 \text{ mol}}$, $\dfrac{1 \text{ mol}}{46.07 \text{ g}}$. よって，エタノール 27.0 g は $27.0 \text{ g} \times \dfrac{1 \text{ mol}}{46.1 \text{ g}} = \textbf{0.586 mol}$. mol と個数の換算係数，$\dfrac{6.02 \times 10^{23} \text{ 個}}{1 \text{ mol}}$, を用いると，0.586 mol は，$0.586 \text{ mol} \times \dfrac{6.02 \times 10^{23} \text{ 個}}{1 \text{ mol}} = \mathbf{3.53 \times 10^{23}}$ **個**，または，$27.0 \text{ g} \times \dfrac{1 \text{ mol}}{46.07 \text{ g}} \times \dfrac{6.02 \times 10^{23} \text{ 個}}{1 \text{ mol}} = \mathbf{3.53 \times 10^{23}}$ **個**．0.250 mol は，上記の g と mol の換算係数を用いて，$0.250 \text{ mol} \times \dfrac{46.07 \text{ g}}{\text{mol}} = \textbf{11.5 g}$. ② NaOH の式量 = 40.0, 0.0209 mol, **2.75 g**

2・16 (1) **0.38 mcl/L** (2) ① 0.400 mol ② 2.41×10^{23} 個 ③ $\dfrac{58.44 \text{ g}}{1 \text{ mol}} \times \dfrac{200}{1000} \text{ L} = 23.376 \text{ g} ≒ \textbf{23.4 g}$

(3) 5.844 g ≒ **5.34 g** (4) 2.0×10^{-5} mol, 0.020 mmol, 20 μmol

演習 2・16, 2・17 の詳しい解法が必要な場合は"演習 溶液の化学と濃度計算" pp. 30〜35 を参照のこと．

2・17 $F = 0.975$, **0.2 mol/L** $(F = 0.975)$ (真の濃度は 0.2 mol/L $\times 0.975 = \textbf{0.1950 mol/L}$)

2・18 ① 物質量(mol) $= \dfrac{\text{物質の質量(g)}}{\text{モル質量(分子量 g/mol)}}$, 物質の質量(g) $\times \dfrac{1 \text{ mol}}{\text{モル質量(g)}}$

② 1 L 中に何 mol の物質が溶けているか示したもの．mol/L

③ モル濃度 $\left(\dfrac{\text{mol}}{\text{L}}\right) = \dfrac{\text{物質量(mol)}}{\text{体積(L)}}$

$= \dfrac{\dfrac{\text{物質の質量(g)}}{\text{モル質量(分子量 g)}}(\text{mol})}{\text{体積(L)}} = \dfrac{\text{物質の質量(g)}}{\text{モル質量(分子量 g)}} \times \dfrac{1}{\text{体積(L)}}$

④ 物質量(mol) = モル濃度 $\left(\dfrac{\text{mol}}{\text{L}}\right) \times$ 体積(L) $= C \left(\dfrac{\text{mol}}{\text{L}}\right) \times V (\text{L}) = CV$ (mol)

⑤ 物質の質量(g) = モル質量 $\left(\dfrac{\text{g}}{\text{mol}}\right) \times$ 物質量(mol) = モル質量 $\left(\dfrac{\text{g}}{\text{mol}}\right) \times$ モル濃度 $\left(\dfrac{\text{mol}}{\text{L}}\right) \times$ 体積(L)

2・19 $mCV = (3 \times C \times 5.00/1000)$ mol $= (1 \times (0.1 \times 1.023) \times 15.67/1000)$ mol $= m'C'V'$; NaOH, $C = \textbf{0.1069 mol/L}$ また

は，$C = 0.1069$ mol/L $= C_0F = 0.1$ mol/L$\times F$．$F = 1.069$，したがって，$C = \mathbf{0.1}$ **mol/L**($F = \mathbf{1.069}$)．

2・20 $mCV = m'C'V'$ に代入する．$KMnO_4 \to 5\times(0.02\times 0.987)$ mol/L $\times (21.34/1000)$ L $= 2\times C'$ mol/L $\times (10.00/1000)$ L ← シュウ酸　$C' = \mathbf{0.1053}$ **mol/L**，$\mathbf{0.1}$ **mol/L**($F = 1.053$)．

2・21 $(COOH)_2\ 100\text{ mg} \times \dfrac{(COOH)_2\ 1\text{ mol}}{(COOH)_2\ 90.02\text{ g}} \times \dfrac{\text{Ca }1\text{ mol}}{(COOH)_2\ 1\text{ mol}} \times \dfrac{\text{Ca }40.08\text{ g}}{\text{Ca }1\text{ mol}} = \mathbf{Ca\ 44.5\ mg}$

2・22 過マンガン酸カリウムの濃度を x mol/L とすると，反応式の係数を用いて，

$\dfrac{KMnO_4\text{ の物質量}}{(COONa)_2\text{ の物質量}} = \dfrac{CV}{C'V'}$

$= \dfrac{x\text{ mol/L}\times(11.23/1000)\text{ L}}{(0.05\times 1.034)\text{ mol/L}\times(10.00/1000)\text{ L}}$

$= \dfrac{0.01123\,x\text{ mol}}{0.000517\,0\text{ mol}} = \dfrac{2}{5}$

よって，$x = (0.000517\,0\times 2/(0.01123\times 5))$ mol/L $= \mathbf{0.01841}$ **mol/L**，または，$C = C_0F$ より，$\mathbf{0.02}$ **mol/L**($F = 0.921$)．

別解(換算係数法)　$Na_2C_2O_4\ 10.00$ mL $\times$
$\dfrac{Na_2C_2O_4\,(0.05\times 1.034)\text{ mol}}{Na_2C_2O_4\ 1000\text{ mL}} \times \dfrac{KMnO_4\ 2\text{ mol}}{Na_2C_2O_4\ 5\text{ mol}} = KMnO_4$
(2.068×10^{-4}) mol．

$KMnO_4$ のモル濃度は，モル濃度 $= \dfrac{\text{物質量(mol)}}{\text{体積(L)}}$

$= \dfrac{Na_2C_2O_4\,(2.068\times 10^{-4})\text{ mol}}{KMnO_4\ 11.23\text{ mL}} \times \dfrac{KMnO_4\ 1000\text{ mL}}{KMnO_4\ 1\text{ L}} = \mathbf{0.01841}$
mol/L

2・23 換算係数法：換算係数は $\dfrac{1.29\text{ g}}{1\text{ mL}}$ と $\dfrac{1\text{ mL}}{1.29\text{ g}}$．① 100 mL $\to ?$ g．$100\text{ mL}\times\dfrac{1.29\text{ g}}{1\text{ mL}} = \mathbf{129\ g}$．② 100 g $\to ?$ mL．

$100\text{ g}\times\dfrac{1\text{ mL}}{1.29\text{ g}} = \mathbf{77.5\ mL}$

2・24 クイズ⑦の答，例題 2・29 の問題．

2・25 (1) 大豆 100 g $\to$ タンパク質 $?$ g，換算係数は，$\dfrac{\text{タンパク質 }1.75\text{ g(部分)}}{\text{大豆 }5\text{ g(全体)}}$，$\dfrac{\text{大豆 }5\text{ g(全体)}}{\text{タンパク質 }1.75\text{ g(部分)}}$．大豆 100 g(全体)$\times\dfrac{\text{タンパク質 }1.75\text{ g(部分)}}{\text{大豆 }5\text{ g(全体)}} = \text{タンパク質 }\mathbf{35\text{ g}}$(部分)．$\dfrac{\text{タンパク質 }35\text{ g(部分)}}{\text{大豆 }100\text{ g(全体)}}\times 100\text{(全体)} = \mathbf{35\%}\text{(部分)}$

(2) 豆腐 250 g $\to$ タンパク質 $?$ g，タンパク質 60 g $\to$ 豆腐 $?$ g，換算係数は，$\dfrac{\text{タンパク質 }5\text{ g(部分)}}{\text{豆腐 }100\text{ g(全体)}}$，$\dfrac{\text{豆腐 }100\text{ g(全体)}}{\text{タンパク質 }5\text{ g(部分)}}$．① 豆腐 250 g $\times\dfrac{\text{タンパク質 }5\text{ g(部分)}}{\text{豆腐 }100\text{ g(全体)}} = \text{タンパク質 }\mathbf{12.5\text{ g}}$(部分)．

② タンパク質 60 g(部分)$\times\dfrac{\text{豆腐 }100\text{ g(全体)}}{\text{タンパク質 }5\text{ g(部分)}} = \text{豆腐 }\mathbf{1200\text{ g}}$(全体)

2・26 ① まず，水溶液全体の質量と体積を求める．水 100 mL $\times\dfrac{\text{水 }1.00\text{ g}}{\text{水 }1\text{ mL}} = $ 水 100 g．
水溶液 $=$ 水 $+$ グルコース $= 100$ g $+ 7.2$ g $= 107.2$ g．水溶液
107.2 g $\times\dfrac{\text{水溶液 }1\text{ mL}}{\text{水溶液 }1.04\text{ g}} \fallingdotseq$ 水溶液 103 mL．

② w/w% $= \dfrac{\text{部分(g)}}{\text{全体(g)}}\times 100\% = \dfrac{\text{グルコース }7.2\text{ g}}{\text{水溶液 }107.2\text{ g}}\times 100\%$
$= 6.72\cdots\% \fallingdotseq \mathbf{6.7\%\text{(w/w)}}$．

w/v% $= \dfrac{\text{部分(g)}}{\text{全体(mL)}}\times 100\% = \dfrac{\text{グルコース }7.2\text{ g}}{\text{水溶液 }103\text{ mL}}\times 100\%$
$= 6.99\cdots \fallingdotseq \mathbf{7.0\%\text{(w/v)}}$．

w/v% $= \dfrac{\text{g}}{\text{mL}} \to \dfrac{\text{mol}}{\text{L}}$ とするには，$\dfrac{\text{g}}{\text{mL}}\times\dfrac{\text{mL}}{\text{L}}\times\dfrac{\text{mol}}{\text{g}}$ とすればよい．したがって，$\dfrac{\text{グルコース }7.2\text{ g}}{\text{水溶液 }103\text{ mL}}\times\dfrac{1000\text{ mL}}{1\text{ L}}$
$\times\dfrac{\text{グルコース }1\text{ mol}}{\text{グルコース }180\text{ g}} \fallingdotseq $ グルコース $\mathbf{0.39\text{ mol/L}}$．

2・27 ① $\dfrac{\text{食塩 }10.0\text{ g}}{\text{食塩水 }100\text{ g}}\times\text{食塩水 }100\text{ g} = $ 食塩 10.0 g．食塩水 $=$ 食塩 $+$ 水 $= 10.0$ g $+$ 水 $= 100$ g．水 $= \mathbf{90.0\text{ g}}$．

② w/w% $= \dfrac{\text{食塩(g)}}{\text{食塩水(g)}} \to \dfrac{\text{mol}}{\text{L}}$ は $\dfrac{\text{食塩(g)}}{\text{食塩水(g)}}$
$\times\dfrac{\text{食塩水(g)}}{\text{食塩水(mL)}}\times\dfrac{\text{mL}}{\text{L}}\times\dfrac{\text{食塩(mol)}}{\text{食塩(g)}}$ とすればよい．したがって，$\dfrac{\text{食塩 }10.0\text{ g}}{\text{食塩水 }100\text{ g}}\times\dfrac{\text{食塩水 }1.07\text{ g}}{\text{食塩水 }1\text{ mL}}\times\dfrac{\text{食塩水 }1000\text{ mL}}{\text{食塩水 }1\text{ L}}$
$\times\dfrac{\text{食塩 }1\text{ mol}}{\text{食塩 }58.4\text{ g}} \fallingdotseq \mathbf{1.83\text{ mol/L}}$．

2・28 塩分濃度の換算係数は $\dfrac{\text{塩分 }15\text{ g}}{\text{しょうゆ }100\text{ g}}$ と
$\dfrac{\text{しょうゆ }100\text{ g}}{\text{塩分 }15\text{ g}}$．

① しょうゆ 20 g $\times\dfrac{\text{塩分 }15\text{ g}}{\text{しょうゆ }100\text{ g}} = $ 塩分 $\mathbf{3.0\text{ g}}$．

② 食塩 1.0 g $\times\dfrac{\text{しょうゆ }100\text{ g}}{\text{塩分 }15\text{ g}} \fallingdotseq$ しょうゆ $\mathbf{6.7\text{ g}}$．

③ 密度の換算係数は $\dfrac{\text{しょうゆ }1.0\text{ mL}}{\text{しょうゆ }1.2\text{ g}}$，
$\dfrac{\text{しょうゆ }1.2\text{ g}}{\text{しょうゆ }1.0\text{ mL}}$．食塩 1.0 g $\times\dfrac{\text{しょうゆ }100\text{ g}}{\text{塩分 }15\text{ g}}$
$\times\dfrac{\text{しょうゆ }1.0\text{ mL}}{\text{しょうゆ }1.2\text{ g}} \fallingdotseq $ しょうゆ $\mathbf{5.6\text{ mL}}$．

2・29 $\dfrac{\text{砂糖 }20\text{ g}}{\text{砂糖溶液 }100\text{ mL}}\times$ 砂糖溶液 200 mL $=$ 砂糖 40 g．よって，砂糖 40 g に水を加えて全体の体積を 200 mL とする．
$\dfrac{\text{砂糖 }20\text{ g}}{\text{砂糖溶液 }100\text{ mL}}\times\dfrac{1000\text{ mL}}{\text{L}}\times\dfrac{\text{砂糖 }1.00\text{ mol}}{\text{砂糖 }342\text{ g}} \fallingdotseq \mathbf{0.58\text{ mol/L}}$．

2・30 水の密度 $= 1.00$ g/mL(水 1.00 mL $= 1.00$ g)．換算係数
$= \dfrac{1.00\text{ g}}{1\text{ mL}}$．$2$ L $= 2000$ mL．$2000\text{ mL}\times\dfrac{1.00\text{ g}}{1\text{ mL}} = 2000$ g．
よって，調味% $= \dfrac{\text{食塩}}{\text{食材}}\times 100\% = \dfrac{120\text{ g}}{2000\text{ g}}\times 100\% = \mathbf{6.0\%}$

2・31 肉 300 g $\times\dfrac{\text{塩 }2.0\text{ g}}{\text{肉 }100\text{ g}} = $ 塩 6.0 g．

塩 6.0 g $\times\dfrac{\text{しょうゆ }100\text{ g}}{\text{塩分 }15\text{ g}}\times\dfrac{\text{しょうゆ }1.0\text{ mL}}{\text{しょうゆ }1.2\text{ g}}$
$\fallingdotseq$ しょうゆ $\mathbf{33\text{ mL}}$．

塩 6.0 g $\times\dfrac{\text{しょうゆ }100\text{ g}}{\text{塩分 }15\text{ g}}\times\dfrac{\text{しょうゆ }1\text{ mL}}{\text{しょうゆ }1.2\text{ g}}$
$\times\dfrac{\text{しょうゆスプーン }1\text{ 杯}}{\text{しょうゆ }15\text{ mL}} = $ しょうゆスプーン $\mathbf{2.2\text{ 杯}}$

2・32 ① $\dfrac{2\text{ mg}}{10\text{ kg}} = \dfrac{x\text{ ppm}}{10^6} = \dfrac{y\text{ ppb}}{10^9} = \dfrac{z\text{ ppt}}{10^{12}}$ が ppm，ppb，ppt の定義．よって，分数比例式をたすき掛けで解くと，

$x = \dfrac{2\text{ mg}}{10\text{ kg}}\times 10^6 = \dfrac{2\text{ mg}\times 10^6\text{ ppm}}{10\times 1000\text{ g}}$

$= \dfrac{2\text{ mg}\times 10^6\text{ ppm}}{10\times 1000\times 1000\text{ mg}} = \dfrac{2\times 10^6}{1\times 10^7}\text{ ppm}$

$= \dfrac{2}{10} = \mathbf{0.2\text{ ppm}}$．または，$\dfrac{\text{部分 }2\text{ mg ビタミン }B_1}{\text{全体 }10\text{ kg 米}}\times$ 全体

10^6 ppm $= \dfrac{部分\ 2\,mg \times 10^6\,ppm}{10 \times 1000 \times 1000\,mg} = \dfrac{部分\ 2 \times 10^6}{1 \times 10^7}$ ppm $=$ 部分 0.2 ppm，1 ppm $= 1000$ ppb．よって，0.2 ppm $= 0.2 \times 1000$ ppb $=$ **200 ppb**．1 ppb $= 1000$ ppt なので，200 ppb $= 200 \times 1000$ ppt $=$ **200 000 ppt**．

② $70\,000\,g \times 70 \times 10^{-6} \fallingdotseq$ **4.9 g**

2·33 (1) 100 mL/500 mL，つまり，1/5 に薄まったので，濃度は $2.00\,mol/L \times (1/5) =$ **0.400 mol/L** 別解 1 $CV = C'V'$ より，$2.00\,mol/L \times 100/1000\,L = x\,mol/L \times 500/1000\,L$，$x =$ **0.400 mol/L**．最初の液に溶けている NaOH の物質量は，$2.00\,mol/L \times (100/1000)\,L = 0.200\,mol$．500 mL に薄めた時の濃度を $x\,mol/L$ とすると，その中に含まれる NaOH の物質量は，$x\,mol/L \times (500/1000)\,L = 0.500\,x\,mol$．薄める前後で **NaOH** 量は変わらないので，$0.500\,x\,mol = 0.200\,mol\,(CV = C'V')$，$x = 0.200/0.500 =$ **0.400 mol/L**．

別解 2（換算係数法）$\dfrac{NaOH\ の\ 2.00\,mol}{2\,mol/L\,NaOH\ の\ 1\,L} \times \dfrac{1\,L}{1000\,mL}$

$\times \dfrac{2\,mol/L\,NaOH\ の\ 100\,mL}{希釈液\ 500\,mL} \times \dfrac{1000\,mL}{1\,L}$

$= \dfrac{NaOH\ 0.400\,mol}{希釈液\ 1\,L} =$ 希釈液の濃度 0.400 mol/L

(2) 11.5 mol/L から 1.00 mol/L へと 11.5 倍に薄めたので，元の濃い液の体積は薄い液の体積 200 mL より少ないはずである．つまり 1/11.5，**17.4 mL**．

別解 1 $CV = C'V'$ より，$\dfrac{HCl\ 11.5\,mol}{濃塩酸\ 1\,L} \times \dfrac{x}{1000}\,L =$

$\dfrac{HCl\ 1\,mol}{希塩酸\ 1\,L} \times \dfrac{200}{1000}\,L$．$x = 1 \times 200/11.5 \fallingdotseq$ **17.4 mL**．

別解 2（換算係数法）$\dfrac{HCl\ の\ 1.00\,mol}{希塩酸\ 1\,L} \times \dfrac{1\,L}{1000\,mL}$

$\times$ 希塩酸 200 mL $\times \dfrac{濃塩酸\ 1\,L}{HCl\ の\ 11.5\,mol} \times \dfrac{1000\,mL}{1\,L}$

$\fallingdotseq$ 濃塩酸 **17.4 mL**．

(3) 9.0 % から 8.0 % へと $9/8 = 1.125$ 倍に薄めたので，9.0 % 液の体積は 8.0 % 液 100 mL の 8/9 (1/1.125)，$88.9 \fallingdotseq$ **89 mL**．

別解 1 $CV = C'V'$ より，$\dfrac{9.0\,g}{100\,mL} \times x\,mL = \dfrac{8.0\,g}{100\,mL} \times$ 100 mL．$x = 800/9.0 \fallingdotseq$ **89 mL**．

別解 2（換算係数法）

$\dfrac{食塩\ 8.0\,g}{8.0\%\ 食塩水\ 100\,mL} \times 8.0\%\ 食塩水\ 100\,mL$

$\times \dfrac{9.0\%\ 食塩水\ 100\,mL}{食塩\ 9.0\,g} \fallingdotseq 9.0\%\ 食塩水\ 89\,mL$

(4) 36 % w/w 濃塩酸とは $\dfrac{HCl\ の\ 36\,g}{濃塩酸\ の\ 100\,g}$ のこと．

密度 $1.20\,g/mL = \dfrac{1.20\,g}{1\,mL}$．（希釈前後の HCl の質量・物質量は等しいので）

① $CVd = C'V'd'$ より

$\dfrac{HCl\ の\ 1.0\,g}{1\%\ 塩酸\ 100\,g} \times 1\%\ 塩酸\ 100\,mL \times \dfrac{1.03\,g}{1.00\,mL} =$

$\dfrac{HCl\ の\ 36\,g}{濃塩酸\ 100\,g} \times$ 濃塩酸 $V\,mL \times \dfrac{濃塩酸\ 1.20\,g}{濃塩酸\ 1.00\,mL}$，

$V \fallingdotseq$ **2.4 mL**

別解 1（上の答と同じだが，考え方の順序が，濃塩酸の体積→濃塩酸の重さ→HCl の重さ）希釈後の希塩酸溶液中の HCl の質量と希釈前の濃塩酸 $V\,mL$ 中の HCl の質量は等しいので，$\dfrac{HCl\ の\ 1.0\,g}{1\%\ 塩酸\ 100\,g} \times 1\%\ 塩酸\ 100\,mL \times \dfrac{1.03\,g}{1.00\,mL}$

$=$ 濃塩酸 $V\,mL \times \dfrac{濃塩酸\ 1.20\,g}{濃塩酸\ 1.00\,mL} \times \dfrac{HCl\ の\ 36\,g}{濃塩酸\ 100\,g}$,

$V \fallingdotseq$ **2.4 mL**

別解 2（換算係数法）

$\dfrac{HCl\ の\ 1.0\,g}{1\%\ 塩酸\ 100\,g} \times 1\%\ 塩酸\ 100\,mL \times \dfrac{1\%\ 塩酸\ 1.03\,g}{1\%\ 塩酸\ 1.00\,mL}$

$\times \dfrac{濃塩酸\ 100\,g}{HCl\ の\ 36\,g} \times \dfrac{濃塩酸\ 1.00\,mL}{濃塩酸\ 1.20\,g} = 2.38 \fallingdotseq$ **2.4 mL**

② $CVd = C'V'd'$ より，$0.36 \times V\,mL \times \dfrac{1.20\,g}{1\,mL} =$

$\dfrac{1.0\,g}{100\,mL} \times 100\,mL$．$V = \dfrac{100}{36 \times 1.20} \fallingdotseq$ **2.3 mL**．

別解 1（①と同じ考え）$\dfrac{HCl\ の\ 1.0\,g}{1\%\ 塩酸\ 100\,g} \times 1\%\ 塩酸\ 100\,mL$

$=$ 濃塩酸 $V\,mL \times \dfrac{濃塩酸\ 1.20\,g}{濃塩酸\ 1.00\,mL} \times \dfrac{HCl\ の\ 36\,g}{濃塩酸\ 100\,g}$,

$V \fallingdotseq$ **2.3 mL**

別解 2（換算係数法）$\dfrac{HCl\ の\ 1.0\,g}{1\%\ 塩酸\ 100\,g} \times 1\%\ 塩酸\ 100\,mL$

$\times \dfrac{濃塩酸\ 100\,g}{HCl\ 36\,g} \times \dfrac{濃塩酸\ 1.00\,mL}{濃塩酸\ 1.20\,g} = 2.31 \fallingdotseq$ **2.3 mL**

③ HCl の 1 mol $= 36.5\,g$ だから，$((C/100)\,Vd/36.5)\,mol =$

$C'V'\,mol$ より，$\dfrac{0.36 \times V\,mL \times \dfrac{1.20\,g}{1\,mL}}{36.5\,g}\,mol$

$= \dfrac{0.10\,mol}{1\,L} \times 0.500\,L = 0.050\,mol$．

$V = \dfrac{0.050 \times 36.5}{0.36 \times 1.20} = \dfrac{1.825}{0.432} = 4.2\,mL$．

別解 1（①と同じ考え）$\dfrac{0.10\,mol}{L} \times \dfrac{500}{1000}\,L$

$\times \dfrac{HCl\ の\ 36.5\,g}{HCl\ の\ 1\,mol} =$ 濃塩酸 $V\,mL \times \dfrac{濃塩酸\ 1.20\,g}{濃塩酸\ 1.00\,mL}$

$\times \dfrac{HCl\ の\ 36\,g}{濃塩酸\ 100\,g}$, $V \fallingdotseq$ **4.2 mL**

別解 2（換算係数法）

$\dfrac{HCl\ の\ 0.10\,mol}{0.10\,mol/L\ HCl\ の\ 1\,L} \times \dfrac{1\,L}{1000\,mL} \times 0.1\,mol/L\ の$

HCl の 500 mL $\times \dfrac{HCl\ の\ 36.5\,g}{HCl\ の\ 1\,mol} \times \dfrac{濃塩酸\ 100\,g}{HCl\ の\ 36\,g}$

$\times \dfrac{濃塩酸\ 1.00\,mL}{濃塩酸\ 1.20\,g} \fallingdotseq$ 濃塩酸 **4.2 mL**

2·34 ① 中性とは $[H^+] = [OH^-]$ のことである（[酸の素] $=$ [塩基の素]）．純水中では，$H_2O \to H^+ + OH^-$，H^+ と OH^- が同じ数だけ存在するので中性である．

② $[H^+] = [OH^-]$ を水のイオン積の式に代入すると $[H^+] \times [OH^-] = [H^+]^2 = 10^{-14}\,(mol/L)^2$．よって，$[H^+] = \sqrt{[H^+]^2} = \sqrt{1 \times 10^{-14}} = 1 \times 10^{-7} = 10^{-7}\,mol/L\,(10^{-7} \cdot 10^{-7} = 10^{-14})$ pH の定義は $[H^+] = 10^{-pH}\,(pH = -\log[H^+])$ だから，$[H^+] = 10^{-7}$．したがって **pH $= 7$**．

2·35 ① -2 ② 5.4 ③ 3 ④ 7.4 ⑤ -8.6
⑥ -11

2·36 ① pH $= 2.3$ ② pH $= 1.7$ ③ pH $= 4.10$
④ pH $= 2.9$ ⑤ $[H^+] = 10^{-4.80}\,mol/L \fallingdotseq 1.6 \times 10^{-5}\,mol/L$ ⑥ $-\log 0.002 = 2.7$，pH $= 14 - pOH = 14 - 2.7 = 11.3$ ⑦ pH $= 12.6$，$[H^+] = 2.5 \times 10^{-13}$．答の詳細は "演習 溶液の化学と濃度計算", pp. 137～141 参照．

2·37 炭酸緩衝液 $(H_2CO_3 + HCO_3^-)$：$H_2CO_3 + OH^- \to HCO_3^- + H_2O$，$HCO_3^- + H^+ \to H_2CO_3$
リン酸緩衝液 $(H_2PO_4^- + HPO_4^{2-})$：$H_2PO_4^- + OH^- \to HPO_4^{2-} + H_2O$，$HPO_4^{2-} + H^+ \to H_2PO_4^-$

3 化学結合と分子構造を理解する，無機化合物・周期表がわかる

1章では，それぞれの原子が何価の陽イオン，または陰イオンになるのか，原子が共有結合を作る際の手の数(原子価)はいくつかを学んだ(pp. 10〜14)．また，さまざまな無機化合物についても学んだ(pp. 17〜35)．この章では，まず，それぞれの元素の原子が，なぜそのようなイオンの価数と原子価を取るのか，なぜ，そのような化合物を作るのか，化学結合の仕組みについて学ぶ．次に，さまざまな無機化合物の組成と性質が，周期表のルール(周期律)とどのように関係づけられているのかを学ぶ．

3・1 原子価，イオンの価数と周期表

表3・1に周期表の概略と，この表と関係づけられるそれぞれの元素の性質(酸化数，イオンの価数，共有結合の価数)を示した．おのおのの元素がなぜそのような化学結合の価数を取るのかを理解するためには原子の電子配置，電子が原子中にどのように詰まっているか，を知る必要がある．

表 3・1 周期表と元素の性質

族名 (呼称)	アルカリ金属 (H は除く)																ハロゲン	貴ガス(希)
		アルカリ土類金属 (狭義にはCaより下)																
			(3〜11族は遷移元素，それ以外は典型元素)															
族番号：	1	2	3	4	5	6	7	8	9	10	11	12	13	14	15	16	17	18
第1周期	H																	He
第2周期	Li*	Be											B*	C	N	O	F*	Ne
第3周期	Na	Mg											Al	Si*	P	S	Cl	Ar
第4周期	K	Ca	(Sc)	(Ti)	(V*)	**Cr**	**Mn**	**Fe**	**Co**	(Ni*)	**Cu**	**Zn**	(Ga)	(Ge)	(As*)	**Se**	Br	(Kr)
第5周期	(Rb)	(Sr)	(Y)	(Zr)	(Nb)	**Mo**	(Tc)	(Ru)	(Rh)	(Pd)	(Ag)	(Cd*)	(In)	(Sn*)	(Sb)	(Te)	**I**	(Xe)
第6周期	(Cs)	(Ba)	(La)	(Hf)	(Ta)	(W)	(Re)	(Os)	(Ir)	(Pt)	(Au)	(Hg)	(Tl)	(Pb*)	(Bi)	(Po)	(At)	(Rn)
最外殻電子数	1	2	(3**	4**	5**	6**	7**					2)	3	4	5	6	7	8
最高酸化数	+1	+2	(+3	+4	+5	+6	+7)					12−10=+2	+3	+4	+5	+6	+7	0
酸化物	Na₂O	MgO											Al₂O₃	SiO₂	P₄O₁₀	SO₃	Cl₂O₇	
最外殻電子数8個(オクテット)となるために必要な電子数														4	3	2	1	0
イオンの価数	+1	+2											+3	(+4)	(−3)	−2	−1	0
イオンの例	Na⁺	Mg²⁺											Al³⁺			O²⁻	F⁻, Cl⁻	
共有結合の価数(Hは1)														4	3	2	1	0
水素化合物														CH₄	NH₃	H₂O	HCl	

(注) ▨ の元素は非金属元素，それ以外は金属元素．元素記号の太字，−，〜，* は表1・1参照，** は価電子数．

3・2 原子の電子配置と周期律

原子の基本構造は p.8 で述べた．ここでは電子が原子内部にどのように詰まっているか，原子の電子構造・電子殻構造について学ぶ．

3・2・1 原子の同心円モデル[1]

水星・金星・地球・火星といった惑星が太陽の周りの軌道を回っているように，電子は原子核を中心に同心円状の軌道を回っているとするモデル[2]．このモデルによる Na 原子の**電子配置図**を図 3・1 に示した．一番内側の **K 殻**[3]と呼ばれる軌道には **2 個**の電子，2 番目の **L 殻**には **8 個**，3 番目の **M 殻**には **18 個**，4 番目の **N 殻**には **32 個**までの電子が入ることができる[4]．原子はじつは平面ではなく立体なので，K，L，……のそれぞれの軌道は卵の殻のような三次元の電子の殻とみなすことができる(図 3・2)．これを**電子殻**と呼ぶ．p.8 で述べた原子のモモの実モデルで説明すると，電子が詰まった果肉部は，モモの果肉様ではなく，タマネギやバウムクーヘンのように何枚もの電子の殻・皮が重なった構造である．

原子核(+)と電子(−)とは引き合うので(クーロンの法則，p.98)，両者はくっついているのが一番安定である[5]．両者の距離が短いほど強い力が働き(p.99)，電子は安定に存在するので，電子は原子核に近い **K 殻**から順に K，L，……と詰まっていく．原子番号 11 の Na は 11 個の電子をもつので，まず K 殻に 2 個，L 殻に 8 個，M 殻に 1 個の電子が入る(図 3・1)．これを $(K)^2(L)^8(M)^1$ と表記する．このように電子が電子殻にどのように詰まっているかを示したものを**電子配置**という．

3・2・2 原子の電子配置と周期律

Na と同様にして各原子の電子配置図(図 3・3)が完成する．この図から，

---

1) 太陽系モデル，軌道モデルともいう．

2) ボーアのモデル・古典量子論(1913 年)：少なくとも H 原子に関してはこのようなモデルで H 原子が放出する光の性質(H 原子スペクトル)について実験結果を理論的に再現することができた(新井孝夫ら，"バイオサイエンス化学"，東京化学同人(2003)，p.19 参照)．

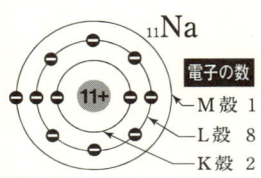

図 3・1 ナトリウム Na の電子配置

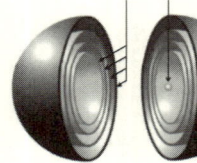

図 3・2 三次元の図
["化学 I"，実教出版(2005)]

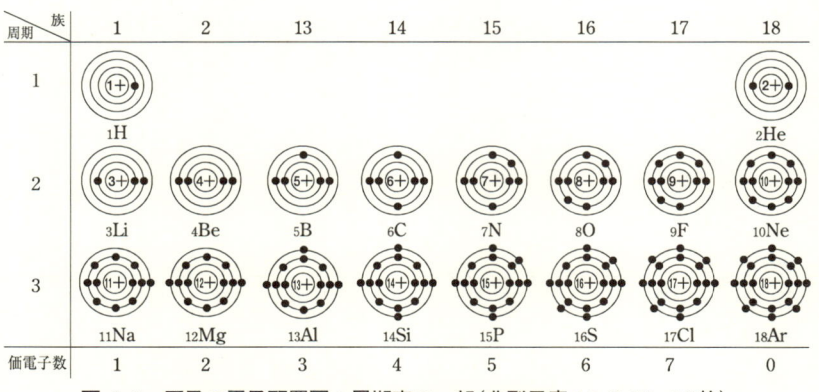

3) K，L，……の名称は電子殻を区別するためにつけられた歴史的産物であり，読者の氏名と同類であるので名称にこだわらないこと．原子・分子のふるまいを理解する理論である量子力学に基づくと K，L，M，……は主量子数 n=1，2，3，……の量子状態に対応する(n は状態を区別する記号，エネルギーの低い順から n=1，2，3，……)．

図 3・3 原子の電子配置図：周期表の一部(典型元素：1, 2, 13〜18 族)

なぜ元素の性質に周期性があるかが容易に理解できる（後述）.

最外殻電子（価電子） 周期表の縦の列（族）の原子群を見ると，次の特徴がわかる.

① **最外殻の電子数が同一**：一番外側の電子殻（最外殻）に同数の電子をもつ．このことが同じ族の元素で性質が似ているおおもとである．

② **最外殻の電子数（価電子数）：1，2 族は 1，2 個**（族番号と同じ数），**13～18 族は 3～8 個**（族番号－10）の最外殻電子をもつ．

最外殻電子は原子核との距離が一番大きいので原子核との引力は一番弱く自由度が大きい・一番束縛されていない（エネルギーが高く，もっとも不安定とも表現できる[5]）．後述するように，原子からこの電子が失われて陽イオンとなったり，ほかの原子の電子と共有電子対（p.95）を作ったりする（共有結合の形成）．また，この電子の一部をなす非共有電子対（p.95）をほかの原子に供与して配位共有結合（p.96）を作ったりもする．すなわち，最外殻電子は**原子の化学的性質**（化学結合）**と密接に関係**している[6]．そこで最外殻電子を**価電子**（原子価電子[7]）とも呼ぶ．この価電子の数が同じということが同じ性質をもつ（同族元素である）源である．p.89 の表 3・1 に示した**最高酸化数は価電子数と等しい**[8]．

演習 3・1 以下の（ ）の中に適切な文字，語句，数値を入れよ．
(1) 電子殻は内側から，（ ① ），（ ② ），（ ③ ），（ ④ ）殻という．
(2) （ ① ），（ ② ），（ ③ ）殻には電子は（ ⑤ ），（ ⑥ ），（ ⑦ ）個まで入ることができる．
(3) 原子にある電子の総数は（ ⑧ ）に等しい．
(4) 1 番外側の殻にある電子を（ ⑨ ）といい，この電子は原子の化学的性質に関与しているのでこれを（ ⑩ ）ともいう．

演習 3・2 H から Ar までの原子の最外殻電子数（価電子数）を示せ．
(1) H, He：（ ① ）殻に（ ② ）個
(2) Li, Be, B, C, N, O, F, Ne：（ ③ ）殻に（ ④ ）個
(3) Na, Mg, Al, Si, P, S, Cl, Ar：（ ⑤ ）殻に（ ⑥ ）個

演習 3・3 H から Ar までの電子配置を書け．例：Be，$(K)^2(L)^2$
ヒント：まず原子の原子番号から電子数を知る．それを K，L，M，の順に詰める．

3・3 電子式（ルイス記号）

原子からイオンへの変化や原子間の化学結合には最外殻電子（価電子）が関与しているので，原子を表す元素記号と価電子とを一緒に示せば，原子のふるまいを考えるうえで好都合である．米国人のルイスは**電子式**（ルイス記号）といわれる**最外殻電子（価電子）**を元素記号の周りに"・"[1]で示し

---

4) K, L, M, ……の電子殻モデルは，もともとは，量子力学成立以前の時代に，原子が出す蛍光 X 線の実験結果を説明するためにコッセルが考え出したものである．彼は，周期表を元に，K, L, M, N 殻に詰まる電子数を 2, 8, 8, 18 と推定した．量子力学理論の成立後，この値は，前ページ 3) の $n=1, 2, 3, ……$ に対して $2n^2$ で表される数値 2, 8, 18, 32 となることがわかった．

5) ロミオとジュリエットのたとえ：いつも一緒にいたがる，くっついた原子核と電子とを引き離すにはエネルギーを要する．電子を原子核から遠くへ引き離せば離すほどエネルギーを使うので，**電子のエネルギーは外側の電子殻の電子ほど高い**．K<L<M<N 殻の順に高くなり，電子の状態はこの順で不安定になる．**内側ほど安定**．クーロンの法則（p.98）参照．

6) 電子殻の**閉殻構造**：内側の電子殻を内殻，電子を**内殻電子**と呼ぶ．内殻軌道には電子がすべて詰まっている（閉殻構造）．内殻電子は原子核の大きな＋電荷に短い距離で引きつけられて**強く束縛されている**ので（pp.99, 100）自由度が小さくエネルギー的にも安定であり，**原子の化学的性質**（周りの原子と相互作用する性質）にはほとんど影響を及ぼさない．

7) **原子価**：分子を作る際にほかの原子とつなぐ手（p.12 参照）．貴ガスの最外殻電子を価電子とは言わない．

8) 酸化数については p.39 を参照．最高酸化数は価電子がすべて失われた時の原子の正電荷数に等しい．

1) 電子を表す記号は"・"だけでなく，×などでもよい．
例：酸素原子の電子式

たものを考案した．以下に電子式の書き方のルールを示す．

電子式の書き方（ルール）

ルール1 元素記号の周りの上下左右4カ所に**価電子**を表す記号"・"を書き込む[1]．

ルール2 電子式のイメージ：噴水Xがある中庭の周りに**2人部屋が4つある**[2]（原子には元素記号Xの上下左右に電子が2個入る部屋が4つある（4つの部屋の意味は後で述べる，p.106）；H，Heには1部屋だけが存在する）．

ルール3 電子の詰め方：

i) 最初はみな，**1人ずつで部屋に居住したがる**．この1人住いの電子を**不対電子**という．電子は負電荷をもつから，電子2個が同じ部屋に入る（同居する）と，互いに電気的に反発し(pp.98, 99)不安定になる．そこで電子は4個目まではそれぞれ別の部屋に入りたがる[2,3]．（不対電子）．

ii) 部屋は4つしかないので5個目からは仕方なく相部屋住い・1つの部屋に電子が2個入ることになる[4]．この**相部屋住いの2つの電子を電子対**という．→ **合計8個までの電子が居住することができる**[5]．

iii) 4つの部屋に差はないので上のルールさえ守れば4部屋（4カ所）のうちのどの部屋にどの順序で入居してもよい．

iv) H，Heには部屋は1つだけ．元素記号の周りの1カ所のみ[6]を居室として電子式を示す．

例題 3・1
H, He, Li, C, O, Ne の電子式を示せ．

答 電子式を書く手順：

① 原子の族番号を知る．② 原子の最外殻電子（価電子）の数は1, 2族では原子の族番号，13～18族では（族番号－10）に等しいので，この電子を，上記の電子式の書き方のルールに従って，元素記号の上下左右に最外殻電子数のぶんだけ"・"で書き込む．

$\dot{H}$[7]，　$\dot{He}$[7]，　$\dot{Li}$[8]，　$\cdot\dot{C}\cdot$，　$:\dot{O}\cdot$[9]，　$:\ddot{Ne}:$

通常は電子の部屋□は書かないで"・"のみを書く約束である．

$\dot{H}$,　He,　$\dot{Li}$[8]，　$\cdot\dot{C}\cdot$，　$\cdot\dot{O}\cdot$[9]，　$:\ddot{Ne}:$

注記：

2) □X□　例：$:\dot{O}\cdot$

3) 4つの電子が4つの部屋に1個ずつ入る．
$\dot{C}$，または $\cdot\dot{C}\cdot$

4) $\dot{N}$，または $\cdot\ddot{N}\cdot$

5) 8つの電子が4つの部屋に2個ずつ入る．
$:\ddot{Ne}:$，または $:\ddot{Ne}:$

6) 元素記号Xの上下左右のどこに書いてもよい．

7) H, Heは2人部屋が1つだけある．Hの電子式は，H, H・, ・H のいずれでもよい．Heも同様．
He, He:, :He, :He

8) Liより原子番号の大きい元素では2人部屋が4つあることを前提に考える．Liの電子式は，Li, Li・, ・Li のいずれでもよい．

9) Oは$\cdot\ddot{O}:$, $\cdot\ddot{O}:$, $:\ddot{O}\cdot$, $:\ddot{O}\cdot$, のいずれでもよい．

演習 3・4 ① 原子の電子式中の電子数(最外殻電子数・価電子数)と族番号との関係を述べよ．② H から Ar までの電子式を書け．

3・4 イオンの価数とオクテット則(高校で学んだ考え方)
3・4・1 イオンの価数

イオンの価数は元素の族番号と関係があり，1, 2, 13 族の元素はそれぞれ +1, +2, +3 価の陽イオン，16, 17 族ではそれぞれ −2, −1 価の陰イオンとなる(p.11)．なぜ，このような関係があるのだろうか．

ドイツ人のコッセルは次のように考えた(1917〜1921 年)：**18 族元素・貴ガス(希ガス)原子**は，高貴な(立派で近寄り難い)ガスという名のとおりに，ほかの元素との親和性・反応性に乏しく，原子のままで安定であることから(p.16)[1]，He, $(K)^2$；Ne, $(K)^2(L)^8$ のように，電子殻に電子が全部詰まった状態(**閉殻構造・貴ガス電子配置**)は化学的に安定であろう．そこで，18 族以外の元素の原子も，陽イオン[2]・陰イオン[3]となる場合には貴ガスと同じ**閉殻の電子配置をとって安定化**すると考えてよさそうである．He 以外の貴ガスでは**最外殻電子が 8 個存在する**ので，**原子は貴ガス電子配置により安定化する**，という考え方を**オクテット則**(八隅則)[4]という．

オクテット則で，各原子が何価のイオンになるか理解することができる．1, 2, 13, 14, 15, 16, 17 族元素が 18 族の電子配置(**オクテット**)となるためには，それぞれが最外殻電子を 1, 2, 3, 4, 5, 6, 7 個捨てて，+1, +2, ……, +7 の陽イオンとなるか(p.11)，電子をそれぞれ 7, 6, 5, 4, 3, 2, 1 個もらって，−7, −6, ……, −1 の陰イオンになればよい．電子を捨てる場合も獲得する場合も，数が少ない方が楽なはずだから，1, 2, 13 族元素は 1, 2, 3 個の最外殻電子を捨てて，+1, +2, +3 の陽イオンとなり，15, 16, 17 族元素は 3, 2, 1 個の電子を獲得し −3, −2, −1 の陰イオンとなりやすい(表 3・2)．14 族は中間だが +4 と考える．

1) 貴ガスは H_2 などの複数の原子からなる気体分子と異なり，原子のままで気体として安定であるので，これを単原子分子と称する．

2) Na − ⊖ ⟶ Na^+
   放出
   $(K)^2(L)^8(M)^1$　$(K)^2(L)^8$
   Ne と同じ電子配置

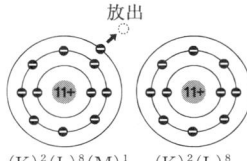

3) Cl + ⊖ ⟶ Cl^-
   受け取る
   $(K)^2(L)^8(M)^7$　$(K)^2(L)^8(M)^8$
   Ar と同じ電子配置

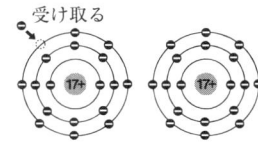

4) **オクテット則**："反応が進むと，原子はより安定な構造，最外殻に電子 8 個＝最外殻が閉殻構造となった貴ガス電子配置へと変化する"とする考え．高校で学んだ化学結合の説明はこの考え方に基づいている．オクテットのオクタはギリシャ語の 8．

表 3・2 族番号とイオン

族 番 号	1	2	13	14	15	16	17	18
最外殻電子数	1	2	3	4	5	6	7	8
イオンの価数	+1	+2	+3	+4	−3	−2	−1	0
電子数の増減	−1	−2	−3	−4	+3	+2	+1	0
イオンの最外殻電子数	0	0	0	0	8	8	8	8

実際には 1〜17 族の中では 14 族がイオンにもっともなりにくく，共有結合性の分子(p.12)を作りやすい．

演習 3・5　Na, K, Mg, Ca, Al, O, S, F, Cl, Br, I はそれぞれ何族か，また何価のイオンとなるか．

3・4・2　オクテット則とイオンの電子式

オクテット則の考え方は電子式(ルイス記号)を用いて明示することができる．電子式を用いて原子の最外殻電子配置を表すことにより，その原子がイオンになる際に正負何価をとるかを示すことができる．

Na(1族)とCl(17族)の最外殻電子配置を電子式で表すと，□Na・, ·:Cl:· となる．Naが最外殻にある1個の電子を失うと，□Na□$^+$ (M殻は完全に空)[5]，Clが外部から電子を1個獲得すると，:Cl:$^-$ (M殻はArと同じ閉殻構造・オクテット電子配置)となる．つまり，電子式を完全に空，またはオクテットとなるようにすると，それぞれ対応する原子の陽イオン，陰イオンを得ることができる(失った電子数，得た電子数でイオンの電荷が定まる)[6]．

演習 3・6　Mg, Mg^{2+}, O, O^{2-}, F, F^- の電子式を示せ．

3・5　オクテット則と化学結合

3・5・1　化学結合の種類

原子が手をつないで分子を作る仕組み・共有結合の概念は，ルイスにより，オクテット則(八隅則)に基づいて説明された[1]．この規則で共有結合する際の原子価が何価になるかを予想することができる．また共有結合・配位結合のでき方も容易に示すことができる[2]．この項では化学結合全体について概観する．

a.　イオン結合(例：塩化ナトリウム NaCl)

イオン結合とは陽イオンと陰イオンとが対になって電気的に引き合う結合・クーロン力による＋と－の間の引力・結合をいう[3]．NaCl結晶(p. 12, 図1・7)を維持する力・Na^+Cl^-，タンパク質の高分子鎖中や鎖間の塩基性アミノ酸残基の$-NH_2$基($-NH_3^+$)と酸性アミノ酸残基$-COOH$基($-COO^-$)との相互作用・$-NH_3^+……^-OOC-$)(p. 187, 図18)がイオン結合の例である．

Na・ ＋ :Cl:· → $(Na^+)(:Cl:^-)$[4]
ナトリウム原子　塩素原子　塩化ナトリウム(NaCl)

(電子を失う／電子を得る／＋と－の引力)

b.　共有結合(電子対結合・電子対共有結合，例：水素分子 H_2)

2つの原子が不対電子を1個ずつ出し合い電子対を作ることにより生じ

側注：

5) 1つ内側の電子殻L殻で電子配置を表すと，Neと同じ閉殻構造・オクテット電子配置で，:Na:$^+$ と表すことができる，電子を失うとなぜ＋になるかはp. 11参照．

6) 陽イオン：最外殻電子を失う．内殻がオクテット．
　陰イオン：電子を得て最外殻がオクテット化．

1) 電子対結合の概念はルイス(1916年)，オクテット則はラングミュア(1919年)により提案された．

2) 有機化合物の性質・反応性を理解するための考え方・理論である"有機電子論"を使うためには電子式を書けることが前提となる．"有機化学基礎の基礎"参照．

3) クーロンの法則，p. 98．コッセルは，閉殻構造(貴ガス電子配置)により生じた＋と－のイオンがクーロン相互作用により引き合うとして，イオン結合を説明した(1917～1921年)．

4) Na^+：Naが最外殻電子を失う．内殻がオクテット(p. 93)；Cl^-：Clが電子を得て最外殻がオクテット化．p. 93の2), 3)の図．

3・5 オクテット則と化学結合　95

る結合[5]）を**共有結合**という．この電子対を**共有電子対**という．p.12 で述べた**原子価＝"手"**はじつは**不対電子**のことであり**"手をつなぐ"**とはこの不対電子 1 個ずつを出し合い**共有電子対を作る**ことである．

では，共有電子対を作るとなぜ結合ができるのだろうか．2 つの原子が互いに 1 対の電子を共有すると，それぞれの原子は"電子殻に 8 個の電子が詰まった安定な閉殻構造[6]になったとみなすことができる"，だから結合ができる，とするのが電子対結合の考え方である（下図）[7,8]．

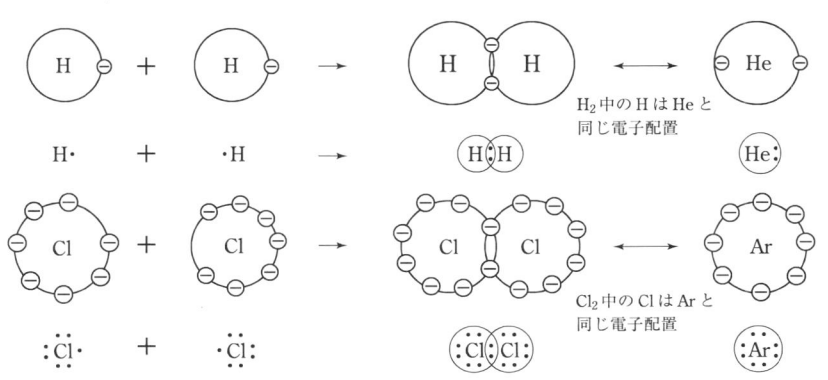

[5] ルイスとラングミュアにより提案された考え (1916〜1919 年)．結合形成により 2 個の原子はエネルギー的に安定化する (p.108)．

[6] 水素の閉殻構造は 2 個の電子が詰まった He と同じ構造である．分子中のそれぞれの原子が，互いに電子を 1 個づつ出して共有しあった電子対を 2 個とも自分のものと見なすことにより，He, Ne, Ar と同じ電子配置となる．

[7] このオクテット則の説明は，現象論的に化学的に不活性な貴ガスとの相似性を述べているだけで，なぜ安定になるのかの説明にはなっていない．後で学ぶ．

[8] 以下は最外殻のみを示したもの．

例題 3・2 次の各分子の電子式（ルイス構造）の書き方を示せ．
① H_2，　② H_2O，　③ NH_3，　④ CH_4，　⑤ O_2

答　① H 原子の電子式は H・．2 個の H 原子が不対電子を 1 個ずつ出し合って共有電子対を作る（共有結合形成，1+1=2）．

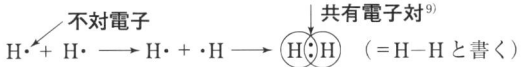

H・ + ・H ⟶ H・・H ⟶ (H:H) （＝H−H と書く）
　　不対電子　　　　　　　共有電子対[9]

1+1, 不対電子 1 個ずつから，＝2, 共有電子対を生じる．H は He: と同じ電子配置．

② H_2O

H・ + ・Ö・ + ・H ⟶ (H:Ö:H)，または H−Ö−H（＝H−O−H と書く）[12]
　　　非共有電子対[10]　　共有電子対[9]

O はオクテット[11]，H は He と同じ電子配置

③ NH_3

H・ + ・N̈・ + ・H ⟶ (H:N̈:H)，または H−N̈−H（＝H−N−H と書く）[12]
　　＋　　　　　　　　H　　　　　　　H
　　H
　　非共有電子対[10]　　共有電子対[9]

N はオクテット[11]，H は He と同じ電子配置

④ CH_4
　　H
　　＋
H・ + ・C̈・ + ・H ⟶ (H:C:H) （＝H−C−H と書く）
　　＋　　　　　　H　　　　　H
　　H

C はオクテット[11]，H は He と同じ電子配置

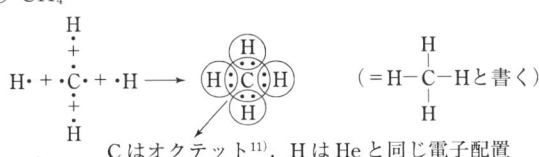

[9] 共有電子対のうち 1 個は H，1 個は O または N のもの．共有電子対は原子価"−"で表す．

[10] 非共有電子対は 2 個とも O，または N のもの．

[11] Ne の電子配置，:N̈e:

[12] ＝の左右で表現が違うこと・非共有電子対の有無に注意せよ．

13) この電子は隣同士．分子模型で確かめよ．

14) ・だけでは不安定だから隣同士の・は互いにくっついて対：（結合）を作る．

15) 共有結合の結合力は何か：共有結合の本質的説明には難解な量子論の考え(p.107)が必要であるが，定性的には＋の2つの原子核を－の電子対が接着剤としてくっつけていると考えてよい（下図）．電子同士，原子核同士は反発する（斥力）．電子と原子核は引力が働く．電子同士，原子核同士の距離に比べて電子と原子核の距離は短く反発力より引力が大きい(p.98, 99)．
コッセルは共有結合力としてこの考えに近いモデルを提案している．

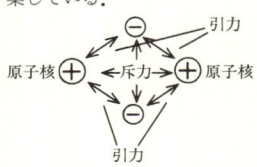

原子核⊕ ─斥力─ ⊕原子核
⊖引力 引力⊖

16) 理由は pp.99〜101．

17) 米国人ポーリングにより1932年に提案された考え（3・6・3b項参照）．

18) p.158　中央
A・＋・B → A：B
電子の綱引き → A←：→B
Bの勝ち → $^{δ+}$A：B$^{δ-}$
δ（デルタ：ギリシャ語，英語 d）は少しだけという意味．

19) 電気陰性度＝電子を引きつける力・引っ張る力は，Fがいわば横綱，Oが大関，ClとNが関脇（せきわけ），Cが平幕（ひらまく），Hが十両，Naが序二段である．

20) p.158 参照．

21) そばに寄って電子対を供与すること．

22) **共有結合**とは2つの原子がそれぞれ1電子を出し合って電子対を生成・共有することにより生じる結合，**配位結合**とは一方の原子が電子
（次ページに続く）

⑤ O_2

$\cdot\ddot{O}\cdot = \cdot\ddot{O}\cdot + \cdot\ddot{O}\cdot \longrightarrow :\ddot{O}:\ddot{O}: \longrightarrow :\ddot{O}::\ddot{O}:$

$\longrightarrow :\ddot{O}::\ddot{O}:$ または $:\ddot{O}=\ddot{O}:$ （＝O＝Oと書く）[12]

オクテット電子配置[11]

このように，H, O, N, C の原子価(手)がそれぞれ 1, 2, 3, 4 となるのは，**共有結合の共有電子対"："を作る元となる"・"(不対電子)，1つの部屋に電子が1個入ったもの，がそれぞれ 1, 2, 3, 4 個あるからである**（表3・3）．つまり，共有結合は次の一般式で表される[15]．

| A・＋・B ─→ A::B ─→ A:B または A・＋・B ─→ A:B |
| 1 ＋ 1 ＝ 2　　　　1 ＋ 1 ＝ 2 |

表 3・3　原子の族番号と共有結合の原子価数(不対電子数)

原子の族番号	1(H)	14	15	16	17
最外殻電子数	1	4	5	6	7
原子価数（不対電子数）	1(H・)	4(・$\ddot{X}$・)	3(・$\ddot{X}$・)	2(・$\ddot{X}$・)	1(:$\ddot{X}$・)
相手から得る電子数	＋1	＋4	＋3	＋2	＋1
分子中の原子の最外殻電子数	2	8	8	8	8

c. 極性共有結合と電気陰性度

共有結合とは2つの原子が電子を1つずつ出し合って電子対を作り，これを互いに**共有**することにより生じる結合である．共有電子対の**2つの電子は2つの原子間で半分ずつ分け合っているはず**であるが，実際には電子対を共有した瞬間から，2つの原子間で共有電子対の分捕り合戦が始まる．**共有電子対を互いに自分の方へ引きつけようとする**わけだが，この共有結合している電子を引きつける力・綱引きの力は原子の種類により異なる[16]．この**電子を引きつける力を数値で表したもの**(p.102)を**電気陰性度**[17] といい，これが**共有結合の極性**[18] を引き起こす元である．電気陰性度の大きさは，Na＜H＜C＜N＝Cl＜O＜F，である（理由は p.102，この順序は記憶せよ[19]）．電気陰性度は**水素結合**[20] や有機・無機化合物の性質・反応性などを考えるうえで大変重要な概念である．

d. 配位結合（配位共有結合）

下記の $NH_3＋H^＋ \rightarrow NH_4^＋$ を例にとって説明すると，**配位**[21] とは**非共有電子対**をもった原子（配位原子，この例ではN）が，電子不足の原子（空の部屋をもった原子，この例では$H^＋$）に電子対を供与し，結果としてその電子対を共有する（相手に電子を1個与える，この例では$NH_4^＋$ となる）ことである．つまり，**配位共有結合**とは，**配位という過程により生じた通常の電子対共有結合，のことである**[22]．

3・5 オクテット則と化学結合   97

$$H:\overset{H}{\underset{H}{N}}: \;\; + \;\; \square H^+ \xrightarrow{\text{配位}} H:\overset{H}{\underset{H}{N}}:\square H^+$$

非共有電子対 ／ 空の部屋 ／ 配位共有結合 ／ 電子を1個H⁺に与える

→ ²³⁾ $(H:\overset{H}{\underset{H}{N^+}}\cdot\cdot H^{23)})$ → $H:\overset{H}{\underset{H}{N^+}}:H = H-\overset{H}{\underset{H}{N^+}}-H = NH_4^+$ ²⁴⁾

共有結合する／電子対を共有

つまり,配位結合(配位共有結合)は次の一般式で表される.

$$\begin{array}{c}
A:\;\;+\;\;\square B \longrightarrow A\boxed{:\square}B \longrightarrow A:B \;\;\text{または}\;\; A:\;+\;B \longrightarrow A:B^{25)}\\
2\;+\;0\;\;=\;\;2\;\;\;\;\;\;\;\;\;\;2+0\;=\;2
\end{array}$$
(2+0, 非共有電子対と空の部屋から, =2, 共有電子対を生じる.)

e. 金属結合

金属元素の原子は電子を失って陽イオンとなりやすい.金属塊では構成原子が陽イオンの形で集合体を作り,これらの間を各金属原子から離れた価電子のそれぞれが特定の陽イオンに属することなく自由に動き回ることによって+−+……の相互作用を行い,金属イオン(原子)同士を結びつけている(p.12, 図1・8参照).この結合様式を金属結合といい,結合電子を**自由電子**という.価電子数(自由電子数)が多く,有効核電荷(p.100)が大きく,原子核と価電子間距離が小さい金属元素ほど硬い金属となる²⁶⁾.金属の高い電気伝導性と熱伝導性は自由電子によるものである²⁷⁾.

以上のように,原子の電子配置から次のことを知ることができる.
① 原子がイオン結合によりイオン性化合物を形成する際には,**最外殻電子数**から,**イオンの陰・陽**と**価数**を予測できる²⁸⁾.
② 原子が共有結合,・+・→:,により分子を形成する際には,・の個数=**不対電子数**から,**原子価**が何価かを予測できる²⁹⁾.
③ ある元素の原子が**配位結合**するか否かは**非共有電子対**の有無から予測できる.

演習3・7 原子が以下に示す性質をもつ理由を述べよ.
① Na, Ca, H はそれぞれ Na^+, Ca^{2+}, H^+ になりやすい.
② Cl, O はそれぞれ Cl^-, O^{2-} になりやすい.
③ H, Cl, O, N, C の共有結合の原子価は 1, 1, 2, 3, 4 となる.

演習3・8 ① イオン結合とは何か,例をあげて説明せよ.電子式も示せ.
② 共有結合とは何か,例をあげて説明せよ.
③ H_2O, NH_3, CH_4, O_2, N_2, CO_2 の電子式を書け.
④ 共有電子対,非共有電子対とは何か,NH_3 を例に示せ.
⑤ 配位,配位共有結合とは何か,例をあげて説明せよ.電子式も示せ.

対を供与することにより相手原子と電子対を共有することにより生じる結合.

23) H^+ は N より電子"・"をもらい無電荷の H となる.N は"・"を与えたので電子1個不足で N^+ となる.

24) $NH_4^+ = H-\overset{H}{\underset{H}{N}}-H^+$

は $[NH_4]^+$ を意味する.

$[H-\overset{H}{\underset{H}{N}}-H]^+ = H-\overset{H}{\underset{H}{N^+}}-H$

→ $^{0.25+}H:\overset{H^{0.25+}}{\underset{H^{0.25+}}{N}}:H^{0.25+}$

NH_3 にくっついた NH_4^+ の H^+ は共有電子対化した N の電子対から電子を1個もらうので N が電子不足,+は N 上にある.ただし N^+ の+は**形式電荷**(すべての結合を完全な共有結合と見なした時の原子の電荷)である(中央の式).N は H より電気陰性度が大きいので4個の N:H 共有電子対を H から N 側に引きつける.結果として N の+は中和され,実質的には+電荷は4個の H に +0.25 ずつ分散される(最下式).

25) 配位結合を → で表すことがある.
例: $H-O-N\rightarrow O$
        $\|$
        O

$H:\overset{..}{\underset{..}{O}}:\overset{..}{N}:\overset{..}{\underset{..}{O}}:$
  $:\overset{..}{\underset{..}{O}}:$

26) アルカリ金属は価電子1個だから一番柔らかい(硬い順に,Li>Na>K).遷移金属は価電子としてd電子と1つ上の電子殻のs電子とを複数もつので金属結合の力が強くなり,硬い金属となる.

27) 金属の延性・展性(p.15):金属結合の模式図,図1・8を見れば,金属の外形が自在に変形できることは自明であろう.

28) イオンの価数=オクテット形成のために出入りする電子数.

29) 共有結合の原子価数＝電子対生成のための不対電子数．

周期表中の金属元素，非金属元素が作る物質と，物質を形作る化学結合と結晶の種類を表3・4にまとめた．

表 3・4 物質の種類，構成元素の種類と化学結合

物質の種類	構成元素の種類	結合の種類	代表的物質	結晶の種類
単体（1種類の元素）	金属元素	金属結合	金，銀，銅，鉄	金属結晶
	非金属元素	共有結合	ヨウ素分子	分子結晶[*1]
			ダイヤモンド	共有結合結晶
化合物（複数の元素）	金属元素と非金属元素[*2]	イオン結合	塩化ナトリウム	イオン結晶
		配位結合	（金属錯体（錯体））	イオン結晶[*3]
	非金属元素同士	共有結合	二酸化炭素	分子結晶[*1]
			水分子，アンモニア	水素結合による

[*1] 結晶を形成する結合力は分子間力（ファンデルワールス力：双極子相互作用 p.160, 分散力 p.131 参照）．
[*2] 金属元素同士は合金であり，化合物ではない．
[*3] 配位結合によりできた結晶も存在する．

30) 以下の形が電子対間の空間的距離が一番遠くなる構造である：電子対が2組の場合は(a)の直線構造，3組の場合は(b)の平面三角形，4組の場合は(c)の正四面体．

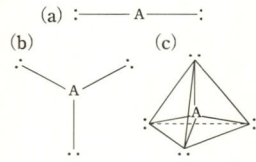

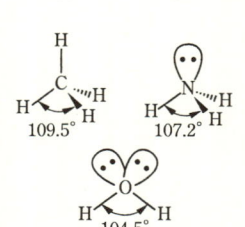

(a) ：——A——：
(b) (c)

H-C-H 109.5°
H-N-H 107.2°
H-O-H 104.5°

図 3・4 CH_4, NH_3, H_2O の構造

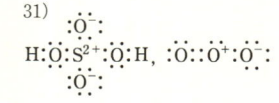

31)
:Ö:
H:Ö:S²⁺:Ö:H, :Ö::Ö⁺:Ö:
:Ö:

3・5・2 分子の構造と電子式（ルイス構造）

分子の電子式（ルイス構造）を元に分子構造を推定することが可能である．この方法は **VSEPR理論**（原子価殻電子対反発則 valence shell electron pair repulsion theory）といわれるものであり，"分子は分子内の電子対同士の反発が最小になるような構造をとる[30]" とする考え方に基づく．

例1 メタン CH_4 の構造は正四面体：4つのC-H結合の共有電子対同士の反発を最小にする立体構造は四面体である → 電荷が互いに空間的に一番遠くなる[30]．

例2 NH_3 は CH_4 の CH_3 部分より底面が少し縮まった三角錐（図3・4）：3つのN-H結合の共有電子対と1つの非共有電子対の間の反発を考慮する → 四面体．結合電子対同士の反発より非共有電子対との反発が大きい → 正四面体がひずむ．

例3 H_2O は CH_4 の CH_2 部分，NH_3 の NH_2 部分より角度がさらに縮まった二等辺三角形（図3・4）：2つのO-H結合の共有電子対と2つの非共有電子対間の反発を考慮する → 正四面体．非共有電子対同士の反発がもっとも大きい → 正四面体がひずむ．

例4 CO_2 (:Ö::C::Ö:, O=C=O) は直線分子：2組のC=O(C::O)の結合電子対が一番遠くなる形は直線である[30]．

演習 3・9 ① エチレン C_2H_4 ($H_2C=CH_2$)，② アセチレン C_2H_2 (HC≡CH)，③ 硫酸 H_2SO_4，④ オゾン O_3 の分子構造をVSEPR理論の考えで推定，説明せよ[31]．

3・6 陽イオン，陰イオンへのなりやすさ
— イオン化エネルギー・電子親和力とその周期性 —

3・6・1 静電相互作用（クーロン相互作用）とクーロンの法則

QUIZ 考えてみよう！ ①
小中学校で学んだ磁石に関する質問：棒磁石 [N S] がある．

(1) 磁石を距離 1 cm だけ離して右図①のようにおいた場合，磁石はどのようになるか．
(2) 図②ではどうか．
(3) 図③のように距離を 3 cm 離した場合はどうか．
(4) 図④のように距離を 10 cm 離した場合はどうか．
(5) 図⑤のように片方に磁石を 2 個重ねた場合はどうか．
(6) 図⑥のように，両方に磁石を 3 個重ねた場合はどうか．

答 ① 磁石は互いに引き合い，くっつく．② 反発し合い遠くに離れてしまう．N と N，S と S 同士は反発し，N と S は引き合う．③ ①の 1/9 の力で引き合う．④ ①の 1/100 の力で引き合う．⑤ ①の 2 倍の力で引き合う．⑥ ①の 9 倍の力で引き合う．これらの結果は磁気的相互作用に関するクーロンの法則[1]の反映である．

原子核と電子や電子同士などの 2 つの電荷間の電気的相互作用（静電相互作用）に関しては，磁気的相互作用に関するクーロンの法則とまったく同じ形の関係式，静電相互作用に関する**クーロンの法則**，$F \propto \dfrac{z \times z'}{r^2}$，が成り立つ（$z, z'$ は電荷）．① z, z' が**異符号（＋と－）**では引力が働き，**同符号（＋と＋，－と－）**では斥力（反発力）が働く．② 電荷が大きいほど引力・斥力（F）は大きく，F は電荷（z, z'）の積 $z \times z'$ に比例する．③ F は距離の大きさ r の 2 乗に反比例するので，近いほど引力・斥力は強く，遠いほど弱い[2,3]．この**クーロン力**が原子核の＋電荷と電子の－電荷との間や電子同士の間に働く．これが原子の性質の元である（pp. 99～102）．

3・6・2 イオンはなぜオクテット（貴ガス電子配置）をとるのか
― 原子核と電子との静電相互作用（電気的引力）―

1 族（アルカリ金属），2 族（アルカリ土類金属），13 族，16 族，17 族（ハロゲン）の同族元素は，それぞれ＋1，＋2，＋3 の陽イオン，－1，－2 の陰イオンになりやすい[4]．なぜこのような性質があるのだろうか．

p. 93 ではオクテット則（閉殻構造の安定化）で説明した．では，閉殻構造はなぜ安定なのだろうか．閉殻構造がなぜ安定か，を言い換えれば，たとえば，Na はなぜ電子を 1 個失いやすいか，Cl がなぜ電子を 1 個獲得しやすいかということである．

a. ナトリウムはなぜ＋1 価の陽イオンになりやすいか

11 番元素 Na は $(K)^2(L)^8(M)^1$ の電子配置をもつ．電子の電荷は－1 だ

1) 磁気力に関するクーロンの法則：2 つの磁気間に働く力 F は 2 つの磁気の強さが強いほど大，距離 r が大きい程小さい（磁気の強さ m, m' の積に比例し，距離 r の 2 乗に反比例する）．
$F \propto \dfrac{m \times m'}{r^2}$ （∝ は比例するという記号）．

2) 例：$z=+1$, $z'=-1$ では $z \times z' = zz' = -1$，一方 $z=+3$, $z'=-2$ では $zz' = -6$．したがって，引力の大きさは両者で 6 倍異なる．$z=+1$, $z'=-1$ で距離 r が 2 倍の $2r$ になれば，両者に働く力は 1/4 となる．
$\dfrac{(1) \times (-1)}{r^2} = -\dfrac{1}{r^2}$
$\dfrac{(1) \times (-1)}{(2r)^2} = -\dfrac{1}{4r^2}$

3) 磁石の N 極と S 極との間の引力・斥力にも同じ関係が成り立つ（クイズ①）．電荷の場合も磁石と同様にイメージしてよい．

デモ
磁石で遊ぶ．

4) p. 11 参照．

Na（11番元素）

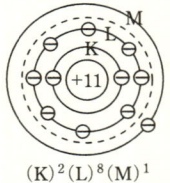

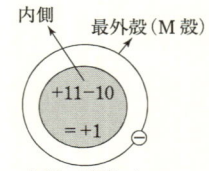

(K)²(L)⁸(M)¹
図 3・5　Na の電子配置

内側の電荷+1
(K)²(L)⁸(M)¹＝(Ne)(M)¹
図 3・6

5) Na⁺ と同様の考えで，2族元素（12番元素）Mg の1, 2個目までの電子は(+2)×(−1)の力で引き抜くことができるので，Mg²⁺ を生じる：M 殻電子には原子核＋K＋L 殻＝＋12−2−8＝＋2, (+2)×(−1)の力が作用.
　3個目の電子は(+10)×(−1)の力で引き抜く必要があり，Mg³⁺ にはなりにくい：L 殻電子には原子核＋K 殻＝＋12−2＝＋10, (+10)×(−1)の力が作用.
　Al³⁺ の生成についても同様に考えることができる.
　S（16番元素）は陽イオンになりにくい．S の M 殻電子には原子核＋K＋L 殻＝＋16−2−8＝＋6, (+6)×(−1)の力が作用．内側の電荷＝＋6の力で電子を引きつける.

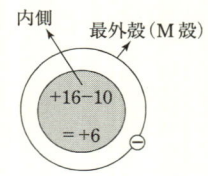

6) 内側部分の電子により最外殻電子が感じる原子核の正電荷・**有効核電荷**が小さくなる現象を内殻電子の**遮蔽**（しゃへい）**効果**といい，スレーターの規則が知られている．+1, +2, …, +8 はこれを単純化した議論である．

から，一番内側の K 殻電子は原子核の電荷+11 の影響をそのまま受けて $(-1)\times(+11)$ の静電引力（p.99）で原子核に強く引きつけられている．したがって K 殻は図 3・5 の原子の電子配置図より本当はずっと原子核よりにある．同様に，8 個の L 殻電子は，より内側部分の電荷＝原子核電荷＋K 殻電子の電荷＝＋11−2＝＋9 と相互作用して $(-1)\times(+9)$ の強い引力で，やはり原子核近くに引き寄せられている．すると，最外殻の M 殻電子からは，内側部分は，原子核＋K・L 殻電子＝＋11−2−8＝＋1 の電荷をもつ小さな塊にしか見えない．つまり，M 殻電子は内側の部分と $(-1)\times(+1)$ の弱い引力で相互作用している（図 3・6）．そこで，エネルギーを少し与えれば Na の M 殻電子は簡単に失われ Na⁺ イオンとなる．**結果として閉殻構造となる**．Na⁺ からさらに電子を引き抜く場合には L 殻電子を引き抜くことになるが，このためには $(-1)\times(+9)$ の引力に打ち勝つ必要があり容易ではない．したがって Na は 2 価の陽イオンにはなりにくい[5]．

　原子から価電子を 1 個引き離し 1 価の陽イオンとするのに必要なエネルギーを**第一イオン化エネルギー**という．最外殻のイオン化エネルギーは**最外殻の内側部分の実効的な＋電荷**（**有効核電荷**[6]）に依存し，この電荷が 1, 2, 13, ……, 18 族の順に +1, +2, ……, +8 と増大するのに対応して静電引力は大きくなる（p.99）．第一イオン化エネルギーはほぼこの順に増大する（図 3・8）．元素はこの順で陽イオンになりにくくなる[5]．内側の電荷が +8 の**貴ガスは陽イオンにもっともなりにくい**．

b. 塩素原子はなぜ −1 価の陰イオンになりやすいか

　陰イオンへのなりやすさはどのように理解できるだろうか．塩素原子に電子を 1 つつけ加える場合を考えてみよう．

　17 番元素，塩素原子 (K)²(L)⁸(M)⁷ の M 殻には電子がもう 1 つ入る場所が残されている（図 3・7）．ここに電子を外からもってくると，その電子は，内側部分の電荷＝原子核＋内殻の K・L 殻電子＝＋17−2−8＝＋7 に，$(-1)\times(+7)$ の大きな静電引力で引きつけられる．外部で何も相互作用していなかった電子は，塩素原子に取り込まれることにより引力が働くぶん，大きく安定化することになる．つまり Cl は Cl⁻ になりやすく，**結果として閉殻構造となる**[7]．

　Cl が Cl⁻ になる時のように原子に電子をつけ加えることによって電子が**安定化するエネルギー**（その分のエネルギーが外部に放出されて安定化する，そのエネルギー）のことを**電子親和力**という．電子親和力は最外殻の内側部分の電荷（**有効核電荷**）が +1, +2, ……, +7 と大きくなる 1, 2, 13, ……, 17 族の順に大きくなる（図 3・8）．つまり，元素はこの順で陰イオ

ンになりやすくなる．18 族の貴ガスは閉殻構造だから加えるべき電子は閉殻構造の最外殻の外側の N 殻に入る．N 殻から見た Ar の内殻は $+18-2-8-8=0$，無電荷となるから，$(-1)\times(0)=0$ と，つけ加わった電子は内側部分との静電引力＝相互作用はなく，電子親和力は大変小さい．したがって，**貴ガスの Ar は陰イオンになりにくい＝不活性**である．

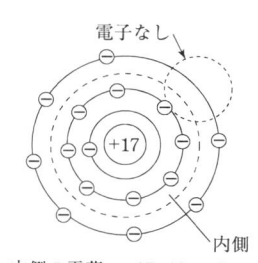

演習 3・10 イオン化エネルギー，電子親和力について説明せよ．

演習 3・11 原子のイオンへのなりやすさ，なりにくさを以下にまとめた．これらの原子がなぜこのようにふるまうのかを説明せよ．

元　素	陽イオン	陰イオン
① ナトリウム(Na)	なりやすい	なりにくい
② 塩素(Cl)	なりにくい	なりやすい
③ 貴ガス(Ne, Ar)	なりにくい	なりにくい

3・6・3　元素の性質の周期性

a. イオン化エネルギーと電子親和力の周期性

同族元素は同じ組成の化合物を作る傾向がある[8]（化学的性質が似ている・周期性を示す）．これは同族元素の最外殻電子数＝**価電子数**が同じであり，同じ**価数**[9]・**酸化数**をとるからである．同族元素が同じ価数のイオンとなる理由はすでに述べた．真空中における陽イオン，陰イオンへのなりやすさの程度を数値化したものがイオン化エネルギー・電子親和力である（図 3・8）．これらの周期性の由来も p. 100 で説明した．

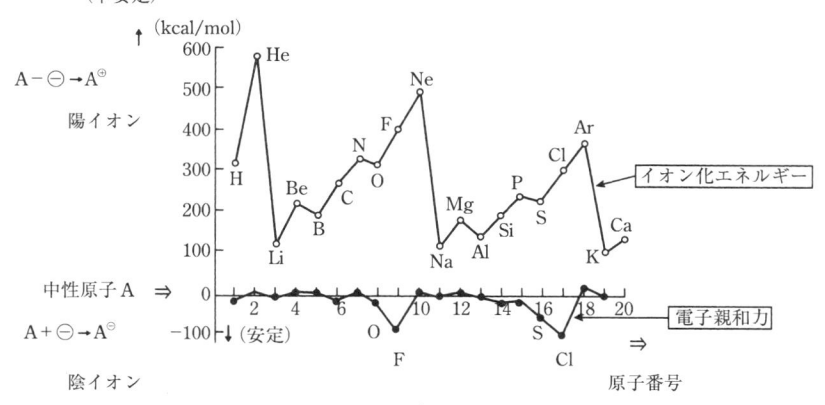

内側の電荷＝$+17-10=+7$
（M 殻にはあと 1 個だけ電子が入る）
$+7$ の力で電子を引きつける．

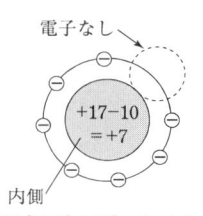

$(K)^2(L)^8(M)^7=(Ne)(M)^7$

図 3・7　Cl(17 番元素)の電子配置図

7) O 原子が -2 の陰イオンになりやすい理由も Cl^- とまったく同様に，L 殻に電子の空席が 2 つあり，$(-1)\times(+6)$ の強い引力で電子 2 個を引きつける，として理解できる．

8) 化合物の例（1 章）
① LiCl, NaCl, KCl
② $MgCl_2$, $CaCl_2$
③ NaF, NaBr, NaI
④ H_2O, H_2S
⑤ CO_2, SiO_2
⑥ NH_3, PH_3, AsH_3
⑦ HNO_3, HPO_3, $HAsO_3$
⑧ H_2SO_4, H_2SeO_4, など．

9) イオンになる場合の価数，および，共有結合する際の価数（原子価）．

図 3・8　元素の周期性

演習 3・12 イオン化エネルギーはなぜ〰〰〰〰の形になるのか，全体として見た〰〰〰〰の形を説明せよ．

b. 電気陰性度の大きさはどのようにして決まるのか

さまざまな物質(化合物)の性質を支配する元素の電気陰性度[10]は原子が**電子を引きつける強さの尺度・電子を好む尺度**である．したがって，**電子親和力が大きく電子を得て陰イオンになりやすいものほど電気陰性度は大きく**，また，**イオン化エネルギーが小さく電子を失って陽イオンになりやすいものほど小さい**．つまり，**電気陰性度の大きさは最外殻電子(価電子)由来の共有結合電子が原子核方向・内側にどのくらい束縛されるか，共有結合電子を原子核方向に引きつける力がどれほど強いかで定まる**．その要因は① **内側の電荷の大きさ(有効核電荷)** と，② **原子核・最外殻電子間の距離(原子の大きさ)** である(例題3・3 参照)．

電気陰性度小 ⟵　　⟶ 電気陰性度大
(Na^+ になりやすい)　Na＜H＜C＜N＝Cl＜O＜F　(F^- になりやすい)

表 3・5　電気陰性度の例(ポーリング)　→電気陰性度大

内側の電荷 (有効核電荷)	+1	+2	+3	+4	+5	+6	+7
H 2.1	Li 1.0	Be 1.5	B 2.0	C 2.5	N 3.0	O 3.5	F 4.0
	Na 0.9	Mg 1.2	Al 1.5	Si 1.8	P 2.1	S 2.5	Cl 3.0
↓	K 0.8	Ca 1.0	Sc 1.3	Ge 1.8	As 2.0	Se 2.4	Br 2.8

↓最外殻電子と原子核との距離が大きくなる

電気陰性度小 ⟵

例題 3・3　① 電気陰性度はフッ素F＞酸素Oである．なぜか．
② 内側の電荷がともに +7 であるFとClで，なぜFの電気陰性度が大きいのか．
③ 内側電荷 +7 のCl より内側電荷 +6 のOの電気陰性度が大きいのはなぜか．

答　① 最外殻の**内側の電荷**はFが+7，Oが+6であり，電子を引きつける力はOよりFが大きい(クーロンの法則, p.98)[11]．周期表の同一周期(同じ行)の元素では左から右に行くにつれて最外殻電子の内側の電荷(有効核電荷)が大きくなるので，電子を引きつける力・電気陰性度はこの順に大きくなる．
② ClはK, L, M殻まで電子が詰まっているので原子全体が大きく[12]，価電子であるM殻電子は原子核から離れている．Fの価電子であるL殻電子と**原子核との距離**はより短い．したがって価電子を原子核に引きつける力はF＞Clとなる(p.99)．価電子が共有結合電子対としてふるまう場合も，同様に，価電子を引きつける力はF＞Clとなる．
③ OやFでは K, L殻までしか電子が詰まっていないので原子全体はClより小さく，原子中のL殻電子のみならず，これが共有結合電子対となった場合でも，電子は原子核のより近くにある．この効果は+7，+6という内側の電荷の違いの効果より大きいので，ClよりO, Fの方が電子に対して強い引力が働く・電気陰性度は大きい．

---

10) 電気陰性度は結合の極性(p.158)・イオン結合性の程度を示すために米国人ポーリング博士によって提案された．

11) 原子の最外殻電子の場合のみならず，原子が共有結合し，最外殻電子・価電子が共有結合電子対となった場合も，電子はFの方でより強く引きつけられる．

12) 負電荷をもった電子は電子殻間で互いに電気的に反発しあうので，これを避けるために全体が広がる．

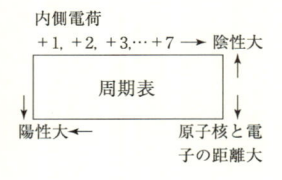

内側電荷
+1, +2, +3,…+7 → 陰性大
周期表
陽性大 ⟵　　原子核と電子の距離大

演習 3・13　電気陰性度とは何か．H, C, N, O, F, Cl, Na を電気陰性度の大きい順に並べよ．この順になる理由も述べよ．

3・7　共有結合を考える── 原子構造の同心円モデル，化学結合のオクテットモデルから量子論モデルへ ──

　原子の電子構造と化学結合に関する現代的理解はデンマーク人のボーアの原子モデル(軌道モデル，1913～1915年)に始まる．それまでの原子構造に関する理解を元にドイツ人のコッセルはイオン結合(1917～1921年)，米国人のルイスとラングミュアは電子対結合・共有結合(1916～1919年)の考えを提案した．これらの考えが高校で学んだ原子構造と化学結合の**オクテット則**である．ボーアモデルはドイツ人のゾンマーフェルトにより拡張された(**前期量子論**)．その後，原子・分子の極微の世界では粒子である電子が波としてふるまうことが明らかになり(フランス人，ド・ブロイの物質波の仮説，1924年)，これに基づきオーストリア人のシュレディンガー(**波動力学**，1926年)らが極微の世界における電子のふるまいを記述する現代的な原子の電子構造理論(**量子力学**)を完成させた．この考えに基づきドイツ生まれ・育ちのハイトラーとロンドンは共有結合の理論(**原子価結合法**，1927年)を提案した．ポーリング(米)とスレーター(米)はこの考えをさらに発展させた．一方，フント(ドイツ)・マリケン(米)・ヒュッケル(ドイツ)は**分子軌道法**といわれる共有結合についてのもう1つの理論を発展させた．原子の電子構造や化学結合の現代的理解はこれらの考えに基づいている．量子力学は高等数学を用いた難解な**数学モデル**であり，その概念的理解すらも必ずしも容易ではないが，以下，ボーア・ゾンマーフェルトの考え，コッセル・ルイス・ラングミュアの考えを下敷きに，原子の電子配置，共有結合の現代的理解の定性的把握を行う[1]．

3・7・1　原子の構造 ── 同心円モデルの修正，電子殻の副殻構造(微細構造)と軌道(オービタル) ──

　高校で学んだ原子構造の同心円モデルの中身は"原子は中心の原子核とその周りの K, L, M, N …… の電子殻からなり，それぞれの殻に電子は 2, 8, 18, 32 …… 個まで入ることができる"というものである．

　しかし，上述の量子力学なる学問で理解されている原子の本当の構造は次の通りである： L 殻は2個の副殻(4本の軌道[2])からなり，4本のうちの1本は内側に，残りの3本は外側に重なって[3]存在する(図3・9)．M 殻は3個の副殻(9本の軌道)で構成され，内側に1本，中央に3本，外側に5本が重なって存在する(図3・9)．N 殻も同様に 1, 3, 5, 7 本が重なっており，全部で4個の副殻(16本の軌道)をもつ．それぞれの軌道には電子が2

[1]　高校で学んだ概念と現代的理解とを結びつける考え方を学ぶ．

[2]　正しくは，太陽を中心に地球が公転しているような，軌道 orbit そのものではなく，軌道のようなもの orbital(軌道と別物)，を意味する．

[3]　これを縮重・縮退という．

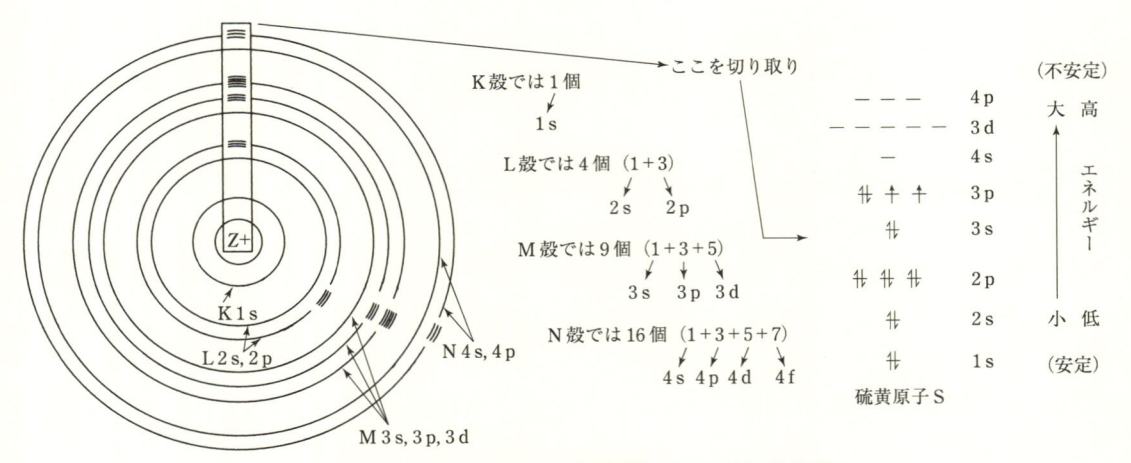

図 3・9　L, M, N 殻のいわば微細図とエネルギー準位図

個まで入ることができる．このように電子殻はじつは微細構造をもつ（これを電子殻の副殻構造という）[4]．

微細構造・細かい軌道のうちの一番内側の1本だけの軌道（副殻）を **s 軌道**[2]，その次の3本ある軌道を **p 軌道**，その次の5本ある軌道を **d 軌道**，一番外側の7本ある軌道を **f 軌道**と呼ぶ[5]．同じ名称の軌道は同じ性質をもつ．K, L, M, N, ……，殻を1, 2, 3, 4, ……，で区別する[6]．電子殻と副殻，軌道との関係を表 3・6 に示した．高校では K 殻に 2 個，L 殻に 8 個，M 殻に 18 個，N 殻に 32 個の電子が入ることができると学んだが，これはじつは各電子殻を構成する軌道数，1, 4, 9, 16 の 2 倍の数の電子が軌道に入る，**1 つの軌道に 2 個の電子が入る**ことを表している．

4）高校で学んだ原子の軌道モデルは，微細構造をもった原子を遠くから眺めていたと考えればよい．近くによって観察したら上述のような微細構造があったと考えれば納得できよう．

5）s, p, d, f の名称はたんに4種類の軌道を区別するためにつけられた K, L, M と同種のものであり，諸君の氏名と同類なので名称にこだわる必要はない．

6）K 殻を 1，L 殻を 2，M 殻を 3，……，なる数値で表している（この数値は，じつは量子力学で主量子数という電子の状態を区別する数値である，p.90）．"有機化学　基礎の基礎"参照．

7）負電荷の電子同士が反発することを考慮すれば，p 軌道として下図左の3つ重なった軌道ではなく，下図右の3つの直交した軌道を考えれば合理的である．互いに直交したこれら3つの p 軌道をそれぞれ p_x，p_y，p_z 軌道という．量子力学的には下図とは形が異なる（p.105）．

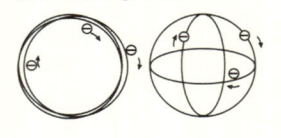

表 3・6　電子殻と副殻，軌道との関係

電子殻	副殻数	副殻名	軌道数	軌道名（軌道のようなもの）	電子数
K 殻	1	1s	1	1s	2
L 殻	2	2s 2p	1 3 }4	2s 2p($2p_x, 2p_y, 2p_z$)[7]	2 6 }8
M 殻	3	3s 3p 3d	1 3 5 }9	3s 3p($3p_x, 3p_y, 3p_z$) 3d($3d_{xy}, 3d_{yz}, 3d_{zx}, 3d_{z^2}, 3d_{x^2-y^2}$)	2 6 10 }18
N 殻	4	4s 4p 4d 4f	1 3 5 7 }16	4s 4p($4p_x, 4p_y, 4p_z$) 4d($4d_{xy}, 4d_{yz}, 4d_{zx}, 4d_{z^2}, 4d_{x^2-y^2}$) 4f（省略）	2 6 10 14 }32

3・7・2　電子軌道のエネルギー準位図

図 3・9 の修正同心円モデルで同心円を縦に細く切断すると，図 3・9 の右端に描いたような軌道の**エネルギー準位図**ができあがる．原子核に近い軌道ほど安定なのだから（p.90）縦軸は軌道のエネルギーに対応する．短い横

線はそれぞれの軌道とその数を表している．この軌道に電子を詰める場合（軌道を用いて電子配置を表す場合）には，エネルギーの低い 1s から順番に詰めていく．1 つの軌道に電子は 2 個入るが，p, d, f 軌道では同じエネルギーの軌道が複数個あるので，まずは 1 個ずつ入れて全部の軌道が埋まったら順次 2 個目の電子を詰めていく[8]．たとえば，酸素 O の電子配置は $(1s)^2(2s)^2(2p)^4$，または，$(1s)^2(2s)^2(2p_x)^2(2p_y)^1(2p_z)^1$，硫黄 S は $(1s)^2(2s)^2(2p)^6(3s)^2(3p)^4$ と表される（図 3·9 の右）．

3·7·3　電子の波動性と"軌道"

極微の原子・分子の世界では，微粒子である電子は原子核の周りを超高速で動き回っており，波としての性質＝波動性を示す[9]．**極微の世界では電子は波としてふるまうために，電子が粒子として原子・分子のどの位置に存在するかを知ることはできない（不確定性原理）**．その代わりに，それぞれの場所で電子がどの程度存在する可能性があるか＝**電子の存在確率**を知ることができる．高校で学んだ電子という粒子が軌道（orbit）上を周回しているという原子の太陽系モデル・同心円モデル（p. 90）は原子の世界の正しい姿ではない．**電子のふるまい，原子・分子の化学的性質は，電子の波としての性質を元に理解する必要がある．**

電子の波としての性質や存在確率は，波を表す数学関数である波動関数を用いて表すことができる[10]．この電子のふるまいを記述する波動関数を 2 乗したものが電子の存在確率を表し，実際にわれわれがイメージする軌道に対応するものであるが[11]，波を表す数学関数である波動関数そのものを"**軌道（orbital）**[12]"と呼んでいる．図 3·10 に s 軌道，p 軌道（波動関数そのもの）の角度部分の形を示した（図中の＋，－は関数の符号であり電荷ではない）．

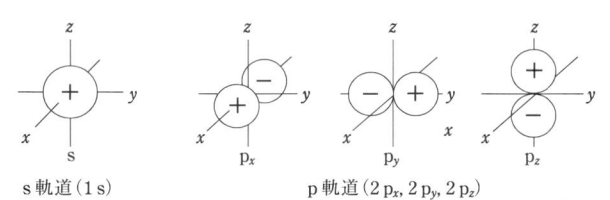

図 3·10　s 軌道，p 軌道の角度部分

3·7·4　周期表と電子の軌道

図 3·9 のエネルギー準位図からわかるように 1, 2 族は s 軌道電子が最外殻電子＝価電子，3〜12 族は d 軌道電子が最外副殻電子[13]，13〜18 族は p 軌道電子が最外殻電子である（表 3·7）．そこで，1, 2 族を **s ブロック元素**，13〜18 族を **p ブロック元素**，3〜12 族を **d ブロック元素**とも呼ぶ．周期表（裏表紙）のランタノイド元素（4f），アクチノイド元素（5f）は **f ブロック元素**である（$n=1〜14$）．

---

8) 電子同士の反発を考えると，同じ軌道に 2 個電子を詰めるより 1 個ずつ詰めた方が有利である．1 つの軌道に 2 個電子が詰まる理由には**スピン**なる概念が関与している．電子には↑, ↓2 種類のスピン状態が存在し，同じ軌道に 2 個の電子が入る場合は↑↓となる．同じエネルギーの軌道が複数ある場合は，まず，すべて同じ向き↑に 1 個ずつ入り，次に 2 個目が↓向きで入る（**フントの規則**）．
　例：図 3·9 の右を見よ．スピンについては"有機化学 基礎の基礎"，p. 199 参照．

9) この波動性は，"電子のエネルギーの大きさと存在位置とを同時に正確に求めることはできない"というドイツ人のハイゼンベルグが見出した**不確定性原理**に由来している．

10) たとえば，三角関数 sin, cos は波を表す関数の 1 つである．極微の世界を記述する学問を**波動力学**という（p. 103）．極微の世界では電子はエネルギーを塊（エネルギー量子）として保持・やりとりするので，波動力学は，一般には**量子力学**と称される．

11) 波動関数を二乗したものが電子の動き回る範囲（存在確率）を示したものであり，電子がこの形全体に雲のように広がっているとしてよい（1 個の電子を細かく雲のように散らしたもの・電子雲，扇風機の羽根が回転しているイメージ，電子の動きの一瞬一瞬を写真に撮り，これを多数枚重ねて示したもの，ある特定のエネルギーをもった電子が見つかる空間領域の 90% 領域を形にしたもの）．"有機化学 基礎の基礎"，p. 214 参照．

12) 軌道は orbit, orbital は，本来は"軌道のようなもの"という意味．

13) 原子の状態では 4s, 5s 副殻は 3d, 4d 副殻より内側（低エネルギー側）にある．

3d$_{xz}$軌道　3d$_{yz}$軌道

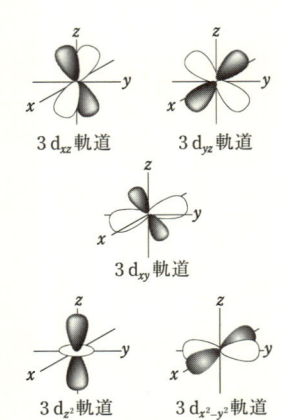

3d$_{xy}$軌道

3d$_{z^2}$軌道　3d$_{x^2-y^2}$軌道

図 3・11　d 軌道の形
(軌道の黒い部分は＋, 白い部分は－の符号)

14) 電子式と電子配置との関係は"有機化学 基礎の基礎", p.204 を参照.

次に例を示す. ただし, 電子式ではsとpとを区別していない: s 軌道と 3 個の p 軌道はエネルギー的に大差がないので, 元素記号 X の周りに書いた 4 つの軌道は 4 つの等価な軌道(sp^3 混成軌道 p.109)として扱う.

Ḣ＝Ḣ
(1s)^1

:C̈:＝·Ċ·
(2s)^1(2p$_x$)^1(2p$_y$)^1(2p$_z$)^1
((sp^3)^1(sp^3)^1(sp^3)^1(sp^3)^1)

:N̈:＝·N̈·
(2s)^2(2p$_x$)^1(2p$_y$)^1(2p$_z$)^1
((sp^3)^2(sp^3)^1(sp^3)^1(sp^3)^1)

:Ö:＝·Ö·
(2s)^2(2p$_x$)^2(2p$_y$)^1(2p$_z$)^1
((sp^3)^2(sp^3)^2(sp^3)^1(sp^3)^1)

15) H, He では 1s 軌道.

16) この際には共有電子対中の 2 つの**電子のスピンは逆向き**の必要がある(p.105 の 8)). けんかしないように頭を下げて入る(スピン・反発を和らげる理由は"有機化学 基礎の基礎", p.200 参照).

表 3・7　周期表(各元素の最外殻・副殻の電子配置)

周期＼族	1	2	3	4	……	12	13	14	……	18
1	1s^1									1s^2
2	2s^1	2s^2					2p^1	2p^2	……	2p^6
3	3s^1	3s^2					3p^1	3p^2	……	3p^6
4	4s^1	4s^2	3d^1	3d^2	……	3d^{10}	4p^1	4p^2	……	4p^6
5	5s^1	5s^2	4d^1	4d^2	……	4d^{10}	5p^1	5p^2	……	5p^6
6	6s^1	6s^2	5d^1, 4f^n	5d^2	……	5d^{10}	6p^1	6p^2	……	6p^6
7	7s^1	7s^2	6d^1, 5f^n							

演習 3・14　① 原子の電子殻 K, L, M 殻を軌道名で表し軌道の数も述べよ.
② s 軌道, p 軌道の形を示せ(d 軌道は図 3・11).

演習 3・15　H, C, N, O, Na, Na$^+$, Cl, Cl$^-$, Fe, Fe^{2+}, Fe^{3+} の電子配置を軌道(s, p, d)を用いて表せ. また, 電子配置図をエネルギー準位図で表せ. 各元素の原子番号は周期表を参照のこと.

3・7・5　電子式(ルイス構造)の量子論的解釈

イオン性・共有結合性化合物の構成原子の多くは電子が 8 個そろった状態, オクテット(電子の 8 個組)で安定である. 水素原子は電子 2 個の He 電子配置で安定となる(p.95). このオクテット則に基づく原子の電子式の書き方を修正軌道モデル(p.104)で説明すると次のようになる(電子配置との関係は左欄14)を参照).

H, He では □X (X は元素記号), それ以外の元素では □X□ (X は元素記号)
　　　　　　↑軌道(1s)　　　　　　　　　　　　　　↑軌道(4 個)

つまり, p.92 "電子式の書き方"で述べた"4 つの 2 人部屋"はじつは 4 つの電子軌道(s, p$_x$, p$_y$, p$_z$ 軌道)を意味していた[14,15]. 1 つの軌道に電子は 2 個まで入ることができる[16]. 1 つの軌道に電子が 1 個入ったものを**不対電子**, 2 個入ったものを**(非共有)電子対**という.

3・7・6　量子力学(波動力学)に基づく共有結合の考え方

電子が 1 個しか入っていない軌道が重なる → **軌道の重なり(波として強め合う・弱め合う作用)に基づく相互作用**が共有結合である.

例題 3・4　次の各分子の共有結合形成を軌道の概念で書き表せ.
① H$_2$,　② H$_2$O,　③ NH$_3$,　④ CH$_4$.

答　① H 原子の電子式は H·. それぞれ電子が 1 個ずつ入った 2 個の H 原子の軌道(1s)が重なって相互作用し共有結合した(共有電子対を生成)[17].

H· ＋ ·H ⟶ H(·　·)H ⟶(相互作用)⟶ H:H
1s 軌道　1s 軌道　　重なる　　　　　　　　共有結合形成

② H₂O　　H・ + ・Ö・ + ・H ⟶ H・ ・Ö・ ・H ⟶ H:Ö:H
　　　　　　　　　　　　　　　　軌道が重なる　　共有結合形成

電子1個入った2つのH原子の軌道と電子が1個入った2つのOの軌道が，それぞれ重なって，2本のO−H共有結合を形成(共有電子対を生成)．

③ NH₃　　H・ + ・N̈・ + ・H ⟶ H・ ・N̈・ ・H ⟶ H:N̈:H
　　　　　　　　+　　　　　　　　　　　　　　　　　　　　　
　　　　　　　H　　　　　　　　　H　　　　　　　H
　　　　　　　　　　　　軌道が重なる　　共有結合形成

電子1個入った3つのH原子の軌道と電子が1個入った3つのNの軌道が，それぞれ重なって，3本のN−H共有結合を形成(共有電子対を生成)．

④ CH₄
　　　　　　　　　　　　H　　　　　　　　　H　　　　　　　　H
　　H・ + ・C・ + ・H ⟶ H・ ・C・ ・H ⟶ H:C:H
　　　　　　+　　　　　　　　　　　　　　　　　　　　　　
　　　　　　H　　　　　　　　　H　　　　　　　　H
　　　　　　　　　　　　軌道が重なる　　共有結合形成

電子が1個入った4つのH原子の軌道と電子が1個入った4つのCの軌道が，それぞれ重なり，C−Hの共有結合を形成(共有電子対を形成)．

このように，H, O, N, C の原子価(手の数)がそれぞれ1, 2, 3, 4となるのは，1つの軌道に電子が1個入ったもの，・，がそれぞれ1, 2, 3, 4個あり，これらがほかの原子の，電子が1個入った軌道と重なり，相互作用することにより共有結合を作るからである．

A・	+	・B	⟶	A・ ・B	⟶	A:B	オクテットとは無関係
軌道		軌道		重なる			2つの軌道が重なって共有結合を形成
1	+	1	=			2	電子対を共有していることが**重要**

配位結合　共有結合の場合と同様に軌道同士が重なるとして考える．

　　　　　　　空の軌道　　　　配位共有結合
　　H　　　　　　　　H　　　　　　　　　　　　　H　　　　　H
　H:N̈: + □H⁺ + H:N̈: □H⁺ ⟶ H:N̈:H⁺ = H−N⁺−H = NH₄⁺
　　H　配位　　　　　H　重なる　　　　H 共有結合形成　　　H

元素Aの非共有電子対の入った軌道，:，と元素Bの空の軌道，□，とが重なって結合を作る．

A:	+	□B	⟶	A: □B	⟶	A:B
2	+	0		=		2

(2+0, 非共有電子対と空の軌道から，= 2, 共有電子対を生じる)

3・7・7　軌道が重なるとなぜ共有結合ができるのだろうか．共有結合の結合力はどうして生じるのだろうか

量子力学(波動力学)に基づく共有結合(電子対共有結合)の考え方　電子が1個しか入っていない軌道が重なる → **軌道の重なり(波として強め合う・弱め合う作用)に基づく相互作用**が共有結合である[18]．

17) ここは**原子価結合法**(p.103)を元にした説明である．"相互作用"は2つの原子間での電子の交換・キャッチボール(交換積分)を意味する．

18) ここは**分子軌道法** p.103 を元にした説明である．

2つの波の合成

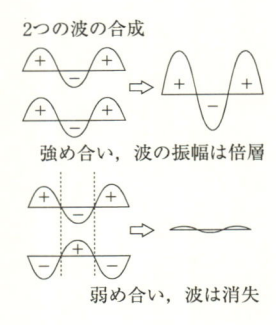

強め合い，波の振幅は倍層

弱め合い，波は消失

19) じつは数学の二次方程式 $ax^2+bx+c=0$ の根の公式が $x=(-b\pm\sqrt{b^2-4ac})/2a$ となるのと同じ理屈で元の軌道よりエネルギーの低い軌道と高い軌道の2つが生じる．

20) 2つの軌道の相互作用のたとえ話：2人部屋でそれぞれ1人暮らしをしていた2人が同居する場合を考える．一方の部屋にそれぞれの家具を持ち寄ることで生活用品のそろった居心地のよい同居部屋ができるが，もう一方の部屋は生活用品が減り不要物の置き場と変じてしまい前より住みにくくなる．同居で2人とも得をする．得だから同居する．もちろんたまにはけんかもするが．エネルギー的に得するから分子軌道ができて結合性軌道に電子2個が納まる．電子間反発でエネルギーを多少損する．たとえ話でなくきちんとした話は"有機化学 基礎の基礎"，p.221 を参照．

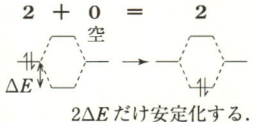

$2\Delta E$ だけ安定化する．
図 3·13 配位共有結合，NH_4^+

H原子の1s軌道に電子が1個入る．このH原子2個が互いに近づくと2つの1s原子軌道(波)が重なり，相互作用して2つの新しい軌道，エネルギーの低い安定な**結合性分子軌道**(強め合う波)と，エネルギーの高い**反結合性分子軌道**(弱め合う波)とを生じる(もともと，軌道は2個あったのだから，相互作用した後も新しい軌道が2個生じるはずである[19])．2つの1s軌道に入っていた電子はエネルギーの低い結合性軌道に2個一緒に入り安定化する(結合生成)．反結合性軌道は空のままである[20]．

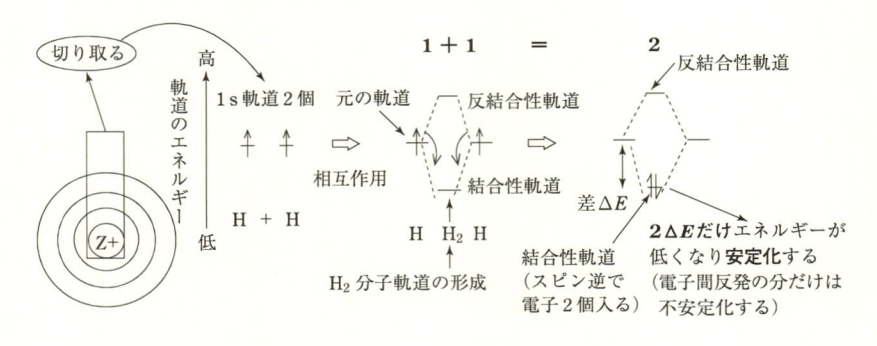

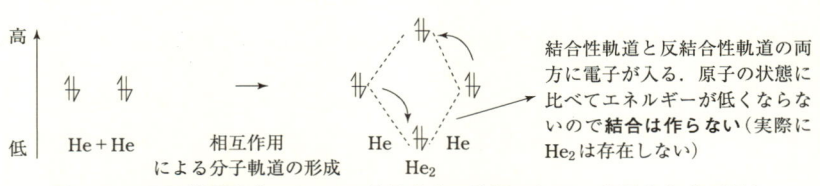

図 3·12 分子軌道形成による H_2 分子生成の仕組みと He_2 分子非生成の理由

軌道が相互作用して(重なり合って)結合性軌道と反結合性軌道を作る．
→ エネルギーの低い**結合性軌道**に電子を詰めると安定化する．
→ **結合形成** この考えで，共有結合のみならず，図 3·13 のように配位結合も理解することができる．

3·7·8 分子の構造

さまざまな分子，たとえば H_2O，NH_3，CH_4 などの構造はどのように理解されるだろうか．分子の電子式を元に分子内の電子対間の静電反発力のみを考慮して分子の構造を推定するVSEPRの方法はすでに述べた(p.98)．では，量子力学的には分子の構造はどのように理解されるのだろうか．**共有結合は量子力学的には軌道の重なりとして表現される**(pp.106～108)．そこで，結合は**2つの原子の軌道がもっともよく重なる方向**にできるので，分子の構造を理解するためには**軌道の形**(p.105)を考える必要がある．

a. H_2O, NH_3 の構造と結合

H_2O と NH_3 は，定性的には O, N 原子の 2p 軌道(p_x, p_y, p_z はそれぞれ直角方向を向いている) と H 原子の 1s 軌道(p.105) とが重なってできると考えてよいので，それぞれ図 3·14 のように結合を形成する．したがって，結合角 ∠H−O−H，∠H−N−H は 90° と予想される(実際は 104.5° 厳密には下記の sp^3 混成軌道や分子軌道の扱いが必要. "有機化学 基礎の基礎", p.221 参照).

b. メタン CH_4 の構造と結合(混成軌道の生成と分子の形)

炭素原子の電子配置は $(K)^2(L)^4$ (p.90)，軌道で表すと $(1s)^2(2s)^2(2p)^2$ (厳密には $(1s)^2(2s)^2(2p_x)^1(2p_y)^1$, p.105) と示される．**不対電子**・(·, 1つの軌道に 1 つの電子が入る) **が原子価(結合手)の本体**なので(pp.94〜96, 107)，この電子配置からは炭素の原子価は 2 価となり，C の原子価は 4 という事実に反する．4 価(4 個の·)とするためには 2s 軌道の 2 個の電子の 1 個を空の軌道 $2p_z$ に入れてやればよい(図 3·15 上，**昇位**という)．ただし，これだと，C の 4 本の結合手・原子価は s 軌道 1 個と p 軌道 3 個の 2 種類となり，CH_4 の 4 本の結合は同じという事実に反する．そこで，1 個の s 軌道と 3 個の p 軌道をまぜて，新しい **4 個の等価な軌道**に作り変える(いわば，白いお団子 1 個と赤いお団子 3 個をまぜ合せて新しいピンクのお団子 4 個を作り上げる，図 3·15 下)．これを sp^3 **混成軌道**という．この 4 本の sp^3 混成軌道は正四面体の重心(CH_4 分子の C の位置)からそれぞれ 4 つの頂点方向に向かう軌道となる．そこで，これらの軌道と 4 個の H 原子の 1s 軌道が重なり，結合すれば**正四面体構造**の CH_4 となる(図 3·16)[21]．

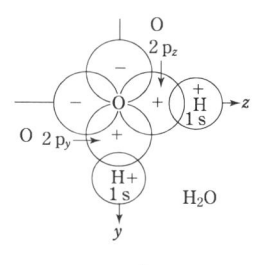

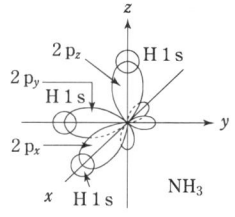

図 3·14 H_2O と NH_3 の結合形成: 2p 軌道と 1s 軌道の重なり

図 3·15 CH_4 の sp^3 混成軌道の生成

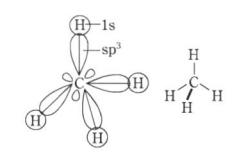

図 3·16 4 個の sp^3 混成軌道による CH_4 の生成図

c. エチレン $H_2C=CH_2$ の構造(p.151)と結合

$H_2C=CH_2$ の骨組み**平面構造**は C 原子の s 軌道と 2 個の p 軌道($2p_x$ と $2p_y$)とが混ざり合った 3 本の等価な軌道(**sp^2 混成軌道**)から作られる(図 3·17 上)．この混成軌道同士の C−C 結合，混成軌道と H の 1s 軌道との C−H 結合は互いに**正面を向いてしっかりと重なり合った強い結合，σ 結合**である(H_2O, NH_3, CH_4 も σ 結合)．結合電子を σ 電子(分子の**骨組み**電子)という．σ 電子は原子間に強く束縛されているので反応性は低い．一方，C 原子のあまった軌道 $2p_z$ は隣の C の $2p_z$ 軌道と**横向きに少しだけ重なり合った 2 本目の弱い結合，π 結合**を作る(図 3·17 下)．π 電子は束縛が弱いためほかと仲良くできる，反応性が高い**浮気な電子**(p.124)である．このように，**二重結合は 2 種類の結合，σ 結合と π 結合**からできている．

d. アセチレン HC≡CH の構造と結合

三重結合をもった**直線構造**の分子骨格(σ 結合)は 2 個の **sp 混成軌道**から作られ，あまった 2 個の p 軌道から 2 個の π 結合ができる(図 3·18)．つ

[21] ポーリングが発展させた混成軌道を用いたこの考えを原子価結合法という．

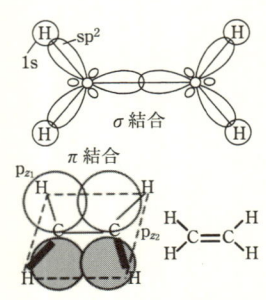

図 3・17 3 個の sp² 混成軌道による $CH_2=CH_2$ の生成図

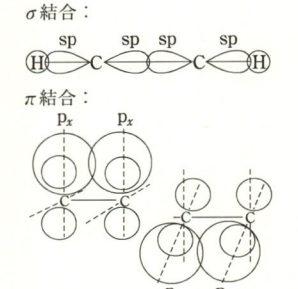

図 3・18 2 個の sp 混成軌道による $CH\equiv CH$ の生成図

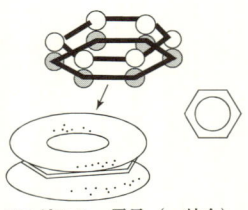

ベンゼンの π 電子（π 結合）ベンゼン環の上下・6 個の炭素（結合）全体に広がる

図 3・19 ベンゼンの π 軌道図

22) このことが，ベンゼンの反応性がエチレンと異なり，芳香族性(p.162)をもつ理由である．

1) 元素の A，B グループ分類：米国では周期表の族を A，B の 2 グループに分けている．典型元素(元素の性質の周期性を典型的に示す元素群)1, 2, 13～18 族を IA, IIA, IIIA～VIIA, 0；遷移元素の 3～7 族を IIIB～VIIB, 8～10 族を VIII 族，11, 12 族を IB, IIB 族と分類している（次ページに続く）

まり三重結合は 1 本の σ 結合と 2 本の π 結合よりなる．二重結合・三重結合は反応性が高い(p.124)．

e. ベンゼン C_6H_6 の分子構造(p.153)と結合

正六角形平面構造のベンゼンでは，6 個の C はそれぞれ sp² 混成軌道(エチレンと同じ)で 2 本の C–C 結合と 1 本の C–H 結合の計 3 本の σ 結合を作る(正六角形の分子骨格ができる)．一方，6 個の C 原子に属する 6 個の余った $2p_z$ 軌道は両隣と横向きに重なることにより，分子平面の上下で分子全体に広がった(非局在化した)ドーナツ状の π 結合を作る[22] (図 3・19, p.162, "有機化学 基礎の基礎", p.229 参照)．

演習 3・16 ① CH_4, C_2H_4, C_2H_2, C_6H_{12}, C_6H_6 の構造と軌道による結合様式を示せ．
② σ 結合，π 結合とは何か．また，その違いについて述べよ．

3・8 周期表とさまざまな化合物の組成式

3・8・1 化合物の組成と酸化数

元素のさまざまな性質の周期性[1]・同族元素が似た性質をもち，似た組成の化合物を作ること(1 章，および p.101 の左欄 8))や族の違いによる元素の性質の違い，同族元素間における性質の多少の違いは，① 原子の電子配置(原子の電子殻構造)と，これに関連した，静電相互作用の大きさを支配する，② 内部電荷(有効核電荷)の大きさ，③ 原子核-最外殻電子の間の距離に基づくことを 3・1～3・5 節で学んだ．一方，たとえば，硫黄と酸素の化合物には SO_2 と SO_3 とが存在するように (p.25)，元素によっては，同じ元素の組合せでもさまざまな組成の化合物が存在する場合があり大変複雑である．これらの化合物の組成を理解するうえで鍵となるのは原子の電子配置に基づいた酸化数の概念である．

ある元素の**酸化数**がわかれば，酸化数を元にその元素の**化合物の組成を知ることができる**．**酸化数**とは，イオンや化合物中の**原子の電子数が，原子の状態に比べて何個多いか**(どの程度の還元状態にあるか)**少ないか**(どの程度の酸化状態にあるか)を示す指標であり，**最外殻電子配置を基に知ることができる**．単原子イオンの酸化数はイオンの正負の価数そのものである．原子から最外殻電子(価電子)[2]をすべて取り除いた時の＋電荷数，つまり価電子数(最外殻電子数)に＋の符号をつけたものをその元素の**最高酸化数**といい，1, 2 族は＋1 と＋2, 3 族～7 族はそれぞれ＋3～＋7, 12 族～17 族は＋2～＋7, 18 族は 0 である[3]．元素によっては最高酸化数以外のより小さい酸化数も示す場合がある．典型元素では最外殻電子のうち p 電

子のみを取り除いた場合の＋電荷に対応する酸化数，遷移元素ではs電子2個を取り除いた＋2がもう1つの酸化数である．酸化数はp.39も参照．

(p. 表3・8, 表3・13)．この分類ではAグループはIA, IIA, IIIA族, IB, IIB, IIIB族がともに+1, +2, +3の陽イオンとなり，IV〜VII族元素はA，Bいずれも最高酸化数+4〜+7をとる．0族(18族)は反応性が低く，酸化数=0である．VIII族(8, 9, 10族)は互いに似た性質をもつ．

3・8・2　典型元素の電子配置と酸化数

表3・8に典型元素の最外殻の電子配置，酸化数，イオンの価数，化合物の取り得る酸化数を示した．

表 3・8　典型元素の最外殻の電子配置, 酸化数, イオンの価数, 化合物と取り得る酸化数(太字は覚える)

族[*1] グループ	1 IA	2 IIA	12 (IIB)	13 IIIA	14 IVA	15 VA	16 VIA	17 VIIA
電子配置	$(s)^1$	$(s)^2$	$(s)^2$	$(s)^2(p)^1$	$(s)^2(p)^2$	$(s)^2(p)^3$	$(s)^2(p)^4$	$(s)^2(p)^5$
酸化数 (太字は最高 酸化数)	**+1**	**+2**	**+2**	$+1^{*2}$, **+3**	$+2^{*2}$, **+4**	$+3^{*2}$, **+5** -3^{*3} その他： +1, +2, +4	$+4^{*2}$, **+6** -2^{*3} +2	$+5^{*2}$, **+7** -1^{*3} +1, +3, +4
イオンの価 数と化合物 の代表的酸 化数	H^+, Li^+ **Na^+** **K^+** Rb^+ Cs^+	Be^{2+} **Mg^{2+}** **Ca^{2+}** Sr^{2+} Ba^{2+}	Zn^{2+} Cd^{2+} Hg^{2+}	B^{3+} Al^{3+} Ga^{3+} In^{3+} Tl^{3+}, Tl^+	C^{2+}, C^{4+} Si^{2+}, Si^{4+} Ge^{2+}, Ge^{4+} Sn^{2+}, Sn^{4+} Pb^{2+}, Pb^{4+}	N^{3+}, N^{5+} P^{3+}, P^{5+} As^{3+}, As^{5+} Sb^{3+}, Sb^{5+} Bi^{3+}, Bi^{5+}	**O^{2-}** **S^{2-}**, S^{4+}, S^{6+} Se^{2-}, Se^{4+}, Se^{6+} Te^{2-}, Te^{4+}, Te^{6+} —	F^- Cl^-, Cl^{5+}, Cl^{7+} Br^-, Br^{5+} **I^-**, I^{5+} —

[*1] 18族(0族)の電子配置は$(s)^2(p)^6$で酸化数0，イオンになりにくいし化合物も作りにくい．
[*2] p電子のみが抜ける場合．
[*3] 電子をもらってオクテットとなる場合．

3・8・3　さまざまな化合物の組成式

以下の表には各元素の代表的化合物の組成式を示した．同族元素間で組成が一致していること，組成は表3・8の酸化数と関係していることが理解できよう．化合物の性質・所在・用途は1章の左欄の記述を参照のこと．

2) 典型元素についてはs, p の電子全部，遷移元素に関してはd電子と1つ上の電子殻のs電子(価電子)．

3) 8〜11族では元素の周期によって異なる．

a. 酸化物

表3・9に第2〜4周期の元素が生じる酸化物を示す．

表 3・9　酸化物の組成式(太字は覚える)

族	1	2	12	13	14	15	16	17
組成式	Li_2O Na_2O K_2O	BeO MgO **CaO**	ZnO	B_2O_3 Al_2O_3 Ga_2O_3	**CO**, **CO_2** SiO, SiO_2 GeO_2	N_2O_3, N_2O_5 P_4O_6, P_4O_{10} As_4O_6, As_2O_5	**SO_2**, SO_3 SeO_2, SeO_3	— Cl_2O, Cl_2O_6, Cl_2O_7 Br_2O, BrO_3

電子配置からは予想できない酸化数の酸化物：N_2O, **NO**, **NO_2**, N_2O_4, SO, Cl_2O, ClO_2, Cl_2O_6, Br_2O, BrO_3

非金属元素，金属元素の酸化物は，それぞれ，次に例示するように，水分子と反応して**オキソ酸**(p.24)，水酸化物(塩基，p.28)を生じる．

非金属元素の酸化物(酸性酸化物) 例：$SO_3+H_2O \to H_2SO_4$　**オキソ酸**
金属元素の酸化物(塩基性酸化物)
　　　例：$Na_2O+H_2O \to 2\,NaOH$　**水酸化物(アルカリ)**

　金属元素の酸化物は一般に酸と反応して溶けて塩を生じる．例：$CaO+2\,HCl \to CaCl_2+H_2O$．一方，両性元素と言われる Al, Zn, Sn, Pb の両性酸化物は酸だけでなく NaOH などの強塩基の水溶液にも溶けてヒドロキソ錯体 $[Al(OH)_4]^-$, $[Zn(OH)_4]^{2-}$, $[Sn(OH)_4]^{2-}$, $[Pb(OH)_4]^{2-}$ を作る(錯体については，pp. 31, 114 参照)．

b. 酸・塩基

　表 3・10 に第 2〜4 周期の元素から生じるオキソ酸，塩基を示す．

表 3・10　酸・塩基の組成式(太字は覚える)

族	1	2	12	13	14	15	16	17
組成式	LiOH **NaOH** **KOH**	Be(OH)$_2$ Mg(OH)$_2$ **Ca(OH)$_2$**	 Zn(OH)$_2$	H$_3$BO$_3$ Al(OH)$_3$ Ga(OH)$_3$	H$_2$CO$_3$ H$_2$SiO$_3$	**HNO$_2$*, HNO$_3$*** H$_3$PO$_3$, **H$_3$PO$_4$** H$_3$AsO$_3$, H$_3$AsO$_4$	**H$_2$SO$_3$*, H$_2$SO$_4$*** H$_2$SeO$_3$*, H$_2$SeO$_4$*	HClO$_3$*, HClO$_4$* HBrO$_3$

* 亜硝酸(HNO$_2$), 硝酸(HNO$_3$)；亜硫酸(H$_2$SO$_3$), 硫酸(H$_2$SO$_4$)；亜セレン酸(H$_2$SeO$_3$), セレン酸(H$_2$SeO$_4$)；次亜塩素酸(**HClO**), 亜塩素酸(HClO$_2$), 塩素酸(HClO$_3$), 過塩素酸(HClO$_4$).

酸の強さ：H$_2$SO$_3$ < H$_2$SO$_4$, HNO$_2$ < HNO$_3$, HClO < HClO$_2$ < HClO$_3$ < HClO$_4$ (電気陰性度が大きい酸素原子 O の数が多いほど強い酸：H$^+$ が取れやすい), H$_3$PO$_4$ < H$_2$SO$_4$ < HClO$_4$ (電気陰性度の大きい元素のオキソ酸ほど強い酸).

水酸化物の溶解度：アルカリ金属元素では溶解度大，アルカリ土類金属元素では Be, Mg は難溶性，ほかは可溶・易溶，ほかの水酸化物は難溶性である．
　ただし，両性水酸化物 Al(OH)$_3$, Zn(OH)$_2$, Sn(OH)$_2$, Pb(OH)$_2$ は NaOH などの強塩基の水溶液にヒドロキソ錯イオンとして溶解する．(3・8・3 a 項参照)．弱塩基性アンモニア水溶液中では Zn(OH)$_2$ のみがアンモニア錯体(アンミン錯体 $[Zn(NH_3)_4]^{2+}$) として溶解する．

c. 水素化物と塩

　第 2〜4 周期の元素から生じる水素化物を表 3・11 に，塩類を表 3・12 に示す．

表 3・11　水素化物の組成式

族	1	2	12	13	14	15	16	17
組成式	LiH NaH KH	— — CaH$_2$		BH$_3$ — Ga$_2$H$_6$	CH$_4$ SiH$_4$ GeH$_4$	NH$_3$ PH$_3$ AsH$_3$	H$_2$O H$_2$S H$_2$Se	HF HCl HBr
	←—イオン結合性—→			←——————共有結合性——————→				

・**結合の性質**：1, 2 族の水素化物はイオン結合性の塩(K$^+$H$^-$ など)，ほかは共有結合性の分子である．
・**水素酸の強さ**：16 族, H$_2$O < H$_2$S < H$_2$Se；17 族, ハロゲン化水素酸, HF ≪ HCl < HBr < HI (H との結合が強いほど弱い酸).

表 3·12 各種の塩の組成式(太字は覚える)

塩化物			硫酸塩			炭酸水素塩		炭酸塩		リン酸塩	
1族	2族	13族	1族	2族	13族	1族	2族	1族	2族	1族	2族
LiCl	$BeCl_2$	—	Li_2SO_4	$BeSO_4$	—	$LiHCO_3$	—	Li_2CO_3	$BeCO_3$	Li_3PO_4	$Be_3(PO_4)_2$
NaCl	$MgCl_2$	$AlCl_3$	**Na_2SO_4**	$MgSO_4$	$Al_2(SO_4)_3$	**$NaHCO_3$**	$Mg(HCO_3)_2$	**Na_2CO_3**	$MgCO_3$	Na_3PO_4	$Mg_3(PO_4)_2$
KCl	$CaCl_2$	$GaCl_3$	K_2SO_4	**$CaSO_4$**	$Ga_2(SO_4)_3$	$KHCO_3$	**$Ca(HCO_3)_2$**	K_2CO_3	**$CaCO_3$**	K_3PO_4	$Ca_3(PO_4)_2$

塩の溶解度：2族元素の硫酸塩(Be, Mg 塩を除く, つまり狭義のアルカリ土類金属のみ), 炭酸塩, リン酸塩は難溶性.

アルカリ金属以外のほとんどすべての金属元素の炭酸塩, リン酸塩は難溶性.

Pb のハロゲン化物, 硫酸塩 $PbSO_4$, 炭酸塩 $PbCO_3$ は難溶性.

3·8·4 遷移元素の電子配置と酸化数

表 3·13 に, 主として第一遷移系列の元素について電子配置, イオンの価数, 酸化数, 化合物の取り得る酸化数と酸化物, オキソ酸塩を示した.

表 3·13 遷移元素

族	3 IIIB	4 IVB	5 VB	6 VIB	7 VIIB	8 VIII	9 VIII	10 VIII	11 IB	12 IIB
電子配置 (第一遷移系列)	$(s)^2$ $(d)^1$	$(s)^2$ $(d)^2$	$(s)^2$ $(d)^3$	$(s)^1$ $(d)^5$	$(s)^2$ $(d)^5$	$(s)^2$ $(d)^6$	$(s)^2$ $(d)^7$	$(s)^2$ $(d)^8$	$(s)^1$ $(d)^{10}$	$(s)^2$ $(d)^{10}$
イオンの価数 化合物の酸化数	**+3**	+2 **+4**	+2 **+5**	+2 **+6**	**+2** **+7**	+2 +3	+2 **+3**	**+2**	+1 **+2**	**+2**
電子配置から予想不可な酸化数		+3	+3, +4	+3	+3, +4, +6	+4, +6	+3	+3, +4		
酸化物 その他	Sc_2O_3	TiO, Ti_2O_3, TiO_2	VO, V_2O_3 VO_2, V_2O_5	CrO, Cr_2O_3 CrO_3, K_2CrO_4 $K_2Cr_2O_7$	MnO, Mn_2O_3 MnO_2, K_2MnO_4 $KMnO_4$, Mn_2O_7	FeO Fe_2O_3	CoO Co_2O_3	NiO Ni_2O_3	Cu_2O CuO	ZnO

- **酸化数**：太字の数字は元素が安定に存在することができる酸化数. 多くの元素が+2 と+3 の酸化数を取る. 3～7族の最高酸化数は価電子数3～7(d 電子と1つ上の電子殻 s 電子数)に等しい.
- **硫化物の溶解度**：アルカリ金属, アルカリ土類金属の硫化物は易溶. それ以外の硫化物は, 典型元素や遷移元素を問わず, 難溶性である(CrS, MnS, FeS, CoS, NiS, ZnS などはアルカリ性で沈殿生成・溶解度積大). 第4周期の Cu と第5周期の典型元素を含む多くの金属元素 Ag, Cd, Sn, Hg, Pb はとくに難溶性(酸性溶液でも沈殿生成・溶解度積小). この溶解度の違いは HSAB(hard and soft acid and base)の概念で理解される("バイオサイエンス化学", 東京化学同人(2003), p. 114 参照). 硫化物は金属イオンの定性分析に利用される.
- **化合物の溶解度**：水酸化物はすべて難溶性. アンモニア水中では, Cu, Ag などは, いったん生じた水酸化物・酸化物が$[Cu(NH_3)_4]^{2+}$, $[Ag(NH_3)_2]^+$ などのアンモニア錯体(アンミン錯体)として溶ける. 第5周期(第二遷移系列)の Ag のハロゲン化物は難溶性(AgCl など, AgF を除く；溶解度：AgF ≫ AgCl > AgBr > AgI, この順序も HSAB で理解できる).
- **f ブロック遷移元素**(内遷移元素)：第6周期の希土類元素・ランタノイド(Le, Nd, Gd, など), 第7周期のアクチノイド(放射性元素).

3・8・5 遷移元素の特徴・典型元素との違い

表 3・14 典型元素と遷移元素の特徴・違い（太字は覚える）

	族による性質の違い	金属・非金属	価電子	金属結合	融点・沸点	密度・硬度	酸化数	錯体（配位化合物）	イオン・化合物の色
典型元素	顕著	金属と非金属	s・p	弱い	低い	小	1～2	わずか なし・例外 なし	なし
遷移元素	隣で類似	金属元素	d・(f)・s	強い	高い	大	複数	あり	あり

- **族による性質の違い**：遷移元素では（d電子による核電荷のしゃへいが不完全なため）原子半径が族の違いによってあまり変化しないので，イオン化エネルギーもあまり変化しない．したがって，元素の性質は必ずしも周期的には変化しない．また，周期表の隣同士の族の元素間であまり差がない．多くの元素が＋2，＋3の酸化数を取る（3・8・4項参照）．
- **性質の特徴**：
  (1) 遷移元素（dブロック元素）は，典型元素であるsブロック元素，pブロック元素の中間的性質をもつ．
  遷移元素はすべて金属元素であるが電気陰性度は中程度であり，金属と非金属の性質を併せもつ→イオン結合と共有結合の両方が可能である．
  例：遷移金属元素7族（VIIB）のMnにはMnCl$_2$のようなMn^{2+}イオンの塩だけでなく，KMnO$_4$のMnO$_4^-$のような共有結合によりできた多原子イオンが存在する（非金属元素の17族（VIIA）のClにはKClO$_4$，多原子イオンClO$_4^-$，が存在する）．
  (2) 副殻とその外殻のs副殻（3dの場合は4s）とはほとんど同じエネルギーをもっているので，これらの元素が反応する時はs電子とd電子が結合生成に関与することができる．
  価電子数が多く強固な金属結合を作るので金属の密度，硬度は大きく融点も高い．
  また，価電子数が多いため，遷移元素の酸化状態は多様である．
  化学的性質にも広い幅があり，周期律に従った"典型"的なふるまいをする元素ではないことになる．
  ① 多様な酸化数の化合物や（遷移金属元素は酸化還元反応を起こしやすい），② イオン結合性から共有結合性までの幅広い化合物，③ 多様な**金属錯体**（錯体・配位化合物）を作る．
- **金属錯体（錯体・配位化合物）**：
  錯体とは非共有電子対をもった原子，分子，または陰イオン（これを**配位子**という）が金属元素に**配位結合**（p. 96，107）した化合物のこと．イオンの場合には**錯イオン**という．
  生体内の金属元素の多くは錯体として存在しており，さまざまな役割を果している．血色素ヘモグロビンのヘムは鉄の錯体，植物の葉緑素の緑色色素クロロフィルはマグネシウムの錯体である．生化学，食品学で学ぶキレートとは金属錯体の1グループである．詳しくは"演習 溶液の化学と濃度計算"，p. 158参照．錯体については p. 31 も参照のこと．

【キーワード】： 電子式，イオン結合，共有結合，配位，配位結合，金属結合，電気陰性度，極性，最高酸化数，酸化数，典型元素，遷移元素

演習問題解答

3·1 (1) ① K, ② L, ③ M, ④ N殻という.
(2) ⑤ 2, ⑥ 8, ⑦ 18 (3) ⑧ 原子番号(陽子の数)
(4) ⑨ 最外殻電子, ⑩ 価電子(原子価電子)

3·2 原子の最外殻電子数(原子価数)は, 1, 2族は族番号, 13〜18族は元素の族の番号−10
(1) ① K, ② 1, 2 (2) ③ L, ④ 1, 2, 3, 4, 5, 6, 7, 8 (3) ⑤ M, ⑥ 1, 2, 3, 4, 5, 6, 7, 8

3·3 H, $(K)^1$; He, $(K)^2$; Li, $(K)^2(L)^1$; Be, $(K)^2(L)^2$; B, $(K)^2(L)^3$; C, $(K)^2(L)^4$; N, $(K)^2(L)^5$; O, $(K)^2(L)^6$; F, $(K)^2(L)^7$; Ne, $(K)^2(L)^8$; Na, $(K)^2(L)^8(M)^1$; Mg, $(K)^2(L)^8(M)^2$; Al, $(K)^2(L)^8(M)^3$; Si, $(K)^2(L)^8(M)^4$; P, $(K)^2(L)^8(M)^5$; S, $(K)^2(L)^8(M)^6$; Cl, $(K)^2(L)^8(M)^7$; Ar, $(K)^2(L)^8(M)^8$.

3·4 ① 電子式に書くべき電子の数(最外殻電子数=価電子数)は1,2族ではその原子が属する族番号と同じ(1, 2)13〜18族では族番号−10である(3〜8).

② H (H:, H·, ·H), He (He:, :He, :He), Li (Li·, Li:, ·Li), Be· (Be:, ·Be, Be·, :Be, ·Be), ·B· (·B·, ·B·, ·B·), ·C·, ·N· (:N·, ·N:, :N·), ·O· (:O·, :O·, ·O:, :O·, :O·), ·F· (:F·, ·F·, :F:), :Ne:, Na, Mg·, ·Al·, ·Si·, ·P·, ·S·, ·Cl:, :Ar:

3·5 1族: Na^+, K^+ 2族: Mg^{2+}, Ca^{2+} 13族: Al^{3+}
16族: O^{2-}, S^{2-} 17族: F^-, Cl^-, Br^-, I^-

3·6 Mg·, □Mg^{2+}□ または, Mg^{2+} ·O·, :O:$^{2-}$, :F·, :F:$^-$

3·7 本文参照.

3·8 本文をまとめよ. 自分の言葉でまとめたものがすべて正解である(よりよい答は友人の答を見て比較検討・判断せよ).
③ :N⋮⋮N: (:N⋮⋮⋮N:), :Ö::C::Ö:

3·9 ① H₂C=CH₂ 120° より小さい
(事実・実験値はほぼ120°), 平面.
② H−C≡C−H 直線.

③ H:Ö:S^{2+}:Ö:H 正四面体, H−O−S^{2+}−O−H (with O⁻ above and below)

④ :Ö::Ö$^+$:Ö: 折曲構造, O=O$^+$→O$^-$

3·10 本文をまとめよ.

3·11 ① ナトリウム原子: 内側の電荷が+1と小さく最外殻電子を引き止める力が弱いため電子を失いやすい. つまり, イオン化エネルギーは小さく, ナトリウムイオン(Na^+)になりやすい. 内殻は+1となるが, 最外殻にはすでに電子が1個あるために外の電子を引きつける力は弱い・電子親和力は小さく, 陰イオンにはなりにくい.
② 塩素原子 内側の電荷が+7と大きく最外殻電子を強く引き止めているため電子を失いにくい. イオン化エネルギーは大きく, 陽イオンにはなりにくい. 一方, 最外殻には空席が1つある. 外の電子を引きつける力が+7と大きいので, 電子親和力は大きく, 電子を1つ取り込んで陰イオンである塩化物イオン(Cl^-)になりやすい.
③ 貴ガス: 内側の電荷が+8と大きく, 最外殻電子を強く引き止めているため, イオン化エネルギーは大きい. したがって, 陽イオンにはなりにくい. 電子殻は閉殻構造なので, 外から電子を取り込む際には1つ外側の空の電子殻に入れる必要があるが, そこから見た内殻は無電荷となるから(原子核の陽子の数と内殻の電子の数が等しい), 空席の外側の電子殻に電子を引きつける力はなく, 電子親和力は小さい. したがって, 陰イオンにもなりにくい.

3·12 p. 100 の中央部を参照. 全体として見たギザギザは内側の電荷が+1〜+8まで周期的に変化するためイオン化エネルギーもそれにつれて変化する.

3·13 本文をまとめよ.

3·14 本文をまとめよ.

3·15 H, $(1s)^1$; C, $(1s)^2(2s)^2(2p)^2$; N, $(1s)^2(2s)^2(2p)^3$; O, $(1s)^2(2s)^2(2p)^4$; Na, $(1s)^2(2s)^2(2p)^6(3s)^1$; Na^+, $(1s)^2(2s)^2(2p)^6(3s)^0$; Cl, $(1s)^2(2s)^2(2p)^6(3s)^2(3p)^5$; Cl^-, $(1s)^2(2s)^2(2p)^6(3s)^2(3p)^6$; Fe, $(1s)^2(2s)^2(2p)^6(3s)^2(3p)^6(4s)^2(3d)^6$; Fe^{2+}, $(1s)^2(2s)^2(2p)^6(3s)^2(3p)^6(3d)^6$; Fe^{3+}, $(1s)^2(2s)^2(2p)^6(3s)^2(3p)^6(3d)^5$. 電子配置図は p. 104 と "有機化学 基礎の基礎", p. 201, または, "バイオサイエンス化学", 東京化学同人(2003), p. 26 参照.

3·16 本文をまとめよ.

4 有機化合物の構造式と名称がわかる・書けるようになる，性質がわかる

われわれのからだの大部分は水と有機化合物[1]といわれる炭素化合物よりなっている．体成分であり栄養素でもあるタンパク質，脂質，糖質はもちろんのこと，ビタミン，ホルモン，味・香りの成分もほぼすべて有機化合物である．これらの有機化合物の分子構造・性質・反応性などを理解することは物質科学・生命科学・健康科学・食品科学などの諸分野を学ぶ際の基礎として必須である．

4·1 分子模型と構造式

複数の原子が結合して分子（p. 12）を生じる．有機化合物は炭素原子の集合体を骨格に，H，O，N などの原子が結合することにより生じたさまざまな分子の一群である．分子は分子式（p. 12）と構造式（原子のつながり方を示す式）で区別される．したがって，有機化学を学ぶにはまず構造式の書き方・読み方を学ぶ必要がある．構造式はよくわからない，見るのも嫌だという人が構造式に慣れるためには，まず，**分子模型でさまざまな分子を組み立てて遊ぶことが一番の近道である**[2]．

4·2 構造式の書き方と構造異性体

例題 4·1 （1）H，C，N，O の原子価はいくつか（最重要！ 記憶せよ）．
（2）エタノール（お酒の成分）と酢酸（食酢の成分）の ① 示性式を書け[1]（要記憶）．また，示性式を元に ② 分子式*，③ 組成式*を書け．

* **分子式**：分子の元素組成・原子の種類と数を示す．**組成式**：原子の組成比を示す．

答 （1）原子価（手の数）：H，1；C，4；N，3；O，2（pp. 12〜14 を復習せよ）．
（2）エタノール：① C_2H_5OH，② C_2H_6O，③ C_2H_6O
　　酢酸：① CH_3COOH，② $C_2H_4O_2$，③ CH_2O

4·2·1 構造式（分子構造式）

構造式とは分子中における原子のつながり方・どの原子とどの原子とがつながっているかを示したものである．元素記号を短い線[2]でつないで分子内の各原子の結合の仕方を表す化学式．実際の形に近い構造（ただし平面式）を書くのが普通である[3]．

---

[1] 有機化合物とは生物に由来する炭素原子を含む物質の総称．以前は動植物を構成する動植物により生み出される化合物を，生命力なしには合成できないものと考え，無機化合物（鉱物性の物質）と区別してこの言葉を使ったが，現在ではたんに便宜上の区別．

[2] この目的には"HGS 分子構造模型 A 型セット（（株）日ノ本合成樹脂製作所，丸善（株）販売）"がある．分子模型による学習は"有機化学 基礎の基礎"付録を参照のこと．
複雑な物質を構造式なしで理解・暗記する努力をするより，**構造式を理解する努力をした方が楽で役立つ**．構造式にはたくさんの情報が詰まっている．この情報を読み取る能力を身につけるのがこの章の目的である．

[1] 構造式と示性式は有機化学における大切な言葉である．"示性式とは何か"は後で学ぶ（p. 122）．ここでは，答えを見て，エタノールと酢酸の示性式について，理屈抜きに覚えよ．

[2] ボンド（結合），価標．

[3] 実際の分子の立体構造を構造式でどのように表すか，詳しくは"有機化学 基礎の基礎"，pp. 232〜233 参照．

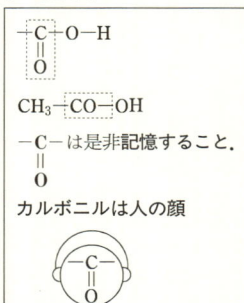

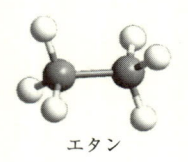

a. 単結合

例題 4・2 水素分子，水，アンモニア，メタン，エタノール，酢酸の構造式を書け[4]（分子式（元素組成），示性式を知っている必要がある）．

答 水素分子 H_2，水 H_2O，アンモニア NH_3，メタン CH_4 の立体図，分子模型図は p. 14 に示した（自分でこれらの分子の模型を作ってみよ）．これらの分子の構造式は次のように平面的に書き表される[3]．

水素分子　H–H；　水　H–O–H；　アンモニア　H–N(–H)–H；　メタン　H–C(–H)(–H)–H

エタノール　示性式：C_2H_5OH　C–C–O とつながっている[5]．

C は手が 4 本，O は手が 2 本　→　–C–C–O–　構造式：H–C(H)(H)–C(H)(H)–O–H

酢酸　示性式：CH_3COOH [6]　構造式：H–C(H)(H)–C–O–O–H ?（これは間違い！）
↑ C の手が 2 本！

POINT 下の構造式を記憶せよ[7]

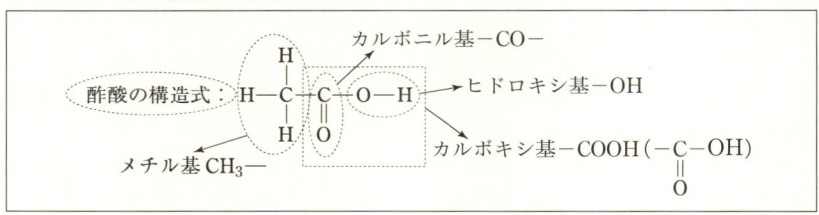

酢酸の構造式：H–C(H)(H)–C(=O)–O–H
- メチル基 CH_3-
- カルボニル基 –CO–
- ヒドロキシ基 –OH
- カルボキシ基 –COOH（–C(=O)–OH）

例題 4・3 エタン C_2H_6，メタノール CH_4O，過酸化水素 H_2O_2 の構造式を書け．わからなければ，まず，以下の"構造式の書き方"を読むこと．

POINT

構造式の書き方（ルール） エタン C_2H_6 の構造式を書いてみよう！

ルール 1 原子価（手の数）が 2 以上のものを取り出す（C, N, O 原子）．
 C の原子価は **4**，H の原子価は **1** なので，この場合は C_2．

ルール 2 原子価が 2 以上の原子をつないで分子骨格を作る．
 C_2，つまり 2 個の C をつなぐ．　　C–C

ルール 3 ルール 2 で作った分子骨格のすべての原子の原子価を正しく書く（原子価の数だけ手をのばす）．
 C の原子価は 4．　　–C–C–
 N は 3，O は 2．

ルール 4 分子の端に原子価 1 のものを書く（H, F, Cl, Br, I 原子）．
 H は原子価が 1 なので，
 H_6（H 6 個）をつなぐ．　　H–C(H)(H)–C(H)(H)–H

欄外注

4) これらの構造式は例題 4・3 以降を学べばすぐに書けるようになるし，分子式・示性式も後で自然に覚えることができる（覚え方を勉強する）．しかし，この時点で書けない人は，これらは基本，いわば掛算の九九，として**暗記せよ**．後で役立つ（4・3 節以降を学ぶ際に新しいことがすぐに頭に入る）．

5) H は手が 1 本しかないので，H と手をつないだらそこで分子はおしまいになる．分子模型の作り方を思い出せ．

6) 酢酸の示性式を覚えていないで，原子価と分子式 $C_2H_4O_2$ から酢酸の構造式を書くのは至難の技である（p. 122, 演習 4・1⑨）．示性式を CH_3COOH と覚えていても構造式はなかなか書けない．それは **C=O（カルボニル基）**なるものを知らずにこれを書くことの難しさである．

7) ○○基なる言葉は後で学ぶので今はフーンと思えばよい．

POINT

–C(=O)–O–H
CH_3–CO–OH
–C(=O)– は是非記憶すること．
カルボニルは人の顔

4・2 構造式の書き方と構造異性体　119

答 前ページ記載の構造式の書き方のルールより

	ルール1	ルール2	ルール3	ルール4
C_2H_6	C_2 [8]	C–C	–C–C–	H–C–C–H (with H's)
CH_4O	CO [9]	C–O	–C–O–	H–C–O–H (with H's)
H_2O_2	O_2 [10]	O–O	–O–O–	H–O–O–H

8) 分子模型：黒い玉(C原子)2個をつなぐ．

9) 黒い玉1個と赤い玉(O原子)1個をつなぐ．

10) 赤い玉2個をつなぐ．

例題 4・4 C_2H_6O には異性体[11]が2つある．その構造式を書け．

答 p.118, 構造式の書き方のルールより

ルール1　C_2O (Cが2個とOが1個)

ルール2　手のつなぎ方は C–C–O, C–O–C (O–C–C) の2種類[12]
（180°回転すれば同じ）

ルール3　–C–C–O–,　　–C–O–C–

ルール4　(A) H–C–C–O–H (with H's),　(B) H–C–O–C–H (with H's)

11) 異性体：分子式(分子の元素組成)が同じでも，互いに異なる物質をいう．この場合は構造(式)が異なるので**構造異性体**という．

デモ
分子模型を示す(できたら自分で組み立ててみる)．

12) 黒い玉2個と赤い玉1個をつなぐつなぎ方を順序だてて・系統的に考える．
① ●–●–○
② ●–○–●
③ ○–●–● (①と同じ)

(より詳しい説明[13])

C_2O：Cに着目する．Cが2個だから，(i) 2個のCが直接つながっている場合 –C–C– (ii) 2個のCがつながっていない場合，–C– + –C– を考えればよい．(i) –C–C– への –O– のつなぎ方をすべて考えると

a. –C–C–O–　　b. –C–C– (O上)　　c. –C–C– (O下)

d. –O–C–C–　　e. –C–C– (O上, 左)　　f. –C–C– (O下, 左)

$\begin{pmatrix} H_2 \\ H_4-C-H_1 \\ H_3 \end{pmatrix}$

13) 以下は実際に分子模型を手にとって考えてみるとわかりやすい．

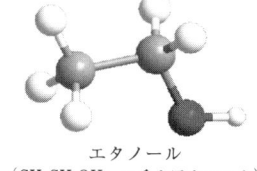

a, b, cは正四面体(正三角錐)構造のメタン(上最右の構造式)の4つの等価な–Hのうちの3つの H_1, H_2, H_3 の1つをO–，残りの H_4 を–C–にしたものだから，a, b, cの–O–はすべて等価である[14]．

a, b, cの左右を逆にひっくり返せば(横に180°回転すれば)d, e, fが得られることからa～fはすべて同一であることがわかる．よって構造式(A)が得られる．(ii) 2個のCがつながっていない場合，C_2O は–C–O–C–であることはすぐに理解できよう．したがって構造式(B)が得られる．

エタノール
(CH_3CH_2OH, エチルアルコール)

14) **分子模型**でC–C軸の回りにHを回転させるとa→b→cと変換されることを**確認せよ**．

例題 4・5　C_3H_8O には何種類の異性体があるか．構造式を書け．

答　p.118，構造式の書き方より

ルール1　C_3O

ルール2，ルール3　$C_3O：C$ に着目する．Cが3個だから
　(i) 3個のCが直接つながっている場合　$-C-C-C-$
　(ii) Cが2個つながって，残りの1個のCは直接にはつながっていない場合
　　　$-C-C- + -C-$ を考えればよい[15]．

(i) $-C-C-C-$ への $-O-$ のつなぎ方をすべて考えると，例題4・4の答と同様に，下記の構造式のうち最初の6個はすべて同一構造であること，最後の2個は上下を逆に(縦に180°回転)すれば互いに同一構造であることがわかる．**分子模型で確認せよ**(下記のPoint, **構造異性体の見分け方**も参照)．

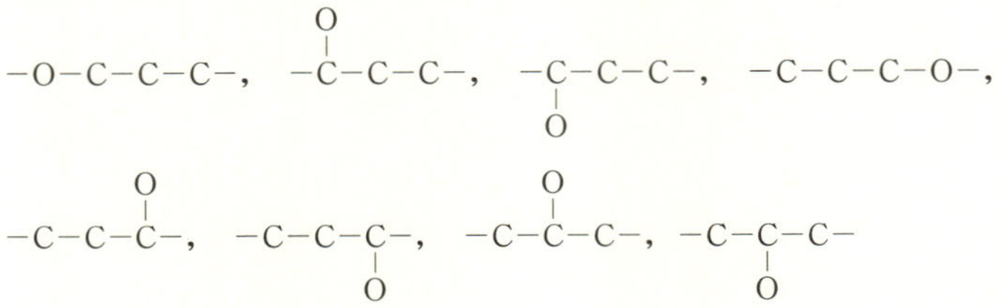

$$-O-C-C-C-,\quad -\overset{O}{C}-C-C-,\quad -C-\overset{O}{C}-C-,\quad -C-C-C-O-,$$

$$-\underset{O}{C}-C-C-,\quad -C-\underset{O}{C}-C-,\quad -C-\overset{O}{C}-C-,\quad -C-C-\underset{O}{C}-$$

(ii) の $-C-C- + -C-$ ではすぐに $-C-C-O-C-$ なる構造であることが理解されよう．$-C-O-C-C-$ は前の構造の左右を逆にひっくり返せば得られるので同一物である．下記の**構造異性体の見分け方**も読むこと．

ルール4　以上3種類の骨組みにHをつなげば次の構造式が得られる．

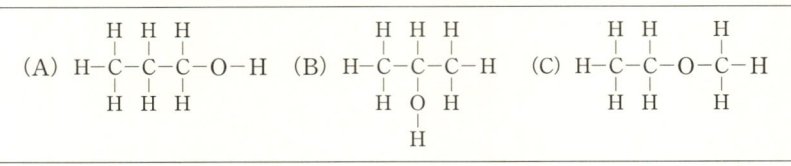

$$(A)\ H-\overset{H}{\underset{H}{C}}-\overset{H}{\underset{H}{C}}-\overset{H}{\underset{H}{C}}-O-H \quad (B)\ H-\overset{H}{\underset{H}{C}}-\overset{H}{\underset{OH}{C}}-\overset{H}{\underset{H}{C}}-H \quad (C)\ H-\overset{H}{\underset{H}{C}}-\overset{H}{\underset{H}{C}}-O-\overset{H}{\underset{H}{C}}-H$$

POINT

構造異性体の見分け方

1　一筆書き(例：下図矢印)で**原子のつながり**をなぞって $C-C-C-O$ の順なら同じものである(最初の6個，最後の2個が容易に区別できる)．

2　分子の両端を握って引っ張る → 分子が伸びて直線形になる → 同じ分子なら同じ形になる．例：引く ⟵ $\overset{C\ O}{\underset{C-C}{\ }}$ ⟶ 引く ⇒ $C-C-C-O$

例：次の構造式のうち，最初の6個，後の2個はそれぞれ同一物である．

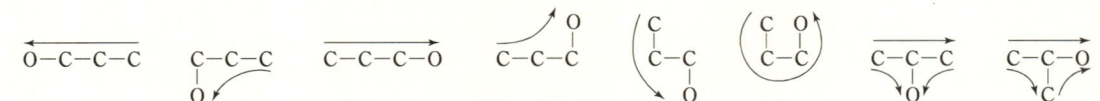

構造式は立体的な分子の構造を平面にして表すので，構造式を見ただけでは立体構造は必ずしも理解できない．同じ構造かどうかわからない．上

デモ

分子模型でこれらの異性体を作る．構造を比較する．

15) または，黒い玉3個と赤い玉1個をつなぐつなぎ方を順序立てて書いてみる．
① ●-●-●-○
② ●-●-○-●
③ ●-○-●-●(=②)
④ ○-●-●-●(=①)
⑤ ●-●-●(=⑥=⑦)
　　　　|
　　　　○
⑥ ●-●-○
　　|
　　●
⑦ ○-●-●
　　|
　　●

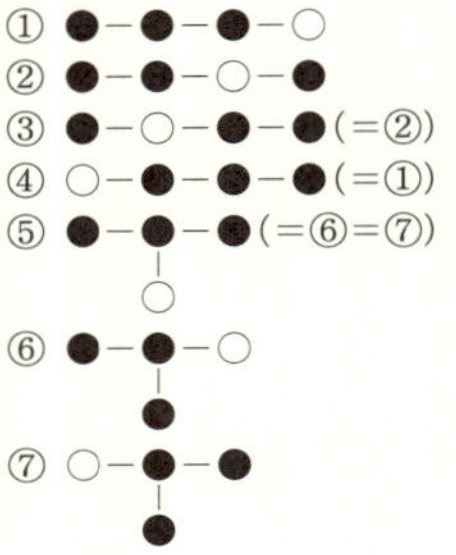

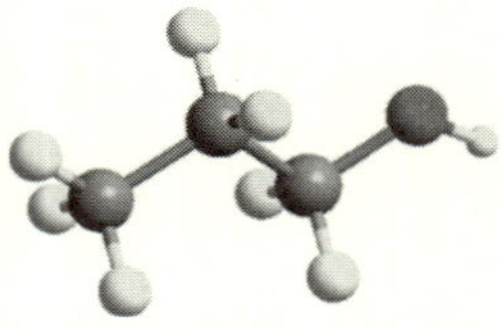

$CH_3CH_2CH_2OH$

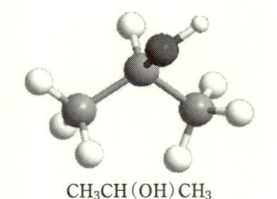

$CH_3CH(OH)CH_3$

の構造式で示した6個，および2個の構造がそれぞれ同一であること，分子の形がグニャグニャ動くことを**分子模型で確認せよ**[16]．

b．二重結合と三重結合

例題 4・6 ① H_2，② O_2，③ N_2，④ C_2 の構造式を書け（ヒントは右欄17））．

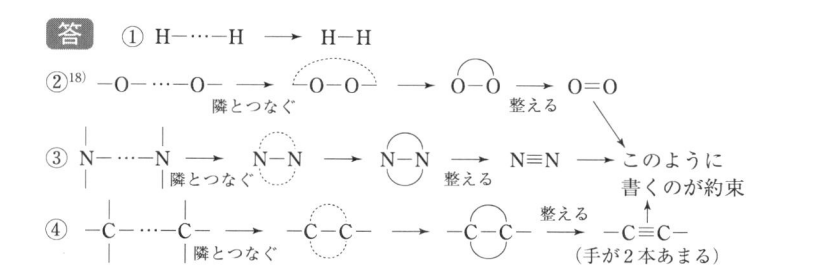

答　① H····H → H–H

② [18] –O····O– → (O–O) → (O–O) → O=O
　　　　　　隣とつなぐ　　　　　　　　整える

③ –N̈····N̈– → N̈–N̈ → N̈–N̈ → N≡N → このように
　　　　隣とつなぐ　　　　　　整える　　　　　　書くのが約束

④ –C̈····C̈– → –C̈–C̈– → –C̈–C̈– → –C≡C–
　　　隣とつなぐ　　　　　　　整える　　（手が2本あまる）

例題 4・7　CH_3NO の構造式をすべて書け（5種）[19]．

答　(1) 原子価（手の数）が2以上のものを取り出す → C, N, O, H の原子価は，それぞれ 4, 3, 2, 1 なので，この場合は C, N, O．

(2) 原子価が2以上の原子の手をつなぎ合わせて分子骨格を作る → C, N, O の原子の並べ方は，C N O，C O N，N C O の3通り[20]．
それぞれをつなぐ[20]．　　C–N–O　　C–O–N　　N–C–O

(3) (2)で作った分子骨格の原子の原子価をすべて書く（手をのばす）．

　　–C̈–N̈–O–　　–C̈–O–N̈–　　–N̈–C̈–O–

(4) 分子の端に原子価1のものをつなぐ → 分子骨格から出ている手は5本だがHは3個しかない．したがって**手が2本あまる**．そこで，あまった2本の手を互いにつなぐ（二重結合を作る[21]）．

① –C̈–N̈–O– では3通りの手のつなぎ方がある．Nとほかをつなぐ，次にCとOをつなぐ．

–C̈–N̈–O–　–C̈–N̈–O–　–C̈–N̈–O–　–C̈–N̈–O–
　↓　　　　↓　　　　　同じ
整える　　　整える
–C=N–O–　 –C̈–N=O　 –C̈–N̈–O– ≡ –C̈–N̈–
　　　　　　　　　　　　　　　　　　　　O

② –C̈–O–N̈– では1通りしかない．CとNをつなぐ．

①と同じ
　　　　　　　　　　　　　　　　　　　　O
–C̈–O–N̈– = –C̈–O–N̈– = –C̈–O–N̈– = –C̈–N̈–

---

16) イメージが浮かぶようになるためには分子模型に触ることが最良の方法である．

17) ヒント：各元素の価数を–で示すと，
H–　–O–　–N̈–　–C̈–

18) どのように手をつなぎあうかを示したものが結合・構造式である．**原子価（価数）**は，他人とつなぐ手の数である．自分自身で手をつないでは駄目．2価の酸素Oの時，相手A, B 2人の人と握手（A–O–B）はOK，相手A 1人と両手で握手（O=A）もOK，自分同士で握手（○–O–）は0価，片手で握手（A–O–）は1価となり駄目．

分子模型の図：

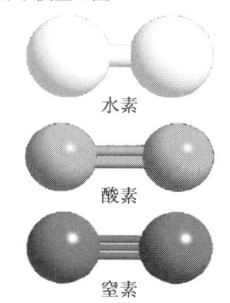

水素
酸素
窒素

19) 書き方がわからなければ p. 118 **構造式の書き方のルール 1〜4** を参照のこと．

20) 順序立てて考える．つなぎ方の違いで異性体ができる可能性がある．
黒い玉，青い玉（N原子），赤い玉のそれぞれ1個をつなぐつなぎ方を考える．
●–◎–○，●–○–◎，
◎–●–○，○–●–◎，
○–◎–●，◎–○–●，

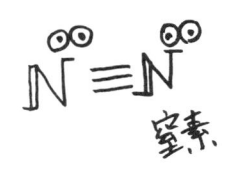

N≡N
窒素

POINT

21) "手が2本あまる" → 二重結合(C=N, N=O, C=O)か環状 → ここから始めると5つの構造を容易に書くこと可.

22) ただし不安定, 理由は分子模型を作ろうとしてみればわかる. ひずみが大きい.

23) 5つとも全部書けなくても可. 3つ以上書いたら構造式の書き方は一応理解したと思ってよい.

24) ①, ②は構造式の書き方のルール(p.118)に従えば自動的にOK.

注意!! 構造式が書けないのに p.118 のルール通りに書こうとしないで, 勝手に書こうとする人がいる! C, N, O, H の原子価 4, 3, 2, 1 が正しく書けていない人がいる!

POINT

25) 手が2本あまる場合は二重結合1個か, 環状1個. 手が4本あまる場合は二重結合2個か環状2個か二重結合と環状1個ずつ, または三重結合1個を考えれば容易に構造が得られる.

26) "ここではきものをぬいでください"では意味不明. 意味がわかるようには"ここでは, きものをぬいでください"と読点をつけるか, "ここで はきものを ぬいでください"と分かち書きすべきである. 分子式もこれと同じで, 示性式にしないと分子構造はわからない.

27) 分子式 C_2H_6O だけでは分子がどういう構造をしているかわからない. → この2種類の分子を区別できるように, 構造式を書く. しかし構造式は煩雑, かつ, 書き表すのに広いスペースが必要なので不便. → それぞれをその構造に基づいた, 分かち書きした分子式＝示性式で表す.

③ $-N-C-O-$ では3通りつなぎ方がある.

手のつなぎ方を考えてみると三角形(環状)のものも可能であることがわかる[22]. 原子の手の数が正しくて各元素の原子数が一致すれば, どのような構造でも存在する可能性がある. 正しい答えである.

以上の中から同じものを省くと, **5種類の異性体**の構造式が書ける[23].

$$H-C=N-O-H, \quad H-\overset{H}{\underset{H}{C}}-N=O, \quad H-\overset{H}{\underset{O}{C}}-N-H, \quad H-N=C-O-H, \quad H-N-C=O$$

書いた構造式が正しいかどうかの判断：
① 原子の数が分子式に合っているか？[24]
② 各原子の原子価(手の数)が合っているか？[24]
③ 手があまっていないか？
④ 手があまった場合：同一原子で2つの手が余っている場合は自分の中で手をつなぐことになるが, これでは原子価の条件(ほかとつなぐ手の数)を満たさないので不適.
→ 他原子から H を1個はずして手が2つあまった原子に H をつなぐ.
→ 手が1本ずつあまっている原子は2個 → この手をつなぎ合わせると結合ができる(**二重結合か環状**[25]) → あまった手はなくなり OK.

演習4・1 ① CO_2, ② C_2H_2, ③ C_2H_4, ④ CH_2O, ⑤ CH_3N, ⑥ HCN, ⑦ HNO, ⑧ H_3NO, ⑨ $C_2H_4O_2$ の可能な構造式をすべて書け[25].

4・2・2 示性式(短縮構造式)

構造がすぐわかる化学式. **分子の分かち書き**[26].
言葉の定義はどうでもよい. 次の例題に答えられれば十分である.

例題4・8 分子式 C_2H_6O なる化合物の構造式を書き(構造異性体2種：①, ②), その示性式を示せ[27,28].

答

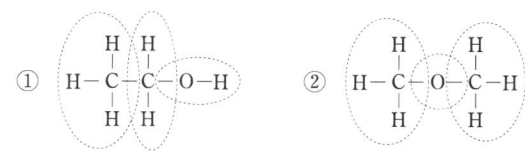

① H-C(H)(H)-C(H)(H)-O-H   ② H-C(H)(H)(H)-O-C(H)(H)(H)

① CH_3-CH_2-OH, CH_3CH_2-OH, CH_3CH_2OH, C_2H_5-OH, C_2H_5OH
 （これら5種類のいずれの書き方でもよい）

② CH_3-O-CH_3, CH_3OCH_3 （これらのいずれの書き方でもよい）

① 分子骨格 C-C-O について**1原子ごとに H を一緒にまとめて書く**＝分かち書きをすると CH_3-CH_2-OH；C-C のつながりは，同じ C だから，－を略して書くと CH_3CH_2-OH，または，C-C 部分だけをまとめて書くと，C_2H_5-OH；－を全部省略すると CH_3CH_2OH，または C_2H_5OH．通常は **C 以外の部分＝官能基＝分子の性質を表す部分**を強調するために(示性式！)C_2H_5-OH のように C 部分とそれ以外の部分とを分けて書くか，単純に C_2H_5OH と書く[29]．

② 分子骨格 C-O-C について**1原子ごとに H を一緒にまとめて書く**＝分かち書きをすると CH_3-O-CH_3；－を全部省略すると CH_3OCH_3．

演習 4・2 ① エタン，エタノール，酢酸の示性式を書け[30]．
② ペンタン C_5H_{12} の3種類の異性体[31]の構造式を書き，示性式で示せ[32]．
③ $CH_3C(CH_3)_2CH_3$, $CH_3CH(CH_3)CH_2CH_3$ の構造式を書け[33]．

4・3 飽和炭化水素 ─ アルカンとその命名法 ─

4・3・1 飽和炭化水素，アルカン，とは

"アルカン alkane とはメタンガス(都市ガスの主成分)，プロパンガス，ガソリン，石油(灯油)，ろうそくに代表される物質群"である[1]．これらの身近な飽和炭化水素の例から次の性質が即座に理解できる：アルカンには気体・液体・固体がある，燃える，液体はいわゆる"**油**"であり，水に溶けない，水に浮く・水より軽い[2]．このように，アルカンについて学ばなくてもすでに多くの知識をもっているし，アルカンとはいかなるものかイメージできるはずである．化学は難しい，有機化学は暗記が多くて嫌だなどと思わなくても，じつはみな，すでにそれらを身につけている[3]．"アルカンとはいかなるものか"，既存の知識にさらに肉づけしよう[4]．

4・3・2 飽和炭化水素と不飽和炭化水素

まず飽和炭化水素 saturated hydrocarbon という言葉の意味について考えてみよう．たとえば"飽和"水蒸気とは水蒸気がそれ以上蒸発できない状態をいう．また砂糖水の"飽和"溶液とはそれ以上砂糖が溶けない溶液をさす．"炭化水素"なる言葉の意味を考えると，水素が炭になったもの，

---

28) 構造式から示性式，示性式から構造式が書けるようになること．

29) エタン C_2H_6 から H を1つ取る：C_2H_5-，水分子 H-O-H から H を1つ取る：-OH．これをつないだものが C_2H_5OH → 水と油の性質をもつ → 性質がわかる → 示性式，性質を示す式．
CH_3-CH_2OH とは書かない．これは間違った分かち書き．

30) これらの示性式は基礎(掛算の九九)として必ず覚えておくこと．

31) 構造異性体．ペンタンを含めて3種類．ヒント：炭素のつながり方，最大炭素鎖長が違う．

32) ヒント：枝分かれ部分は( )に入れた書き方をすることがある．

33) ヒント：示性式中に(CH_3)がある時は分岐分子なので(CH_3)を抜いて分子骨格を書く．

1) アルカンとは何か？
"単結合でできた炭素と水素の化合物"が通常の答だが，筆者の答は本文の通りである．ガソリン，石油は複数のアルカンの混合物，高級ろうそくは脂肪酸エステル(p. 148)，安価なものは石油製品のパラフィン(p. 131)である．

2) 石油，ガソリン，ろうそくのしずくが溶け落ちたもの，が水に浮くのを見たことがあるだろう．

3) **理解の基本は理屈・机上の知識ではなく直感，イメージ**をもつことである．理解の前提として，アルカンの例でわかるように，化学の学習では"**ものを知る**"ことが重要である．ものを知り，小学生にもわかる説明ができる・捉え方ができていることが，その知識が自分のもの・"身についている"証拠であり，役に立つ知識である．

4) この単元を学んだ後で，もう1度同じ質問を受けたとして筆者の答えは最初と同じ "アルカンとはメタンガス(都市ガスの主成分)，プロパンガス，ガソリン，石油(灯油)，ろうそくに代表される物質群" である．ただし，頭でイメージしている中身は前よりずっと深まっている前提である．

知識，理解は "もの" にくっついていて，五感に基づいた体験を通して初めて生きたもの・役に立つものである．机上の空論，砂上の楼閣では意味がない．本書では，アルカンについてのみ今ある知識に肉づけして自分のものとする・消化する学習を行う．ほかの化合物についての同様の趣旨の学習は "有機化学 基礎の基礎" を参照のこと．

5) ゴマ油・ツバキ油・ナタネ油・コーン油などの植物油(油：液体)は二重結合をもつ物質，不飽和脂肪酸のグリセリンエステルである(p.164)．植物油の二重結合の2本の結合の1本を切って水素と反応させ単結合にすると固体(脂)になる．この水素付加(水素添加)により得られたものがバターの代用品マーガリンである．ラード，ヘッドなどの獣脂(固体)は飽和脂肪酸のエステルである．不飽和が飽和になると液体から固体になる理由は p.152 参照．

6) 単結合の C-C, C-H は切れにくい．二重結合をもつ植物油は石油など(鉱油，飽和炭化水素)と異なり，劣化して固化する性質をもつ．

7) われわれにはそれぞれ名前がある，なぜ名前があるかは，ない時のことを考えれば自明・不便だからである．化学の世界でも事情は同じである．友達を作るのに名前を覚えない人はいないだろう．友達になるにはまずその人の名前を覚えるはずである．諸君が化学と仲良くなるには友達の数ぐらいの名称は覚える必要がある．

8) 生化学，生理学，栄養学，衛生学，食品学，その他．

となるが，実際は炭素が水素化されたもの，水素化炭素 hydrocarbon である．したがって飽和炭化水素とは，水素化が飽和している(これ以上つくことができない)，**単結合**だけでできた炭素(と水素の)化合物，という意味である．

二重結合をもつ**エチレン**(エテン C_2H_4) は C=C が2本の手でつながっているので1本の手を離しても C-C の分子骨格を保ったままである．離した手には新しく水素をつける(**付加**する)ことができるのでこのCは水素化が飽和していないといえる(下の式)．三重結合 -C≡C- をもつ**アセチレン**(エチン C_2H_2) も同様である．これらを**不飽和炭化水素**という．

二重・三重結合では，まず1本の結合で**分子の骨組み**をしっかり作っている(単結合と同じ結合，これを **σ結合**(シグマ)という p.109)．残りの1本・または2本の結合は (**π結合**(パイ)という p.109) じつは手があまっていたので仕方なくつないだものである．σ結合を作るσ電子はCとCをつないで分子の骨組みを支えているいわば2つのC原子の接着剤である．この電子は結合したC-Cの間にしっかり捉えられており，自由に身動きできないので反応性は低い．一方，π結合にあずかるπ電子はC-C間にゆるく捉えられているだけなので，比較的自由に動き回ることができて，機会があれば気楽にひょいっと外に手を出してほかの相手・原子と仲良くしてしまう(浮気な電子)．すなわち，二重結合・三重結合の2本目・3本目の結合を切ってほかの原子と結合を作ってしまう(**付加反応を起こす**)性質をもつ[5]．

(不飽和炭化水素)　　　　　　手があまる
$$H-\underset{H}{\overset{H}{C}}=\underset{H}{\overset{H}{C}}-H \quad -C\pm C- \quad (H-\underset{H}{\overset{H}{C}}-\underset{H}{\overset{H}{C}}-H) \quad \xrightarrow[\text{2 H 付加}]{H_2} \quad H-\underset{H}{\overset{H}{C}}-\underset{H}{\overset{H}{C}}-H \text{ (飽和炭化水素)}$$
(エチレン)　　　　　二重結合の
　　　　　　　　　　1つを切断　　　　　　　　　　　(付加=くっつくこと：専門語である)

そこで "飽和炭化水素と不飽和炭化水素ではどちらが安定か(変化しにくいか)" はすぐにわかる．不飽和炭化水素はほかの物質をくっつける(付加反応する)ことができるので反応性が高い=不安定である．飽和炭化水素は飽和しているので反応性が低く(変化しにくく)安定である[6]．

演習 4・3 (1) ① C_2H_4 と ② C_2H_2 の名称と構造式を示せ．
　　　　(2) これらの物質の反応性は高いか低いか．その理由も述べよ．

4・3・3 直鎖の飽和炭化水素とその命名法(大変重要である！)

なぜ命名法を学ぶ必要があるか[7]：専門の授業・教科書[8]でさまざまな化合物名が出てきた時，それが何かを理解する，名称を元にその化合物の示性式・構造式が書ける，構造式を元にその化合物の性質を推定すること

が目的である．一度は自分で化合物が命名できないと，この逆の，名称から構造が書ける・理解できるようにはなれない．このためには，まず数詞，アルキル基の名称を覚えることが必須である．

表 4・1 数詞: ギリシャ語を用いる．（太字は記憶せよ）

	よみ	覚え方・例
1	**モノ**	mono モノレール（1本レールで走る），モノローグ[9]，AMP[10],
2	**ジ**	ダイアローグ（ジは横文字で書くとディdi．対話という意），ADP[11]
3	**トリ**	トライアングル（トリは横文字で書くとtri，トライとも発音する．三角形のこと，転じて三角形の楽器），ATP[12]
4	**テトラ**	tetra テトラパック（牛乳の四面体のパック．三角牛乳），テトラポッド（海岸端にある4つ足の消波ブロック）
5	**ペンタ**	penta ペンタゴン（米国国防総省のこと．上空から見ると五角形の大ビルディングである．2001年9月11日の事件を思い出すこと）
6	**ヘキサ**	hexa ヘキサゴン（六角形）
7	**ヘプタ**	hepta
8	**オクタ**	octa オクトパス（タコの足は8本），オクトーバー（10月．昔の暦では8月を表す言葉だった）[13]
9	**ノナ**	nona（ラテン語）ノベンバー（11月．もともとは9月を表す言葉）
10	**デカ**	deca ディセンバー（12月．もともとは10月），デケイド decade[14]
15	ペンタデカ	(5+10)
20	**(エ)イコサ**	(e)icosa 栄養学の(エ)イ子さ(ん)，IPA(EPA)[15]
22	**ドコサ**	docosa あんたがたドコサ肥後さ（童歌），DHA[16]

飽和炭化水素の分子式の一般式　一般式は"C_nH_{2n+2}"と表されるが，炭素の手の数＝4と覚えていれば右欄図のように構造式の骨組を描くことができる．Cの数がわかればHの数は数えればわかる．C_nH_{2n+2}のnに数を代入するのではなく構造式を脳裏に描き，上n下n両端1,1と数えよ．

演習 4・4　C_3H_n，C_5H_n，C_9H_n，$C_{22}H_n$のnを求めよ．
（構造式を脳裏に描いてnの値を数えよ．答は下表を見よ）

表 4・2 飽和炭化水素（アルカン alkane）の名称（太字は記憶せよ）

	よみ	覚え方・例
CH_4	**メタン**	methane（メタンガス）
C_2H_6	**エタン**	ethane（エタノールはお酒の成分）
C_3H_8	**プロパン**	propane（プロパンガス）
C_4H_{10}	**ブタン**	butane（ガスライターの中身はブタンガス）[17]
C_5H_{12}	**ペンタン**	penta ane → pentane[18]
	＝ペンタ＋アン	
C_6H_{14}	**ヘキサン**	hexa ane → hexane[19]
	＝ヘキサ＋アン	これらの**語尾**はすべて**ane**（アン）．
C_7H_{16}	ヘプタン	
C_8H_{18}	オクタン	
C_9H_{20}	ノナン	
$C_{10}H_{22}$	デカン	
$C_{15}H_{32}$	ペンタデカン	(5+10)ペンタデカン酸ジグリセリド[20]
$C_{20}H_{42}$	(エ)イコサン	(e)icosane（栄養学の(エ)イ子さん）IPA(EPA)
$C_{22}H_{46}$	ドコサン	docosane（あんたがたドコサン）DHA

9) ひとり言，独白．

10) AMP，アデノシンモノリン酸 adenosine monophosphate（アデノシン一(いち)リン酸），p.193.

11) ADP，アデノシンジリン酸 adenosine diphosphate（アデノシン二(に)リン酸）．

12) ATP，アデノシントリリン酸 adenosine triphosphate（アデノシン三(さん)リン酸），p.193.

13) ユリウス暦を定めたユリウス・カエサルが7月にJuli，その養子オクタウィアヌス（アウグストゥス：帝政ローマ初代皇帝）が8月に自称 August を割り込ませたため2カ月ずれた．

14) 10年間という意味．デシ(1/10を表す接頭語，デシリットル)，デカは刑事さん（品の悪い言葉）？

15) n－（マイナス）3系不飽和脂肪酸(エ)イコサ**ペンタ**エン酸．

16) n－3系，ドコサ**ヘキサ**エン酸．IPA とともに，魚油中に含まれる不飽和脂肪酸．血小枝凝集抑制作用・血栓，動脈硬化の予防・記憶力向上などの効果がある．

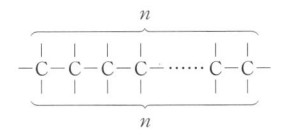

$$\underbrace{\overset{n}{\overbrace{-\overset{|}{\underset{|}{C}}-\overset{|}{\underset{|}{C}}-\overset{|}{\underset{|}{C}}-\overset{|}{\underset{|}{C}}-\cdots\cdots\overset{|}{\underset{|}{C}}-\overset{|}{\underset{|}{C}}-}}}_{n}$$

17) C_1〜C_4までは不規則なので覚えること．

18) C_1〜C_4で語尾がすべて-aneと命名された．そこで，C_5より長鎖の化合物の名称はC_1〜C_4の名称を基に **数詞＋aneの形-ane** とされた．

19) ここまでは記憶せよ．

20) 育毛剤の成分．

4·3·4 アルキル基とは

アルキル基 R− とは飽和炭化水素メタン・エタン……から水素原子を1個取ったメチル基・エチル基……といったものをさす一般名である。たとえばメタン CH_4 から H を1個取るとメチル基 CH_3- となる(左式)。炭素原子 C には**手が4本あり**(原子価4)、**これをすべて使っていないと不安定**である。メチル基 CH_3-(アルキル基 R−)は手が1本あまっているから不安定であり何かと**くっつきたがる**。その結果、下の例のようにほかのものと手をつないでさまざまな分子を作ることができる。

POINT

4·3·4 項は繰り返し読むことにより完全に理解・マスターせよ！

```
  H              H
  |              |
H-C-H  →    H-C- +-H
  |              |
  H              H
メタン CH₄    メチル CH₃−
              アルカン R−H
              アルキル R−
```

例:
```
   H       手  手   H              H    握手   H
   |               |               |           |
 H-C-H        H-C-H     →       H-C-       -C-H
   |               |               |           |
   H               H               H           H
```

メチル + メチル
```
   H       H            H    H              H H
   |       |            |    |              | |
 H-C- + -C-H   →    H-C-  -C-H   →    H-C-C-H     エタン
   |       |            |    |              | |
   H       H            H    H              H H
(CH₃− + −CH₃)                            (CH₃−CH₃)    C₂H₆
```

メチル + −Cl
```
   H                         H
   |                         |
 H-C- + −Cl    →         H-C-Cl
   |                         |
   H                         H
(CH₃− + −Cl)            (CH₃−Cl = CH₃Cl)    クロロメタン
(R−      −Cl)           (R−Cl = RCl)        (ハロアルカンの一種)
```

エチル + −OH
```
   H H                        H H
   | |                        | |
 H-C-C- + −O-H    →       H-C-C-O-H
   | |                        | |
   H H                        H H
(C₂H₅−     −OH)         (C₂H₅−OH = C₂H₅OH)    エタノール
(R−        −OH)         (R−OH = ROH)          (アルコールの一種)
```

プロピル + −H
```
   H H H                       H H H
   | | |                       | | |
 H-C-C-C- + −H    →        H-C-C-C-H
   | | |                       | | |
   H H H                       H H H
                                                    プロパン
(C₃H₇−   −H)            (C₃H₇−H = C₃H₈)   $C_nH_{2n+1}-H = C_nH_{2n+2}$
(R−      −H)            (R−H = RH)        (アルカンの一種)
```

POINT

21) 重要！ R− とは CH_3-, C_2H_5-, ……, すなわち ……−C− のことである。R が何かわからないまま学習している者がいる！ これではその先が理解できるはずがない！

22) アルキル基＝alkyl group.

このように C の手が1個あまった(ほかと手をつなぎたがっている)かたまり、CH_3-メチル基、C_2H_5-エチル基、C_3H_7-、……をまとめて**アルキル基**という**一般名**で呼び、**R−**で表す[21]。アルカン C_nH_{2n+2}, R−H → アルキル基 $C_nH_{2n+1}-$, R−. 基とは"ひとかたまり・グループ・分子を作る部品"のこと[22]。

表 4·3 アルキル基(alkyl)の名称:一般式 $C_nH_{2n+1}-$ (太字は要記憶)

示性式	アルキル基の名称[23]	略号[24]	-ane → -yl(アルカンから H を1つ取る)
CH_3-	メチル基	**Me**−	meth**ane** → meth**yl**[25]
C_2H_5-	エチル基(CH_3CH_2- も同じ)	**Et**−	eth**ane** → eth**yl**

表 4・3 つづき

示性式	アルキル基の名称[23]	略号[24]	-ane → -yl（アルカンから H を 1 つ取る）
C_3H_7-	プロピル基[23]（$CH_3CH_2CH_2-$）	Pr-	propane → propyl
C_4H_9-	ブチル基（$CH_3CH_2CH_2CH_2-$）	Bu-	butane → butyl[26]
$C_5H_{11}-$	（ペンチル基, アミル基[27]）		(pentane → pentyl)
$C_6H_{13}-$	（ヘキシル基）[23]		(hexane → hexyl)
$C_7H_{15}-$	（ヘプチル基）		(heptane → heptyl)
$C_8H_{17}-$	（オクチル基）		(octane → octyl)
$C_9H_{19}-$	（ノニル基）[23]		(nonane → nonyl)
$C_{10}H_{21}-$	（デシル基）[23]		(decane → decyl)

23) チル・ピル・シル・ニルと英語発音が少し変るがすべて -yl である．

24) Me, Et, Pr, Bu は methane, ethane, ……の頭の2字を取ったもの．

25) これを 1 つだけ覚えればほかは予想できる．

26) バター butter 由来の言葉．ブタン酸はバターの酸という意味で，日本語では酪（農の）酸という．

27) デンプン amylum 由来の言葉 ↔ アミラーゼ．

例題 4・9 $H-O-H$, $H-N-H$ (with H below N), $H-C-H$ (with H above and below C) はそれぞれ何という化合物か．それぞれの示性式・分子式を書いたうえで，これらのものが何かを判断せよ[28]．

答 水（$H-O-H \to H_2O$）：（水素 2 個と酸素 1 個からなる物質），

アンモニア（$H-N-H \to NH_3$）：（窒素 1 と水素 3 からなる物質），

メタン（$H-C-H \to CH_4$）：（炭素 1 と水素 4 からなる物質）

28) われわれは構造式ではなく示性式で頭の中に記憶しているために，このように構造式から示性式が書けないと，構造式で示したものが何かすぐにはわからない破目になる．

アルキル基の示性式による表し方：ペンチル基の例（最重要）

$H-C-C-C-C-C-$ （H が上下に付いた構造） → ① $CH_3-CH_2-CH_2-CH_2-CH_2-$
いわば油   → ② $CH_3CH_2CH_2CH_2CH_2-$ → ③ $CH_3(CH_2)_4-$
                                            → ④ $C_5H_{11}-$ （$C_nH_{2n+1}-$） → ⑤ R- で表す

こう書けるか？ このように R- で表す 油であることを示している R- は …-C- のこと

アルキル基の構造式は上記のように ① 分子の骨格原子（この場合 C）を 1 個ごとに CH_3-，$-CH_2-$ とまとめる，② 結合の手（価標）$-$ を省いて示す，③ $-C-C-$ でつながったメチレン基 $-CH_2-$ をまとめて示す，④ アルキル基の C と H をすべてまとめて $C_nH_{2n+1}-$ と表す[29]，⑤ これを R- で示す．R- は油のアルカンから H を引き抜いたものゆえ，やはり**油の性質をもつ**．

29) これがアルキル基の示性式の一般形．i-Pr-（イソプロピル基），$(CH_3)_2CH-$；i-Bu-，$(CH_3)_2CHCH_2-$；s-Bu-，$CH_3CH_2(CH-)CH_3$；t-Bu-，$(CH_3)_3C-$．$C_5H_{11}-$ とは $CH_3CH_2CH_2CH_2CH_2-$ のこと．CH_3CH_2- と C_2H_5-，$CH_3CH_2\cdots$ と $C_nH_{2n+1}-$ とが同じであることがわからない！ 丸暗記で，頭を使っていない．R の意味が本当にはつかめていない！ …C- が R- である．…C- を R に置き換えて考えるとずっとわかりやすくなる！

演習 4・5 (1) $H-C-C-C-Cl$（H が上下に付く）

(2) $H-C-C-C-C-N-H$（H が上下に付く）

(3) $H-C-C-N-C-C-C-H$（H が上下に付く）

30) ここでは化合物の名称は気にしないこと．アルカン・アルキル基の名称のみを気にせよ．

についてペンチル基の例①, ②, ④, ⑤と同様の示性式を表示せよ[30]．

例題 4・10 $H-\underset{\underset{H}{|}}{\overset{\overset{H}{|}}{C}}-\underset{\underset{H}{|}}{\overset{\overset{H}{|}}{C}}-O-\underset{\underset{H}{|}}{\overset{\overset{H}{|}}{C}}-H$ を示性式で示し，さらにアルキル基 R−，R′− を用いて表せ．

答　$CH_3-CH_2-O-CH_3 \rightarrow CH_3CH_2-O-CH_3$ このものは CH_3CH_2- と $-CH_3$ とを $-O-$ で橋掛けしたものである．$-O-$ の左右をそれぞれ C, H についてまとめて記すと $\rightarrow C_2H_5-O-CH_3 \rightarrow C_2H_5OCH_3 \rightarrow R-O-R' \rightarrow ROR'$（この場合 R＝エチル基，R′＝メチル基）エチルメチルエーテル．

　R−O−R′ とは ⋯−C−O−C−⋯ のことである．両方の C を O で橋掛けしたものである．これを**エーテル**という(p.141)．

① C−C−O−C のような場合，O の左と右の **−C−C−** 結合はそれぞれ**1 つにまとめて C_2H_5- のように書く**（これがアルキル基）．

② $-O-$ のように C の間に O や N などの C, H 以外の別の原子が入ったら，**機械的にそこで切り**，それに注目してそこまでの **−C−C−** を 1 つにまとめて書く（$C_nH_{2n+1}-$）[31]．これを **R−** と記して化合物を表現する．C の数が違う −C−C− があったら，これを **R′−** と記す．

31) 演習 4・5(3) もこの例である．C のつながりは N のところで切れているので RNHR′．

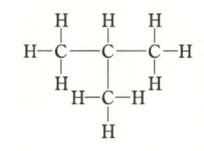

③ それゆえ，ここの例では $C_2H_5-O-CH_3 \rightarrow R-O-R'$ となる．$C_2H_5-O-CH_3$ をさらにまとめて C_3H_8O とは書かない．これでは分子式になり，アルコール C_3H_7OH とエーテル $C_2H_5OCH_3$ の区別がつかない．

4・3・5 分岐炭化水素とその命名法

　今まで見てきた −C−C−C−⋯−C− の形をした(直鎖状)炭化水素に対して，$-\underset{\underset{C}{|}}{C}-C-C-\cdots-C-$ のような化合物を分岐(またになった，枝分かれ)炭化水素と呼ぶ．左図の分岐炭化水素はブタン(C_4H_{10}) −C−C−C−C− の構造異性体である．この炭化水素を例にとって命名の手順を示そう．

POINT　名前のつけ方

【命名の手順】① 構造式を書き，構造式内の −C−C− 炭素鎖のつながりをすべて**一筆書き**で書けるだけ書いてみる(左図矢印)．この**一筆書きの中で一番長い炭素の鎖を分子骨格**とし，それに対応するアルカンの名前をつける．→ この場合は C が 3 個つながった鎖が一番長い(一番長い鎖 C−C−C が 3 組あるが，いずれを分子骨格にしてもよい)．よってこのものは"プロパン"である．

② ①の**分子骨格の炭素鎖**に左図のように**右端と左端から番号をつける**(後で学ぶ官能基をもった化合物の場合，官能基がついた炭素を一番目として番号づけをする場合がある)．

③ **分岐したところの炭素の番号を読み取る．左・右からつけた 2 組の番号で小さい数値を優先する．**→ この場合は右から読んでも左から読んでも 2 である．よって，分岐

4・3 飽和炭化水素　129

の場所は(プロパンの)"2"番目のCのところである．
④ **分岐グループ(基)の名前**をつける．→ この場合は枝分かれしているものはCが1個なので"メチル基"．
⑤ 2個以上同じ**グループ(基)**があれば**接頭語**ジ(2)・トリ(3)・テトラ(4)などの**数詞**で表す．③の番号はグループの数だけ必要．→ この場合，メチル基は1個．接頭語"モノ"は省略する．したがって"2-メチル"．
⑥ 以上，2番目のCにメチル基がついたプロパン"2-メチルプロパン[32]"．

32) **分子骨格**は名称の最後尾にあるプロパン．その2番目の炭素にメチル基がついていることを名称の頭部分 2-メチルで示してある．

例題 4・11　ペンタン(C_5H_{12})の構造異性体の構造式を書き命名せよ．

答　構造異性体の書き方(見つけ方)
① **分子骨格のCの数が最長のものからCの数を順に1個ずつ減らしたもの**(C_5H_{12}の場合 5, 4, 3, 2)の構造を**順序よく考える**．
② C_5，Cが5個の直鎖状のものは −C−C−C−C−C− しかない[33]．
③ Cの数が1個少ない C_4 では −C^1−C^2−C^3−C^4− の直鎖構造に −C を1個つけ加える．分子骨格の両端である**1, 4番目のCに5個目のCを結合したものは鎖が1つ伸びて C_5 となり不適切**[33]．したがって，2か3に−C(メチル基，−CH$_3$)をつける．−C−C−C−C− [34]．
　　　　　　　　　　　　　　　　　　　　　　　　　　　　　　　　　|
　　　　　　　　　　　　　　　　　　　　　　　　　　　　　　　　　C

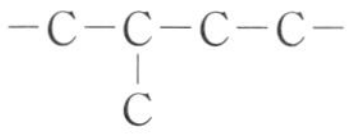

④ 分子骨格のCの数が2個少ない C_3 は −C^1−C^2−C^3− の骨格に −C(メチル基)を2個，または −C−C(エチル基)を1個つけ加える．③と同様の議論で骨格の両端の1, 3番目の位置のCに結合したものは不適切．したがって，2の位置に−C(メチル基)を2個つける[35]．−C−C−C− の2の位置に−C−C をつけると −C−C−C− となるが，この構造の最長炭素鎖は C_4 (一筆書きしてみ
　　　　　　　　　　　　　　　　　　　|
　　　　　　　　　　　　　　　　　　C−C−
よ)，③と同一構造である．

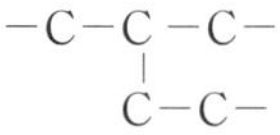

33)
−C−C−C−C−
　　　　　|
　　　　−C−

−C−
　|
−C−C−C−
　　　|
　　−C−

−C−
　|
−C−C−C−
　|
−C−

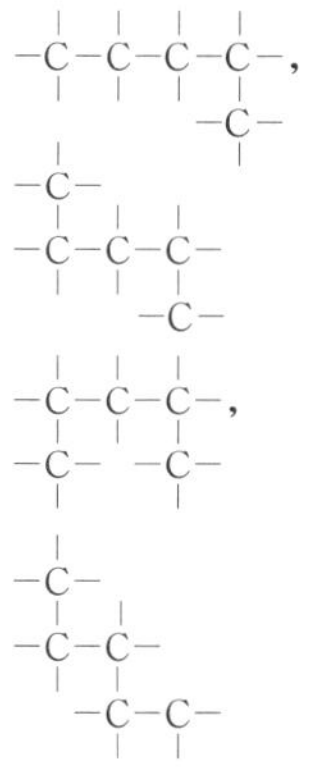

はすべて C_5 の直鎖構造である．p.120の見分け方，参照．

34) p.120と同様の議論で 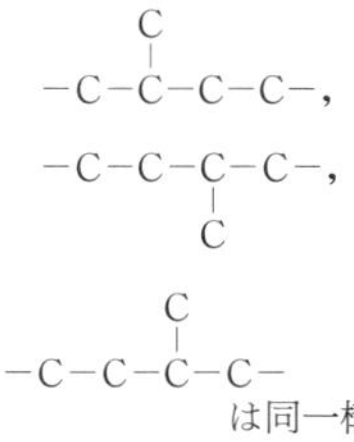
　　　C
　　　|
−C−C−C−C−,

−C−C−C−C−,
　　　|
　　　C

−C−C−C−C−
　　|
　　C
は同一構造

35)
　　−C−
　　　|
−C−C−C−
　　　|
　　−C−

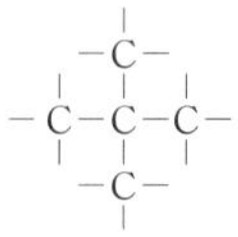

ペンタン(C_5H_{12})の構造異性体に名前をつける：

[I]
H H H H
 | | | |
H−C−C−C−C−H　→　CH$_3$−CH−CH$_2$−CH$_3$　≡　C＼
 | | | | 　　| 　 C−C−C
 H H H H   　　CH$_3$ 　 C／
 |
H−C−H
 |
 H

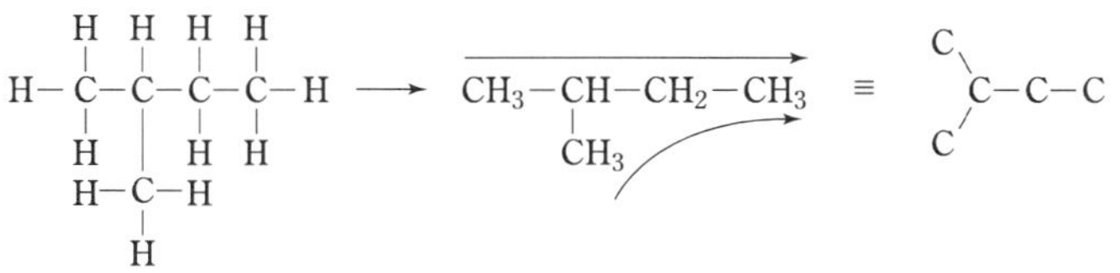

① Cが4個の鎖(上左図矢印，2組ある)が一番長いので"ブタン"．
② 分子骨格の炭素に左から番号づけ：2のCが分岐，右から番号づけ：3のCが分岐[36]．
③ 番号の若い(数が小さい)方をとる．左から数えて"2"の位置のCが分岐．
④，⑤ 枝分かれ部分はCが1個なのでメチル基．よって"2-メチル"．

36)
−C^1−C^2−C^3−C^4−
　　　|
　　　C

−C^4−C^3−C^2−C^1−
　　　|
　　　C

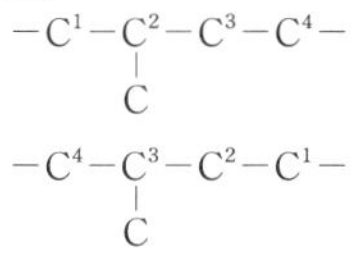

37) 分子骨格は名称の一番後ろにあるブタン．その2番目の炭素にメチル基がついていることを名称の頭部分2-メチルで示してある．

⑥ 以上，2の位置の炭素に**メチル基**がついた**ブタン**なので"2-メチルブタン"[37]．

[Ⅱ]

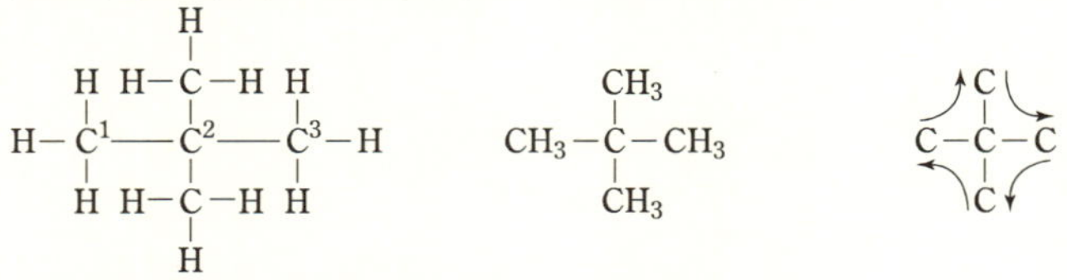

$$\begin{array}{c} H\ H\!-\!\overset{|}{C}\!-\!H\ H \\ |\ |\ |\ | \\ H\!-\!\overset{|}{C^1}\!-\!\overset{|}{C^2}\!-\!\overset{|}{C^3}\!-\!H \\ |\ |\ |\ | \\ H\ H\!-\!\overset{|}{C}\!-\!H\ H \\ |\ \\ H \end{array}$$

$$CH_3-\underset{\underset{CH_3}{|}}{\overset{\overset{CH_3}{|}}{C}}-CH_3$$

① 炭素の一番長い鎖は C が 3 個なので（上図矢印）"プロパン"．
②，③ "2" の位置の C が 2 カ所枝分かれしている．
④ 枝分かれしてくっついているものは C が 1 個 CH_3- なのでメチル基．
⑤ そのメチル基が同じ 2 の位置に 2 つ（ジ）あるので "2,2-ジメチル"．
⑥ 以上，2の位置のCに2個（=ジ）のメチル基がついた**プロパン**なので 2-メチル-2-メチルプロパン，略記すると（それが約束）"2,2-ジメチルプロパン[38]"．

POINT

38) 注意！ ジメチル（分岐したメチル基が2個）なので，そのメチル基をつける場所も2カ所示すことが必要．すなわち，2-ジメチルではなく**2,2-ジメチル**とするべきである．2-メチル-3-メチルブタンは2,3-ジメチルブタンと略記される．

演習 4・6 ヘキサンの異性体の構造式を書き[39]命名せよ（ヘキサンほか4種類）．

演習 4・7 $CH_3CH(CH_3)CH(C_2H_5)CH_2CH_2CH_3$ の構造式を書き命名せよ[40]．

演習 4・8 以下の化合物（名称不適切）を正しく命名せよ．① 1,1-ジメチルプロパン，② 1,3-ジメチルプロパン，③ 2,3-ジメチルプロパン．

演習 4・9[41] ① C_nH_{2n+2} の一般名を何というか．また，身近な具体例を示せ．
② 1, 2, 3, 4, 5, 6 の数詞を何というか．
③ 炭素数が 1〜6 のアルカンの名称とそれぞれの分子式を示せ．
④ アルキル基とは何か．また，その略号をどのように表すか．
⑤ C_1〜C_4 のアルキル基の名称と化学式，略号を示せ．

39) 直鎖（骨組み）の炭素数を1個ずつ減らしていく．C_6 の直鎖，C_5 の骨組み+C_1, C_4 の骨組み+$2C_1(C_2)$, C_3+3C_1？

40) 示性式中に（ ）で示す部分が含まれる時は，通常，この部分は置換基なので，まず，この（ ）部分を除いて構造式を書き，その後で（ ）の中身を構造式につけ足すとよい．

41) ここは基本，要記憶．

4・3・6 アルカンの所在・利用

- メタン　　天然ガスの主成分．都市ガス（台所のガス）．沼や下水の泥をかき回すと出てくる泡（沼気）．おなら（腸内細菌が有機物を分解してメタンを産生する．メタンは無臭）．地球温暖化・温室効果ガス．
- プロパン　　プロパンガス（都市ガスがないところ，キャンプなどで使用）．
- ブタン　　家庭で鍋料理の時に用いる卓上用のカセットガスコンロのガスボンベ（各自，自宅で確認してみよ）．ガスライターの中身[42]．
- ペンタン　　室温では液体．沸点 36 ℃ で引火の危険性大（デモ）．だから，ガソリンスタンドは火気厳禁．
- ヘキサン　　脂溶性物質を溶かすための液体（溶媒・溶剤）として利用．
- 石油

ガソリン	35〜180 ℃ の留分	C_5〜C_{12} のアルカンほかの混合物*
灯　油	170〜280 ℃ の留分	C_{11}〜C_{18} のアルカンほかの混合物*
軽　油	240〜350 ℃ の留分	〜C_{21} のアルカンほかの混合物*
重　油	それ以上の留分	それ以上の分岐・環状の炭化水素
固形パラフィン	C_{16}〜C_{40}（とくに C_{20}〜C_{30}）（安価なろうそく）	

  * 分岐・環状の飽和炭化水素，芳香族炭化水素を含む．

42) ブタンは室温ではガスであるが，圧力をかけることにより液体にしている．ブタンの沸点は約 0 ℃ なので，室温でもわずかな圧力をかけるだけで液体になる．ライターでは，栓を開けた瞬間に圧力が1気圧になるためにブタンが液体から気体になり，火打ち石（合金）の火花から引火して火がつく（次ページのデモを参照）．

4・3・7 アルカンの性質

① 反応しにくい(**飽和**炭化水素) → 強力な酸化剤である濃硫酸 H_2SO_4, 濃硝酸 HNO_3, 過マンガン酸カリウム $KMnO_4$ に侵されない. 単結合であり付加反応(p.165)は起こさない. C−C, C−H 結合は切れにくい[43].
② 分子量小 → 大となるにつれて,気体 → 液体 → 固体と変化する(図4・1)[44] この関係はアルカンに限らず,さまざまな化合物について成立つ(一般に,分子量が大きくなるにつれて気体 → 液体 → 固体となる)[44].
③ 水とまざらない(世間では"水と油"の関係という言葉を用いる)[45].
④ 水より軽い(密度小,石油・ろうそくは水に浮く)[46].
⑤ 燃える(酸素と反応して CO_2, H_2O を生成).

43) 理由は"有機化学 基礎の基礎", p.42. アルカンをパラフィン系(親仁性がない・反応性が低い)炭化水素ともいう.

44) この変化を理解するためのイメージとして,ここでは,小さいと体が軽く・分子量が小さく動きやすいから気体,大きいと重たいから動きにくいので固体となる,と思ってよい.本当の理由は**分散力**(ロンドン力)にある."有機化学 基礎の基礎" p.75

45) これを**疎水性**という.

46) 理由は"有機化学 基礎の基礎", p.42 参照.

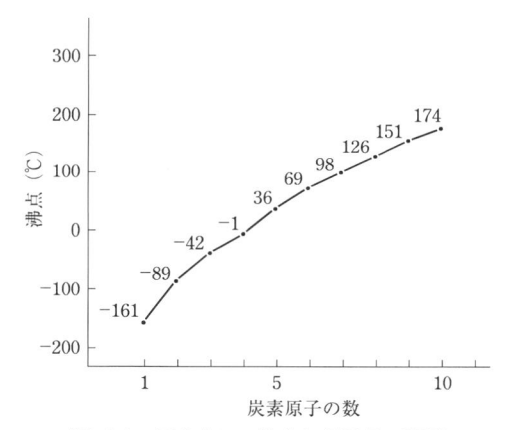

図 4・1 アルカンの沸点と分子量の関係

表 4・4 アルカンの状態と分子量との関係

アルカン	分子量	沸点(°C)	状態
メタン	16	−161.5	気体
エタン	30	−88.6	
プロパン	44	−42.1	
ブタン	58	−0.5	
ペンタン	72	36.1	液体
⋮	⋮	⋮	
C_{20}〜(パラフィン,ろう)			固体

🧪**デモ実験**:アルカンの性質を五感で理解する(見る・触る・なめる・においを嗅ぐ).
① ブタン(100円ライター・テーブルコンロのカセットボンベの中身)・ペンタン・ヘキサン・ヘプタン・パラフィン回覧:見る・手につける・においを嗅ぐ.
② 指につける → 指につけた時,どれが一番ひんやりするか.それはなぜか[47]. 手につけたあとが白くなるのはなぜか[48].
③ 着色した水とまぜる → まざるかまざらないか.浮くか沈むか[49].
④ ペンタン・ヘキサン・ヘプタンの引火実験:どれが一番引火しやすいか[50]. 石油ストーブの灯油とガソリンを間違えるとなぜ危険か[51].
⑤ マッチ軸・ろうを硫酸に浸す → パラフィン(反応性低)の証明.マッチ黒変・ろう不変.
⑥ $KMnO_4$(赤紫色)とオクタン・1-オクテンの反応 → 1-オクテンのみが反応する(褐色化).二重結合の炭素が酸化を受ける.

$$-C=C- \rightarrow -\underset{OH\ OH}{C-C}- \rightarrow -\underset{O}{C}-H + H-\underset{O}{C}- \rightarrow -\underset{O}{C}-OH + HO-\underset{O}{C}- \quad (酸化反応)$$

47) ペンタンが1番ひんやりすることを体感せよ.沸点が低いほど蒸発しやすい,蒸発時には蒸発熱を奪うのでひんやりする.

48) 脂肪分が溶ける.油を溶かす性質がある.

49) 水とはまざらない."水と油"の関係.水より軽いので浮く(油).

50) ペンタン.ガスライター2個(ブタン)を用い一方は点火せず栓のみ開ける.点火したライターを近づける.

51) ガソリンは石油に比べて沸点,引火点,発火点が低いので引火しやすい.

POINT

52) 炭化水素の分類
Ⅰ. 鎖式(脂肪族)炭化水素
① アルカン・鎖式(脂肪族)飽和炭化水素
② 鎖式(脂肪族)不飽和炭化水素
　アルケン(二重結合が1個*)
　アルキン(三重結合が1個*)
Ⅱ. 環式炭化水素
① シクロアルカン・脂環式(環式脂肪族)飽和炭化水素
　シクロアルケン(脂環式不飽和炭化水素)*
② 芳香族炭化水素(環状)

* 2個以上はポリエン，ポリインという．

デモ
ヘキサン，シクロヘキサン，ベンゼンの分子模型(自分で作ってみよ)．

演習 4・10 以下の？に答えよ．
① アルカンの沸点と分子量との関係は？(一般的性質)
② 室温でブタンは(気，液，固？)体，ヘキサンは？体，$n=20$ のアルカンでは？体である．(気・液・固？)
③ アルカンの密度は水より小さい(軽い)？　大きい(重い)？
④ アルカンの水との親和性＝水とまざる？まざらない？
⑤ アルカンの反応性は高い？　低い？

4・3・8　脂環式飽和炭化水素・シクロアルカンと芳香族炭化水素

さまざまな有機化合物の基本(炭素)骨格となる炭化水素は飽和炭化水素と不飽和炭化水素，鎖式(鎖状)炭化水素と環式(環状)炭化水素，脂肪族炭化水素と芳香族炭化水素とに大別される[52]．

環状の飽和炭化水素を脂環式飽和炭化水素・シクロアルカンといい，代表例は**シクロヘキサン C_6H_{12}** である．直鎖状の飽和炭化水素ヘキサン C_6H_{14}(直鎖)，芳香族炭化水素**ベンゼン C_6H_6**(芳香族)との違いを下図，および分子模型で確認せよ．

ヘキサン C_6H_{14}　　シクロヘキサン C_6H_{12}　　ベンゼン C_6H_6

4・3・9　化学構造式の略記法(線描構造式)

上記のヘキサン，シクロヘキサン，ベンゼンはしばしば下図のように略記される．シクロヘキサンの非平面環構造(**シクロヘキサン環**)に対してベンゼンの平面正六角形の環構造を**ベンゼン環**と称する．

シクロヘキサンの本当の構造式　　ヘキサン C_6H_{14}　　シクロヘキサン C_6H_{12}　　ベンゼン C_6H_6 (p. 153)

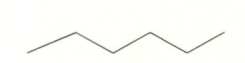

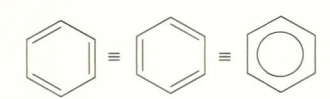

構造式を略記するには，通常の構造式から C，H 原子と C−H 結合を省き，**C−C 結合のみを実線−で表す**．すなわち，線描である．したがって，
① 短い実線が角でつながるところ(折れ線の折れ曲がったところ)，および線の端には C 原子がある[53]．
② C の原子価は 4(手が 4 本)だから，線描構造式の折れ曲がったところで 2 本の線がつながっていれば，そこには記入されていない 2 本の C−

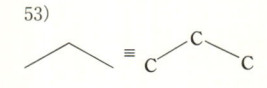

H結合があり[54], 3本の線が集まっていればC−H結合が1本[55], 線の端にはC−H結合3本があることになる.

③ 鎖式炭化水素(アルカン)の略式の構造式は上のヘキサンの例で示したように, 分子模型(実際の分子)の形状に合わせて, 直線ではなく, ジグザグ線で書き表す(直線ではどこに炭素があるかわからない)[56].

配座異性体 シクロヘキサン C_6H_{12} のいす形立体配座異性体[57]. シクロヘキサンのいす形はグルコース(ブドウ糖, p.190)の環状構造(ピラノース環, p.189)と同一であり, 生化学で学ぶブドウ糖の α, β 異性体(p.190) の構造を理解するには, このいす形構造を理解する必要がある(分子模型を用いて学ぶ).

演習 4・11 飽和炭化水素 ① C_4H_{10}, ② C_5H_{12} の可能な構造式を通常の書き方, 略式の線描の両方で示せ. ③ C_4H_8 の可能な構造式をすべて, 通常の書き方, 線描の略式で示せ(飽和・不飽和, 両方可). ① には2個, ② には3個, ③ には5個の構造異性体がある.

演習 4・12 以下の線描構造式から, Hをつけた正式の構造式を書け.

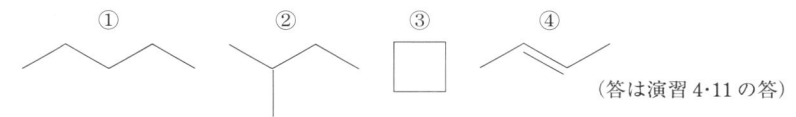

① ② ③ ④

(答は演習 4・11 の答)

4・4 13種類の有機化合物群と官能基

4・4・1 身近な物質と化合物群(群=グループ)

有機化合物は千万種以上も存在するが, それらを共通の性質や反応性を示す化合物群(グループ)に分類するとたかだか10数種類でしかない. これらの化合物群の知識は生命や食品の科学を学ぶうえで必須である[1].

身の周りの有機物を表 4・5 に例示した(フーンと眺めるだけでよい). それらの物質がこれから学習する13種類の化合物群のいずれに属するか, われわれが名前を知っている化合物があるか, それらは水と油のどちらに溶けやすいか(**水溶性・親水性, 脂溶性・親油性・疎水性**[2])も示した.

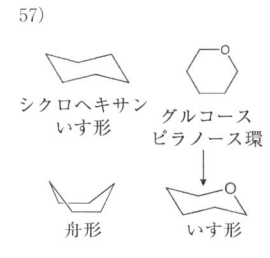

1) 化学式を見ただけでさまざまな有機化合物の具体的イメージが湧くようになるのが 4・4節の目標である: 分子構造・名称・命名法の基本・骨組み(主体・主語)は**アルカン**, 部品・枝葉(飾り・修飾語)が**アルキル基・官能基**である. 部品が化合物の**性質や反応性**を決める.

2) 水と仲がよく, 水に溶けやすいことを**親水性**, 水溶性, 油と仲がよく, 油に溶けやすいことを親油性, 脂溶性, または水に溶けにくい, 水と仲が悪いという意味で**疎水性**という.

表 4・5 身の周りの有機物

身の周りの物質	有機化合物の化合物群類別	関連化合物名・群など	水溶性・脂溶性
石油(灯油)・油, 都市ガス	アルカン・芳香族炭化水素	脂質(油脂), (エーテル)	疎水性=脂溶性
お酒, 糖質	アルコール, (エーテル結合)	エタノール, 砂糖・デンプン	親水性=水溶性
お酒の代謝・悪酔い	アルデヒド, カルボン酸	アセトアルデヒド, 酢・酢酸	親水性=水溶性
防腐・消毒剤, ブドウ糖	アルデヒド(アルドース)	理科教室のホルマリン漬け	親水性=水溶性

(次ページに続く)

表 4·5 つづき

身の周りの物質	有機化合物の化合物群類別	関連化合物名・群など	水溶性・脂溶性
アンモニア臭・腐敗臭	アミン	アミノ酸	親水性＝水溶性
アミノ酸，うま味調味料	アミン＋カルボン酸	グルタミン酸ナトリウム	親水性＝水溶性
タンパク質・卵白・筋肉	アミド(ペプチド)	ポリペプチド	親水性＝水溶性
食酢，せっけん	カルボン酸(脂肪酸・その塩)	酢酸，(脂質，エステル)	親水性/疎水性
ヨーグルト，乳酸菌	アルコール＋カルボン酸	乳酸，クエン酸，リンゴ酸	親水性＝水溶性
糖，香料，性ホルモン	アルデヒド，ケトン	ブドウ糖，果糖，麝香(じゃこう)	親水性/疎水性
果物の香り・中性脂肪	エステル	油脂(植物油，魚油，獣脂)	疎水性＝脂溶性
ニンジン色素	アルケン，(アルキン)	カロテン(ポリエン)	疎水性＝脂溶性
花・果物の植物色素	ポリフェノール	アントシアニン，カテキン	親水性/疎水性
バラ香，防虫剤，消臭剤	芳香族炭化水素	ベンゼン，ナフタレン	疎水性＝脂溶性

4·4·2 官能基とは

基とは分子を作る**部品・原子団・グループ**のことである．有機化合物の分子構造中にあって，同一化合物群に共通に含まれ，かつ同一化合物群に共通な性質や反応性の要因となる原子団または結合形式である．アルキル基(油の性質)，ヒドロキシ基(水の性質)，アミノ基(アンモニアの性質)，カルボキシ基(酸の素)などがある．

表 4·6 化合物群(グループ)・官能基(太字は記憶せよ)

化合物グループ名	官能基	化合物グループ一般式・性質	化合物の例	示性式
(1) アルカン	アルキル基 R−	R−H(油) (R−H=C_nH_{2n+1}−H =C_nH_{2n+2})	メタン，ブタン(燃料)	CH_4, C_4H_{10}
(2) ハロアルカン	ハロゲン元素 X : F, Cl, Br, I	R−X，−C−X アルカンの親戚	**クロロホルム**(麻酔作用) (トリクロロメタン)	$CHCl_3$
(3) アミン	アミノ基 −NH_2	R−NH_2, −C−NH_2 アンモニア NH_3 の親戚，塩基	メチルアミン(腐敗臭)	CH_3NH_2
(4) アルコール	ヒドロキシ基	R−OH, −C−OH, 水 H−O−H の親戚	エタノール(お酒)	C_2H_5OH
(5) エーテル	エーテル結合	R−O−R′, −C−O−C− 水と他人，油の親戚	ジエチルエーテル(麻酔)	$C_2H_5OC_2H_5$

* アシル基 R−CO−, R−C− アルデヒド・ケトン・カルボン酸・エステル・アミド・アセチル基(酢酸基？)
           ‖
           O CH_3CO− カルボニル化合物

| (6) アルデヒド
アルコールの脱水素 | アルデヒド基
−CHO | R−C−H, −C−C−H
   ‖   ‖
   O   O
R−CHO, −C−CHO | ホルムアルデヒド(ホルマリンの成分)(メタナール) | HCHO |
| (7) ケトン
(アルコールの脱水素)
アルデヒドと親戚 | ケトン基
C−C−C
  ‖
  O
C−CO−C | R−C−R′, −C−C−C−
   ‖   ‖
   O   O
R−CO−R′, −C−CO−C−
RR′CO | アセトン(糖尿病の息)(プロパノン) | CH_3COCH_3 |

(次ページに続く)

表 4・6 つづき

化合物グループ名	官能基	化合物グループ一般式・性質	化合物の例	示性式
(8) カルボン酸	カルボキシ基 $-COOH$	$R-\underset{\underset{O}{\|\|}}{C}-OH$, $-\underset{\underset{O}{\|\|}}{C}-C-OH$	酢酸（有機酸・脂肪酸）（エタン酸）	CH_3COOH
(9) エステル	エステル結合	$R-COOH$, $-C-COOH$ $R-\underset{\underset{O}{\|\|}}{C}-O-R'$, $-\underset{\underset{O}{\|\|}}{C}-C-O-C-$ $R-COO-R'$, $-C-COO-C-$ $R-CO-OR'$, $R'-O-CO-R$	酢酸エチル（果物の香り，中性脂肪）	$CH_3COOC_2H_5$
(10) アミド	アミド結合 ペプチド結合	$R-CONH_2$, $C-C-\underset{\underset{H}{\|}}{\underset{\|\|}{N}}$ $-CONH-$ $\qquad O$	アセトアミド タンパク質，ペプチド	CH_3CONH_2
(11) アルケン	二重結合	$\diagdown C=C\diagup$ （脂肪族）不飽和炭化水素	エチレン（エテン）	$CH_2=CH_2$
アルキン	三重結合	$-C\equiv C-$	アセチレン（エチン）	$CH\equiv CH$
(12) 芳香族炭化水素	フェニル基	C_6H_5-, $Ph-$, $\phi-$ （ベンゼン環）	ベンゼン	C_6H_6
(13) フェノール	ヒドロキシ基	$Ph-OH$, $\phi-OH$, $Ar-OH$	（ポリ）フェノール，カテキン	C_6H_5OH

・H^+ が酸っぱい素．酸ならばどこかに H がある（ROR′，RCOR′，RCOOR は酸ではありえない）．
・アルデヒド基の覚え方：CHO（ちょー）酒のみ過ぎて悪酔い．
・カルボニル基の覚え方：カルボニル$-\underset{\underset{O}{\|\|}}{C}-$ は人の顔，$-\ -$ は目で，O は口 (p.118).
・化合物群名：アルカン・ハロアルカン／アミン／アルコール・エーテル／アルデヒド・ケトン／カルボン酸・エステル・アミド／二重結合のアルケンに／ベンゼン・フェノールは芳香族．
・官能基の覚え方・語呂合わせ：アルキル・ハロゲン・アミノ基と／ヒドロキシ基にエーテル結合／カルボニルの CO に／R ついたるアシル基に／H くっつき CHO（ちょー悪酔）のアルデヒド／H を R に取り代えた／R-CO-R′，RR′CO はケトンさん／カルボニルの CO に／ヒドロキシの／OH ついたるカルボキシは／COOH で酸の素／OH を OR′ にとりかえた／RCOOR′ はエステル結合／$-$CONH$-$ はアミド結合／エンと呼ばれる二重結合に／芳香族のフェニル基は／ϕ（ファイ）に Ph-に C_6H_5-／芳香族の一般式はアリール基で Ar-／フェニルに-OH はフェノールです．

* 生物系・非化学理科系の読者にとっても専門を学ぶ基礎として，**表中の化合物群・官能基を頭に入れること**がいかに重要かは以下の"13 種類の有機化合物群について"の各化合物群の例を見れば明白である．生化学・食品学・栄養学・そのほかの授業を学ぶ際の教科書にはこれらの化学式・構造式・名称が頻出する．**必要な用語を完全に身につけることがほかの授業を理解する鍵である．表 4・6 の化合物群について，名称・構造式の一般式を完全に記憶すること．**（付録 4 を用いてトレーニングせよ．）

4・5　13 種類の有機化合物群について[1]

4・5・1　アルカン(1) $-R-H\cdot R-X$ とセットで覚えよ$-$

（油はアルカン・ハロアルカン，アルケン・アルキン・芳香族炭化水素）

アルカン　アルカン C_nH_{2n+2} とは C と H からできた飽和炭化水素である（構造式を頭に浮かべよ）．脂肪族飽和炭化水素ともいう[2]．CH_4 メタン，C_3H_8 プロパンなど．ガソリン・石油からわかるように**アルカンは油**である[3]．反応性は低い．アルカンを R-H と略記すると，R- $= C_nH_{2n+1}$ を**アルキル基**（メチル，エチル，……）という．アルカンの詳細は p. 123〜132 を参照．

4・5・2　ハロアルカン(2)[3] $-$アルカンの親戚$-$

アルカン C_nH_{2n+2} の H 原子のいくつかを原子価＝1 のハロゲン元素 X

1) もっときちんと勉強したい人は"有機化学 基礎の基礎"を参照のこと．

2) 脂肪族飽和炭化水素とは，脂質（中性脂肪，リン脂質，長〜短鎖の脂肪酸）のアルキル基部分と同じものという意味．

3) 水に溶けにくい・水を嫌う・水と仲が悪い．**疎水性**である．↔ **親水性**(p. 177).

4) トリハロメタンとは：トリ(3つ)，ハロ(ハロゲン元素)，メタン(Cが1個)．トリハロメタンとは $CHCl_3$，$CHCl_2Br$(ブロモジクロロメタン)，$CHClBr_2$(ジブロモクロロメタン)，$CHBr_3$(トリブロモメタン)の総称である．水道水中に微量含まれ，催奇性・発がん性を疑われている．飲料水中のハロアルカン量には環境基準の規制値があり，水道水の安全性は保たれている(環境衛生学で学ぶ)．代表例は**クロロホルム** $CHCl_3$．

5) 毒性がある．特定フロン，1,1,1-トリクロロエタンは全廃，石油系・炭化水素系洗浄剤，フッ素系溶剤 HFC，シリコーン系溶剤などを使用．

6) Hが1個(モノ，省略)Cl(＝クロロ)に置き換ったメタン．Cが1個の分子をメタンと呼ぶのが約束である．

7) Hが2個(ジ)Clに置き換ったメタン．

8) Hが3個，置き換ったメタン．

9) Hが4個，Clに置き換ったメタン．

10) 演習4・9で覚えたことを思い出せ．

11)
$Cl-\overset{Cl}{\underset{|}{C^1}}-\overset{|}{C^2}-$

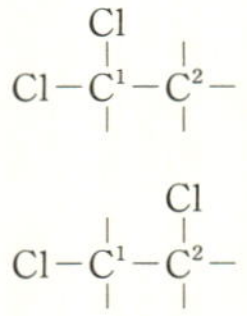

$Cl-\overset{|}{\underset{|}{C^1}}-\overset{Cl}{\underset{|}{C^2}}-$

12) 命名できなければ pp.128～130 を復習せよ．

13) 2,2-ではない．小さい数字優先．

14) 2,1-ではない．同上．

(F, Cl, Br, I)で置き換えたもの．油であるアルカンの親戚である．代表例は三置換体の $CHCl_3$ トリクロロメタン(慣用名は**クロロホルム**)[4]．

ハロアルカンの所在・用途

- クロロホルムは実験動物やテレビドラマの誘拐事件の麻酔剤．
- 栄養学・生化学実験クロロホルム-メタノールによる血液中の脂質抽出．
- ドライクリーニング溶剤(テトラクロロエチレン，ジクロロメタン)[5]．
- 集積回路(IC)の製造時の除油溶剤(HFC)，修正液，除光液，溶剤．

命名法 以下の例題を参照のこと．

例題 4・12 ① CH_3Cl，② CH_2Cl_2，③ **$CHCl_3$**，④ CCl_4 の名称(IUPAC名，p.138参照)と構造式を書け．③ は慣用名も述べよ．

答 以下の名前のつけ方，なぜこういう名か，をきちんと納得しておくこと．① **クロロメタン**[6]，② **ジクロロメタン**[7]，③ **トリクロロメタン**[8](慣用名：**クロロホルム**)，④ **テトラクロロメタン**[9]

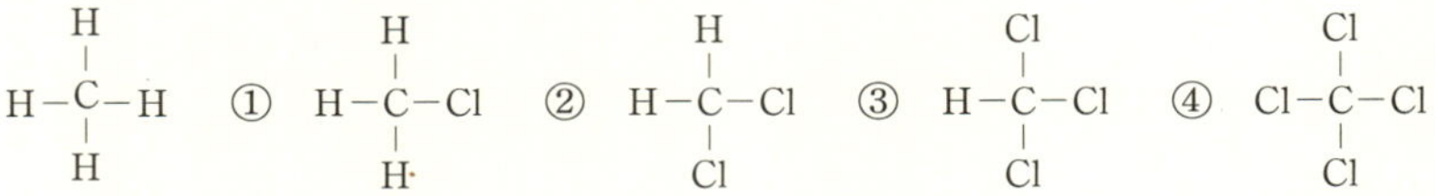

$H-\overset{H}{\underset{H}{\overset{|}{C}}}-H$ メタン

① $H-\overset{H}{\underset{H}{\overset{|}{C}}}-Cl$

② $H-\overset{H}{\underset{Cl}{\overset{|}{C}}}-Cl$

③ $H-\overset{Cl}{\underset{Cl}{\overset{|}{C}}}-Cl$

④ $Cl-\overset{Cl}{\underset{Cl}{\overset{|}{C}}}-Cl$

例題 4・13 ジクロロエタンのすべての異性体の構造式を書き命名せよ．

答 ジクロロエタンの分子骨格はエタンだから C_2．したがって，エタンの分子式は構造式を書いてHの数を数えれば C_2H_6[10]．ジクロロエタンはこの中の6個のHのうちの2個を塩素原子Clに置換した(置き換えた)ものなので化学式は $C_2H_4Cl_2$．構造式は p.118 の書き方のルールに従って，$-C-C-$ にClを2個つなげばよい．つなぎ方は分岐炭化水素(p.129)と同様に考える．$C-$ の代りに $Cl-$ があると考えればよい．残りの手にはHをつなぐ．

p.119 と同じ議論より $Cl-$ を1個だけつける場合は1種類しかない．$Cl-C-C-$．これにClをあと1個つける方法は同じ炭素に2個(左図上)と，異なった炭素に1個ずつ(左図下)の2種類しかない(pp.129～130 の議論を見よ)[11]．名称のつけ方は p.128 と同様に行えばよい[12]．C_2 だからエタン．分子骨格に左または右から番号をつけて Cl がついている炭素の番号を示す(Clが2個だから炭素の番号は2個必要，小さい番号優先)．Cl はクロロ，これが2個だからジクロロ．よって，左図の2種類の構造式は上が 1,1-ジクロロエタン[13]，下が 1,2-ジクロロエタン[14]．

演習 4・13 ① トリクロロエタン，② テトラクロロエタン，③ (モノ)クロロプロパン，ジクロロプロパンのすべての異性体の構造式を書き命名せよ．

デモ実験：ハロアルカンの性質[15]（アルカンに類似）
① $CHCl_3$を回覧・触る・においをかぐ（要注意）[16]．
② 見やすいように着色した水とまぜる．ヘキサンを加える・まぜる．→まざるか，まざらないか[15]．浮くか，沈むか[17]．
③ マジックペンの字を拭き落す[18]．

4・5・3 アミン(3) —アンモニアの親戚—

POINT

> アンモニアNH_3・アミンRNH_2・アミノ基$-NH_2$・アミノ酸
> $R-CH-COOH$と，セットで覚える[19]．
> $\quad\quad |$
> $\quad\ \ NH_2$

　アミンとは，amm(onia)-ine **アンモニアに似た（もの）**，という意味であり[19]，アンモニアNH_3のHの1〜3個をC（アルキル基R−）に置き換えたものである．したがって，アミンにはR−の数の違いにより**第一級，第二級，第三級**の3種類のアミンが存在する．代表例は**メチルアミン**CH_3NH_2（アンモニアNH_3のH原子1つをメチル基CH_3-で置換したもの．目を刺激するツンとくる腐敗臭），**トリメチルアミン**$(CH_3)_3N$（魚の青臭さ）．

POINT

	第一級アミン	第二級アミン	第三級アミン
アンモニア	（Rが1個）	（Rが2個）	（Rが3個）
H−N−H 　| 　H	R−N−H　(RNH_2), 　| 　H	R−N−H　($RR'NH$), 　| 　R'	R−N−R″　($RR'R''N$) 　| 　R'

(R, R′, R″ の ′," は3つのアルキル基の種類が違ってもよいことを示している)

　これら3種類のアミンは食品学・食品衛生学で学ぶ[20]．いずれも名前通りにアンモニアに似た性質をもつ，**アンモニア(NH_3)の親戚**，くさい仲間，**塩基**である（水に溶けると**塩基性・アルカリ性**を示す）．アミン$R-NH_2$の$-NH_2$を**アミノ基**（amine＋o（接尾語））という．

　アミンの所在　われわれのからだを構成するタンパク質の素・**アミノ酸**（下述）はアミンの一種である．魚臭，魚の腐敗臭もアミンである[21]．副腎髄質ホルモンの1つエピネフリン（アドレナリン，p.157），脳内情報伝達物質ドーパミン，その他，**アルカロイド**[22]と呼ばれるニコチン・カフェイン（p.157）などの複雑な含窒素塩基性有機化合物もアミンの一種である．ビタミンvitaminなる名称の由来のビタミンB_1（チアミン，p.194）はvital（生命の，生きるために必要）なアミンである[23]．

　アミンの名称　すべて"……アミン"という名称である．

---

15) p.158の**極性分子**と**無極性分子**の項も参照．

16) 特有のにおいがある．クロロホルムには麻酔作用・催奇性がある．

17) アルカンの親戚．アルカンに似た性質をもち，水とまざらない，アルカンとはまざる．水，アルカンより重い（なぜかは"有機化学 基礎の基礎"，p.69参照）．

18) 油性の溶剤としても使われる．

19) モモから生まれた桃太郎さん，アンモニアから生まれたアミンさんとアミノ酸（さん），と覚えよ．

20) "有機化学 基礎の基礎" p.87参照．

21) 魚の生臭さの素はトリメチルアミン$(CH_3)_3N$，魚の腐敗臭はトリメチルアミンが分解して生じたメチルアミンCH_3NH_2である．

22) 植物に含まれるアルカリ様のものという意味，すなわち塩基(p.27)．タバコのニコチン，麻薬のモルヒネ・コカイン，マラリヤの特効薬キニーネ，コーヒーのカフェインなど，植物体中に含まれる一種の**アミン類**・特殊な薬理作用がある．

23) 糖の代謝に必要，B_1不足で脚気となる．ほかの大部分のビタミンはアミンではない．

例題 4・14 CH_3NH_2, $(CH_3)_2NH$, $(C_2H_5)_3N$, $(C_2H_5)(CH_3)(C_3H_7)N$ は第何級アミンか. 構造式（または示性式）・名称も書け.

答 CH_3NH_2 第一級アミン $CH_3-\underset{H}{\underset{|}{N}}-H$ R－がメチル基 CH_3－だから**メチルアミン**. C が1個 → メチル基に－NH_2（アミノ基）がついているからメチルアミン[24].
$CH_3-NH_2 = R-NH_2$

$(CH_3)_2NH$ 第二級アミン $CH_3-\underset{CH_3}{\underset{|}{N}}-H$ R, R′がメチル基2個だから**ジメチルアミン**（ジ・メチル・アミン）
$R_2NH(RR'NH)$

$(C_2H_5)_3N$ 第三級アミン $C_2H_5-\underset{C_2H_5}{\underset{|}{N}}-C_2H_5$ C_2H_5－はエチル基, C_2H_5－が3個だから名称は**トリエチルアミン**.
$R_3N(RR'R''N)$

$(C_2H_5)(CH_3)(C_3H_7)N$ 第三級アミン $C_2H_5-\underset{CH_3}{\underset{|}{N}}-C_3H_7 \rightarrow R-\underset{R'}{\underset{|}{N}}-R''$
$RR'R''N$

N-エチル-N-メチルプロピルアミン[24,25]（エチルメチルプロピルアミン）

演習 4・14 次のアミンは第何級アミンか. 略式構造式（示性式）・名称も書け.
① $(CH_3)(C_2H_5)NH$ ② $(CH_3)_2(C_3H_7)N$ ③ N-エチル-N-メチルブチルアミン[25] ④ プロピルアミン

🧪 **デモ実験**：アミンの性質（アンモニアに類似）
アンモニア NH_3, メチルアミン CH_3NH_2, トリエチルアミン $(C_2H_5)_3N$ 回覧
① においの有無と種類[26].
② 水に溶かす（NH_3, CH_3NH_2 はもともと約30%の水溶液）. pH（フェノールフタレインによる着色の有無[27]）.
③ 濃塩酸蒸気と接触させる. 生じる白煙は何か[28].

アミノ酸 1つの分子中に**アミノ基**－NH_2 と**カルボキシ基**（カルボン酸の素, 後述）－COOH を合わせもつものをいう. うま味調味料（グルタミン酸ナトリウム）はアミノ酸の1種. タンパク質は多数の α-アミノ酸（左図[29], pp. 147, 186）が結合（脱水縮合）したもの（p. 164）.

演習 4・15 ① －NH_2 を何というか. ② アミンの代表例の名称と構造式を示せ. 第一, 二, 三級アミンの一般式を示せ. ③ アミノ酸の一般式も示せ.

4・5・4 アルコール(4) －水の親戚－

POINT

水・アルコール・エーテルとセットで覚える.

水, $\overset{\frown}{H-O-H}$ → アルコール, $\overset{\frown}{R-O-H}$ → エーテル, $\overset{\frown}{R-O-R'}$
　　　　　　　　　　　　（水の親戚）　　　　（水と他人・アルカン（油）の親戚）とセットで覚えること[30].

---

24) 国際純正応用化学連合 International Union of Pure and Applied Chemistry (**IUPAC**) による**基官能命名法**ではメチルアミン（置換命名法ではメタンアミン）, 非対称な第二級・第三級アミンでは第一級アミンの置換体として扱う：N-エチル-N-メチルプロピルアミン（N-エチル-N-メチルプロパンアミン）.

25) アルキル基名はアルファベット順に並べるのが命名法の約束.

26) 刺激臭がある. いわゆるアンモニア臭・魚臭・魚が悪くなったときのにおい.

27) ピンク色・塩基性（アルカリ性）. アミンが塩基性を示す理由は p. 160.

28) $NH_4^+Cl^-$（塩の一種）, 塩化アンモニウム；$CH_3NH_3^+Cl^-$, 塩化メチルアンモニウム；$(C_2H_5)_3NH^+Cl^-$, 塩化トリエチルアンモニウム. 第四級アルキルアンモニウムイオン（p. 160, 生化学的に重要）も参照のこと.

29) $R-\underset{NH_2}{\underset{|}{\overset{H}{\overset{|}{C}}}}-COOH$
p. 160 の 17) 両性イオン参照

30) モモから生まれた桃太郎さん, アンモニアから生まれたアミンさんにアミノ酸（さん）, 水から生まれたアルコールさんにエーテルさん.

アルコールとは水(H_2O)H−O−H の2個のHの1つをC(つまりR, アルキル基)で置き換えたもの。**R−OH(ROH)**。よって、アルコールは**水の親戚**である(水の性質の素**−OH**を1つ残している)。別の考え方は、アルカン C_nH_{2n+2}(R−H)の−Hを**−OH**(**ヒドロキシ基**, 水酸基)[31] で置き換えたもの。$C_nH_{2n+1}OH$。アルカン R−H は油だから、R−OH は油の親戚でもある。世間でアルコールといえばお酒をさすように、代表的物質は、お酒の成分である**エタノール C_2H_5OH**[31]。

アルコールの所在・用途[32]　エタノールはお酒の成分(酒精ともいう)・香料や医薬品の溶媒・溶剤、消毒薬[33]。アルコール自動車燃料(バイオエタノール)、各種化学工業の原料。メタノール CH_3OH は有毒物質[34]。メタノール改質燃料電池の原料。2-プロパノール(イソプロピルアルコール)は消毒薬として紙お手拭に使用。

アルコールの命名法　アルカン alkan<u>e</u> の e を取り、これにアルコール alcoh<u>ol</u> の **ol**(オール)をつける[35]。

例題 4·15　CH_3OH の名称を述べよ。

答　メタン・オール → (ン(n)・オ(o)をつなげて → ノ(no)) → **メタノール**(メチルアルコール):メタン CH_4 のH原子の1つを−OH(オール)に置換したものという意味。Cが1個のアルコール → メタン・オール → メタノール。

演習 4·16　① −OH を何というか。② C_2H_5OH, C_3H_7OH(異性体2種)の名称を述べよ。構造式も示せ。$CH_3CH_2CH_2CH_2OH$ の名称も述べよ。

第一級, 第二級, 第三級アルコール　ヒドロキシ基−OH が結合した炭素に結合しているアルキル基 R の数1個(H原子数2個), R の数2個(H原子数1個), R の数3個(H原子数0個)のものを、それぞれ**第一級, 第二級, 第三級アルコール**という[36]。したがって, **1-プロパノール** $CH_3CH_2CH_2OH$ は第一級アルコール, **2-プロパノール** $CH_3CH(OH)CH_3$ は第二級アルコールである。

演習 4·17　ブタノール C_4H_9OH には複数のアルコールの異性体が存在する。構造式, 名称, 第何級アルコールかを述べよ。

🜉 **デモ実験**:アルコールの性質(薬品の回覧)
① CH_3OH, C_2H_5OH, C_3H_7OH, C_4H_9OH(メタノール・エタノール・1-プロパ

---

* R−OH, ROH は HO−R, H−O−R, HOR と表す場合もある。

[31] ヒドロキシ hydroxy 基 = ヒドロ hydro・オキシ oxy = hydrogen・oxygen = HO = 水素・酸素 = 水酸基

[32] 三大栄養素の1つである糖はヒドロキシ基−OHを2個以上もつ広い意味でのアルコールである。また、代表的脂質である中性脂肪の構成要素グリセリン(後述)もアルコールである。クエン酸, リンゴ酸, 乳酸も−OH基をもつカルボン酸である。その他, 体内, 食品中には−OH基をもつさまざまな物質が存在し重要な役割を果たしている。

[33] 70~80% エタノール。アルコールが水分を吸収するので、微生物の周りから水を奪うことでタンパク質が変性するため殺菌, 消毒できる。

[34] 飲むと失明する(目が散る? アルコール)。20~50gで死亡する。メタノールは木精ともいう(木材を乾留すると得られる)。

[35] ol(オール)だけ覚えれば、あとはアルカンの知識だけでOK(メタノール・エタノールだけ覚えていれば, ol は思い出すことが可能)。レチノール(p.156, 193)。

[36]
$$R-\underset{H}{\overset{H}{C}}-OH,\ RCH_2OH$$
第一級アルコール

$$R-\underset{OH}{\overset{H}{C}}-R',\ RR'CHOH$$
第二級アルコール

$$R-\underset{OH}{\overset{R'}{C}}-R'',\ RR'R''COH$$
第三級アルコール

37) 水分子の2つの水素原子の1つをアルキル基で置き換えたものであり、一部、水に似た性質をもつ（アルカンに比べて沸点が高い、Rの炭素数が小さいものは水に溶けやすい）。

38) アルキル基の炭素数が小さいメタノールからプロパノールまでは水と任意の割合でよくまざる。水に溶ける。

39) メタノールはヘキサンと分離、エタノールは溶ける。アルキル基の炭素数が大きくなるにつれてアルカン（油）の性質に近くなり、水に溶けにくくアルカンには溶けやすくなる（C_4のブタノール）。
* 反応式は pp.163, 164.

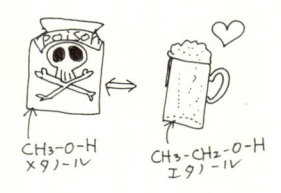

40) 構造式は右記以外の形にも書き表すことができる。

```
HO-C-H    H-C-OH
HO-C-H    H-C-OH
  H         H

  OH        H  O
  |         |  ||
  CH2     H-C-C-H
  |         |
  CH2       O
  |         |
  OH        H
```

41) 右記以外の構造式
HOCH₂CH(OH)CH₂OH

```
  H        OH
  |        |
H-C-OH    CH2
  |        |
HO-C-H    CHOH
  |        |
  H-C-OH   CH2
  |        |
  H        OH

    H H H
    | | |
 HO-C-C-C-OH
    | | |
    H O H
      |
      H

    CH2OH
    |
 HO-CH
    |
    CH2OH
```

ノール・1-ブタノール）を触る。
においを嗅ぐ：芳香？（それぞれのにおいの差異を知る）
手につける：沸点（ひやっとする程度、気化熱を奪う：蒸発しやすさの順番？）

② アルカンと水の混血・ハーフなので両方の性質をもつ[37]。
水と混ぜる：水に溶けるか否か[38]。
アルカンとまぜる：アルカンに溶けるか否か[39]。

③ 分子量が小さい割に沸点が高い：メタノール（CH_3OH）の分子量は32なので、エタンの分子量(30)に近い。エタンの沸点は $-89\,°C$ であるがメタノールの沸点は $64\,°C$ であり、$153\,°C$ 高い。エタノール（C_2H_5OH、分子量46、沸点78 $°C$）とプロパン（分子量44、沸点 $-42\,°C$）を比べてみても $120\,°C$ の差がある。差は、水ほどではないが、大きい。その理由は水と同様にアルコールも**水素結合**（下図、p.158）するからである。水はOの両側で水素結合が起きるが、アルコールでは片側でしか起きないために水より差が小さい。

④ 第一級、第二級アルコールは**酸化されてそれぞれアルデヒド、ケトンになる***。

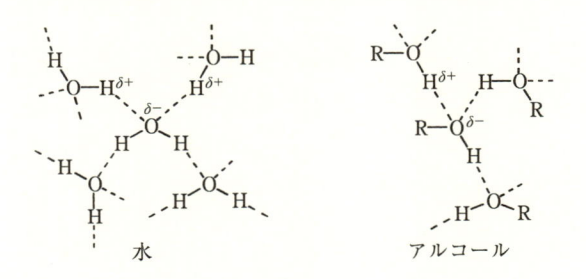

水　　　　　　　　　　　　アルコール

エチレングリコール、グリセリン　　それぞれ、1つの分子中に2個の-OH基、3個の-OH基をもったアルコール（2価アルコール、3価アルコール）の代表例である。

```
  H H            H H
  | |            | |
H-O-C-C-O-H  または H-C-C-H   H-C-OH      CH2OH
  | |            | |         |           |
  H H            O O        H-C-OH      CH2OH
                 | |
  HOCH2CH2OH 同じもの H H                CH2(OH)CH2OH
           模型で考えよ
```

エタンの1と2の位置のCにOH基（オール）が2個（ジ）ついたアルコール → 1,2-エタンジオール（慣用名：エチレングリコール）[40]。

```
                          H          H
  H H H                   |          |
  | | |                HO-C-H     H-C-OH        CH2OH
H-C-C-C-H                 |          |          |
  | | |                HO-C-H     H-C-OH        CHOH
  O O O                   |          |          |
  | | |                HO-C-H     H-C-OH        CH2OH
  H H H                   |          |
                          H          H          CH2(OH)CH(OH)CH2OH
```

プロパンの1,2,3の位置のCに-OH基（オール）が3個（トリ）ついたアルコール → 1,2,3-プロパントリオール（慣用名：**グリセリン、グリセロール**）[41]。

エチレングリコール，グリセリンの所在・用途 エチレングリコールは自動車のエンジンの冷却水の不凍液，合成繊維ポリエステルの原料，PET ボトル[42]の原料，保湿剤として化粧品などに利用．

グリセリンは油脂のけん化・せっけん製造の副生物．保湿剤として化粧水に含まれる．−OH 基が多くついているので蒸発しにくく，肌の上で水素結合を作って水分を保つ．

ニトログリセリンはグリセリンの硝酸エステル．狭心症の発作を抑える特効薬や爆薬ダイナマイト[43]の原料などに用いられる．

生体膜を構成する**リン脂質**(p.188)や**中性脂肪トリグリセリド**(**トリアシルグリセロール**，p.188)はグリセリンの脂肪酸(長鎖カルボン酸)エステル．

糖の代謝生成物(解糖系)はグリセリンの酸化物[44]，**糖，ビタミン C**(アスコルビン酸，p.195)は**多価アルコール**(−OH が複数個あるもの)の 1 種．

演習 4・18 3 価のアルコールの代表例の IUPAC 名，慣用名と構造式を示せ．(答は前ページの本文参照)

🧪**デモ実験**：エチレングリコール，グリセリンの性質(試料の回覧)
① なめて味見をする[45]．
② 沸点が高い．どろっとしている(粘度が高い)．水とよくまざる．

4・5・5 エーテル(5) —水と他人・アルカンの親戚—

エーテル(一般式：**R−O−R，R−O−R′，$C_mH_{2m+1}OC_nH_{2n+1}$**) エーテルとはギリシャ語由来で**燃える性質をもった物質**の意．水分子 H−O−H の 2 つの水素原子を 2 個ともに C(R，R′)に置き換えたのがエーテル C−O−C，R−O−R′である[46]．R はアルキル基(アルカン)であるから，いわば油である．したがって，水 H−O−H の半分が油になったアルコール R−O−H に対して，エーテル R−O−R′ は両方とも油になったものと考えてよい[47]．エーテル R−O−R′ は**水の素**である**−OH** をもっておらず，水の性質を残していない．**水と他人，アルカンの親戚**でありアルカンに似た性質をもつ[48]．麻酔作用がある．ジエチルエーテル$C_2H_5−O−C_2H_5$ ($C_2H_5OC_2H_5$)が代表例．C−O−C を**エーテル結合**という．

POINT

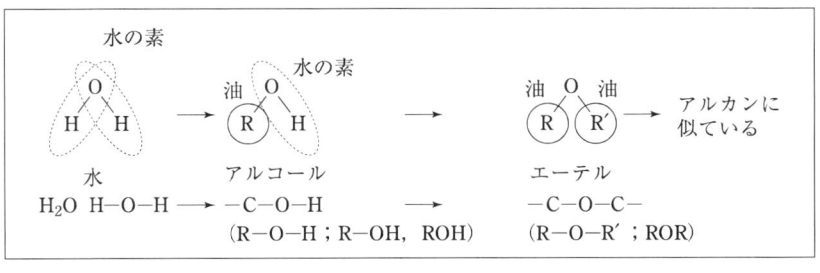

水の素 → アルコール → エーテル → アルカンに似ている
H_2O H−O−H → −C−O−H → −C−O−C−
         (R−O−H；R−OH, ROH) (R−O−R′；ROR)

---

42) ポリエチレンテレフタレート(PET)．

43) ノーベルが発明．ノーベル賞の元となる．

44) グリセルアルデヒド $CH_2(OH)CH(OH)CHO$，ジヒドロキシアセトン $CH_2(OH)COCH_2OH$．これらはもっとも簡単な糖である三炭糖アルドース，ケトース pp. 144, 189 である．

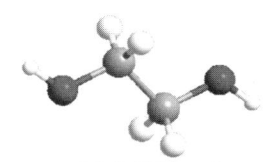

エチレングリコール
$HOCH_2CH_2OH$

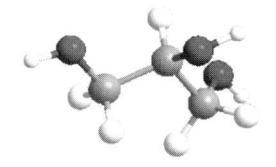

グリセリン
$HOCH_2CH(OH)CH_2OH$

45) 甘味あり．糖の構造との類似点は何か？上述，糖の代謝・解糖系生成物，三炭糖と関連，44)を見よ．

46) R，R′ は左右でメチル，エチルといったアルキル基の種類が違ってよいことを示す．

47) シューアイスの天ぷらをイメージせよ(中身のアイスは水に溶けるが外は油油して溶けない)．

48) 沸点が低く，引火性が高い，油に溶け，水に溶けにくい．

$$\begin{array}{c}\text{H} \quad \text{H} \\ | \quad | \\ \text{H}-\text{C}-\text{O}-\text{C}-\text{H} \\ | \quad | \\ \text{H} \quad \text{H}\end{array} \longrightarrow \text{CH}_3-\text{O}-\text{CH}_3 \longrightarrow \text{R}-\text{O}-\text{R}, \text{ROR};$$

$$\begin{array}{c}\text{H} \quad \text{H} \quad \text{H} \quad \text{H} \\ | \quad | \quad | \quad | \\ \text{H}-\text{C}-\text{C}-\text{O}-\text{C}-\text{C}-\text{H} \\ | \quad | \quad | \quad | \\ \text{H} \quad \text{H} \quad \text{H} \quad \text{H}\end{array} \longrightarrow \text{C}_2\text{H}_5\text{OC}_2\text{H}_5 \longrightarrow \text{R}-\text{O}-\text{R}, \text{ROR}$$

エーテルの所在・用途 チロキシン(甲状腺ホルモン, p.157), トコフェロール(ビタミン E, p.157), グリコシド結合をもった**少糖・多糖類**などはエーテルの一種である. 溶剤, 食品中の脂肪分や脂溶性ビタミン (A, E など, pp. 193, 194) を分析する時などはエーテルによる抽出を行う[49]. 動物実験の麻酔剤としても用いられる. スプレー缶用のフロンガスの代替品としてプロパンガスとともにジメチルエーテル(DME)が使われる[50].

エーテルの名称 アルキル基の名称を用いて……エーテルと呼称する.

例題 4·16 ① CH_3OCH_3, ② $CH_3OC_2H_5$, ③ $C_2H_5OC_2H_5$ の名称を述べよ.

答 これらはすべて R−O−R, R−O−R′ だからエーテルである. ① ジメチルエーテル(DME と略称, スプレー缶などに使用), ② エチルメチルエーテル[51], ③ ジエチルエーテル. 置換命名法では ① メトキシメタン(methyl-oxy → methoxy), ② メトキシエタン, ③ エトキシエタン[52].

演習 4·19 エーテルの一般式を示せ(? → ? → R−O−R′ エーテルとセットで構造・性質・名称を覚えよ). エーテルは?の親戚, ?と他人. ?に対応する化学式, 物質名を示せ. 代表的エーテルの名称を示せ.

🌡 **デモ**: エーテルの性質(代表的なエーテルであるジエチルエーテルを回覧)
① においを嗅ぐ(麻酔作用がある) → 特有臭. 嗅ぎ過ぎに注意.
② −OH 基をもっていないので水の性質を失う(水と他人).
③ 色つき水とまぜる. 溶けるか否か. 水に浮くか沈むか[53].
④ アルカンとまぜる. 溶けるか否か[54].
⑤ 手につける → どうなるか. アルカンの場合と比較せよ[55].
⑥ 燃えやすい(引火しやすい. デモ: 危険!). 揮発性・引火性大[56].

演習 4·20 ① C_4H_{10}, C_6H_{14}, ② $CHCl_3$, ③ CH_3OH, C_2H_5OH, C_3H_7OH, ④ $CH_2(OH)CH(OH)CH_2(OH)$, ⑤ CH_3OCH_3, $CH_3OC_3H_7$, $C_2H_5OC_2H_5$, ⑥ CH_3NH_2, $(C_2H_5)(CH_3)NH$, $(C_2H_5)_3N$ について, グループ名を述べよ. 構造式, 一般式を書き考えよ. 名称も考えてみよ. 例は左欄 57).

---

49) 脂肪分をエーテルに溶かし出す(これが抽出). エーテルは引火しやすく危険. エーテル室などで扱う.

50) なぜ DME がプロパンと同列か. 沸点・分子量を考えよ.

51) 正式名称はこのようにアルファベット順である. ただし, あまり重要ではないので気にしないでよい.

52) メトキシ $CH_3−O−$, エトキシ $C_2H_5−O−$. $R−O−$ をアルコキシという.

53) アルカンの親戚であり, 水とまざらない・水に浮く. 水に少しだけ溶ける.

54) アルカンの親戚・溶ける.

55) 沸点は低い, 脂肪分を溶かす.

56) 揮発性大. 引火性大. 沸点はアルカン並に低い. ジエチルエーテルの沸点 34.5°C は分子量がほぼ同じペンタンの沸点 36°C とほぼ同じ.

57) CH_3Cl は,
グループ名: ハロアルカン.
化合物名: クロロメタン.
　CH_3Cl は $CH_3−Cl$, $CH_3−$ はメチル, これはアルキル基の一種だから R− と書ける. したがって, $CH_3−Cl$ は R−Cl (RCl) = R−X(RX). それゆえ CH_3Cl は R−X(RX), ハロアルカン.
　CH_3Cl は C が 1 個だからメタン, メタン CH_4 の H の 1 つが Cl(クロロ)に置き換わったものだから, (モノ)クロロメタン, となる.

4·5·6　カルボニル基をもつ化合物

POINT

アルデヒド(6) RCHO・ケトン(7) RCOR′/カルボン酸(8) RCOOH・エステル(9) RCOOR′・アミド(10) RCONH₂，とセットで覚えること[58]．

58) カルボニル基のCOを含んだアシル基のRCOをもった5組はアルデヒド・ケトンにカルボン酸・エステル・アミド．

一般式：カルボニル基[59] R–CO– アシル基	+			重要！ 記憶せよ！			
		–H	アルデヒド	R–C–H ‖ O	R–CO–H	**RCHO**	–C–C–H ‖ O
		–R′	ケトン	R–C–R′ ‖ O	R–CO–R′	**RCOR′** **RR′CO**	–C–C–C– ‖ O
		–O–H	カルボン酸	R–C–O–H ‖ O	R–CO–CH	**RCOOH**	–C–C–OH ‖ O
		–O–R′	エステル	R–C–O–R′ ‖ O	R–CO–CR′	**RCOOR′** **R′OCOR**	–C–C–OR′ ‖ O
		–N–H H	アミド	R–C–N–H ‖ H O	R–CO–NH₂	**RCONH₂** **RCONHR** **RCONRR′**	–C–C–NH₂ ‖ O

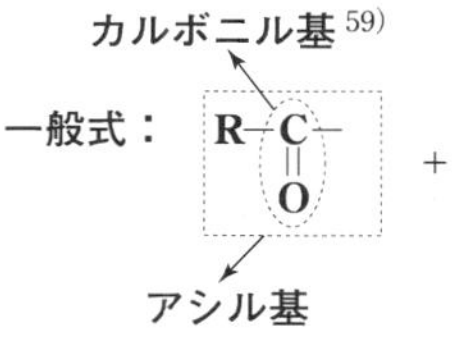

* アルデヒド・ケトン/カルボン酸・エステル・アミドは，上記のように，いずれも**カルボニル基 –CO–**，さらに言えば，アルキル基をも含んだ**アシル基 R–CO–**を分子内にもっている．

カルボニル(基)：木炭由来の物質(基)という意味に対応[60]．
アシル基 R–CO–，RCO–：酸を英語で acid という．その語源のラテン語 acidus (酸っぱい) は食酢 acetum が語源である．食酢の酸，酢酸 acetic acid，CH₃COOH の一般形は R–COOH (= R–CO–OH) と書く．

R–H (=) C$_n$H$_{2n+2}$，アルカン alkane に対して R– をアルキル基 alkyl と表現するように，R–CO– (RCO) は酸 acid RCOOH，R–CO–OH の一部だからこれを**アシル基** acyl group という一般名で呼ぶ．

代表的カルボン酸，酢酸 acetic acid，CH₃COOH のアシル基 CH₃CO– を**アセチル基** acetyl group という．アシル基の命名法は，元の酸の名称の語尾 -ic acid を -yl に変えればよい (酢酸 acetic acid → アセチル基 acetyl group)．

POINT

59) 化学式中に –CO– なる部分があれば –C– ‖ O と書くものだと覚えよ．

60) carbonyl ラテン語 carbone 木炭．

–C–, –CO– ‖ O
カルボニル基

R–C–, RCO– ‖ O
アシル基

CH₃–C–O–H ‖ O
酢酸 acetic acid

CH₃–C–, CH₃CO– ‖ O
アセチル基 acetyl group

4·5·7　アルデヒド(6)・ケトン(7)

アルデヒドとケトンとは，互いに，カルボニル基 (–CO–) に由来する，似た性質をもっている (p. 159)．両者はいわば親戚である．それゆえ，**アルデヒド RCHO，ケトン RCOR′ (RR′CO)，と一組にして覚える**とよい．アルデヒドとケトンを総称して**カルボニル化合物**という．

アルデヒド（一般式：$R-\underset{\underset{O}{\|}}{C}-H$, RCHO）　アシル基 R−CO− に H がついたものである．

代表例：**ホルムアルデヒド**（メタナール，構造式は左図[61]）．

R−COH と書いてもよいはずであるが，OH をヒドロキシ基と混同しやすいので通常 R−CHO，**RCHO** と書く．

−CHO を**アルデヒド基**という．ホルミル基 formyl group ともいう[62]．アルデヒドなる名称は **al**(cohol)-**dehyd**(rogenatum)，すなわち（第一級）アルコールを脱水素（酸化）したものという意味に由来する（p. 163）*．

ケトン（一般式：$R-\underset{\underset{O}{\|}}{C}-R'$, RCOR', R−CO−R', RR'CO）　アシル基 R−CO− にアルキル基 R' がついたものであり，アルデヒドの親戚である．

代表例：**アセトン**（プロパノン）

$-\underset{\underset{O}{\|}}{C}-C-$，C−CO−C を**ケトン基**という．ケトンなる名称は，もっとも簡単なケトンであるアセトン $CH_3-\underset{\underset{O}{\|}}{C}-CH_3$ が (a)cetone → ketone，ケトン，と変じて化合物群名となったものである**．

アルデヒド，ケトンの所在・用途　カルボニル化合物は生化学，栄養学，食品学を学ぶうえでもっとも重要な化合物群の 1 つである．**糖**はわれわれが生きるために必要な三大栄養素の 1 つであり，エネルギー源であるが，このものは**アルデヒド・ケトンの一種**である[63]．糖質・脂質・タンパク質が体中で代謝される過程（生化学反応）で生じる重要な中間体であるピルビン酸（2-オキソプロパン酸）などの α-ケト酸（2-オキソ酸）・アセト酢酸・アセトンはケトンの 1 種であり，アミノ酸代謝産物の尿素も広義にはカルボニル化合物である．ホルムアルデヒド，アセトアルデヒドなどについては例題 4・17 を参照．

アルデヒドは炭素数が少ないものは刺激臭があるが，分子量が大きくなるにつれて独特の香りを有するものが多い．とくに芳香族のものにその傾向が強い．ケトンも同様である．アルデヒド・ケトンにはともに香りの素として香水・人工香料に用いられるものが多い[64]．

ケトンは優れた溶媒であり，アセトン（プロパノン）はマニキュアの除光液，エチルメチルケトン（ブタノン）は接着剤の溶媒に用いられる．

アルデヒドの IUPAC 命名法　−CHO の炭素を含めた炭素数に対応するアルカン名 alkane の語尾の e を取って**語尾を -al と変形**する．つま

---

61)　$H-\underset{\underset{O}{\|}}{C}-H$

62)　ギ酸 formic acid 由来のアシル基としての名称である（p. 143）．

* したがって還元されれば第一級アルコールとなる．

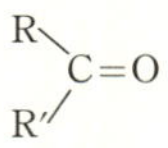

$\underset{R'}{\overset{R}{\diagdown}}C=O$

** 第二級アルコールの脱水素（酸化，p. 164）により得られる．したがって還元されると第二級アルコールとなる．

63)　**アルドース**（アルデヒド糖，グルコース（ブドウ糖）など），**ケトース**（ケトン糖，フルクトース（果糖）など）．糖とは 2 個以上のヒドロキシ基とアルデヒド基，または，ケトン基とを併せもったもののこと．語尾オース -ose は糖を意味する p. 189．

64)　香料バニラの成分バニリン・アーモンドのベンズアルデヒド・レモンのシトラール・シナモンのシンナムアルデヒド・α-リノレン酸より生じる緑の香り成分の 1 つである青葉アルデヒド，食品の変敗臭の成分もアルデヒドである．ジャスミンの cis-ジャスモン，麝香（じゃこう）鹿の分泌液の香気成分ムスコン，ショウノウ（カンフル campfor）はケトンである．

り，アルデヒド aldehyde の語頭 **al（アール）**をつける．この際に語尾の e をとらないと ea と母音が続くので英語として不自然なので e を取り al とする．分子炭素鎖の炭素原子の番号づけは －CHO の C を第1番目こする．

例題 4·17 ① HCHO H–C–H， ② CH₃CHO CH₃–C–H，の IUPAC 名，
                        ‖   ‖
                        O   O
慣用名を述べよ．

答 ① C が1個でメタン → **メタナール** methanal（メタン・アール methane・al．C が1個（メタン）のアルデヒド（アール）→ メタン CH₄ がアルコール（メタノール CH₃OH）を経てアルデヒド HCHO になったもの．慣用名：**ホルムアルデヒド** formaldehyde[65]．

ホルムアルデヒド HCHO は食品衛生・環境衛生で必ず学ぶ重要物質であり，殺菌・消毒・防腐剤のホルマリン formalin はホルムアルデヒド（気体）の水溶液である[66]．この殺菌効果は食品保存法・燻製に利用される．シックハウス症候群[67]の原因物質の1つでもある．

ホルムアルデヒド・ホルマリン・ギ酸[68]はセットで覚えること．

② C が2個でエタン → **エタナール** ethanal．慣用名：**アセトアルデヒド** acetoaldehyde．アセトアルデヒド CH₃CHO はお酒（エタノール）が体中で代謝（酸化）されて生じる悪酔いの素である[69]．食酢のアルデヒド．**アセトアルデヒド・酢酸**[70]・**アセトン** acetone・**アセチル基** acetyl group はセットで覚えること．

演習 4·21 ① C–C–C–C–H， ② C–C–C–C–C–H の IUPAC 名を述べよ．
                          ‖   ‖
                          O   O

①は ～～C–H = ～～CHO と略記される．②の構造式を略記せよ．
      ‖
      O

ケトンの IUPAC 命名法 アルカン alkane の**語尾 e** を取りケトン ketone の**語尾-one オン**をつける．アルカン **alkane**＋ケトン ket**one** → アルカノン alkan**one**．先頭にケトン基の位置を示す番号をつける．

例：2-ペンタノン C–C–C–C–C （ケトン基を置換基として扱う IUPAC 置換命名
                      ‖
                      O
法では2オキソペンタンという．オキソとは酸素（化された）という意味）

例題 4·18 CH₃COCH₃ の構造式，IUPAC 名，慣用名を述べよ（要記憶）．

答 CH₃–C–CH₃ IUPAC 名：**プロパノン**（プロパン・オン；C が3個（プロ
           ‖
           O
パン）で，2番目の C がケトン基（オン）となったもの．C3 のプロパンが 2-プロパノールを経てケトンになったもの）．

---

65) 名称の由来は p. 146，"有機化学 基礎の基礎"，p. 123 参照．

66) 反応性が高いので生き物には毒．理科室の小動物のホルマリン漬け標本．

67) 新しい家で体調を悪くしてしまう病気．

68) formic acid 蟻（あり）が出す酸．

69) 名称の由来は p. 146，"有機化学 基礎の基礎"，p. 123 参照．

70) acetic acid，食酢の酸．

71) アセトンは代謝障害が起こった時に生じる生成物である。糖尿病ではアセトンが大量に作られ尿や呼気中に現れる。ケトン体とはアセトン、アセト酢酸、β-ヒドロキシ酪酸のこと。"有機化学 基礎の基礎", p. 117 参照。

慣用名：**アセトン**。
生化学・栄養学ではアセトン体・ケトン体なる言葉は必ず学ぶ[71]。

演習 4・22 ① $C_2H_5COC_2H_5$, ② $CH_3COC_3H_7$, ③ $CH_3COCH_2COC_2H_5$ のIUPAC 名を記せ。また、構造式を例に習い略記せよ。

$$\underset{\underset{O}{\|}}{C-C-C-C} = \underset{\underset{O}{\|}}{\diagup\!\!\!\diagdown}$$

72) 刺激臭、芳香・接着剤のにおい、悪臭(バターの香料)。

デモ実験：アルデヒド・ケトンの性質(薬品回覧、ホルマリン、アセトン・エチルメチルケトン(ブタノン)、ジアセチル)

73) アセトンは揮発性大・ひやっとする。

① においを嗅ぐ[72]。　② アセトン・ブタノンを手につけてみる[73]。
③ 水とまぜる[74,75]。

74) 炭素数が少ないものは水に溶けやすい。ホルマリンは気体の水溶液、アセトンは易溶、ブタノンは可溶。

④ **反応性が高い**(付加反応を起こす(反応式は p. 165)：どのような反応があるか；**酸化還元反応**[76] を起こす(反応式は pp. 163, 164)：アルデヒドが酸化されると何に変化するか、また、アルデヒド、ケトンが還元されると何に変化するか)。

75) 水に溶ける理由は CO 基が分極しているから(p.159, CO 結合の極性)。また、カルボニル基の O 原子と水分子の H 原子とが水素結合を作るから。
$-CO\cdots H-OH$

4・5・8　カルボン酸(8)

カルボン酸(一般式：$\underset{\underset{O}{\|}}{R-C-OH}$, R—COOH, RCOOH) carboxylic acid

76) 還元性の確認テスト：アルデヒド・還元糖による銀(I)・銅(II) イオンの還元(銀鏡反応、フェーリング反応・赤色 Cu_2O)。

代表例：**酢酸**(食酢の主成分)CH_3COOH

アシル基 $R-\underset{\underset{O}{\|}}{C}-(RCO-)$ に OH をつけたもの $R-\underset{\underset{O}{\|}}{C}-OH$ [77]$=R-CO-OH=$

77)
$-\underset{\underset{\underset{カルボニル基}{O}}{\|}}{C}-OH$ ヒドロキシ基
カルボキシ基

$-C-CO-OH(R- は……C- のこと)=RCOOH$ を**カルボン酸**という。

$R-COOH$ の**—COOH** を**カルボキシ基**[78]という。カルボキシとは carb(onyl)-(hydr)oxy カルボニル・ヒドロキシ、カルボニル基とヒドロキシ基を併せもったものという意味であり、カルボン酸とはカルボキシ基をもった酸の意味である。**アルデヒド**が**酸化**され**カルボン酸**となる(p. 163)。生化学・食品学・栄養学で学ぶ酸はほとんどがカルボン酸である(下述)。

78) カルボキシル基ともいう。

79) 酢酸とその関連化合物の名称：酢酸の意味は"酢の酸"、英語で acetic acid というが、acet(ic) はラテン語(古代ローマ語)の食酢 acetum 由来である。現代イタリア語では食酢を aceto という。アセトアルデヒド aceto-aldehyde の"アセト aceto"やアセトン acetone の"アセト"、アセチル基 acetyl group(CH_3CO-) の"アセチ acet" は、酢酸 acet に由来している。
　ギ酸は formic acid、ホルムアルデヒド、ホルマリンはこの名由来である。"有機化学 基礎の基礎", p. 123 参照。

IUPAC 命名法　カルボン酸の炭素数に対応するアルカンの名称を用いて、"アルカン＋酸"と命名。

例題 4・19　CH_3COOH の構造式、IUPAC 名、慣用名を述べよ(要記憶)。

答　$CH_3-\underset{\underset{O}{\|}}{C}-O-H$

IUPAC 名：エタン酸。C が 2 個(エタン)の酸、**COOH の C も含めて**名称の元となる**炭素数**とする。エタン C_2H_6 がエタノール $C_2H_5OH \rightarrow$ アセトアルデヒド(エタナール)$CH_3CHO \rightarrow$ カルボン酸(CH_3COOH, エタン酸)まで酸化されたもの。弱酸である。

慣用名：**酢酸**(食酢の酸)acetic acid[79]。食酢は 3〜5% の酢酸水溶液である。

演習 4・23　① HCOOH, ② CH_3CH_2COOH, ③ $CH_3CH_2CH_2COOH$,
　　　　　④ $CH_3CH_2\underset{CH_3}{CH}COOH$, ⑤ $CH_3(CH_2)_{14}COOH$, ⑥ $CH_3(CH_2)_{16}COOH$

を命名せよ[80]．また，②〜④までの化合物の構造式を，官能基（ここではCOOH基）以外は炭素骨格のみを短い線で表した線描の略式構造式で示せ．

生化学・栄養学・食品学で学ぶカルボン酸

① 通常のカルボン酸：酢酸（食酢の酸）・酪酸[80] など．
② COOH基を2個もったジカルボン酸：シュウ酸[81]，コハク酸[82]，グルタル酸[83]．
③ OH基をもつヒドロキシ酸：クエン酸[84]・リンゴ酸[85]・乳酸[86] など．
④ α-ケト酸（2-オキソ酸）：ピルビン酸[87]．
⑤ アミノ酸（アミノ基をもった酸）[88,89]．通常はアミノカルボン酸をさす．1分子中にアミノ基（$-NH_2$ アミンの素）とカルボキシ基（$-COOH$ カルボン酸の素）をもつ．アミンとカルボン酸のハーフ（p.186）．
両性（双性）イオンであり**等電点**をもつ（p.160）．**光学異性体**（p.161）．
⑥ 脂肪酸：中性脂肪グリセリンエステル（p.164, p.148 の99））の成分のカルボン酸のこと．主として長鎖（アルキル基 R− の C の数が12以上）のカルボン酸のことをいう．中鎖（C_8〜C_{10}），短鎖脂肪酸（C_4〜C_6）もある．
⑦ 多価不飽和脂肪酸：ドコサヘキサエン酸（DHA, C_{22}），エイコサペンタエン酸（EPA, C_{20}）など[90]．
⑧ セッケン：$C_{17}H_{35}COO^-Na^+$ などの長鎖カルボン酸の塩である．
⑨ **エステル**（下述）：カルボン酸とアルコールとの反応生成物である（p.164）．果物の香りの成分，中性脂肪など．
⑩ **アミド**（下述）：カルボン酸とアミンとの反応生成物．ペプチドなど．

デモ実験：カルボン酸の性質（酢酸・ギ酸・濃塩酸・クエン酸・シュウ酸の回覧，こぼさないように注意）
① なめるとどんな味がするか[91]．
② ギ酸以外の酸をなめて酸っぱさを比較する（ごく少量を指先につけること）．
　強酸・弱酸．酸っぱさの素は？　酸解離反応式は？（pp.24, 26）
③ 酸の水溶液に万能pH試験紙（pH=1〜12）をつけてみる．
　pH値を比較する：強酸・弱酸．
④ 酢酸・ギ酸・濃塩酸のにおいを嗅ぐ．どのようなにおいがするか[92]．
⑤ 水とまぜる．溶けるか[93]．
⑥ 長鎖の（R−の炭素数が大きい）カルボン酸（脂肪酸）が示す性質は何か[94]．
⑦ **アルコール，アミンと反応して生成する物質**とその性質は何か[95]．

演習 4・24　以下の化合物の構造式を書け．ただし，③ については構造式とIUPAC名を書け．

---

80) 酢酸は食酢の酸，ギ（蟻）酸は蟻が出す酸という意味．ブタン酸はバターbutterの酸という意味で日本語では酪酸（酪農），バターの成分．ブタン butane も butter に由来．

81) 野菜のアクの素（p.24）．

82) 日本酒に含まれる，代謝経路のクエン酸回路（TCA回路）に含まれる．

83) グルタミン酸とともに，小麦粉タンパク質グルテン由来の名称．

84) 柑橘類の酸，TCA回路に含まれる．

85) リンゴの酸，TCA回路に含まれる．

86) 乳酸菌による発酵生成物，解糖系・筋肉運動時の嫌気的な糖代謝産物-疲労物質．

87) 2-オキソプロパン酸，代謝・解糖系の生成物．

88) α-アミノ酸の構造：
$\underset{NH_2}{R-CH-COOH}$ ←カルボン酸
アミン（$R-NH_2$）
α-アミノ酸（ペプチド結合を作りタンパク質となる）

89) 　　δ　γ　β　α 炭素
　　$-C-C-C-C-COOH$
　　　　　　　NH_2
　　　　　β-アミノ酸

α, β, γ, δ アミノ酸：α, β, γ, ……なる記号（ギリシャ文字）は，注目している官能基が結合した炭素の位置をα位，隣の位置をβ位，その隣をγ位，……として表す（上の例を見よ）．したがって，α-アミノ酸とは$-COOH$が結合した炭素にアミノ基$-NH_2$が結合したものをいう．タンパク質を構成するアミノ酸はα-アミノ酸である．糖のα, β，デンプンのα化などとはまったく無関係．

90) 魚油に多く含まれており健康との関係で注目されている（p.151, 152参照）．

91) なめると酸っぱい（酸である）．なぜか（p.159参照）．カルボン酸がなぜ酸性を示すかは"有機化学 基礎の基礎"，p.124参照のこと．

92) 刺激臭がある．

93) R−の小さいカルボン酸は水によく溶ける．なぜか．

94) 界面活性作用をもつ（p.178）．長鎖カルボン酸のアルカリ金属塩はセッケンである．セッケンはなぜ界面活性か．"有機化学 基礎の基礎"，p.127参照．

95) エステル（4・5・9項），芳香をもつ，反応式は（p.164）．アミド（p.149），酸性・塩基性を失う．反応式は（p.164）．

96)
$$R-\underset{\underset{O}{\|}}{C}-O-R'$$
$$= -\underset{\underset{O}{\|}}{C}-O-C-$$
$$= R-CO-OR'$$
$$= -C-CO-OC-$$
$$= R'O-CO-R$$

97) $CH_3-\underset{\underset{O}{\|}}{C}-O-CH_2CH_2-N(CH_3)_3^+$

98) 土木工事に用いる爆薬・ダイナマイトはグリセリンの硝酸エステルであるニトログリセリンをけいそう土に染み込ませたものである．このものは狭心症の発作を和らげる作用をもつ．

99) 中性脂肪（トリグリセリド・トリアシルグリセロール）も脂肪酸 RCOOH と呼ばれるアルキル基 R の炭素数が大きい（長鎖の）カルボン酸3分子と3価アルコールであるグリセリンとのエステルである（p.164参照）．

① シュウ酸 oxalic acid（エタン二酸）
② リンゴ酸（2-ヒドロキシプロパン二酸）
③ 乳酸（$CH_3CH(OH)COOH$）
④ ピルビン酸（2-オキソプロパン酸（α-ケトプロパン酸））
⑤ γ-アミノ酪酸（ブタン酸）・GABA（抑制性神経伝達物質）
⑥ オキサロ酢酸（2-オキソブタン二酸，TCA回路の最終生成物，アスパラギン酸との関係は？）

4・5・9 エステル（9）・アミド（10）

エステル（一般式 $R-\underset{\underset{O}{\|}}{C}-OR'$, $R-CO-OR'$, $RCOOR'$）

代表例：果物の香り・中性脂肪，酢酸エチル（お酒の吟醸香，芳香）

アシル基 $R-\underset{\underset{O}{\|}}{C}-(RCO-)$ に OR' をつけたもの $R-\underset{\underset{O}{\|}}{C}-OR' = R-CO-OR' = RCOOR'$ を**エステル**という．$-CO-O-$，$C-\underset{\underset{O}{\|}}{C}-O-C$ を**エステル結合**という[96]．

エステルとは有機酸または無機酸とアルコールとが**脱水縮合**して生成する化合物の総称である（**反応式**は p.164参照）．

エステルの所在・用途 花や果物の芳香の素はカルボン酸のエステルである（演習 4・25）．ろうや，油（oil）・脂（fat）・からだの皮下脂肪である**中性脂肪**（p.164），細胞膜を構成する**リン脂質**（p.188），**コレステロールエステル**（p.188）もエステルである．神経伝達物質**アセチルコリン**は，コリン $HO-CH_2CH_2-N(CH_3)_3^+$ の酢酸エステルである[97]．遺伝子の本体 **DNA** や類縁体 **RNA**（p.192），さまざまな生体反応のエネルギー源である **ATP**（p.193）はカルボン酸ではなく，**リン酸のエステル**である．このほか，糖代謝の中間体であるグルコース-6-リン酸（p.191）など，からだの中ではリン酸エステルの生成・分解が重要な役割を果たしている[98]．

カルボン酸とエステルは構造式が大変よく似ており，**カルボン酸** RCOOH の H（すっぱい酸の素は H^+ であるから，酸には必ず H がある）がエステル RCOOR′ ではアルコールの R′ に変わっただけである．ただし，その性質は大いに異なる．

カルボン酸は刺激臭をもつ代表的な有機酸であり，酸であるからその水溶液はもちろん酸性を示し，なめると酸っぱい．もっとも身近なものは食酢成分の酢酸（食酢の酸という意味）CH_3COOH である．

一方，エステル RCOOR′ は果物の香りで代表される香気をもつ**中性物質**であり，水にはあまり溶けない．代表的なエステルは酢酸 CH_3COOH とエタノール C_2H_5OH からできた酢酸エチル $CH_3COOC_2H_5$ である[99]．

命名法 エステル RCOOR′ の名称は，"カルボン酸 RCOOH 名＋アルキル基 R′ 名"．または，"エステルの原料となるカルボン酸の名称○○酸＋もう一方の原料アルコールのアルキル基の名称 xx-yl"→○○酸 xx-yl，たとえば酢酸メチルと命名する．したがって，○○酸△△という名称は，このものがエステルであり，○○酸と，△△基をもつアルコールとからできていることを示している(反応式は p. 164)．

例題 4·20 $CH_3COOC_2H_5$ の構造式を書き，命名せよ．この物質は何と何が反応して生じたものか(要記憶)．

答 構造式は右図．酢酸エチル(酢酸＋エチル基：酢酸 CH_3COOH とエタノール C_2H_5OH とが反応，**脱水縮合**したもの，p. 164)．酢酸エチル ethyl acetate なる名称は酢酸 CH_3COOH の H がエチル基－C_2H_5 に置き換わったという意味であるが，本当は，エステルはカルボン酸 RCOOH の H が R′ に置き換わったものではなく，p. 164 で示すように RCO－OH の－OH がアルコールの－OR′ に置き換わったものである．アシル基 R－C－ にアルコキシ基－OR′ が結合したもの．
　　　　　　　　　　　　‖
　　　　　　　　　　　　O

> 生化学・栄養学・食品学で学ぶエステル：
> ① カルボン酸エステル (p. 188)
>   トリグリセリド
>   ジグリセリド
>   モノグリセリド
>   コレステロールエステル
>   アセチルコリン
>   果物の香気物質 など
> ② リン酸エステル (pp. 188, 192～195)
>   リン脂質(細胞膜成分)
>   DNA・RNA
>   ATP・ADP・AMP
> NAD^+, NADP, FAD
>   補酵素 A(Co-A) など

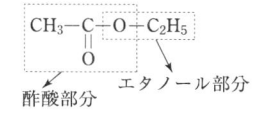

$CH_3-C-O-C_2H_5$
　　　‖
　　　O

酢酸部分　エタノール部分

演習 4·25 酪酸ペンチルはバナナの香り，酢酸オクチルはオレンジ，酪酸エチルはパイナップル，ギ酸エチルはモモ，酢酸メチルはリンゴの香りである．これらのエステルの略式構造式を書け(酪酸とはブタン酸のこと)．

🧪 **デモ実験**：エステルの性質(酢酸エチル(エステル)の回覧)
① においを嗅ぐ．芳香がある(原料の酢酸・エタノールと比較)．
② 水とまぜる．

アミド アミドとはカルボン酸 RCOOH のヒドロキシ基－OH がアミノ基－NH_2 で置き換わったもの，すなわちアシル基 R－CO－ にアミノ基－NH_2 が結合したもの R－CO－NH_2, R－C－NH_2 ≡ R－C－N－H である(**反応式**は p. 164)．
　　　　　　　　　　　　　　　　　　　　　　　‖　　　　　‖　｜
　　　　　　　　　　　　　　　　　　　　　　　O　　　　　O H

R－C－OH $\xrightarrow{NH_3}$ R－C－NH_2　　R－C－ ＋ －NH_2 ⟶ R－C－NH_2
　‖　　　　　　　　‖　　　　　　　‖　　　　　　　　　　‖
　O　　　　　　　　O　　　　　　　O　　　　　　　　　　O

アミノ基－NH_2 の 2 個の H の一方をアルキル基で置換した－NHR の場合は R－CO－NHR ＝ R－C－N－R，H を 2 個ともに R で置換した－NRR′ の場合は R－CO－NRR′ ＝ R－C－N－R となる．
　　　　　　　　　　　　　　　　　‖　｜　　　　　　　　　　　　　　　　　　　　　　　‖　｜
　　　　　　　　　　　　　　　　　O H　　　　　　　　　　　　　　　　　　　　　　　O R′

これらの －CO－N< 結合を**アミド結合**といい，大変安定な結合である．

合成繊維のナイロンは多数のアミド結合により高分子化したポリアミドである。タンパク質もアミノ酸分子のカルボキシ基-COOHと別のアミノ酸分子のアミノ基-NH$_2$とが**脱水縮合**したポリアミドである。これをとくに**ポリペプチド**と呼び，アミノ酸同士のアミド結合 -CO-NH-，

-C-N- を**ペプチド結合**と呼ぶ（**反応式**は p. 164）。
‖ ｜
O H

演習 4・26 ① アセトアミド（酢酸とアンモニアから生成），② N,N-ジメチルアセトアミド（酢酸とジメチルアミンから生成）の構造式を書け。

演習 4・27 ① CH$_3$CHO，HCHO，② (CH$_3$)$_2$CO，CH$_3$COCH$_3$，C$_2$H$_5$COC$_3$H$_7$，③ CH$_3$COOH，HCOOH，C$_3$H$_7$COOH，④ CH$_3$COOC$_2$H$_5$，CH$_3$COOC$_4$H$_9$，C$_2$H$_5$COOC$_3$H$_7$，⑤ HCONH$_2$，CH$_3$CONHCH$_3$，HCON(CH$_3$)$_2$ についてそれぞれのグループ名を述べよ。構造式・一般式を書いて考えよ。化合物のIUPAC名も考えてみよ。

演習 4・28 ① アルデヒド，② ケトン，③ カルボン酸，④ エステル，⑤ アミドの一般式と構造式を示せ。

演習 4・29 ① アルデヒド，② ケトン，③ カルボン酸，④ エステル，⑤ アミドの身近な例を述べよ。セットで覚えること。

演習 4・30 次のアルデヒド，ケトン，カルボン酸，エステル，アミドの慣用名とIUPAC名を述べよ。

① HCHO
　H-C-H
　　‖
　　O

② CH$_3$CHO
　CH$_3$-C-H
　　‖
　　O

③ (CH$_3$)$_2$CO
　CH$_3$-C-CH$_3$
　　‖
　　O

④ HCOOH
　H-C-O-H
　　‖
　　O

⑤ CH$_3$COOH
　CH$_3$-C-O-H
　　‖
　　O

⑥ CH$_3$COOC$_2$H$_5$
　CH$_3$-C-O-C$_2$H$_5$
　　‖
　　O

⑦ CH$_3$CONHCH$_3$
　CH$_3$-C-N-CH$_3$
　　‖　｜
　　O　H

演習 4・31 ① アルデヒド，ケトン，カルボン酸，エステル，アミドに共通な分子構造上の特徴と，これらの物質の反応性の高低を述べよ。
② アルデヒドは(A)の，ケトンは(B)の酸化により生じ，カルボン酸は(C)の酸化により得られる（それぞれの反応式を示せ）。A，B，Cは何か。
③ アルデヒドの反応性の例を2つ，アルデヒド・ケトンに共通の代表的反応を2つ示せ。
④ カルボン酸の性質を述べよ（においはどうか？ 水溶液の液性は？）。
⑤ エステルは(D)と(E)，アミドは(D)と(F)との反応により得られる。反応式を示せ。また，エステルはどのようなにおいか。D，E，Fは何か。

4・5・10 アルケン・アルキン・ポリエン・ポリイン(11)

アルケン alkene（-C=C-二重結合[100] を1つもった脂肪族炭化水素）
脂肪族不飽和炭化水素・鎖式不飽和炭化水素（エチレン系炭化水素）C_nH_{2n}。付加反応を起こしやすい（**反応式**は p. 165）。

[100] 二重結合，三重結合については pp. 124, 109 を参照のこと。

代表例：C_2H_4（$H_2C=CH_2$）．**エテン** ethene，慣用名は**エチレン** ethyene．

アルケンの所在・用途 エチレンはエタノール，エチレングリコールのほか，さまざまな化学合成品の原料として用いられる．家庭用の容器や袋に使われているポリエチレンとはエチレンの二重結合が開いてたくさん（ポリ）つながったもの，ポリマー・高分子，である[101]．

$$\underset{\text{エチレン}}{\overset{H}{\underset{H}{>}}C=C\overset{H}{\underset{H}{<}}} \xrightarrow{\text{二重結合の1つを切断}} \underset{}{(-\overset{H}{\underset{H}{C}}-\overset{H}{\underset{Cl}{C}}-)} \xrightarrow{\text{これを}n\text{個つなぐと（重合）}} \underset{\text{ポリエチレン}^{102)}}{H{-}(\overset{H}{\underset{H}{C}}-\overset{H}{\underset{H}{C}})_n{-}H}$$

また，天然ゴム・人造ゴムはアルケンのポリマーである（イソプレンゴム，クロロプレンゴム；構造式は"有機化学 基礎の基礎"，p. 142 参照）．

ニンジン（carrot）の橙色の素であるカロテン（carotene）は分子内に二重結合を 11 個もったアルケンの親戚であるポリエン[103]そのものであるし，ビタミン A（レチノール）はこれが半分に切れて末端がアルコールになった（ノール，-ol）二重結合を 5 個もった物質である（p. 193）．家庭で用いる食用油（植物油）の成分は不飽和脂肪酸[104]といわれるアルケン・ポリエンを炭素鎖とするカルボン酸である（R−COOH の R がアルカンではなくてアルケン・ポリエン）．魚油にたくさん含まれている，頭がよくなる？ 脂肪酸 DHA は分子中に二重結合をたくさんもった $n-3$ 系の多価不飽和脂肪酸である[104]．

命名法 アルカン alakane の語尾の ane を取って語尾に**エン** -ene をつける．（アルカン alkane → アルケン alkene）語尾の ene（エン）が二重結合をもったものという意味に用いられる[105]．

例題 4・21 ① C_2H_4，② C_3H_6 の構造式と名称を示せ．①は慣用名も示せ．

答 ① $\overset{H}{\underset{H}{>}}C=C\overset{H}{\underset{H}{<}}$ **エテン**（C が 2 個だからエタン ethane → ethane-ene → エテン ethene）
$CH_2=CH_2$　慣用名：**エチレン** ethylene
② $CH_2=CH-CH_3$ プロペン（C3 でプロパン propane → プロペン propene）

シス・トランス異性体（幾何異性体） $C=C$ 二重結合は $C-C$ 単結合（一重結合）の場合と異なり，$C-C(C=C)$ 軸の回りに自由に回転できない（分子模型で確認せよ）．その結果，シス，トランス（Z, E とも表現する[106]）の 2 つの異性体が生じる．シス，Z はともに"同じ側"，トランス，E は"反対側"の意（頭で納得するだけでなく実際に分子模型で異性体を組み立て，体・五感で納得せよ）．シス・トランス異性が生体系に果たす役割は小

101) ビニール袋も厳密にはポリ塩化ビニルの袋である（$CH_2=CH-$をビニル基という）．台所にはポリプロピレンの容器があるはずである．

102)
$\overset{H}{\underset{H}{>}}C=C\overset{H}{\underset{Cl}{<}}$
塩化ビニル
→ $H{-}(\overset{H}{\underset{H}{C}}-\overset{H}{\underset{Cl}{C}})_n{-}H$
ポリ塩化ビニル

$\overset{H}{\underset{H}{>}}C=C\overset{H}{\underset{CH_3}{<}}$
プロピレン（プロペン）
→ $H{-}(\overset{H}{\underset{H}{C}}-\overset{H}{\underset{CH_3}{C}})_n{-}H$
ポリプロピレン

103) アルケンは二重結合を 1 個もつものの一般名である．二重結合が複数ある場合は**ポリエン**と称する．ポリとはたくさんという意味．二重結合が 2, 3, 4, ……個のものをジエン，トリエン，テトラエン，……という．

104) 多価不飽和脂肪酸は酸化されやすい（"有機化学 基礎の基礎"，p. 147）．リノール酸（C_{18}，2 価），リノレン酸（C_{18}，3 価）アラキドン酸（C_{20}，4 価）は必須脂肪酸．DHA はドコサン C_{22} のヘキサエンのカルボン酸．

105) 語尾 -ene は benz**ene** などの芳香族炭化水素にも用いられている．

106) ドイツ語 zusammen（同じ側），entgegen（反対側）

デモ
例題 4・22 の化合物の分子模型の回覧．

107) 視覚は光による視物質のシスからトランス異性体への変化が関与している.
　ラードなどの獣脂は固体である一方，植物油が液体である理由は中性脂肪の成分の不飽和脂肪酸がシス異性体であるためである("有機化学 基礎の基礎", p. 238 参照).
　細胞膜を構成するリン脂質中のアシル基にシス異性体が少なくなるほど膜の流動性が減少する(細胞膜の熱耐性が上がる：耐熱菌).
　植物油の**水素添加**によるマーガリン(**硬化油**)の製造過程において生成するトランス脂肪酸は動脈硬化や心疾患に悪影響を及ぼす.

108) 二重結合の位置の表し方：分子骨格の炭素に番号づけをする.二重結合がある位置の2個の炭素の番号のうち小さい番号をもって二重結合の位置とする.
① 1-ブテン，ブタンの1と2番目のCが二重結合に変化.
② 2-ブテン，2と3の間が二重結合に変化.

109) 2,3-ブテンではない.小さい数字優先.

110) 二重結合の数の表し方：二重結合の数に合わせて，語尾eneのすぐ前に対応する数詞をつける.

111) DHAなどの多価不飽和脂肪酸 poly unsaturated fatty acid, PUFAと$n-3$系，$n-6$系脂肪酸(−はマイナス)の命名法, 構造式の詳細は"有機化学 基礎の基礎", p. 145 参照.

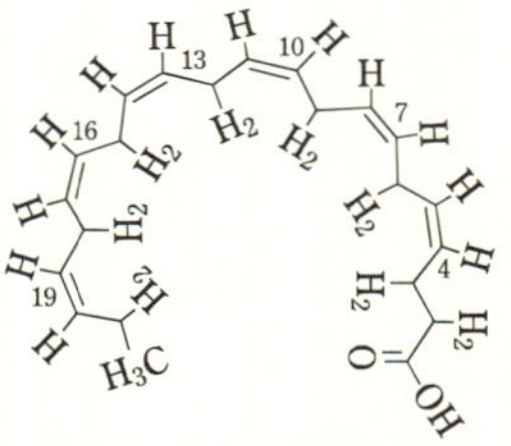

ドコサヘキサエン酸(DHA)
(二重結合はすべてシス型)

112) "有機化学 基礎の基礎", p. 147 参照.

さくない[107].

例題 4・22 ① ブテン, ② ジクロロエチレンにはそれぞれ3種類の異性体が存在する.構造式を書き命名せよ.

答

① 1-ブテン[108]　　cis-2-ブテン[108] (Z)　　trans-2-ブテン (E)

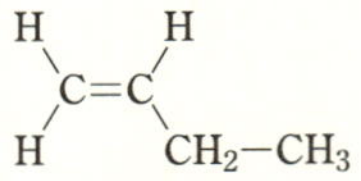

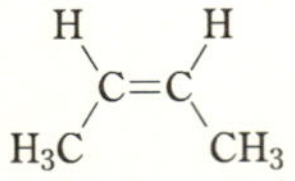

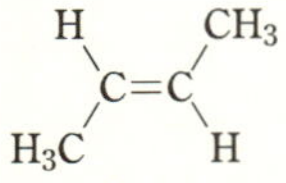

② cis-1,2-ジクロロエチレン (Z)　　trans-1,2-ジクロロエチレン (E)　　1,1-ジクロロエチレン

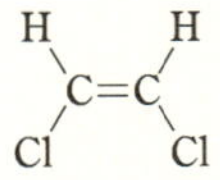

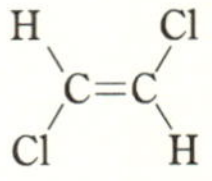

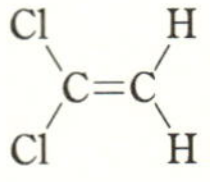

例題 4・23 $CH_2=C=CH-CH_3$ を命名せよ.

答 1,2-ブタジエン[109,110]　1,2-butadiene　Cが4個(ブタン)で1(と2の間)と2(と3)の位置に2個(ジ)の二重結合(ene, エン).

名称のつけ方：C_4 → ブタン butane；二重結合 → ブテン butene.
二重結合の位置 → 1,2-ブテン 1,2-butene[109].
二重結合の数→2個 → ジ di → ジエン di-ene = diene[110].
両者を組み合せる → butene・diene → ene の代わりに diene をつけると butdiene となり不自然(発音しにくい) → butane + diene で ane を取るのでなく ne のみを取ってくっつける → 1,2-ブタジエン buta-diene → 1,2-butadiene[111].

演習 4・32 ① $CH_2=CH-CH_2-CH_3$, ② $CH_3-CH=CH-CH_3$,
③ $CH_2=CH-CH=CH_2$,
④ $CH_3-CH=CH-CH=CH-CH_2-CH=CH-CH_2-CH_3$ を命名せよ.

演習 4・33 上の問題の化合物を簡略化して書くと①は ⌒⌒ と表される. ②〜④の簡略化した構造式を書け(可能な構造式をすべて).

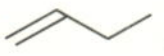

🧪**デモ実験**：アルケンの性質
① シス・トランスの異性体が存在する可能性がある.異性体の分子模型の回覧.
② 二重結合の位置異性体が存在する可能性がある.
③ **付加反応を起こす**(植物油への水素添加・硬化油, 水分子・水分子の付加, ヨウ素の付加・ヨウ素価, pp. 124, 165).
④ **酸化を受けやすい・過酸化物生成**(油焼け[112], 乾性油[112]). オクタン・1-オクテンと $KMnO_4$ の反応（p. 131）.

アルキン alkyne(三重結合をもつ化合物. 一般式：C_nH_{2n-2})

例題 4・24　C_2H_2 の構造式，名称，慣用名を示せ．

答　構造式：H−C≡C−H
名称：エチン eth(ane)-yne(アルカン alkane の語尾の ane を取りイン -yne をつける) 慣用名：アセチレン[113]．

4・5・11　芳香族炭化水素(12)・フェノール(13)

脂肪族の不飽和炭化水素アルケン・アルキンとは異なった性質をもつ，ベンゼン C_6H_6 [114]を代表とする不飽和炭化水素(炭素と水素のみの化合物)の一群を芳香族炭化水素という．

ベンゼン：C_6H_6　　ナフタレン $C_{10}H_8$

（防虫剤）[115]

アルカンなどと同様に，いわば**油**の一種であり，水に溶けにくい．芳香族なる名称の由来は芳香をもついくつかの天然有機化合物[116]がベンゼン環をもっていたという歴史的なものであり，芳香族炭化水素が特別の芳香をもつわけではない．有機化合物の中で，以上学んできた脂肪族化合物の一群に対し，芳香族はもう1つの化合物群を形成している．

ベンゼン C_6H_6 から H を1つ取る → C_6H_5- ($\phi-$，Ph− とも略記)を**フェニル基**という．フェニル phenyl とはベンゼン誘導体を意味する[117]．
例：フェノール(フェニル・オール)C_6H_5-OH，C_6H_5OH，Ph−OH，PhOH，$\phi-OH$，ϕOH (すべて同じ意味)．

芳香族の所在・用途　石炭の乾留，石油の接触改質・熱分解により得られる．芳香族炭化水素とその誘導体からは，アセチルサリチル酸[1-8]，サリチル酸メチル[119]などの医薬品，合成染料，合成樹脂，合成ゴム，洗剤，爆薬の原料など，数多くの有機化合物が作られている．また，生体内では芳香族アミノ酸[120]，甲状腺ホルモンのチロキシンや副腎髄質ホルモンのエピネフリン[121]などのさまざまな芳香族化合物(p.157)が重要な役割を果たしている．

演習 4・34　芳香族炭化水素の代表例を2つ，名称と構造式を示せ[122]．

例題 4・25　代表的芳香族アミン，OH 基をもった代表的芳香族化合物の名称と構造式を書け．

---

[113] パセリ，ニンジン，セロリなどにはポリアセチレン化合物が含まれている．

[114] ベンゼン：もっとも簡単な芳香族炭化水素．無色，揮発性の液体．沸点 80 °C．各種の有機化合物の合成原料．ベンゾールともいう．
　ベンゼンの正六角形の構造式を世間では"亀の甲"と俗称することがある．

[115] ナフタレンは衣服防虫剤のナフタリンのことである．現在はパラジクロロベンゼンが用いられている．

[116] たとえば，アーモンドの香り(ベンズアルデヒド C_6H_5-CHO)，安息香・ベンゾイン(安息香酸 C_6H_5-COOH)やバラの香り(フェネチルアルコール $C_6H_5-C_2H_4OH$)．

[117] 言葉の由来は"有機化学 基礎の基礎"，p.63 参照．

[118] アスピリン，解熱鎮痛剤・風邪薬．

[119] サロメチール，サロンパス® の成分．

[120] フェニルアラニン，チロシン，トリプトファン．

[121] アドレナリンともいう．

[122] ベンゼン環とシクロヘキサン環(p.132)との違いを確認せよ．答は上記ベンゼンとナフタレン参照．

答 アニリン $C_6H_5-NH_2$　　　　フェノール C_6H_5-OH
（芳香族アミン）　　　　　　　（アルコールとは異なる）

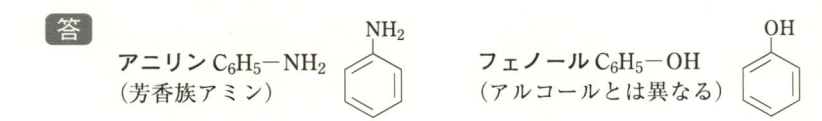

アニリン（アミノベンゼン）は染料・香料・医薬・合成樹脂などの原料である．水にわずかに溶けて弱い塩基性を示す．酸と反応し，塩を作る．

フェノールはフェノール類の代表物質．殺菌・防腐剤，フェノール樹脂，サリチル酸，染料などの原料物質．水に少し溶ける．弱酸としての性質をもつ[123]．アルカリと塩を作る．塩化鉄(Ⅲ)により特有の呈色反応を示す．フェノールは－OH 基（ヒドロキシ基・水酸基）をもつが，アルコールとは異なった性質をもち，アルコールとは別のグループとして扱う．すなわち，**ベンゼン環に－OH 基をもっているものはアルコールとはいわない．フェノール，ポリフェノール[124] という．**

芳香族における位置異性体

例題 4・26 ベンゼン核の 2 個の水素原子をメチル基で置換したものをキシレン（$C_6H_4(CH_3)_2$）という[125]．3 種類の位置異性体の構造式と名称を示せ（慣用名，IUPAC 置換命名法）．

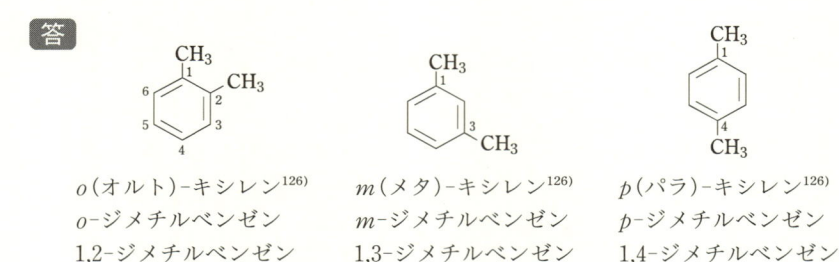

答

o（オルト）-キシレン[126]　　m（メタ）-キシレン[126]　　p（パラ）-キシレン[126]
o-ジメチルベンゼン　　　　m-ジメチルベンゼン　　　　p-ジメチルベンゼン
1,2-ジメチルベンゼン　　　　1,3-ジメチルベンゼン　　　　1,4-ジメチルベンゼン

これらの異性体をオルト ortho（o-と略記），メタ meta（m-と略記），パラ para（p-と略記）異性体という．脂肪族炭化水素で用いた組織命名法 1,2,……,6 の番号による表し方では，オルトは 1,2-，メタは 1,3-，パラは 1,4- の置換体である．**o-，m-，p- 異性体は記憶すること．**

演習 4・35 次のフェノール，ポリフェノール誘導体の構造式を書け．
① o-クレゾール（o-メチルフェノール，o-ヒドロキシトルエン，o-ヒドロキシメチルベンゼン）
② カテコール（o-ジヒドロキシベンゼン）
③ ドーパミン（脳内神経伝達物質，ホルモンなどの生理活性物質カテコールアミンの 1 つ．1,2-ジヒドロキシ-4-アミノエチルベンゼン）

デモ実験：芳香族の性質（ヘキサン，ベンゼン，フェノール，アニリン回覧）

---

[123] 炭酸よりも弱い酸である（$pK_a \approx 10$）．したがって，フェノールがフェノキシドイオン（p.155）として溶けているアルカリ性の水溶液中に二酸化炭素を十分に吹き込むとフェノールが遊離する．

[124] ベンゼン環に複数の－OH 基をもったもの．赤ワインやブルーベリーのアントシアニン・お茶のカテキンなどのポリフェノールは体によいこと（抗酸化作用，自分自身は酸化される）がよくマスコミで取りあげられており，知っている人も多いだろう．黄色の（ポリ）フェノール植物色素の一群をフラボノイドという．最近，老化・がん・生活習慣病などの素となる活性酸素を無毒化する抗酸化作用，突然変異・奇形を防ぐ抗変異原性作用，そのほか，さまざまな生理作用があることが明らかになっている．

[125] 代表的芳香族炭化水素として，ほかにトルエン（$C_6H_5CH_3$ メチルベンゼン）がある．トルエン，キシレンはホルムアルデヒドとともにシックハウス症候群の代表的原因物質である．

[126] 慣用名．

① においを嗅ぐ．
② ヘキサンとベンゼンを燃やしてみる．何が異なるか．なぜか？[127]
③ 不飽和二重結合をもつが，その反応性は脂肪族不飽和炭化水素と大きく異なっている．熱や過マンガン酸カリウム $KMnO_4$ 酸化に対して安定で，付加反応もしにくい．置換反応をする (p.165, "有機化学 基礎の基礎", p.159 参照)．
④ $-OH$ をもつ化合物(フェノール)はアルコールと異なり弱酸としての性質を示す．水酸化アルカリと塩を形成[128]．水，NaOH 水溶液とまぜてみる．
⑤ アミノ基 $-NH_2$ をもつ芳香族アミンの塩基性は脂肪族アミンに比べてはるかに弱い(水溶液はほぼ中性である)．水とまぜてみる．水溶液の pH を調べる．塩酸溶液とまぜる．③〜⑤の特徴を**芳香族性**という (p.162)．
⑥ 芳香環上の置換基の位置の違いによる o・m・p 異性体が存在する．
　　　　　　　　　　　　　　　　　　オルト メタ パラ

[127] 反応式を元に考えてみよ．

[128] $C_6H_5-OH + NaOH$
$\rightarrow C_6H_5-O^- + Na^+ + H_2O$,
ナトリウムフェノキシド
C_6H_5-ONa；
フェノキシドイオン
$C_6H_5-O^-$

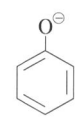

複素環式化合物　　炭素と O・S・N などの原子からなる環状の化合物．

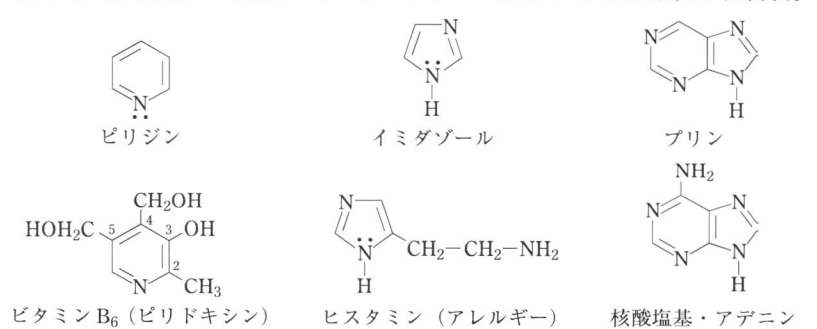

ピリジン　　　イミダゾール　　　プリン

ビタミン B_6 (ピリドキシン)　　ヒスタミン (アレルギー)　　核酸塩基・アデニン

4・6 有機化合物の命名法のまとめ

演習問題：表 4・7 の左列の化学式を右列の名称に変えよ．また，右列の名称を左列の化学式に変えよ．

表 4・7　有機化合物の命名法

グループ名・化合物の化学式	命名法	化合物名
アルカン ① C_5H_{12} ② $C_{10}H_{22}$	C_1〜C_4 のアルカンの名称は要暗記．C_5 以降は数詞+語尾-ane	① C_5：penta-ane ペンタ-アン → ペンタン pentane ② C_{10}：deca-ane デカ-アン → decane デカン $-C-C-C-C-C-C-C-C-C-C-$
ハロアルカン ① $CHCl_3$，② CHF_2Cl ③ $CHCl_2CHClCH_3$	同種類のハロゲン元素数+**ハロゲン形容詞形**+**炭素数のアルカン名**	① トリクロロメタン(慣用名：**クロロホルム**) ② クロロジフルオロメタン(アルファベット順) ③ 1,1,2-トリクロロプロパン
アミン　RNH_2，$RR'NH$，$RR'R''N$ ① CH_3NH_2，② $(C_2H_5)_2NH$ ③ C_2H_5-N-H，④ CH_3-N-CH_3 　　　　$\,$ C_2H_5　　　　　CH_3 ⑤ $(C_2H_5)_2(CH_3)N$，⑥ $(CH_3)_3N$	IUPAC 基官能命名法：同種類のアルキル基数の数詞+**アルキル基の種類名**+**アミン** (IUPAC 置換命名法：アルカン+アミン)	① **メチルアミン**(メタンアミン)，② ジエチルアミン，③ ジエチルアミン，④ トリメチルアミン，⑤ (ジエチルメチルアミン)，N-エチル-N-メチルエチルアミン(N-エチル-N-メチル-エタンアミン)，⑥ トリメチルアミン(アルキル基はアルファベット順に並べる)

(次ページに続く)

表 4·7 つづき

グループ名・化合物の化学式	命名法	化合物名
アルコール ROH ① CH_3OH, CH_3-OH ② C_2H_5OH, C_2H_5-OH ③ $CH_3CH(OH)CH_3$	炭素数に対応する**アルカン名**の語尾-aneの-eを取って，アルコールalcoholの語尾-ol(オール)をつける．alkane→alkanol	① C_1のメタンに－OHがついて(アルコ)オールに換わったもの，methane-olメタン・オール→methanolメタノール．② C_2だからethane-olエタン-オール→ethanolエタノール．③ 2-プロパノール．オール(ノール)という語尾の名称なら－OH化合物である． 例：セタノール(洗髪のリンス液成分)，レチノール(視物質，ビタミン$A(A_1)$).
エーテル ROR' ① $C_2H_5OC_2H_5$ ② $C_2H_5OCH_3$	同種類のアルキル基数の数詞＋**アルキル基名**＋**エーテル**，(置換命名法：アルコキシアルカン)	① ジエチルエーテル(エトキシエタン：ethyl-oxy-→ethoxy) ② エチルメチルエーテル(アルファベット順)(メトキシエタン：methyl-oxy-→methoxy)
アルデヒド RCHO, R－C－H 　　　　　　　　　‖ 　　　　　　　　　O ① HCHO, H－C－H 　　　　　　‖ 　　　　　　O ② CH_3CHO, CH_3－C－H 　　　　　　　　　‖ 　　　　　　　　　O	炭素数に対応する**アルカン名**の語尾-ane(アン)のeを取って，アルデヒドaldehydeの語頭-al(アール)をつける	① HCHOはC_1だからmethane＋al メタン-アル→methanal メタナール(慣用名：ホルムアルデヒド)． ② C_2だからethane-al エタン-アル→ethanal エタナール(慣用名：アセトアルデヒド)．アール(ナール)という語尾ならアルデヒド－CHOの仲間である． 例：レチナール(視物質，レチノイド)↔レチノール(ビタミン$A(A_1)$)
ケトン RCOR', RR'CO, R－C－R' 　　　　　　　　　　　　‖ 　　　　　　　　　　　　O ① CH_3COCH_3, CH_3－C－CH_3 　　　　　　　　　　　‖ 　　　　　　　　　　　O ② $CH_3COCH_2COCH_2CH_3$, CH_3－C－CH_2－C－CH_2CH_3 　　　‖　　　　‖ 　　　O　　　　O	炭素数に対応する**アルカン名**の語尾のeを取って，ケトンketoneの語尾-one(オン：ketoneの語尾のone)をつける(置換命名法：オキソアルカン)	① C_3だからpropane＋one プロパン-オン，propanone プロパノン(2-オキソプロパン，慣用名：アセトン) ② C_6で－CO－が2個あるからhexane＋di＋one ヘキサン-ジ-オン hexanedione, 2,4-ヘキサンジオン(2,4-ジオキソヘキサン)．オン(トン・ノン)という語尾ならケトンRCOR'の仲間である． 例：アルドステロン(副腎皮質ホルモン)，テストステロン(男性ホルモン)
カルボン酸 RCOOH ① HCOOH, H－C－O－H 　　　　　　　　‖ 　　　　　　　　O ② CH_3COOH	炭素数に対応する**アルカン名に酸**(アルカンの語尾のeを取って-oic acid)をつける	① C_1だからメタン酸(ギ酸, methanoic acid) ② C_2でエタン酸(酢酸, ethanoic acid) 例：レチノイン酸(レチノイド)↔レチナール(レチノイド)↔レチノール(ビタミン$A(A_1)$)
エステル RCOOR' ① $CH_3COOC_2H_5$ ② $CH_3CH_2OCOCH_3$ ③ $C_2H_5COOCH_3$	原料の**酸**の名称＋原料のアルコールの**アルキル基**名(語尾を酸の形容詞形-ateとする)	① 酢酸エチル(酢酸＋エタノール) 　エタン酸エチル(ethyl ethanoate) ② 酢酸エチル($C_2H_5OCOCH_3 \equiv CH_3COOC_2H_5$) ③ プロパン酸メチル(プロパン酸＋メタノール)
アミド RCONHR ① CH_3－C－N－CH_3 　　　　　‖　｜ 　　　　　O　H ② $HCON(CH_3)_2$	アシル基名＋アミド(IUPAC名はアルカン酸の酸をとってアルカンアミド)	① N-メチルアセトアミド(酢酸＋メチルアミン)(N-メチルエタンアミド) ② N,N-ジメチルホルムアミド(ギ酸＋ジメチルアミン)(N,N-ジメチルメタンアミド)

(次ページに続く)

表 4・7 つづき

グループ名・化合物の化学式	命名法	化合物名
脂肪族不飽和炭化水素 　アルケン，ポリエン ① $CH_2=CH_2$ ② $CH_3-CH=CH-CH_3$ ③ 4,7,10,13,16,19-DHA	炭素数に対応するアルカン名の語尾-ane(アン)を，アルケン alkene の語尾の-ene(エン)に換えたもの	① エテン ethene(慣用名：エチレン ethylene) ② は C_4 だからブタン buthane → 2-ブテン buthene．エン(テン)という言葉が名前にあれば二重結合をもったもの 　例：カロテン carotene(ニンジンの色素) ③ ドコサヘキサエン酸(魚油の成分 DHA，すべてシス体)

4・7　複雑な化合物をどのように理解するか

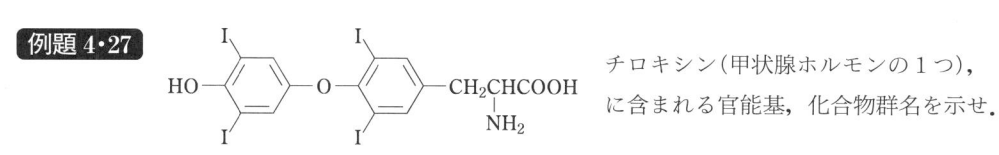

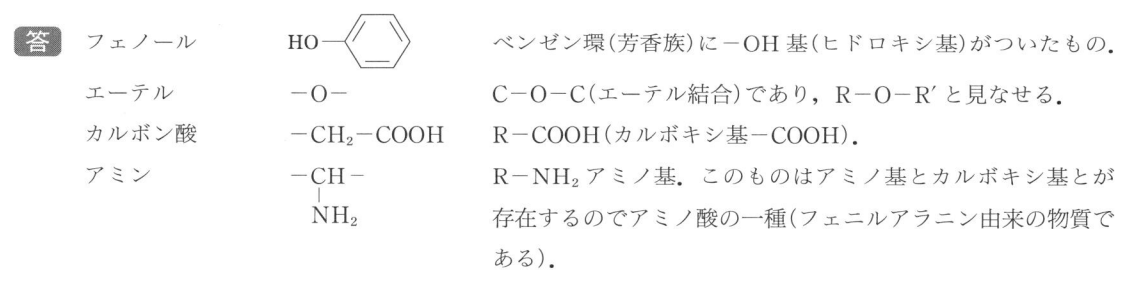

例題 4・27　チロキシン(甲状腺ホルモンの1つ)，に含まれる官能基，化合物群名を示せ．

答

フェノール	HO—⟨benzene⟩	ベンゼン環(芳香族)に－OH 基(ヒドロキシ基)がついたもの．
エーテル	－O－	C－O－C(エーテル結合)であり，R－O－R′と見なせる．
カルボン酸	－CH_2－COOH	R－COOH(カルボキシ基－COOH)．
アミン	－CH－ 　　NH_2	R－NH_2 アミノ基．このものはアミノ基とカルボキシ基とが存在するのでアミノ酸の一種(フェニルアラニン由来の物質である)．
ハロゲン化芳香族 (ハロゲン化アリール)	－C－I, R－X	ハロゲン化アルキル．

演習 4・36　以下の分子中に含まれる官能基・化合物群名をすべてあげよ．

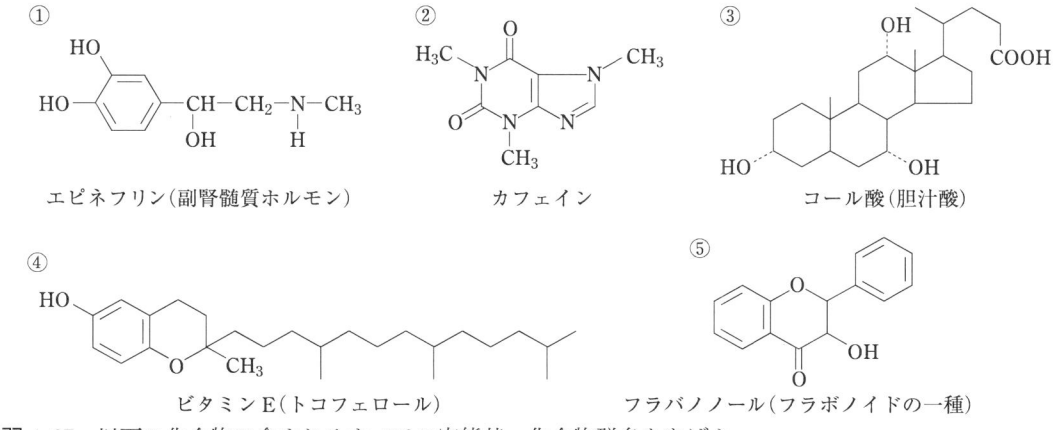

① エピネフリン(副腎髄質ホルモン)
② カフェイン
③ コール酸(胆汁酸)
④ ビタミンE(トコフェロール)
⑤ フラバノノール(フラボノイドの一種)

演習 4・37　以下の化合物に含まれるすべての官能基・化合物群名をあげよ．また，③のアルコールは第何級か．図中の六員環 **A**，**B**，**C** はそれぞれ何と呼ばれるか．

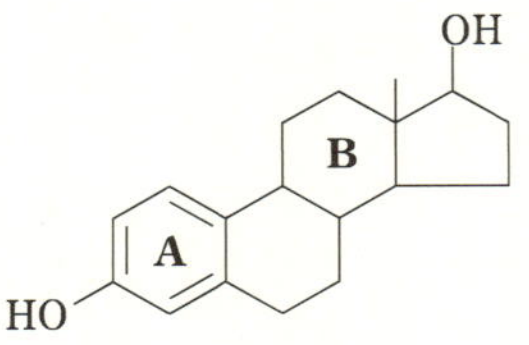

①　エストラジオール
（女性ホルモン）

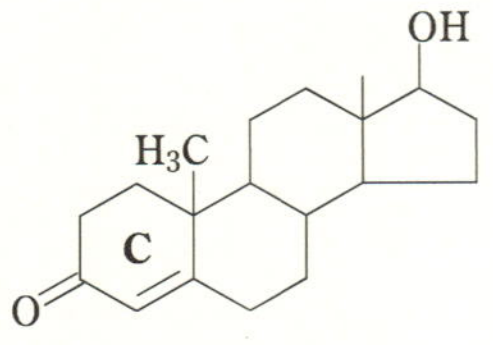

②　テストステロン
（男性ホルモン）

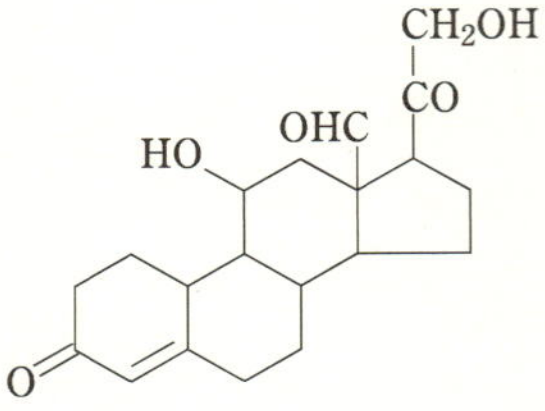

③　アルドステロン
（副腎皮質ホルモン）

演習 4・38　上記の③の構造式をC, Hを省略しないで書いてみよ．（答は省略）

4・8　有機化合物の性質を理解するための重要概念

4・8・1　共有結合（電子対共有結合）の分極（極性）

a.　極性分子と無極性分子

　アルカンのC–H結合はC, Hが電子を1個ずつ出し合って電子対を共有することによりつながっている共有結合である（H・ ・C・ ・H → H：C：H，p. 94）．一方，ハロアルカンのC–Cl結合も共有結合ではあるが，ClはCに比べて**電気陰性度**（pp. 96, 102）が大きく，共有電子対の電子を自分の方に引きつける傾向がある（電気陰性度の大きい原子の方に電子対が偏る）[1]．その結果，Clはわずかにマイナス電荷を帯び，Cはわずかにプラス（$\delta+$）を帯びる[2]（これを共有結合の**分極**，正負の極に**分**かれる，共有結合が**極性**をもつ，という[3]）．ごくわずかな電荷，たとえば0.05を記号δ[4]で表す．

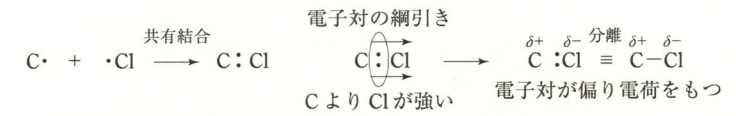

1) 分極（極性結合）の例

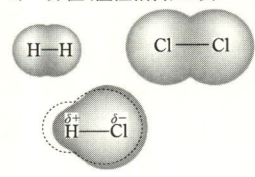

2) 説明が理解できなければイオンのでき方（p. 11）を復習せよ．

3) このように分子中で距離lだけ離れて正電荷$+q$と負電荷$-q$が存在するものを**双極子**という．$\mu = ql$を**双極子モーメント**といい，極性の大きさの定量的尺度である．

4) ギリシャ文字，英語のdに対応する．少し・わずかのという意味に用いている．

5) クロロホルムは水に0.7%溶ける．一方，ペンタンは0.000 04%しか溶けない．

$$C\cdot + \cdot Cl \xrightarrow{共有結合} C:Cl \xrightarrow[CよりClが強い]{電子対の綱引き} \overset{\delta+\ \delta-}{C\ :\!Cl} \xrightarrow{分離} \overset{\delta+\ \delta-}{C\ :Cl} \equiv \overset{\delta+\ \delta-}{C-Cl}$$

電子対が偏り電荷をもつ

　この電荷のためアルカンよりは水に溶ける[5]．少し電荷をもつので分極した水分子（下述）と相互作用しやすい　　（H–O$^-$…C$^+$–Cl$^-$…$^+$H–O）．
　　　　　　　　　　　　　　　　　　　　　　　　　　　　　　　　　　｜　　　　　｜
　　　　　　　　　　　　　　　　　　　　　　　　　　　　　　　　　　H　　　 Cl　　H

NaClがNa$^+$陽イオンとCl$^-$陰イオンに別れて水に溶けることからわかるように，分子が少しでもプラスとマイナスになれば水に溶けやすくなる．分極した分子を**極性分子**（水に溶ける），分極していない分子を**無極性分子**（水に溶けない）という．

b.　水の性質と水素結合

　H_2O分子では，H原子に比べてO原子の電気陰性度が相当大きいために，O–H結合の共有電子対はO原子側に強く引き寄せられて，結合は大きく**分極**している（極性をもつ）．すなわち，O原子は負の電荷（$\delta-$），Hは正電荷（$\delta+$）を帯びているので，$\delta+$のHと隣の分子の$\delta-$のO（非共有電子対）の間に引力が働き，分子同士が互いに水素を介してつながった形

になる．これを**水素結合**と呼ぶ．液体の水は水素結合が無限につながった三次元の網目構造をしている（下右図）．水素結合は普通の化学結合の強さの1/10程度と弱いが，数が多いので，結果的に水の性質に大きな影響を与えている[6]．

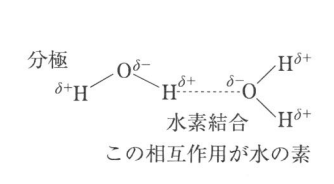

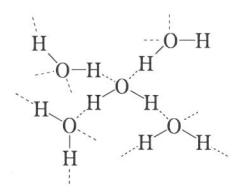

6) 水素結合は，瞬間瞬間につながったり切れたりしている動的なものである．

氷は水に浮く・凍ると体積が増える[7]，沸点が100°C[8]，蒸発熱が液体中で最大，比熱が物質中で最大，表面張力が水銀を除き最大といった水の特異性は，すべて水素結合に由来する．これらの水の特異的性質が，酵素タンパク質の構造保持，発汗による体温調節，地球の気温・気候調節（エネルギー循環）など，身の回り・地球上のさまざまなことを可能にしている．

7) 固体が液体より軽い物質はまれである．

8) 水と同分子量のメタンの沸点$-161°C$に比べて261°Cも高い．

c. カルボニル基の立ち上がり（π結合の分極）

二重結合は構造式や分子模型ではたんに2本の棒として表されるが，じつはこの2本は同じ結合ではない．2本のうち1本はσ結合と呼ばれる強い結合で，分子の骨格を形作る．もう1本の結合はπ結合という弱い結合である（pp. 109, 124）．σ結合では電子（σ電子）は2つの原子核を結びつけており，原子核にしっかり束縛されているので動かないが，π結合電子（π電子）は原子核に弱く束縛されているだけなので動きやすい（pp. 109, 124）．

カルボニル基のCとOは二重結合でつながれている．Cに比べてOの電気陰性度が大きいために，また二重結合（π結合）のπ電子は動きやすいために，O原子は容易にCからπ電子を引き抜いてしまう．その結果O原子は電子を得てマイナスになり，Cは電子を失ってプラスになる（下図）．これをカルボニル基の立ち上がり[9]という．したがって，カルボニル基は大きく分極している・極性をもつ．

9) （aufrichtung：独語）π結合が分極すること．

その結果＋となったCは非共有電子対をもった原子，分子（求核試薬）からの攻撃（配位）を受けやすい．したがって，カルボニル基をもった分子は反応性が高い（エステル，アミドを除く）[10]．このアセトンのようなRの小

10) カルボン酸が酸性を示す基もこのカルボニル基の分極・極性にある．カルボニル基の影響で$-COOH$のHがH^+としてとれやすくなっている．"有機化学 基礎の基礎", p.124参照．

さいケトンは水に溶けやすい．その理由は分極したカルボニル基と水分子が水素結合や電気双極子としての相互作用をするためである[11]．双極子同士の相互作用を**双極子相互作用**[12]という．分子間に働く力・**分子間相互作用**として水素結合，双極子相互作用以外に分散力（ロンドン力）がある[12]．

4・8・2 配位（配位共有結合）と塩基性

a. NH_3，$(C_2H_5)_3N$ の水溶液はなぜ塩基性を示すのだろうか

NaOH のような塩基性物質を水に溶かすと，NaOH は $NaOH \rightarrow Na^+ + OH^-$ のようにイオンに解離して OH^- を放出するので水中の OH^- 濃度は増大し，水溶液は塩基性（アルカリ性）を示す．アンモニア・アミンの水溶液も塩基性を示す．しかし，アンモニア・アミンは NaOH と異なり，それ自身は OH^- 基をもっていない．ではなぜ，これらの水溶液で OH^- 濃度が増大する（塩基性を示す）のだろうか．

水にわずかに溶けた $(C_2H_5)_3N$ は，N の**非共有電子対**で（p.95）分極した水分子と相互作用し，水から H^+ を引き抜いて**配位共有結合**（p.96）したトリエチルアンモニウムイオン $(C_2H_5)_3NH^+$ をつくる[13]．H^+ がつくと全体が陽イオンとなり水に溶けるようになる．一方，H^+ を引き抜かれた水分子は OH^- となり，OH^- 濃度が増える結果，溶液は塩基性を示す．

$$(C_2H_5)_3\overset{\delta-}{N}:\cdots\overset{\delta+}{H}-O-H \longrightarrow (C_2H_5)_3N:H^+ + {}^-OH = (C_2H_5)_3N^+-H + OH^-$$

アミンやアンモニアは酸と反応してアンモニウム塩を生成する[14]．

b. 第四級アルキルアンモニウムイオン

R_4N^+，RR'_3N^+ などアンモニウムイオン様の第四級（R が 4 個ついた）アルキルアンモニウムイオンのこと．これらは生体内でも重要な役割を果たしている[15]．洗髪で用いるリンスの成分でもある陽イオン性界面活性剤，塩化ラウリル（ドデシル）トリメチルアンモニウム $C_{12}H_{25}-N^+(CH_3)_3 \cdot Cl^-$ の構造式を書いてみよ[16]．

4・8・3 両性（双性）イオンとアミノ酸の等電点

アミノ酸 $RCH(NH_2)COOH$ は酸性のカルボキシ基と塩基性のアミノ基をもつため，カルボキシ基から $-COOH \rightarrow -COO^- + H^+$ と解離した H^+ はアミノ基に結合して $-NH_2 + H^+ \rightarrow -NH_3^+$ とアンモニウムイオンを生じ，アミノ酸は $RCH(NH_3^+)COO^-$ のように＋と－の電荷を同時に併せもつ**両性（双性）イオン**となる．アミノ酸は**酸性**では陽イオン $RCH(NH_3^+)COOH$，**塩基性**（アルカリ性）では陰イオン $RCH(NH_2)COO^-$ で存在する[17]．溶液中のアミノ酸の＋と－の電荷の数が等しくなる pH（$[RCH(NH_3^+)COOH] = [RCH(NH_2)COO^-]$）を等電点といい，この pH でアミノ酸と，これよりできているタンパク質の**溶解度は最小**となる．

4・8・4　アミノ酸・糖と光学異性体・対掌体・鏡像体

われわれのからだの右手・左手と同じように，ある種の分子にも右手分子・左手分子が存在する．その身近な例は化学調味料(L-グルタミン酸ナトリウムというアミノ酸の**左手分子**)である．**右手分子**であるD-グルタミン酸ナトリウムにうま味はない(右欄のデモ参照)．その理由はわれわれのからだがL-アミノ酸からできていることによる．すなわち，L-アミノ酸からできたわれわれの舌の味らい(味を感じる部分)がD-アミノ酸とうまく相互作用できないためである(たとえ話し：左右の手袋はそれぞれ左右の手にしか合わない，左右逆では手袋が手にあわない)．

糖類にも右手・左手分子が存在する．からだの中のさまざまな酵素など，ほとんどすべての体構成物質が右手分子・左手分子を区別することによりからだはうまく機能しているのである．分子の右左の概念が生体にとって大変重要であることが理解できよう．この分子の右手・左手を分子の**キラリティー(不斉)**という．**キラル** chiral とはギリシャ語で手の意である．人の手は左右が鏡で映した関係なので，この言葉が用いられた．ちなみにDは dextro 右，Lは levo 左の意である(L：left 左と覚えるとよい)．

アミノ酸の1つであるアラニン $CH_3CH(NH_2)COOH$ の分子模型を作ってみると，図(Ⅰ)，(Ⅱ)の2種類の立体構造があることがわかる(右欄デモ)．(Ⅰ)，(Ⅱ)はアラニン分子中心の C^* 原子と結合した原子・官能基(水素原子－H，メチル基－CH_3，アミノ基－NH_2，カルボキシ基－COOH)の空間的な相対位置(－CH_3，－NH_2)が異なっているだけであり(両者を重ね合せてみよ)，いわば左手・右手の関係であるので，これらを**対掌体**[18]と呼ぶ．また，**鏡像体**[19]ともいう．

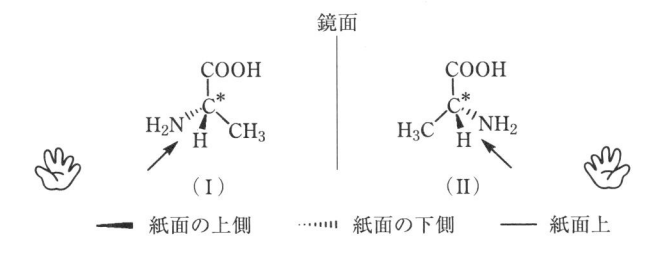

これらは融点・密度などの通常の物理的性質や化学的性質はまったく同一であるが，光に対する性質(旋光性[20])が異なるので対掌体・鏡像体は互いに**光学異性体**であるといい，右手・左手に対応する異性体をDとLで表す．光学異性体と幾何異性体(シス-トランス異性体)は分子中の原子の結合順序が同じで空間配置・立体構造のみが異なるので構造異性体[21]に対して**立体異性体**と呼ばれる．

デモ
D,L-アミノ酸をなめる・味をみる．味の素，L(＋)-グルタミン酸ナトリウムはアミノ酸の1つであり，L-体のみがうまみの素であり，D(－)体にはうま味はない．D-のNa塩は市販されていないので，メチオニンなどのほかのアミノ酸で試みるとよい．

デモ
分子模型でD-，L-アラニンを作る．または模型の回覧．

18) 1対の手のひらに対応するもの．

19) 互いに鏡に映した関係のもの．

20) **旋光性，光学活性物質，偏光，旋光**については"有機化学 基礎の基礎"，p.169を参照のこと．

デモ
偏光サングラスを用いて偏光の観察をする．砂糖，果糖液の旋光性(偏光面を回転させる)を観察する．光学活性物質とは旋光性をもつ物質のこと．

21) 原子の結合順序が異なる(p.111)．

光学異性体・対掌体・鏡像体は，分子中に**不斉炭素**と呼ばれる**Cの4本の手がすべて異なる原子・基**(前ページ，アラニンの例では$-H$, $-NH_2$, $-COOH$, $-CH_3$)**と結合した炭素原子**が存在する時に生じる．同じものが2つ以上結合すると対掌体は生じない[22]．示性式中で炭素原子が不斉炭素であることを示す時は$CH_3C^*H(NH_2)COOH$のようにC^*で表す．光学異性体の構造式の書き方は複数ある．前ページ図を矢印の方向から眺めると，

22) 前ページのアラニンでCH_3がHに変わったグリシンについて考えてみよ；C-COOH軸回りに120度回転させると(I)，(II)の構造式は同じになることがわかる．

(I) 鏡 (II)   (I) 鏡 (II)
COOH   COOH   COOH   COOH
H₂N−C−H   H−C−NH₂ または， H₂N─┼─H   H─┼─NH₂
CH₃   CH₃   簡単に   CH₃   CH₃
L(+)-アラニン D(−)-アラニン   L体   D体

分子中央のC(C^*)は紙面上，─ は紙面の上側， … は紙面の下側に原子・基があることを意味する(右側の書き方をフィッシャー投影図という)．(I)と(II)は鏡に映した関係である．NH_2が右側にある方をDとする．

アミノ酸，糖類の多くに光学異性体が存在する．これらの分子の絶対配置 D, L は次のグリセルアルデヒド[23]を元に定義・区別されている[24]．

23) グリセリン(グリセロール)の一方の端のC-OHがアルデヒド基CHOに変化したもの．グリセルアルデヒドはもっとも簡単な糖，三炭糖のアルドース(p.144)である．

       CHO   CHOのCOOHへの酸化   COOH   COOH
    H−C−OH   ────────────────→   H−C−OH   OHをNH₂に変える   H−C−NH₂
      CH₂OH   ────────────────→   CH₃   ─────────────→   CH₃
                  CH₂OHの還元
    D-グリセルアルデヒド   D-乳酸   D-アラニン

24) 糖の絶対配置の例：下図をグリセルアルデヒドの構造と比較せよ．

D-グルコース L-グルコース
   CHO   CHO
 H−C−OH   HO−C−H
HO−C−H   H−C−OH
 H−C−OH   HO−C−H
 H−C−OH   HO−C−H
  CH₂OH   CH₂OH

つまり，OH 基が右側にある方をD(dextro, 右)とする．

以上，不斉炭素をもつ分子にはD, Lの光学異性体があることを理解せよ．

4・8・5 芳香族性

芳香族炭化水素と脂肪族不飽和炭化水素アルケンとの間には際立った性質の相違(芳香族性)がある(p.155)．その理由はベンゼン環の真の構造が下図の①や②ではなく，③の形であるためである．

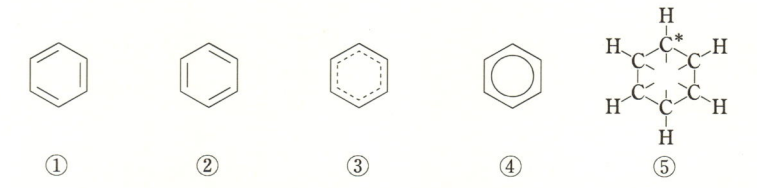

① ② ③ ④ ⑤

つまり，ベンゼンの構造は①，②のような単結合と二重結合が交互につながったものではなく，二重結合の2本目の結合を構成する電子(π電子)**が非局在化**して③のようにC−C結合が全体に1.5重結合となった構造である．C_6H_6の構造式として，まず，単結合のみで原子のつながりを書くと⑤の実線で表される平面正六角形の構造が得られる．この構造式中の炭素

の結合手(原子価)の数は3個しか用いていないので，それぞれの炭素原子(原子価4)には図中に－と書いた手があと1本ずつあまっている．この手はじつは電子である．この電子(4本目の手)が隣同士で手をつなぐつなぎ方には，⑤の＊が左側と手をつなぐ場合①，右側と手をつなぐ場合②の2通りあるが，その結合手である電子は高速で動き回り左右を切り替えている(共鳴している)ので①,②の構造(**共鳴構造**)を区別できない．つまり，この4本目の結合は平均として左右半分ずつ手をつないだ形，つまり1.5重結合③であると考えられる．実際に実験で得られた分子構造はこの考えを裏づけている[25]．したがって，ベンゼン環の構造式は③で表すべきだが，書き方が面倒なので，通常は④で表すか，以上のことを承知のうえで，①または②で表す約束である．

[25] 炭素原子間の結合距離：
C－C：1.53Å
C＝C：1.34Å
ベンゼンのC－C：1.40Å

4・9　有機化合物の反応 ― 酸化還元，縮合，脱離，付加，置換 ―

われわれが生きているのは生体内でさまざまな化学反応が起きているからである．その大部分は栄養素の消化吸収，代謝といった有機化合物の反応(変化)である．食品の保存・加工などにおける変化も有機反応である．したがって，からだの仕組みや食品の変化を理解するためには有機化合物の反応様式について学ぶ必要がある．しかし，理系の有機化学の学習のように反応の仕組み(反応機構)を学ぶことは必ずしも必要ではない．ここでは表4・8で有機化合物の反応様式のみを示し，生体内の反応，食品成分の反応との関連を述べる(反応で分子のどこがどう変化するかを分子模型で学ぶとよい)．

表 4・8　化合物の反応：反応の種類と一般反応式(反応物・生成物の化合物群名と代表的化合物名．太字は覚えよ)

a. 酸化反応，逆反応は還元反応＊(アルコールの酸化，アルデヒド・ケトンの還元)

メタン　──→　**メタノール**　──→　メタナール(ホルムアルデヒド)　──→　メタン酸(**ギ酸** formic acid)

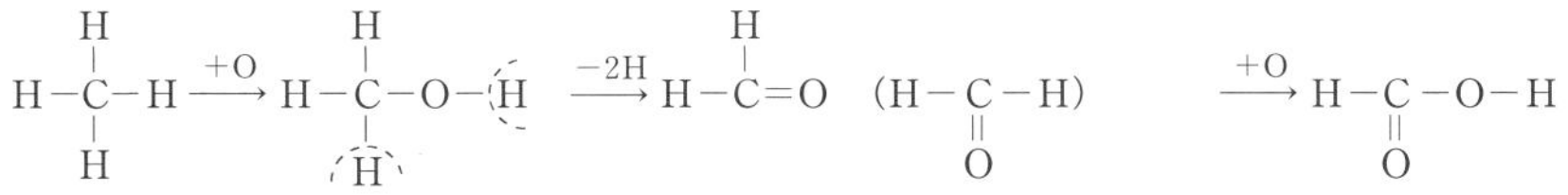

$$CH_4 \xrightarrow{+O} CH_3-OH \xrightarrow{-2H} HCHO \quad (H-C-H, \parallel O) \xrightarrow{+O} HCOOH$$

第一級アルコール　　　アルデヒド　　　　　　　　　　カルボン酸

エタン　──→　**エタノール**　──→　エタナール(アセトアルデヒド)　──→　エタン酸(**酢酸** acetic acid)

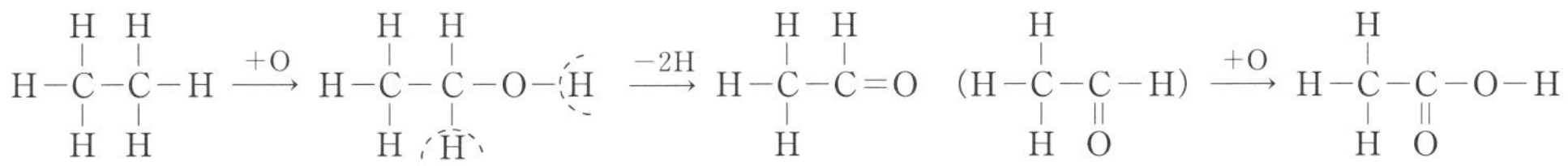

$$C_2H_6 \xrightarrow{+O} CH_3CH_2-OH \xrightarrow{-2H} CH_3CHO \quad (H-C-C-H, \parallel O) \xrightarrow{+O} CH_3COOH$$

第一級アルコール　　　アルデヒド　　　　　　　　　　カルボン酸

＊　代謝反応の異化がほぼすべて酸化反応，同化は還元反応．例：エタノールの代謝，解糖系と肝臓におけるピルビン酸と乳酸の相互変換，TCA回路におけるOH基の酸化．**脱水素・付加の仕方**は"有機化学 基礎の基礎"，p.94参照．

(次ページへ続く)

表 4・8 つづき

a. 酸化反応，逆反応は還元反応＊（アルコールの酸化，アルデヒド・ケトンの還元）

プロパン　　　　　　⟶　2-プロパノール　　⟶　プロパノン(アセトン)

$$\begin{array}{c} H\ H\ H \\ |\ \ |\ \ | \\ H-C-C-C-H \\ |\ \ |\ \ | \\ H\ H\ H \end{array} \xrightarrow{+O} \begin{array}{c} H\ H\ H \\ |\ \ |\ \ | \\ H-C-C-C-H \\ |\ \ |\ \ | \\ H\ O\ H \\ \ \ \ |\ \ \\ \ \ \ H \end{array} \xrightarrow{-2H} \begin{array}{c} H\ \ \ \ H \\ |\ \ \ \ \ | \\ H-C-C-C-H \\ |\ \ |\ \ | \\ H\ O\ H \end{array}$$

C_3H_8　　　　　　　$CH_3CH(OH)CH_3$　　　　　CH_3COCH_3，$(CH_3)_2CO$
　　　　　　　　　　　第二級アルコール　　　　　　　　ケトン

b. 縮合反応（脱水縮合＊：エステル生成，エーテル生成，多糖類の生成，アミド/ペプチド生成）

エーテルの生成（グリコシド結合の生成反応式も考えてみよ）

　　エタノール ＋ エタノール：$C_2H_5-O{\dashv}H + H{\vdash}O-C_2H_5 \xrightarrow{-H_2O} C_2H_5-O-C_2H_5$　ジエチルエーテル

エステル化反応（リン酸エステルやラクトンの生成反応式も考えてみよ）

　　酢酸 ＋ エタノール：$CH_3COOH + C_2H_5OH \ \longrightarrow\ CH_3COOC_2H_5$　酢酸エチル

$$CH_3-\underset{\underset{O}{\|}}{C}{\dashv}O-H + H{\vdash}O-C_2H_5 \xrightarrow{-H_2O} CH_3-\underset{\underset{O}{\|}}{C}-O-C_2H_5$$

脂肪酸 ＋ グリセリン：
（グリセロール）

$$\begin{array}{l} RCO{\dashv}OH\ \ H{\vdash}O-CH_2 \\ RCO{\dashv}OH\ +\ H{\vdash}O-CH \\ RCO{\dashv}OH\ \ H{\vdash}O-CH_2 \end{array} \xrightarrow{-3H_2O} \begin{array}{l} R-CO-O-CH_2 \\ R-CO-O-CH \\ R-CO-O-CH_2 \end{array}$$

中性脂肪(トリグリセリド，トリアシルグリセロール)

中性脂肪の**けん化**(エステルの**加水分解**．油脂のけん化価(mg KOH/1g 脂質)から油脂を構成する脂肪酸の平均分子量がわかる)．中性脂肪＋3 KOH(**水酸化カリウム**) ⟶ 3 脂肪酸のカリウム塩(3 RCOO⁻K⁺)＋グリセリン

アミドの生成

　　酢酸 ＋ メチルアミン：$CH_3COOH + CH_3NH_2 \ \longrightarrow\ CH_3CONHCH_3$　(アミド結合の生成)

$$CH_3-\underset{\underset{O}{\|}}{C}{\dashv}O-H + H{\vdash}\underset{\underset{H}{|}}{N}-CH_3 \xrightarrow{-H_2O} CH_3-\underset{\underset{O}{\|}}{C}-\underset{\underset{H}{|}}{N}-CH_3$$

ペプチド結合，タンパク質（α-アミノ酸＋α-アミノ酸（アラニン $CH_3CH(NH_2)COOH$ など）），（アミド結合の一種）

$$R-\underset{\underset{NH_2}{|}}{\overset{\overset{H}{|}}{C}}-\underset{\underset{O}{\|}}{C}{\dashv}OH + H{\vdash}\underset{\underset{R'}{|}}{\overset{\overset{H}{|}}{N}}-\overset{}{C}-COOH \xrightarrow{-H_2O} R-\overset{\overset{H}{|}}{\underset{\underset{NH_2}{|}}{C}}-\underset{\underset{O}{\|}}{C}-\underset{\underset{H}{|}}{N}-\overset{\overset{H}{|}}{\underset{\underset{R'}{|}}{C}}-COOH\ \text{と}\ R'-\overset{\overset{H}{|}}{\underset{\underset{NH_2}{|}}{C}}-\underset{\underset{O}{\|}}{C}-\underset{\underset{H}{|}}{N}-\overset{\overset{H}{|}}{\underset{\underset{R}{|}}{C}}-COOH$$

アルドール反応とその逆反応(解糖系，TCA 回路，糖新生)．

　　アセトアルデヒド ＋ アセトアルデヒド：$CH_3-\underset{\underset{O}{\|}}{C}-H + CH_3-\underset{\underset{O}{\|}}{C}-H \ \longrightarrow\ CH_3-\underset{\underset{OH}{|}}{\overset{\overset{H}{|}}{C}}-CH_2-\underset{\underset{O}{\|}}{C}-H$

＊ 中性脂肪，リン脂質(p.188)を始めとして，DNA(p.192)，ATP(p.193)，**ラクトン環の生成**(アスコルビン酸・ビタミンC(p.195)，δ-グルコノラクトン，p.192)などのエステル生成，少糖類・多糖類の生成(**アセタール・エーテル・グリコシド結合**，p.191)，タンパク質・**ペプチド**生成，三炭糖から六炭糖の形成など(アルドール縮合)．

(次ページへ続く)

表 4・8 つづき

c. 脱離反応(アルコールからの水分子の脱離・脱水(TCA 回路に 2 カ所ある), ハロアルカンからのハロゲン化水素の脱離)

エタノール ⟶ エチレン(エテン) + H_2O　(二重結合の形成)

$$H-\underset{H}{\underset{|}{\overset{H}{\overset{|}{C}}}}-\underset{H}{\underset{|}{\overset{H}{\overset{|}{C}}}}-O-H \longrightarrow H-\underset{H}{\underset{|}{\overset{H}{\overset{|}{C}}}}=\overset{H}{\overset{|}{C}}\quad (H-C=C-H) + H_2O$$

逆反応は(水分子の)付加反応, "有機化学 基礎の基礎", p.103 参照

d. 付加反応(水素化, TCA 回路における水和, **ヨウ素価**, **糖の環化**(α・β-アノマー, 異性体), 過酸化物生成)

エチレン + 水素：$H_2C=CH_2 + H_2 \longrightarrow H_3C-CH_3 (=C_2H_6)$ エタン　(水素化(水素添加), 硬化油)

エチレン + 水：$H_2C=CH_2 + H_2O \longrightarrow H-\underset{H}{\underset{|}{\overset{H}{\overset{|}{C}}}}-\underset{H}{\underset{|}{\overset{H}{\overset{|}{C}}}}-O-H$ エタノール　(逆反応は水の脱離反応, TCA 回路における H_2O の脱離, 付加)

エチレン + ヨウ素：$H_2C=CH_2 + I_2 \longrightarrow H-\underset{I}{\underset{|}{\overset{H}{\overset{|}{C}}}}-\underset{I}{\underset{|}{\overset{H}{\overset{|}{C}}}}-H$　(油脂中の二重結合数とヨウ素価：$I_2(g)/100\,g$ 油脂)

(カルボニル基への付加)

アセトアルデヒド + エタノール：$CH_3-\underset{O}{\overset{}{\overset{||}{C}}}-H + C_2H_5OH \longrightarrow CH_3-\overset{O-C_2H_5}{\underset{}{\overset{|}{C}}}-H$　(ヘミアセタール生成)[*1]

グルコースの分子内付加反応(環化反応)

α-グルコース, β-グルコース

e. 置換反応(結合している原子がほかの原子と置き換る反応)

$CH_4 + Cl_2 \xrightarrow{\text{紫外線}} CH_3Cl + HCl$　アルカンのハロゲン化(加熱または光照射：連鎖反応により $CH_3Cl, CH_2Cl_2, CHCl_3, CCl_4$ のすべてを生じる)

$CH_3I + NaOH \longrightarrow CH_3OH + NaI$ (求核置換反応);
$C_6H_6 + Br_2 \longrightarrow C_6H_5Br + HBr$ (芳香族の求電子置換反応)[*2]

[*1] この反応が, 鎖状構造の**糖分子**内のアルデヒド基, またはケトン基とヒドロキシ基との間で起こると, 糖が鎖状構造から環状構造へと変化し, **α**と**β**の**アノマー・異性体**を生じる。"有機化学 基礎の基礎", p.118 参照.
[*2] "有機化学 基礎の基礎", p.159 参照.

演習 4・39　まとめ.　次の性質を示す化合物グループ名を述べよ.

① 酸性を示すもの.　　　② 塩基性を示すもの.
③ 炭素数が少ない化合物では水によく溶けるもの(親水性・水溶性化合物).
④ 炭素数が少なくても水に溶けにくく, 油に溶けやすいもの(疎水性・親油性・脂溶性化合物群)[1].
⑤ 酸化されやすいもの[2].　　⑥ 還元されやすいもの[2].
⑦ エステルを作るもの[3].　　⑧ アミドを作るもの[3].
⑨ 付加反応を起こすもの[4].　⑩ 脱離反応を起こすもの[4].
⑪ 脱水縮合を起こすもの[4].　⑫ 加水分解反応を起こすもの[4].

1) 一般に炭素原子数が多ければ(酸素, 窒素原子に比べて多ければ)水には溶けにくい. 炭化水素=油(疎水性).
2) 生成物群名, 反応式の例と構造式も示せ.
3) 原料となる化合物群名と反応式の例, 構造式も示せ.
4) 元の化合物群名と反応式の例, 構造式を示せ.

演習問題解答

4・1 ① CO_2　ルール1〜3　分子骨格はa. $-\overset{|}{\underset{|}{C}}-O-O-$, b. $-O-\overset{|}{\underset{|}{C}}-O-$ の2つ．

a. は $-\overset{|}{\underset{|}{C}}-O-O-$ と手をつなぐとCの手が2本あまるので不適．b. は $-O-\overset{|}{\underset{|}{C}}-O-$ でOK．$\longrightarrow O=C=O$

② C_2H_2　$-\overset{|}{\underset{|}{C}}-\overset{|}{\underset{|}{C}}-$ これにHを2個つける．$H-\overset{|}{\underset{|}{C}}-\overset{|}{\underset{|}{C}}-H$ とすると $H-\overset{|}{C}=\overset{|}{C}-$ となり手が2本あまる．そこで，p.122の④とPOINTの説明のように $H-\overset{|}{\underset{|}{C}}-\overset{|}{\underset{|}{C}}-H$ とすれば $H-\overset{|}{\underset{|}{C}}-\overset{|}{\underset{|}{C}}-H \longrightarrow H-C\equiv C-H$．

③ C_2H_4　$-\overset{|}{\underset{|}{C}}-\overset{|}{\underset{|}{C}}-$ これにHを4個つける．$H-\overset{H}{\underset{H}{C}}-\overset{H}{\underset{H}{C}}-$ とすると手が2本あまる (p.122の④とPOINT参照)．

$H-\overset{|}{\underset{|}{C}}-\overset{|}{\underset{|}{C}}-H$ なら $H-\overset{|}{\underset{|}{C}}-\overset{|}{\underset{|}{C}}-H \longrightarrow \overset{H}{\underset{H}{C}}=\overset{H}{\underset{H}{C}}$

④ CH_2O　$-\overset{|}{\underset{|}{C}}-O- \longrightarrow H-\overset{H}{\underset{H}{C}}-O- \longrightarrow H-\overset{H}{\underset{H}{C}}-O$

$\longrightarrow \overset{H}{\underset{H}{C}}=O$　$-\overset{H}{\underset{H}{C}}-O-H$ とするとCの手が2本あまる (p.122の④とPOINT参照)．

⑤ CH_3N　$-\overset{|}{\underset{|}{C}}-N- \longrightarrow H-\overset{H}{\underset{H}{C}}-N-$ ではNの手が2本あまる (p.122の④とPOINT参照)．

$H-\overset{|}{\underset{|}{C}}-N-$ なら $H-\overset{H}{\underset{H}{C}}-N- \longrightarrow \overset{H}{\underset{H}{C}}=N-H$

⑥ HCN　$-\overset{|}{\underset{|}{C}}-N- \longrightarrow H-\overset{|}{\underset{|}{C}}-N- \longrightarrow H-\overset{|}{C}=N-$

$\longrightarrow H-C\equiv N$

(p.122のPOINT参照)

⑦ HNO　$-N-O- \longrightarrow H-N-O- \longrightarrow H-N=O$

⑧ H_3NO　$-N-O- \longrightarrow H-\overset{H}{\underset{H}{N}}-O-H$

⑨ $C_2H_4O_2$

(1) $\overset{H}{\underset{H}{C}}=\overset{O-O-H}{\underset{}{C}}$　(2) $H-\overset{H}{\underset{H}{C}}-\overset{H}{\underset{}{C}}\overset{O}{\underset{O}{}}$

(3) $H-\overset{H}{\underset{H}{C}}-\overset{H}{\underset{H}{C}}-H$ (O-O 架橋)　(4) $H-\overset{H}{\underset{}{C}}-\overset{H}{\underset{}{C}}-O-H$ (エポキシ)

(5) $H-\overset{H}{\underset{H}{C}}-O-\overset{H}{\underset{}{C}}=O$　(6) $H-\overset{H}{\underset{}{C}}-\overset{H}{\underset{H}{C}}$ (環状)

(7) $\overset{H-O}{\underset{H}{C}}=\overset{O-H}{\underset{H}{C}}$ (シス異性体, p.151)　(8) $\overset{H-O}{\underset{H}{C}}=\overset{H}{\underset{O-H}{C}}$ (トランス異性体, p.151)

(9) $O=\overset{H}{\underset{H}{C}}-\overset{H}{\underset{}{C}}-O-H$　(10) $\overset{H}{\underset{H-O}{C}}=\overset{H}{\underset{O-H}{C}}$

(11) $O=\overset{H}{\underset{O-H}{C}}-H \equiv \overset{H}{\underset{H}{C}}-\overset{O}{\underset{}{C}}-O-H$　（酢酸）

以上，11種類のうち5個できればOK．書き方の詳細は"有機化学 基礎の基礎" p.27参照．

4・2 (1) $C_2H_6(CH_3-CH_3, CH_3CH_3)$；$C_2H_5OH(CH_3-CH_2-OH, CH_3CH_2-OH, C_2H_5-OH)$；$CH_3COOH(CH_3-COOH)$

(2) ① $H-\overset{H}{\underset{H}{C}}-\overset{H}{\underset{H}{C}}-\overset{H}{\underset{H}{C}}-\overset{H}{\underset{H}{C}}-\overset{H}{\underset{H}{C}}-H$

② $H-\overset{H}{\underset{H}{C}}-\overset{H}{\underset{\overset{|}{\underset{H}{C}-H}}{C}}-\overset{H}{\underset{H}{C}}-H$

③ $H-\overset{H}{\underset{\overset{|}{\underset{H}{C}-H}}{C}}-\overset{H}{\underset{\overset{|}{\underset{H}{C}-H}}{C}}-H$

① $CH_3-CH_2-CH_2-CH_2-CH_3 = CH_3CH_2CH_2CH_2CH_3$

② $CH_3-\underset{CH_3}{\overset{|}{CH}}-CH_2-CH_3 = CH_3\underset{CH_3}{\overset{|}{CH}}CH_2CH_3 = CH_3CH(CH_3)CH_2CH_3$

③ $CH_3-\underset{CH_3}{\overset{\overset{|}{CH_3}}{\underset{|}{C}}}-CH_3 = CH_3C(CH_3)_2CH_3$

(3) 答(2)の③，②を見よ．

4・3 (1) ① エチレン(エテン)　$\overset{H}{\underset{H}{C}}=\overset{H}{\underset{H}{C}}$

② アセチレン(エチン)　$H-C\equiv C-H$

(2) 不飽和炭化水素では二重結合，三重結合が単結合に変化することにより，H_2, H_2O などが付加できるため反応性に富む．付加反応が起こる．$CH_2=CH_2+H_2 \to CH_3CH_3$ (C_2H_6)，$CH_2=CH_2+H_2O \to CH_3CH_2OH$ (C_2H_5OH)

4章 演習問題解答   167

4・5 (1)

①
$$H-\underset{H}{\overset{H}{C}}-\underset{H}{\overset{H}{C}}-\underset{H}{\overset{H}{C}}-Cl \longrightarrow CH_3-CH_2-CH_2-Cl \longrightarrow$$

② ④ ⑤
$CH_3CH_2CH_2-Cl \longrightarrow C_3H_7-Cl, C_3H_7Cl \longrightarrow R-Cl, RCl$
1-クロロプロパン (p.136)

(2)
$$H-\underset{H}{\overset{H}{C}}-\underset{H}{\overset{H}{C}}-\underset{H}{\overset{H}{C}}-\underset{H}{\overset{H}{C}}-N-H \longrightarrow$$

① ②
$CH_3-CH_2-CH_2-CH_2-NH_2 \longrightarrow CH_3CH_2CH_2CH_2NH_2$
(-C-C- とつながった CH_3, CH_2 は一緒に1つにまとめて表す)

④ ⑤
$\longrightarrow C_4H_9-NH_2, C_4H_9NH_2 \longrightarrow R-NH_2, RNH_2$
1-ブチルアミン (p.138)

(3)
$$H-\underset{H}{\overset{H}{C}}-\underset{H}{\overset{H}{C}}-N-\underset{H}{\overset{H}{C}}-\underset{H}{\overset{H}{C}}-\underset{H}{\overset{H}{C}}-H \longrightarrow CH_3-CH_2-NH-$$

②
$CH_2-CH_2-CH_3 \longrightarrow CH_3CH_2-NH-CH_2CH_2CH_3,$
$CH_3CH_2NHCH_2CH_2CH_3$

このものは左右2組の -C-C- のつながりを -N- で橋掛けしたものである. 左右それぞれの -C-C- をまとめて表すと (これがアルキル基である).

④
$\longrightarrow C_2H_5-NH-C_3H_7, C_2H_5NHC_3H_7$

⑤
$\longrightarrow R-NH-R', RNHR'$
N-エチルプロピルアミン (p.138)

4・6 C-C-C-C-C-C, ヘキサン; C-C-C-C-C, 2-メチルペンタン;
$\underset{C}{|}$

C-C-C-C-C, 3-メチルペンタン;
$\quad\underset{C}{|}$

C-C-C-C, C-C-C-C, 2,3-ジメチルブタン;
$\underset{C}{|}\underset{C}{|}$ $\underset{C}{|}\underset{C}{|}$

C-C-C-C, 2,2-ジメチルブタン.
$\quad\underset{C}{|}$
$\quad\underset{C}{|}$

4・7 C-C-C-C-C-C, 3-エチル-2-メチルヘキサン (2-メチル-3-エチルヘキサンでも可とする).

4・8 ① C-C-C, の構造式で一筆書きできる C は C_4 ; 2-メチルブタン ② C-C-C C_5; ペンタン ③ C-C-C C_4 ; 2-メチルブタン

4・9 ① アルカン alkane, 例: プロパンガス(気体), ガソリン・石油(液体), ろうそく(固体).
② モノ(mono), ジ(di), トリ(tri), テトラ(tetra), ペンタ(penta), ヘキサ(hexa).
③ メタン, CH_4; エタン, C_2H_6; プロパン, C_3H_8; ブタン, C_4H_{10}; ペンタン, C_5H_{12}; ヘキサン, C_6H_{14}.
④ $C_nH_{2n+1}-$, R-.
⑤ メチル, CH_3-, Me; エチル, C_2H_5-, Et; プロピル, C_3H_7-, Pr; ブチル, C_4H_9-, Bu.

4・10 ① 一般にどのような物質でも沸点は原子量, 分子量とともに大きくなる. したがって, アルカン C_nH_{2n+2} も n が大きくなるほど沸点は高くなる(図2・1). ② 室温でブタンまでは気体, ペンタンから液体, エイコサン($C_{20}H_{42}$)は固体. ③ 水より小さく, 水に浮く. 理由は"有機化学 基礎の基礎", p.42 を参照. ④ いわば油であり, 水とまざらない(疎水性). ⑤ 反応性に乏しく, 硫酸, 硝酸, 過マンガン酸カリウムとも反応しない.

4・11
① -C-C-C-C-, 　, -C-C-C-, -C-C-C-
　　　　　　　　　　　　　 | 　　 |
　　　　　　　　　　　　　-C-

② -C-C-C-C-C-, -C-C-C-C-, -C-C-C-C-, -C-C-C-
　　　　　　　　　　　　| 　　 　　　|
　　　　　　　　　　　　　 　　　

③ C-C, □, C, C-C-C
　 | |　　 |
　 C-C　　C-C

C=C-C-C, 　, C=C (シス), C=C (トランス)
C-C=C-C
(シス, トランスは p.151 参照)

4・13 ①

$\begin{array}{c}Cl\\|\\Cl-C-H\\|\\Cl\end{array}$ $\begin{array}{c}H\\|\\Cl-C-H\\|\\Cl\\\end{array}$

1,1,1-トリクロロエタン 1,1,2-トリクロロエタン

②

$\begin{array}{c}Cl\,\,Cl\\|\,\,|\\Cl-C-C-H\\|\,\,|\\Cl\,\,H\end{array}$ $\begin{array}{c}H\,\,Cl\\|\,\,|\\Cl-C-C-Cl\\|\,\,|\\Cl\,\,H\end{array}$

1,1,1,2-テトラクロロエタン 1,1,2,2-テトラクロロエタン

③

$\begin{array}{c}H\,\,H\,\,H\\|\,\,|\,\,|\\H-C-C-C-Cl\\|\,\,|\,\,|\\H\,\,H\,\,H\end{array}$ $\begin{array}{c}H\,\,H\,\,H\\|\,\,|\,\,|\\H-C-C-C-H\\|\,\,|\,\,|\\H\,\,Cl\,\,H\end{array}$

1-クロロプロパン 2-クロロプロパン

$\begin{array}{c}H\,\,H\,\,H\\|\,\,|\,\,|\\Cl-C-C-C-H\\|\,\,|\,\,|\\Cl\,\,H\,\,H\end{array}$ $\begin{array}{c}H\,\,Cl\,\,H\\|\,\,|\,\,|\\H-C-C-C-H\\|\,\,|\,\,|\\H\,\,Cl\,\,H\end{array}$

1,1-ジクロロプロパン 2,2-ジクロロプロパン

$\begin{array}{c}H\,\,H\,\,H\\|\,\,|\,\,|\\H-C-C-C-H\\|\,\,|\,\,|\\Cl\,\,Cl\,\,H\end{array}$ $\begin{array}{c}H\,\,H\,\,H\\|\,\,|\,\,|\\H-C-C-C-H\\|\,\,|\,\,|\\Cl\,\,H\,\,Cl\end{array}$

1,2-ジクロロプロパン 1,3-ジクロロプロパン

4・14 ① RR'NH で第二級アミン　$C_2H_5-\underset{\underset{CH_3}{|}}{N}-H$
　　　　　N-メチルエチルアミン

② 第三級　$CH_3-\underset{\underset{CH_3}{|}}{N}-C_3H_7$　N,N-ジメチルプロピルアミン

③ 第三級　$C_4H_9-\underset{\underset{C_2H_5}{|}}{N}-CH_3$

④ 第一級　$C_3H_7-NH_2$

* アルキル基はアルファベット順に並べる．上記の構造式で，アルキル基の相対位置はどれでもよい．すなわち，R-N-H = R-N-R' = R'-N-H = R'-N-R = R'; R-N-R" = R'-N-R = ……
H-N-R'; R-N-R" = R'-N-R = ……

4・15 ① アミノ基，② メチルアミン，トリメチルアミン，構造式は省略，③ $RCH(NH_2)COOH$

4・16 ① ヒドロキシ基(ヒドロキシ hydroxy＝ヒドロ・オキシ hydro-oxy＝hydrogen・oxygen＝H・O＝水素・酸素＝水酸基)
② エタノール(エチルアルコール)，1-プロパノール($CH_3CH_2CH_2OH$)，2-プロパノール(CH_3CHCH_3)
　　　$\underset{OH}{|}$

4・17 $CH_3CH_2CH_2CH_2OH$　　$CH_3-\underset{\underset{OH}{|}}{CH}-CH_2-CH_3$
1-ブタノール　　　　　　　　　　2-ブタノール
第一級アルコール　　　　　　　　第二級アルコール

$CH_3-\underset{\underset{CH_3}{|}}{CH}-CH_2-OH$
2-メチル-1-プロパノール
第一級アルコール

$CH_3-\underset{\underset{OH}{|}}{\overset{\overset{CH_3}{|}}{C}}-CH_3$　2-メチル-2-プロパノール
　　　　　　　　第三級アルコール

4・19 H_2O 水 → $R-OH$ アルコール → $R-O-R'$ エーテル，アルカンの親戚，水と他人，ジエチルエーテル．

4・20 ① C_4H_{10}, C_6H_{14}　C,H の化合物，単結合のみの化合物（構造式を書いてみよ-C-C-C-C-）→ アルカン → C が4個はブタン，C が6個だからヘキサン（覚えたことを思い出せ！）．
② $CHCl_3$, C,H と Cl から成り立っているのでハロアルカン（C が1個だからメタン，Cl が3個だからトリ・クロロ → トリクロロメタン）．
③ CH_3OH, C_2H_5OH, C_3H_7OH は CH_3-OH, C_2H_5-OH, C_3H_7-OH のこと．CH_3-, C_2H_5-, C_3H_7- はアルキル基 R- だから，これらは R-OH(ROH)，アルコールである．または構造式を書けば，すべて-C-OH, ……C- のことを R- と書くから R-OH → アルコール(R-OH の R を H に変えれば H-OH＝H_2O, ROH も水由来の化合物であることがわかる；名称：メタン・エタン・プロパンに対応してメタノール・エタノール・プロパノール，命名法は……オール(-ol))．
④ $CH_2(OH)CH(OH)CH_2(OH)$　まず，自分で構造式を書いてみよ．C-OH の化合物だからアルコール，C-OH が3価アルコール，1,2,3-プロパントリオール，慣用名はグリセロール．
⑤ CH_3OCH_3, $CH_3OC_3H_7$, $C_2H_5OC_2H_5$ は CH_3-O-CH_3, $CH_3-O-C_3H_7$, $C_2H_5-O-C_2H_5$. CH_3-, C_2H_5-,

C_3H_7- はアルキル基 R- だから，これらは R-O-R'(ROR')，エーテルである．または，構造式を書けばすべて -C-O-C- だから R-O-R' → エーテル．(R-O-R' の R, R' を H に変えれば H-O-H＝H_2O, ROR' も R-OH 同様，水由来の化合物とわかる).
（名称：CH_3OCH_3 ではメチル基が2個だからジメチルエーテル，$CH_3OC_3H_7$ はメチルプロピルエーテル，$C_2H_5OC_2H_5$ はジエチルエーテル).
⑥ CH_3NH_2 は RNH_2, 第一級アミン，メチルアミン；$(C_2H_5)(CH_3)NH$ は RR'NH, 第二級アミン，N-メチルエチルアミン；$(C_2H_5)_3N$ は R_3N, 第三級アミン，トリエチルアミン．

4・21 (1) ① ブタナール　② ペンタナール
(2) $\underset{\underset{O}{\parallel}}{C}-H$ 型　　CHO 型

4・22 ① 3-ペンタノン(ジエチルケトン，3-オキソペンタン)
$C-C-\underset{\underset{O}{\parallel}}{C}-C-C$
(ペンタンの3番目の C がケトン基となったもの)

② 2-ペンタノン(メチルプロピルケトン，2-オキソペンタン)
$C-\underset{\underset{O}{\parallel}}{C}-C-C-C$

③ 2,4-ヘキサジオン　2,4-hexane-di-one(2,4-ジオキソヘキサン)
$C-\underset{\underset{O}{\parallel}}{C}-C-\underset{\underset{O}{\parallel}}{C}-C-C$

4・23 ① メタン酸(ギ酸), ② プロパン酸, ③ ブタン酸, ④ 2-メチルブタン酸(カルボン酸の分子炭素鎖の**炭素数はCOOHのCを含めた数**であり，COOH の炭素を炭素原子の1番目の番号とする(アルデヒドも CHO の C が1番目)). ⑤ ヘキサデカン酸(パルミチン酸), ⑥ オクタデカン酸(ステアリン酸)

② ╱╲COOH ＝ ╱╲COOH, ╱╲COOH,
　　　　　　　　　　　OH (C を全部省略すると，このようにも書くことができる)

③ ╱╲╱COOH
④ ╱╲╱COOH ＝ ╱╲╱COOH

4・24 ① COOH, (COOH)$_2$
　　　COOH
② $HOOC-\underset{\underset{OH}{|}}{CH}-COOH$
③ $CH_3-\underset{\underset{OH}{|}}{CH}-COOH$　2-ヒドロキシプロパン酸
④ $CH_3-\underset{\underset{O}{\parallel}}{C}-COOH$
⑤ $H_2N-CH_2-CH_2-CH_2-COOH$
⑥ オキサロ oxalo ← oxalic acid(シュウ酸(COOH)$_2$), したがって，HOOC-CO-(OH)がついた酢酸 $HOOC-\underset{\underset{O}{\parallel}}{C}-CH_2-COOH$ または IUPAC 名通り書く．

4・25 酪酸ペンチル(ブタン酸ペンチル), $C_3H_7-\underset{\underset{O}{\parallel}}{C}-O-C_5H_{11}$,
酢酸オクチル，$CH_3-\underset{\underset{O}{\parallel}}{C}-O-C_8H_{17}$,

酪酸エチル, $C_3H_7-\underset{\underset{O}{\|}}{C}-O-C_2H_5$,

ギ酸エチル, $H-\underset{\underset{O}{\|}}{C}-O-C_2H_5$,

酪酸メチル, $C_3H_7-\underset{\underset{O}{\|}}{C}-O-CH_3$

4・26 ① $CH_3-\underset{\underset{O}{\|}}{C}-NH_2$ ($CH_3-CO-NH_2$)

② $CH_3-\underset{\underset{O}{\|}}{\underset{|}{C}}-\underset{\underset{CH_3}{|}}{N}-CH_3$ ($CH_3-CO-N(CH_3)_2$)

4・27 ① CH_3CHO は CH_3-CHO だから $R-CHO(RCHO)$ アルデヒドである. HCHO は H-CHO と書ける. R-とは通常は C-を意味するが, これのみ例外的に H を R-とみなす. それぞれ C が 2 個, 1 個だからエタナール, メタナール. 慣用名はアセトアルデヒド, ホルムアルデヒド.
② CH_3COCH_3 は RCOR (RCOR′) でケトン. $(CH_3)_2CO$ は $R_2CO(RR'CO)$ でやはりケトン. $C_2H_5COC_3H_7$ は RCOR′でケトン. (名称：CH_3COCH_3 は C が 3 個でプロパン→プロパノン, $(CH_3)_2CO$ は CH_3COCH_3 のことだから同左, $C_2H_5COC_3H_7$ は C が 6 個でヘキサン→3-ヘキサノン(3-オキソヘキサン). 慣用名は $CH_3COCH_3 = (CH_3)_2CO$ は RCOR′の R, R′がメチル基だからジメチルケトン, 通常, アセトンという. $C_2H_5COC_3H_7$ はエチルプロピルケトン.
③ CH_3COOH, C_3H_7COOH は RCOOH でカルボン酸. HCOOH = H-COOH は HCHO 同様に例外的に H- を R-とみなすと RCOOH カルボン酸. 名称：CH_3COOH, HCOOH, C_3H_7COOH はそれぞれ C が 2 個, 1 個, 4 個だからエタン, メタン, ブタン→エタン酸, メタン酸, ブタン酸という. 慣用名は CH_3COOH が酢酸, HCOOH はギ酸.
④ $CH_3COOC_2H_5$, $CH_3COOC_4H_9$, $C_2H_5COOC_3H_7$ は $CH_3-CO-OC_2H_5$, $CH_3-CO-OC_4H_9$, $C_2H_5-CO-OC_3H_7$ で RCO-OR′=RCOOR′ でエステル. 名称：$CH_3COOC_2H_5$ は CH_3COOH 酢酸の H を R′=C_2H_5=エチル基に置き換えたものだから酢酸エチル(エタン酸エチル), $CH_3COOC_4H_9$ は R′=C_4H_9=ブチル基だから酢酸ブチル(エタン酸ブチル), $C_2H_5COOC_3H_7$ はプロパン酸の H を R′=C_3H_7=プロピル基に置き換えたものだからプロパン酸プロピル. $CH_3-\underset{\underset{O}{\|}}{C}-O-C_2H_5$ 酢酸エチル.
⑤ $HCONH_2$ は $RCONH_2$, $CH_3CONHCH_3$ は RCONHR′, $HCON(CH_3)_2$ は RCONR′R″ でアミド. ギ酸とアンモニア NH_3, 酢酸とメチルアミン CH_3NH_2, ギ酸とジメチルアミン $(CH_3)_2NH$ とからできたアミン. 名称はメタン(ホルム)アミド(HCO-はホルミル基), N-メチルエタン(アセト)アミド, N,N-ジメチルメタン(ホルム)アミド.

4・28

① RCHO $R-\underset{\underset{O}{\|}}{C}-H$, $R-\overset{\overset{H}{\|}}{\underset{\underset{O}{}}{C}}$

② RR′CO $R-\underset{\underset{O}{\|}}{C}-R'$, $\overset{\overset{R}{|}}{\underset{\underset{R'}{|}}{C}}=O$

③ RCOOH $R-\underset{\underset{O}{\|}}{C}-O-H$, $R-\overset{\overset{O}{\|}}{\underset{\underset{O-H}{}}{C}}$

④ RCOOR′ $R-\underset{\underset{O}{\|}}{C}-O-R'$, $R-\overset{\overset{O}{\|}}{\underset{\underset{O-R'}{}}{C}}$

⑤ RCONHR′ $R-\underset{\underset{O}{\|}}{\underset{|}{C}}-\underset{\underset{H}{|}}{N}-R'$, $R-\overset{\overset{O}{\|}}{\underset{\underset{H}{|}}{C}}-N-R'$

4・29 ① ホルマリン ② アセトン ③ 酢酸(食酢) ④ 果物の香り・中性脂肪 ⑤ タンパク質・ペプチド

4・30 ① ホルムアルデヒド, メタナール ② アセトアルデヒド, エタナール ③ アセトン, プロパノン ④ ギ酸, メタン酸 ⑤ 酢酸, エタン酸 ⑥ 酢酸エチル, エタン酸エチル(エチルエタノエート) ⑦ N-メチルアセトアミド, N-メチルエタン酸アミド

4・31 ① いずれの化合物もカルボニル基 $\underset{\underset{O}{\|}}{C}=O(-\underset{\underset{O}{\|}}{C}-)$ をもち, エステル, アミド以外は反応性に富む.
② A：第一級アルコール, $R-CH_2OH - 2H \to R-CHO$, B：第二級アルコール, $RR'CHOH - 2H \to RR'CO(R-CO-R')$, C：アルデヒド, $R-CHO + O \to R-COOH(R-CO-OH)$ (pp.163, 164 も参照のこと).
③ アルデヒドとくに反応性に富む. ホルマリンは防腐剤であるが, これはホルムアルデヒドが反応性に富み, 生物にとって毒であるためである(微生物の組織と反応して殺してしまう?). 還元力が強く(相手を還元し自分は酸化されカルボン酸になる), Ag^+ と反応して銀鏡反応(Ag 析出), Cu^{2+} と反応してフェーリング反応(Cu_2O 沈殿)を起こす. 付加反応と酸化還元反応.
④ カルボン酸は酸だから水溶液は酸性, 刺激臭をもつ.
⑤ D：カルボン酸, E：アルコール, F：アンモニア・アミン, $R-COOH + R'-OH \to R-CO-OR' + H_2O$, $R-COOH + R'-NH_2 \to R-CO-NHR' + H_2O$ (p. 164 も参照のこと), 芳香(果物香)をもつ.

4・32 ① 1-ブテン, 1-butene. ブタンの 1 番目(と 2 番目)の C が二重結合に変化.
② 2-ブテン, 2-butene. 2 と 3 の間が二重結合. シスとトランスの異性体がある. cis-2-ブテン, trans-2-ブテン.
③ 1,3-ブタジエン(2,4-ではない).
④ 2,4,7-デカトリエン(この場合, それぞれの二重結合についてシス(Z), トランス(E)の可能性があるから, 3つの二重結合では $2^3 = 8$ 個の幾何異性体がある. つまり, 2-シス-4-シス-7-シス-デカトリエン(または$(2Z,4Z,7Z)$-デカトリエン), $(2Z,4Z,7E)$-, $(2Z,4E,7Z)$-, $(2E,4Z,7Z)$-, $(2Z,4E,7E)$-, $(2E,4Z,7E)$-, $(2E,4E,7Z)$-, $(2E,4E,7E)$-デカトリエンがある. 構造式は次の問題を参照).

4・33

② ～／＝＼／＝＼／ ～／＝＼＝／～

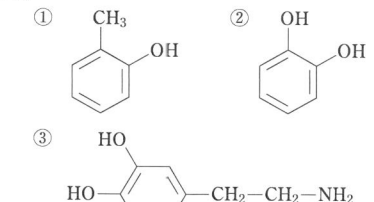

③ ～／＝＼／＝＼／ または ～＝／＼＝／～

④ ZZZ ～／＝＼／＝＼／＝＼ ZZE ～／＝＼／＝＼＝／～

EZE ～＝／＼／＝＼＝／～ ほかは省略.

4・35

① $\underset{\underset{}{}}{\overset{\overset{CH_3}{}}{\bigcirc}}$-OH

② $\bigcirc\!\!\overset{OH}{\underset{OH}{}}$

③ $HO-\bigcirc\!\!\underset{\underset{}{}}{\overset{\overset{HO}{}}{}}-CH_2-CH_2-NH_2$

4・36 ① フェノール・芳香族(フェニル基・ヒドロキシ基), アルコール(ヒドロキシ基), (第二級)アミン.

② (第三級)アミン，カルボニル基(CO，ケトン基ではない)．
③ 脂環式炭化水素(シクロヘキサン環)，アルコール(ヒドロキシ基)，カルボン酸(カルボキシ基)．
④ フェノール・芳香族(フェニル基・ヒドロキシ基)，エーテル，脂肪族炭化水素．
⑤ 芳香族(フェニル基)，ケトン(ケトン基)，アルコール(ヒドロキシ基)，エーテル．

4・37 エストラジオールはジ・オールであるから分子中には−OH基が2個あること，テストステロンはロン(オン)だからケトンであること・すなわち C−CO−C なるケトン基が分子中に存在することがわかる．アルドステロンも同じくケトン基のほかにアルド，すなわちアルデヒド基 CHO をもつ．
① フェノール・芳香族(フェニル基・ヒドロキシ基)，第二級アルコール(ヒドロキシ基)，シクロアルカン．
② ケトン，第二級アルコール(ヒドロキシ基)，シクロアルカン，シクロアルケン(アルケン)．
③ ケトンが2個，第一級・第二級アルコール(ヒドロキシ基)が1個ずつ，シクロアルカン，シクロアルケン(アルケン)，アルデヒド；A，ベンゼン環；B，シクロヘキサン環；C，シクロヘキセン環．

4・39 ① カルボン酸，　② アミン，　③ アルコール，多価アルコール，アミン，アルデヒド，ケトン，カルボン酸，アミド，　④ アルカン，ハロアルカン，芳香族炭化水素(ベンゼン)，エーテル，エステル，　⑤ 第一級アルコール→アルデヒド，第二級アルコール→ケトン，アルデヒド→カルボン酸，　⑥ アルデヒド→第一級アルコール，ケトン→第二級アルコール，　⑦ アルコールとカルボン酸(および，リン酸や硝酸などの無機酸)，　⑧ アミンとカルボン酸，　⑨ アルケン←水素分子・水分子・ヨウ素分子(ヨウ素価)・臭素分子など，アルデヒド，ケトン，ヘミアセタール(分子内付加による糖の環化)，　⑩ アルコール→アルケン，ハロアルカン→アルケン，　⑪ アルコール→エーテル(糖→二糖類・多糖類：アセタール)，アルコール+カルボン酸→エステル，ラクトン環の生成(分子内エステル)，アミン+カルボン酸→アミド(アミノ酸→ペプチド)，　⑫ エステル→カルボン酸+アルコール(中性脂肪→脂肪酸+グリセリン：けん化価)，中性脂肪→脂肪酸+グリセリン(脂質の消化吸収)，ペプチド→アミノ酸(タンパク質の消化吸収)，多糖類→単糖類(糖類の消化吸収)．
⑤〜⑫の反応式の例と構造式は表4・8を見よ．

付録1 物質の三態と気体の性質，溶液の性質

1・1 物質の三態

液体の水は 0°C 以下では固体の氷，100°C 以上では気体の水蒸気となる．大気圧下で沸点 0°C のガスライター中のブタンガスは高圧下では室温でも液体である．このように，物質は温度や圧力が変わることにより**気体**，**液体**，**固体**の3つの状態をとることができる．これらを物質の**三態**という．

気体，液体，固体を問わず，物質は膨大な数の小粒子(分子，原子)からできている．氷が溶けて液体の水になってもその体積はあまり変化しないが，水蒸気の体積は約 1600 倍となる．これは，**気体**状態では個々の分子が広い空間を絶えず自由に激しく動き回っているためである(図1)．気体状態では分子同士の距離が大きいので，分子間の相互作用は小さい．

液体でも個々の分子は活発に動き回っているが，気体と異なり分子同士の距離は小さく，分子間の相互作用も必然的に大きい(図2)．温度が上昇し，液体中の分子が**分子間力**に打ち勝つだけのエネルギーをもつと，分子は液体表面から飛び出し気体となる[1]．これを**蒸発**(気化)という．液体を加熱すると，ある温度で液体中から盛んに気泡(液体が蒸気となったもの)を発生するようになる．このように液体の内部からも蒸発(気化)する現象を**沸騰**[2]といい，その温度を**沸点**という．蒸発と逆の現象，蒸気(気体)から液体への変化を**凝縮**(液化)という．

固体とは，隣接する構成粒子同士の相互作用により，粒子(原子・分子・イオン)が自由に動き回れない状態である．個々の粒子は決められた位置に固定され，その場所でわずかに振動している(図3)．温度上昇につれて振動は激しくなり，ある温度で熱運動エネルギーが周りとの相互作用に打ち勝つと，構成粒子は場所を変えて動き回るようになる．この固体が液体となる現象を**融解**(液化)といい，その温度を**融点**という．これと逆に，液体が固体に変化することを**凝固**(固化)という．また，固体が液体を経ずに直接気体になる，気体が直接固体となる現象の両方をともに**昇華**[3]という．

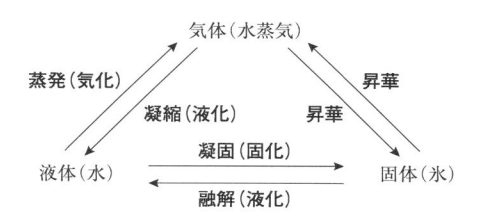

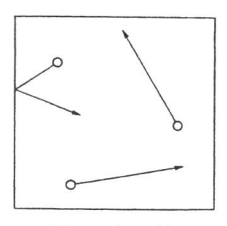

図1 気体

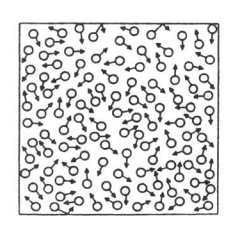

図2 液体

1) 液体状態の分子では互いの間に引き合う力，**分子間力・分子間相互作用**が働いており，いわば**分子同士が弱く手をつないだ・結合した状態**である．したがって，液体が気体(個々の自由な分子)となるためには，液体状態における分子間の結合・きずなを断ち切る必要がある．

2) 沸騰中のやかんの口から盛んに出てくる湯気は目に見えるから水蒸気(気体)ではなく，液体の微粒子である．

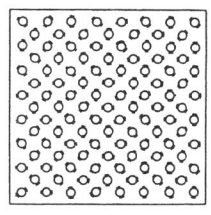

図3 固体

3) 冷凍庫中の製氷皿の氷がいつの間にか減っている，ドライアイスが小さくなる，衣服防虫剤・トイレ消臭剤の減少は固体→気体の変化であり，ヨウ素を精製する際は固体→気体，気体→固体の変化である．

```
          気体(水蒸気)
        ↗     ↑   ↖
    蒸発(気化)       昇華
              凝縮(液化)    昇華
        ↓              ↘
      液体(水) ⇄ 凝固(固化) ⇄ 固体(氷)
              融解(液化)
```

1・2 圧力とは

圧力とは押さえつける力，2つの物体が接触面で垂直に押し合う力のことであり，単位面積あたりに及ぼす力 Pa（パスカル）で定義される[4]。

大気の示す圧力を大気圧という．地表の大気圧を1気圧（1 atm）と表現する．では，1気圧とはどれくらいの強さの圧力だろうか．圧力の強さはどのように表されるのだろうか．

イタリアのトリチェリーは次の実験を行った．片方を閉じた1mのガラス管に水銀を満たし，逆さにして水銀だめ中に立てると，ガラス管中の水銀は水銀だめ（下方）に流れ出すが，水銀の流出は水銀柱の高さが76.0 cm＝760 mm で停止した（図4）．ガラス管の長さが760 mm 以上であれば，管の長さにかかわらず，また，管を斜めにしても，ガラス管中の水銀の高さは常に760 mm となった（ガラス管の上部は真空となっている）．このことは 760 mm の高さの水銀が流れ出そうとする力（760 mm の水銀柱の重さ）と同じだけの力（重さ）が水銀だめの表面に働いて，水銀が流れ出ないようにバランスを取っていることを示している．これが大気の示す圧力，大気圧である．つまり，1気圧1 atm は 760 mm の水銀柱が示す圧力と等しい（🔬**デモ** ガラスコップ＋紙ふたを逆さにしても水が流れ落ちないのはなぜか）．

1気圧は **760 mm＝76.0 cm の水銀柱**の重さが示す圧力（水銀柱にかかる重力）**760 mmHg**（Hg は水銀の元素記号）に等しい．水銀の密度は $13.6\,g/cm^3$ だから1気圧＝$13.6\,g/cm^3 \times 76.0\,cm = 1034\,g/cm^2$．つまり，1気圧は $1\,cm^2$ に約 1 kg の重さのものをのせた時の圧力と同じである．**1気圧（1 atm）＝760 mmHg＝1034 g 重/cm^2 ≒ 1 kg 重/cm^2** [5]．1気圧を水柱の高さで表せば，水の密度＝$1.00\,g/cm^3$（4℃）だから，$1034\,g/cm^2 = 1.00\,g/cm^3 \times$ 水柱の高さ，したがって，**水柱の高さ＝1034 cm＝10.34 m**．1気圧は 1.034 kg 重/cm^2 ≒ 約 10 m の水柱の重さ/cm^2 の圧力に対応する．そこで，海などの水中に潜る場合に加わる圧力は，水深が 10 m 深くなるごとに 1 気圧ずつ増す．圧力の大きさは国際単位のパスカル Pa で表される[4]．**1気圧**＝1.034 kg 重/cm^2（1 cm^2 の面積に約1 kg の重さに対応する力[5]）が垂直に働く時と同じ大きさの圧力）＝$(1.034\,kg \times 9.8\,m/s^2)$[5]$/cm^2 = (1.034\,kg \times 9.8\,m/s^2)/(0.0100\,m)^2 = (10.13 \times 10^4\,kg \cdot m/s^2)/m^2 = (1.013 \times 10^5\,kg \cdot m/s^2)/m^2 = 1.013 \times 10^5\,N/m^2 =$ **1.013×10^5 Pa＝1013 hPa**（ヘクトパスカル，ヘクトは 100 という意味）[6]．1 hPa は水柱で約 1 cm の圧力，**1 hPa ≒ 1 cm H$_2$O**，である．

---

4) 圧力は Pa（パスカル），1 Pa＝1 N/m^2，1 m^2 の面積に 1 N（ニュートン）の力が働く時の圧力で表される．

力の大きさは物体に与えられる加速度で表され，**1 kg の物体に 1 m/s^2 の加速度を与える力を 1 N（ニュートン）**という．1 N＝1 kg×1 m/s^2．加速度が加わる時のみ物体に力が働くことは電車の急発進（ひっくり返りそうになる），急停車（前にのめる），定速運転（力は加わらない），から実感できよう．地表ではすべての物体に対して**重力，地球の中心に引く力＝毎秒 9.8 m の加速度（9.8 m/s^2）を与える力**，が働いている（高層ビルの屋上から石を落とすと，最初の落下速度は 1 秒後 9.8 m/s，2 秒後 19.6 m/s，10 秒後 98 m/s となる）．

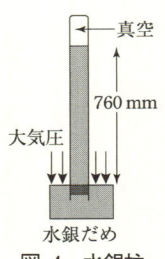

図 4 水銀柱

5) 物体の重さは物体に働く地球の重力（引っ張る力）の反映であり，ばねばかりやエキスパンダーを手で引いて・力を加えて伸ばす場合と，重りをつるして重りの重さでばねを伸ばす場合とでは同じ結果を与える．1 kg の物体に働く重力の大きさを 1 kg 重と表す．1 kg 重＝1 kg×9.8 m/s^2[4]＝9.8×（1 kg×1 m/s^2）＝9.8 N．1 N ≒ 0.1 kg 重＝0.1 kg（100 g）の物体に働く重力と同じ力．

6) 大気の圧力：気体中には自由に運動する分子が多数存在する．それらが容器の壁に次々と衝突すると，壁に力を加えることになる．この力の総和が気体・大気の示す圧力である（1 atm の圧力＝1 kg の重さに対応する力）．大気の重さが圧力の元ではない．

演習 1 血圧とは心臓が血液を押し出すことにより血管壁に及ぼす血流の内圧(血管の内から外に向かって働く力)である(パスカルの原理). ① 血圧計で血圧をはかったところ,最高値 120,最低値 80 であった. 血圧を示す 120, 80 なる値はいかなる単位の数値か. ② 血圧 120 は何 Pa か. この値を水圧(水柱の高さ)で示せ. 1 hPa は水柱で約 1 cm,1 hPa ≒ 1 cm H_2O(1 cm の水柱の圧力 1 g/cm^2),となることを示せ.　　(答:① mmHg,② 160 hPa,163 cm H_2O)

図 5　少量のヘリウムを詰めた気球

7) 菓子袋が高地でパンパンに膨らむ理由も同じ.

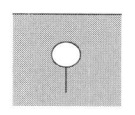

図 6　風船

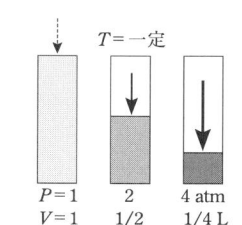

1・3 気体の法則

1・3・1 ボイルの法則 ―気体の圧力と体積との関係式―

気象観測に用いる気球を地上から上げる場合,気球に詰める気体ヘリウムは少量である(図 5). 高々度の上空では気圧は 1 気圧よりずっと小さくなる(気圧は 5 km 上昇ごとに半減する). 圧力が下がると体積は増大(膨張)するので,地表で気体を満杯に詰めると気球は上空で破裂してしまう[7]. では,風船を海面から海中深く沈めていけばどうなるだろうか. 水深とともに水圧が大きくなるために風船はどんどん縮んで小さくなる(図 6).

このように,圧力が低くなればなるほど気体の体積は大きくなり,圧力が高くなればなるほど体積は小さくなる. これを定量的に表現すれば,気体の**体積 V は圧力 P に反比例する**(図 7):V =一定値/P(圧力 P が高くなると体積 V は小さくなる),または,P =一定値/V(体積 V が大きくなると圧力 P は小さくなる). またはこの式を変形すると,**PV =一定** (圧力 pressure×体積 volume=一定,$PV = P'V'$)とも表現できる. この関係式を**ボイルの法則**という[8].

PV =一定(P と V は反比例する)
図 7　体積と圧力の関係

8) 英国人のボイルにより見出された. 呼吸の原理や注射器による採血の原理もボイルの法則に基づいている. 横隔膜が下がり胸腔内体積が増大すると,注射器を引いて注射器内の体積が増大すると圧力が下がる → 外気,血液が吸い込まれる.

演習 2 潜水夫が潜った水深 90 m 海底で体積が 1 mL の気体は海面では何 mL となるか[9].　　(答:水圧+大気圧=10 気圧,$PV = P'V'$ より 10 mL)

1・3・2 シャルルの法則と絶対温度 ―気体の体積と温度との関係―

気球や飛行船は,空気より軽いヘリウムを中に詰めるから,その浮力で宙に浮く. では,熱気球(図 8)が空中に浮くのはなぜだろうか. 空気(気体)の体積は温度を上げていくと膨張する(体積が大きくなる). その結果,暖められた空気の密度(単位体積当たりの重さ)は周りの空気より小さくなる. つまり水素やヘリウムのように周りの空気より軽くなるので熱気球は空中に浮く.

では,温度を下げていけばどうなるだろうか. もちろん体積は減少する(気体は収縮する). 温度を下げれば体積はどんどん減少し,−273℃にお

9) 海底作業の潜水夫が急に海面へ浮上すると**ケーソン病**(潜水病,潜函病:筋肉・関節の疼痛(とうつう),めまい,四肢の麻痺(まひ))になる. 長時間気圧の高い所にいた人が急に 1 気圧の環境に戻ると,血中に溶け込んでいた窒素が気泡となり細い血管をふさぐために起こる疾患である(圧力低下による気体の溶解度減少・ヘンリーの法則(p. 175)と気体の体積増大・ボイルの法則が原因).

図 8　熱気球

図9 体積と温度の関係

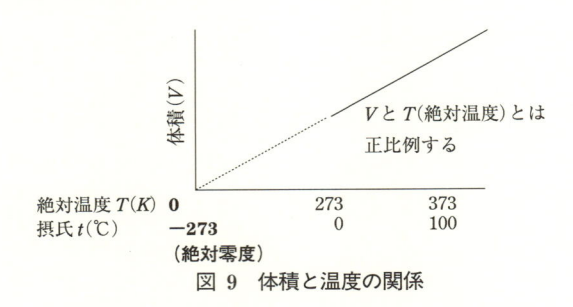

いて、ついには体積 ≒ 0(固体)となる(図9).この極限の温度・低温を**絶対零度**という.これを原点0とした温度 T を**絶対温度**といい、**T/K(ケルビン**[10]**)**で表す. $-273\,°C$ が **0 K** だから**摂氏 $0\,°C$ は絶対温度では 273 K** となる.したがって、摂氏 $t\,°C$ と絶対温度との関係は、以下となる.

$$絶対温度\ T = (摂氏温度\ t+273)\,K \quad (または、T/K = t+273)$$

以上を定量的に表現すれば、体積 V=定数 k×温度 T(圧力 P=一定では、**体積 V は絶対温度 T に比例する**, $V=kT$, k は比例定数($y=ax$ と同じ式、図9参照)).

または、$\dfrac{V}{T} = \dfrac{V'}{T'} =$ 一定.V：体積 volume, T：温度 temperature. この関係式を**シャルルの法則**という[11].

演習3 100 kg の重さの気球を空中に浮かすには、気球中の空気の何 L を 100 °C に加熱したらよいか.また、この時の気球の半径は何 m か.気温は 25 °C とする.ヒント：12)を見よ. (答：4.65 m)

1・3・3 ボイル-シャルルの法則、気体の状態方程式と気体定数

ボイルの法則とシャルルの法則を一体化した関係、$\dfrac{PV}{T}=\dfrac{P'V'}{T'}=$ 一定、を**ボイル-シャルルの法則**という.つまり、温度 T 一定で**気体の体積 V(L)と圧力 P(atm, mmHg, Pa, hPa のいずれでもよい)は反比例**する、圧力 P 一定で**体積 V は絶対温度 T(K)に比例**する、体積 V 一定で**圧力 P は絶対温度 T に比例**する.この法則は生理学・栄養学で人のエネルギー代謝量を求める際にも用いられる(演習 4).

1 mol の気体は、気体の種類によらず、標準状態(0 °C(273 K), 1気圧 1 atm=760 mmHg=1013 hPa=1.013×10⁵ Pa)で 22.4 L を占める(実験値).この値をボイル-シャルルの法則、$PV/T=P'V'/T'=$一定、に代入すると、$PV/T=1\,atm×22.4\,L/(mol\cdot 273\,K)=0.0821\,L\cdot atm/(mol\cdot K)$ となる.この値を**気体定数**と呼び、記号 $R(=0.0821\,L\cdot atm/(mol\cdot K^{-1}))$ で表す[13].気体の体積 V は物質量(mol)に比例するので[14]、n mol の気体に対しては $V=n×22.4\,L$、よって、**$PV/T=nR$, $PV=nRT$**(圧力 P と体積

---

10) 英国人のケルビンにちなんだ単位.°C の C はスウェーデン人のセルシウス・摂氏にちなんだ単位である.

11) フランス人のシャルルにより見出された.

12) 空気(窒素 N_2 80%, 酸素 O_2 20%, 原子量 N=14, O=16)の平均分子量=14×2×0.80+16×2×0.20=28.8. 1 mol(0 °C, 1 atm)の気体の体積は 22.4 L. 0 °C の空気の密度=28.8 g/22.4 L. 空気を 25 °C, 100 °C に加熱した時の密度を求める(シャルルの法則で体積を計算).密度差より 100 kg を浮かすのに必要な空気の体積を計算. $1\,m^3$=1000 L. 半径 r の球の体積 $V=4/3\pi r^3$.

13) 圧力をパスカル Pa で表す場合は 1 atm=1.013×10⁵ Pa を PV/T に代入すると R=8310 Pa·L/(mol·K)と表される.
R はエネルギーの次元をもつ. 8310 Pa·L=8310(N/m²)·L=8310(N/m²)·(1/1000 m³)=8.310(N·m)=8.310 J(ジュール)だから、R=8.31 J/(mol·K)(=1.98 cal/(mol·K)).

14) いかなる物質、いかなる気体でも 1 mol の分子数は一定、**6.02×10²³ 個/mol(アボガドロ定数)**.これを**アボガドロの法則**という.気体の体積は物質量(mol)に比例するので、体積は分子数にも比例する.また、体積一定では、圧力は分子数にも比例することになる(気体の圧力は分子の熱運動による衝突に基づく).

V の積は物質量(mol)と絶対温度 T に比例)が成り立つ．この式を**気体の状態方程式**という．

1・3・4 ドルトンの分圧の法則 ―混合気体の体積と圧力の関係―

数種類の気体を混合した混合気体(たとえば空気)中に含まれる各成分気体が，混合気体と同温同体積において，それぞれ容器の全体積を占めていると仮定した時に示す圧力を**分圧**という．混合気体の圧力(**全圧 P**)は成分各気体 1，2，3，……の分圧 P_1，P_2，P_3，……の和に等しい．$P = P_1 + P_2 + \cdots\cdots$．これを**分圧の法則(ドルトンの法則)**という[15]．

1・3・5 ヘンリーの法則 ―気体の溶解度と気体の分圧との関係―

溶解度の小さい気体では，一定の温度で一定量の液体に溶ける**気体の質量**(または物質量，**溶解度**)はその気体の**圧力(分圧)に比例**する[16]．

演習 4 ある人の 10 分間の安静時呼気ガス量を測定したところ，呼気中酸素量は 13.3 L であった(呼気温度 = 37℃，気圧 = 980 hPa，水蒸気の分圧 P_{H_2O} = 47 mmHg の水蒸気を含む，1・3・4 分圧の法則を要考慮)．吸気中酸素量は 25℃，980 hPa，P_{H_2O} = 20 mmHg で 15.3 L であった．呼気・吸気中 O_2 の標準状態(0℃，1 atm = 1013 hPa，P_{H_2O} = 0(乾燥気体))における体積を求め，これに基づいて，この人の安静時代謝量(kcal/day)を求めよ．ただし，標準状態で 1 L の O_2 消費により 4.83 kcal の熱量を生じるとする．

(答：1790 kcal．気体の法則を無視して，吸気 15.3 L，呼気 13.3 L の値をそのまま用いて安静時代謝量を求めた場合は，(15.3−13.3)L×(24 h×60 min/10 min)×4.83 kcal/L = 1390 kcal/day となる)

1・4 溶液の性質

1・4・1 沸点と蒸気圧

鍋やビーカーの水を沸騰させると，鍋底，ビーカー底より盛んに泡(気体)を生じる．この気体・泡の正体は水蒸気である．沸騰とはこのように液体の内部から蒸発・気化する現象をいう(蒸発とは液の表面から外界に飛び出す(気化する・気体になる)現象である)．

液体は，固有の温度，水では 100℃，に達すると液体中で大きな泡が次々と形成され，泡の浮力で液体表面まで上昇していく．この現象が沸騰である．泡が生成するということは泡の中の気体(液体の蒸気)が大気圧に抗してある体積を維持しているわけであり，泡の中の気体の圧力は少なくとも 1 気圧はあることを示している[17]．1 気圧未満では，泡は大気圧に押しつぶされてしまい形成されない．つまり，沸騰とは液体内部から蒸発が起こる現象であり，沸点とは液体が沸騰する温度，液体の**蒸気圧**[18]・液体の蒸

---

15) 呼吸における呼気と吸気中の酸素と二酸化炭素(窒素，水蒸気)の量はそれぞれの分圧で表される．

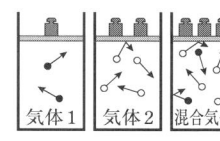

16) 一般的には，液体への**気体の溶解度はその液体に接した気体の圧力(分圧)に比例**するので，**液体中に溶けた気体の量はこの液体に接した気体の分圧で表される**(血中 O_2, CO_2 は分圧の法則に従わないが，この場合も分圧で表される)．ヘンリーの法則は潜水病，高山病とも関連している．

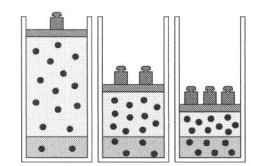

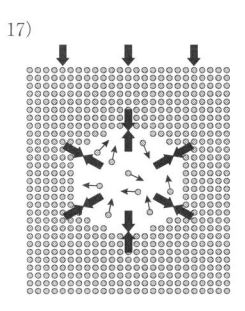

17)

18) 液体の蒸気圧(25℃)：

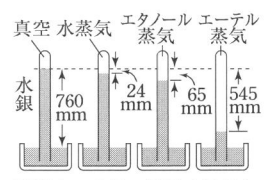

真空中に少量の液体を注入して気液平衡の状態になると，液体の蒸気圧の分だけ，水銀柱の高さが減少する．

気が示す圧力が**大気圧と等しくなる温度**である．富士山頂では水は何℃で沸騰するだろうか．富士山頂では大気圧が 0.61 気圧と低いために沸点が低く[19] 米は生煮えとなるが，圧力鍋を用いて圧力をかけ，沸騰する温度を 100 ℃まで上げれば普通にご飯を炊くことができる[20]．

1・4・2 溶液の沸点上昇

純溶媒に**溶質**を溶かし**溶液**(p. 72)とすると，溶媒の蒸気圧が 760 mmHg より低下するために(ラウールの法則)[21] 蒸気圧を 1 気圧 760 mmHg として沸騰させるためにはもっと温度を上げる必要がある．したがって，溶液の沸点は純溶媒の沸点よりも高くなる．このことを溶液の**沸点上昇**という．上昇温度 ΔT_b (b：<u>b</u>oiling 沸騰)は溶液中の溶質の粒子濃度，つまり**質量オスモル濃度(Osm/kg 溶媒，p. 61 の 30))**[22] に比例する．すなわち，$\Delta T_\mathrm{b} = K_\mathrm{b} \times m = K_\mathrm{b} m \fallingdotseq K_\mathrm{b} \times C = K_\mathrm{b} C$ (比例定数 K_b は**モル沸点上昇定数**，m は質量オスモル濃度(Osm/kg 溶媒)，C は**容量オスモル濃度(Osm/L)**)．

1・4・3 溶液の凝固点降下

水，ジュース，砂糖水，塩水はそれぞれ何℃で凍るだろうか，凍りやすさの順序はどうか．ジュース，砂糖水，塩水，海水は 0 ℃では凍らない．一般に純溶媒(たとえば純水)に溶質を溶かし溶液とすると，溶液の凝固点は純溶媒の凝固点より低くなる．このことを溶液の凝固点降下という．降下温度 ΔT_f (f：<u>f</u>reezing 凝固)は溶質のオスモル濃度[22] に比例する．$\Delta T_\mathrm{f} = K_\mathrm{f} \times m = K_\mathrm{f} m \fallingdotseq K_\mathrm{f} C$ (比例定数 K_f は**モル凝固点降下定数**，m は Osm/kg 溶媒，C は Osm/L．したがって水が一番凍りやすい．それ以外は濃度が示されていないので，凍りやすさの順序・融点は判断できない．

演習 5 ① 生理食塩水(0.9 %(w/v) の NaCl 水溶液)のモル濃度(mol/L)，容量オスモル濃度(Osm/L)を求めよ．NaCl＝58.5．
② 生理食塩水(0.9 %(w/v))の沸点，凝固点を求めよ．ただし，水のモル沸点上昇定数 $K_\mathrm{b} = 0.514$ ℃/(mol/kg 溶媒：質量オスモル濃度) $\fallingdotseq 0.514$ ℃/(mol/L：容量オスモル濃度)，モル凝固点降下定数 $K_\mathrm{f} = 1.855$ ℃/(mol/kg 水) $\fallingdotseq 1.855$ ℃/(mol/L)[23]．

(答：① 0.154 mol/L，0.308 Osm/L，22) も参照，② 沸点は 100.16 ℃，凝固点(氷点)は -0.57 ℃)

1・4・4 浸透と浸透圧

ナメクジに塩をかけるとどうなるか(塩ではなく砂糖を使った場合はどうか)，"青菜に塩"とはどういうことか，千切りダイコンを水にさらすとはどういうことか，さらしたものはどうなるか．赤血球の**溶血**とは何か，食品の塩漬け・砂糖漬けではなぜ長期保存ができるのか．これらはすべて

---

19) **減圧蒸留**：圧力を下げると富士山頂の場合の 87 ℃と同様に，低い温度で沸騰する．したがって，減圧状態で蒸留すると，低い温度で速く溶液を濃縮したり，溶媒を除くことができる．

20) **圧力釜で調理する利点**：圧力を 1 atm 以上にすると，沸騰するためには水の蒸気圧は 760 mmHg 以上になる必要があるから，水の沸点は 100 ℃より高くなる．高温で加熱するので短時間で調理できる．圧力釜に圧力をかける仕組みはどのようになっているだろうか．

21) **ラウールの法則**：溶液の示す**溶媒の蒸気圧は，溶液中の不揮発性溶質の濃度に依存しており，溶質の粒子数に比例して低くなる**(蒸気圧降下)．その理由は蒸発が起こる液表面の溶媒分子数が減少するとして理解できる(下図)．

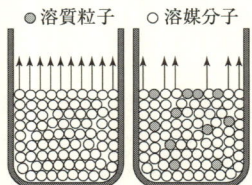

● 溶質粒子　○ 溶媒分子

純溶媒の蒸気圧　溶媒の蒸気圧

22) **オスモル濃度(浸透圧モル濃度)**：溶液中の全粒子モル濃度をオスモル濃度という．単位は Osm/kg 溶媒．血液や尿中の粒子の全濃度は容量オスモル濃度(Osm/L)で示される．NaCl は水溶液中では Na^+ と Cl^- の 2 個の粒子に分かれるので NaCl のオスモル濃度はモル濃度の 2 倍になる(p. 61 の 30)，31) 参照)．

23) 水の**モル沸点上昇定数，モル凝固点降下**定数とは，水に溶けた粒子濃度が 1 mol/L (1 Osm/L)の時に，沸点が 100 ℃ $+ 0.514$ ℃ $= 100.514$ ℃，凝固点(氷点)が 0 ℃ $- 1.855$ ℃ $= -1.855$ ℃になるという意味である．**沸点上昇，凝固点降下はともにその溶液に含まれる粒子濃度に比例する**．つまり任意の粒子濃度の時の沸
(次ページへ続く)

浸透なる現象と関係している(食品の保存効果には水分活性が小さくなることも効いている,生物が水を利用しにくくなる).

図10のように純水と砂糖溶液を**半透膜**(下記参照)で仕切ったものがあるとする.最初,両者の液面を同じ高さにしておいても長時間放置すると砂糖溶液側の液面が純水の液面より高くなってしまう.これは両方の液の濃度を同じにしようと,溶媒である水分子が純水側から砂糖溶液側へ移動してきたためであり,薄い溶液から濃い溶液への水分子の流れを**浸透**という.この液面の高さの差 h に対応する圧力を**浸透圧**という.砂糖溶液を液面上から押してやる(圧力をかける)と純水の液面と同じ高さにすることができる.このとき加える必要がある圧力がその溶液(砂糖溶液)の浸透圧である.浸透圧 π は溶液のオスモル濃度(粒子濃度) m (Osm/kg 溶媒),C (Osm/L)に比例する($\pi = mRT \fallingdotseq CRT$ が成立).われわれのからだの中において,血液中のタンパク質に基づく**コロイド浸透圧**は,細胞組織液から血液への水分の回収と,それに伴う体細胞内液中の代謝老廃物の血液への回収に大きな役割を果している(浮腫の原理,腎臓のはたらき).

半透膜　分子の大きさが小さい水分子やイオンは通すがタンパク質のようなサイズの大きい溶質分子は通さない小さい穴があいた膜.セロファン膜・酢酸セルロース膜,毛細血管など.

浸透膜　水分子しか通さない膜.細胞膜など.

等張液,低張液,高張液,生理食塩水　等張液＝浸透圧が等しい溶液.低張液＝低浸透圧溶液.高張液＝高浸透圧溶液.生理食塩水(0.9%(w/v)の NaCl 水溶液)とは体液との等張液のことである[24].

演習6　赤血球を低張液,等張液,高張液に浸すとその形状はどのようになるか.また,溶血とは何か.　　　　　　　　　　　　　(答:25)を参照のこと)

演習7　生理食塩水(0.9%(w/v))の 25℃の浸透圧 π を計算せよ($\pi \fallingdotseq CRT$:容量オスモル濃度 C,気体定数 $R = 0.082$ atm·L/(mol·K)[26],絶対温度 T (K).これと同じ浸透圧を与える砂糖($C_{12}H_{22}O_{11} = 342$)を作るには何 g の砂糖を溶かして 1 L とすればよいか.　　　　　　(答:7.53 atm,105.3 g/L)

1·4·5　親水性と疎水性

親水性(水溶性)とは水に溶けやすく油に溶けにくい性質,**疎水性・親油性**(脂溶性)とは油に溶けやすく水に溶けにくい性質のことである.親水性物質[27]には**極性**の**親水基・親水性官能基**[28]が存在する.親水基は水分子と**水素結合**(p.158)や**双極子相互作用**(p.158, 160)することができる.疎水性物質[27]は**アルキル基**や**ベンゼン環**(芳香族炭化水素基)などの**疎水基**(親油基)をもつ.疎水基は非極性であり水とほとんど相互作用しない.

点上昇は $\Delta T_b = K_b m \fallingdotseq K_b C$,生理食塩水の粒子濃度 C は $C = 0.308$ Osm/L,この液の $\Delta T_b \fallingdotseq 0.514$ ℃/(mol/L)×0.308 (mol/L) = 0.158 ℃ ≒ 0.16 ℃.よって,沸点は 100.16 ℃.凝固点降下も同様にして,$\Delta T_f = K_f m \fallingdotseq K_f C = -0.571$ ℃ ≒ -0.57 ℃.よって,凝固点(氷点)は -0.57 ℃.

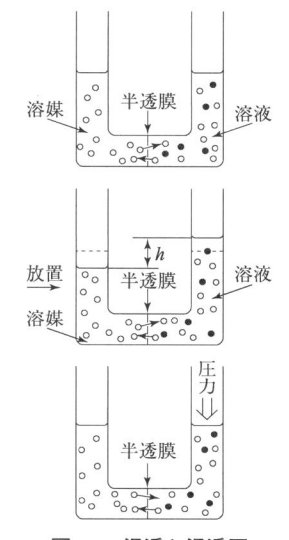

図 10　浸透と浸透圧
[金原粲監修,"基礎化学1",実教出版(2006),p.88 より]

24)　アイソトニック(等張)スポーツドリンク＝体液と等張の飲料.

25)　赤血球の形

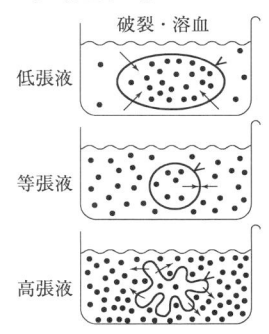

[五明紀春ら,"アクセス 生体機能成分",技報堂出版(2003),p.167 より]

26)　Pa で表す場合の R は p.174, 13)参照.

27) **親水性物質**：短鎖のアルコール，アミン，アルデヒド，ケトン，カルボン酸，アミドなど．
疎水性物質：脂肪族炭化水素アルカン，ハロアルカン，芳香族炭化水素ベンゼン，エーテル，エステル，油脂など．水と相互作用できない・相互作用が弱い．

28) 親水基：$-OH$（ヒドロキシ基），$-CO-$（ケトン基），$-COOH$（カルボキシ基），$-CONH-$（アミド結合），$-CHO$（アルデヒド基），$-NH_2$（アミノ基）など．

29) 食事で摂取した脂肪の小腸での消化を助ける胆汁の成分・胆汁酸塩はいわばセッケン（界面活性剤，両親媒性物質）であり，これらが脂質を乳化することが脂肪の消化を助ける元である．

30) 両親媒性物質：1つの分子中に親水基と疎水基を併せもつので，水にも有機溶媒にも親和性（仲良くする性質）がある物質のこと．長鎖脂肪酸とその塩，疎水性アミノ酸，リポタンパク質，リン脂質，糖脂質（p. 188）などがある．

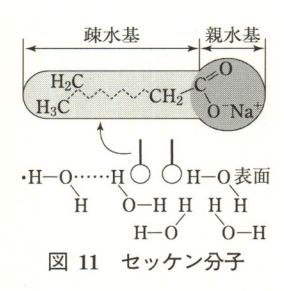

図 11 セッケン分子

31) すべての液体にはその表面を最小にしようとする力が働く．これを表面張力という．詳しくは"有機化学 基礎の基礎"，pp. 127～128 参照．

脂質（p. 188）は脂溶性であり，水には溶けない．消化を助ける酵素（タンパク質）はすべて水溶性である．では，脂質はどのような仕組みで消化・吸収されるのだろうか．水に溶けなくて消化できるのだろうか．また，水に溶けない脂質はどのようにして体内を運搬されるのだろうか．食事後の食器洗い，油で汚れた衣服の洗濯など考えると，水に溶けない油を水に溶かすためにはせっけん・洗剤を用いればよいことに気づく．実際に，からだは油脂の消化に"セッケン"を用いている[29]．また，脂質の運搬（ミセル，リポタンパク質，p. 189）のみならず，生命の基本単位である細胞と外界とを仕切る細胞膜もセッケン分子の親戚（リン脂質）からできている．では，セッケン（界面活性剤・両親媒性物質）とはいかなる物質なのだろうか．

1・4・6 界面活性剤，ミセル，エマルション（乳濁液）

界面活性剤　セッケンとは高級（長鎖）脂肪酸の塩のことである．せっけん・合成洗剤などは**1つの分子中に親水基と疎水基を併せもつ両親媒性物質**であり（図 11）[30]，疎水基は水に溶けにくいので水中から出たがる．親水基は水に溶けやすいので水中に居る．結果として両親媒性の分子は水の表面（気相，油相との界面）に吸着される（図 12）．両親媒性分子が水の表面に吸着されると，表面にある水分子間の水素結合が切断されるために，または表面の水分子が両親媒性分子にとって代わられるために（図 11）表面にある分子間の引力が弱まる，すなわち表面張力が小さくなる[31]．このように（水の）表面張力を小さくする物質を**界面活性剤**という．

乳化と乳濁液（エマルション）　フライパン中の油汚れを洗剤で洗い流す際などには油が洗剤とまざって白い液体となる．これを乳化，この液を乳濁液という[32]．乳濁液とは液体状の微粒子がこれと混合しないほかの液体中に分散して乳状をなすものをいう．界面活性剤は水の表面張力を小さくする結果（および両親媒性物質である界面活性剤が水と油の間を取りもつ・つなぎあう結果），水と油が小さい粒でまざり合う・まざりやすくする．つまり，油は乳化されやすくなる[33]．

乳化剤　乳濁液に界面（表面）活性の物質を加えてかきまぜ，これを安定に保つ操作を乳化という．界面活性剤は上記のように乳濁液を作りやすく安定に保つことができる．このような物質を乳化剤という[34]．

セッケン（長鎖脂肪酸塩）の水への溶け方（3種類）

セッケン分子 $C_nH_{2n+1}COO^-Na^+ \equiv CH_3CH_2CH_2\cdots\cdots CH_2COO^-Na^+$ は疎水基 $C_nH_{2n+1}-$，親水基 $-COO^-$ を併せもち，模式的には ——○ と表す（—— が疎水基，○ が親水基）．セッケン分子は，低濃度では NaCl と同様

に陽イオンと陰イオンに分かれて水中に溶解する(**単分散溶解**という,図12).一方,セッケン分子は疎水基のために水中では居心地が悪く水中には居たがらない(溶解度小).水中から逃れて水の表面や水と油との境界面に行く傾向がある(**表面吸着・界面吸着**,図12).これが界面活性剤による表面張力・界面張力の減少をもたらす("有機化学 基礎の基礎",p.128).

より高濃度の領域,**臨界ミセル濃度**(**cmc**:critical micelle concentration)以上では,多数のセッケン分子が集まって,球状や棒状になった**ミセル会合体**(**ミセル,ミセルコロイド**[35])として水中に溶解する(図12).

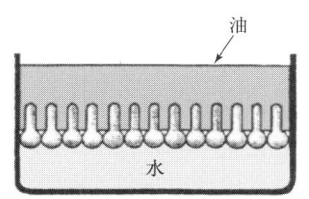

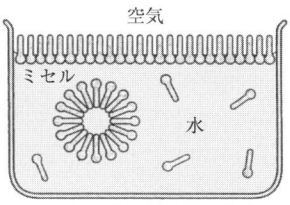

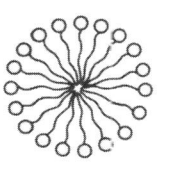

図12 単分散,表面吸着,ミセル溶解

水と油の界面に集まるセッケン分子　セッケン水のセッケン分子　会合コロイド(ミセル)

疎水性相互作用　水分子は互いに水素結合して集まる傾向があるので,その結果として水中の疎水性物質同士もはじき出されて集合することになる.これをさして疎水性物質の間には疎水性相互作用が働くという.集合した疎水性物質間には微弱な分散力以外は働いておらず,集合するのは**水からはじき出された・仲間はずれにされた**結果である.界面活性剤の**ミセル形成**,リン脂質による**細胞膜**(**二分子膜**)**形成**(図13),**タンパク質**の疎水性部分の集合による**高次構造の形成**(p.187)などに重要な役割を果している.

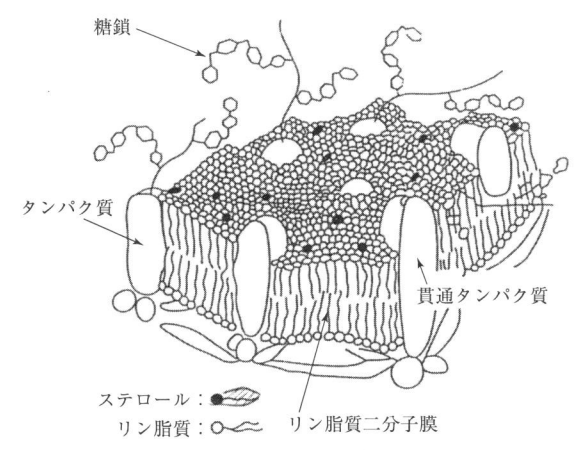

図13 細胞膜(二分子膜)の模式図

[辻村卓,吉田善雄編,"図説 化学基礎・分析化学",建帛社(1994)]

32) 乳濁液で水中に油が分散したものを**水中油滴型**(**o/w**, oil 油/water 水)といい,牛乳,マヨネーズ,脂質の小腸内消化物などがある.乳濁液で油中に水が分散したものを**油中水滴型**(**w/o**)といいバターがその例である.

33) 表面張力が大きい=水だけで集まろうとする性質が強いと大きい液体の粒を作る:純水の1滴とセッケン水の1滴の大きさを比較せよ.

34) マヨネーズ,ケーキの製造,その他の食品加工や工業において多用されている卵黄レシチン(リン脂質,p.188)などがその例である.小腸における脂質の消化では胆汁酸塩が脂質の乳化剤として働き(o/wの乳濁液),消化酵素のリパーゼが作用しやすいようにしている.リパ→リポ lipoとは脂質,アーゼ aseとは酵素のこと.

35) ミセルコロイドとは低分子が多数会合して生じた**会合コロイド**のことをいう.コロイドとは,分子よりは大きいが,ふつうの顕微鏡では見えない微細な粒子(コロイド粒子)が分散している状態のこと.膠(にかわ),デンプン,寒天,牛乳,セッケン水,タンパク質(卵白など)の水溶液,乳糜(にゅうび)など.光の散乱(チンダル現象)を起こす.乳糜とは小腸から吸収された脂肪の小粒(リポタンパク,p.189)のために乳白色となったリンパ液のこと.**ミセル形成**(脂質の吸収・運搬時の状態,コロイド:微視的分子レベル)と**乳化**(消化時における状態,巨視的,目に見えるマクロな現象)**とは異なる現象**である.

付録2 反応熱とは —熱含量(エンタルピー)変化—

2·1 熱化学方程式

化学反応では，一般に，反応の進行に伴って熱が出入りする．これを反応熱という．台所のガス・メタン CH_4 を燃やしてお湯を沸かすことができるが，これはメタンが燃えて二酸化炭素と水に変化する時に発生する**反応熱**を利用するものである．実験的に得られたこの反応の反応熱は 1 mol あたり 892 kJ である．そこで，メタンの燃焼について，次のように，反応熱をも含めて反応式として表し，**反応式の左右を等号"="でつなぐ書き方**をすることがある．これを**熱化学方程式**という．

$$CH_4(g) + 2O_2(g) = CO_2(g) + 2H_2O(l) + 892 \text{ kJ}^{1,2)}$$

熱化学方程式，$aA + bB + \cdots\cdots = cC + dD + \cdots\cdots + Q$，の反応熱 Q が正の場合 ($Q>0$) を**発熱反応**（反応の進行に伴い熱を発生する），Q が負の場合 ($Q<0$) を**吸熱反応**（反応の進行に伴い熱を吸収する）という．身の周りで観察される反応の多くは発熱反応である．

反応熱を表す際の熱量（熱エネルギー）の単位にはジュール，またはカロリーを用いる．国際単位系では，より一般的なエネルギー（仕事量）の単位である**ジュール J** を用いる．1 g の水(14.5℃)を 1℃上昇させるのに必要な熱量が **1 カロリー cal** である．**1 cal** = 4.1855 J (≒ **4.2 J**)，これを**熱の仕事当量**という（熱エネルギーと仕事量・力学的エネルギーの換算係数）[3]．食品の栄養価・カロリー（熱量）とは食物の燃焼熱（反応熱）のことであり，ボンブ熱量計により測定される（図 14）．

演習8 グルコース(分子量 180)の燃焼熱 $C_6H_{12}O_6 + 6O_2 = 6CO_2 + 6H_2O(l)$ + 700 kcal/mol (2930 kJ/mol) を基に糖質 1 g 当たりの燃焼熱（熱量・栄養のカロリー）[4]を求めよ．　　　　　　（答：3.89 kcal/g，16.3 kJ/g）

演習9 ① 体温の元となる熱源は何か．
② 食品中では脂質のカロリーがなぜ一番高いのか(p. 23 演習 1·15 ⑤の答 (p. 44)，中性脂肪の反応式で O_2 の消費量を考えてみよ．p. 175 の演習 4 も参照)．　　　　　　　　　　　　　　　　　　　　　　（答は省略）

---

1) 反応式の左側と右側のエネルギーが等しいので左右を=でつないでいる．J はエネルギーの単位ジュール．

2) 反応熱の値は物質の状態（気体・液体・固体）により異なる．この反応で生じる H_2O が液体の水の場合には反応熱は 892 kJ/mol，水蒸気の場合には 804 kJ/mol（実験値）．そこで，**熱化学方程式では化学式に状態を示す記号 g（気体 gas），l（液体 liquid），s（固体 solid）などを付記する**．

3) 1 J = 1 N·m ≒ 0.1 kg 重 × 1 m (N：ニュートン)．したがって，地表で 1 kg の重さの物体を 100 m 持ち上げるのに要する仕事量（力学的エネルギー）は，1 kg 重 × 100 m = 1 kg × 9.8 m/s² × 100 m = 980 N·m ≡ 980 J．このエネルギーを熱量に換算すると，980 J ÷ 4.19 J/cal = 234 cal．つまり，この仕事量はコップ 1 杯の水(180 mL = 180 g)を 1.3℃上昇させるのに必要な熱量と等しい (180 g × 1.3 cal/g = 234 cal)．

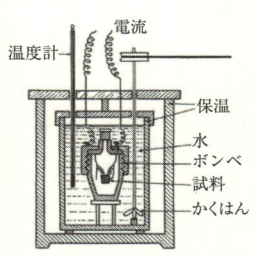

図 14 ボンブ熱量計
[宇野芳ら，"一般化学"，東京書籍 (1986)]

4) この値を栄養学では**物理的燃焼値**という．生体中で生じる食品の熱量を**生理的燃焼値**という（演習 11）．

5) enthalpy はギリシャ語で enthalpo 温まる．記号 H は heat の h．

6) 熱含量（エンタルピー）変化は（反応の進行・化学変化に伴う）熱含量（エンタルピー）の変化量という意味．

7) Δ デルタはギリシャ語，英語の D に対応，差(difference)を表すのに用いる．

2・2 熱含量（エンタルピー H）と熱含量変化（エンタルピー変化 ΔH）

反応熱を考えるうえで，熱含量 heat content（エンタルピー enthalpy H[5]で表す）という新しい概念が大変有用である．熱含量（エンタルピー H）とは文字通り系に含まれている熱の量である．反応の進行に伴う反応系と生成系の熱含量（エンタルピー H）の差（エンタルピー変化[6] enthalpy change ΔH[7]）が大気圧下の反応熱 Q として系外（外部）に放出される．エンタルピーは，エントロピー（系の乱雑さを示す尺度）とともに，物質の変化をエネルギーの立場から考えるうえで大変重要な概念である．

たとえば，水素ガスの燃焼反応（水の生成反応），$H_2 + 1/2\, O_2 \rightarrow H_2O$[8]，について，反応系と生成系の熱含量の関係，反応熱とこれらの熱含量との関係を図示すると図15のようになり（縦軸に熱含量，横軸に反応座標をとる），反応系の熱含量 H_1 が生成系の熱含量 H_2 より大きい場合は，その差分 ΔH が反応熱（発熱）として放出される（H_1 より H_2 が大きいなら吸熱）．

反応熱 $Q = H_1 - H_2 > 0$（発熱，$H_1 > H_2$），$Q < 0$（吸熱，$H_1 < H_2$）[9]

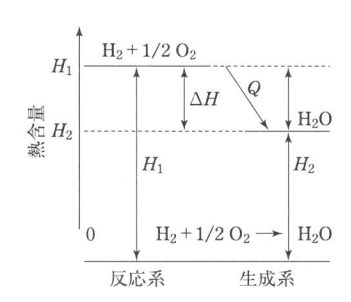

図 15　水素ガスの燃焼反応における反応系と生成系の熱含量の関係

演習 10　CH_4 の燃焼反応，$CH_4 + 2\,O_2 \rightarrow 2\,CO_2 + 2\,H_2O + 892\,\text{kJ}$，について，図15 にならって，熱含量と反応熱との関係を図示せよ．　　（答は省略）

[8] 化学反応式のなかの化学式の係数は通常は整数とする約束であるが（p.21），熱化学方程式では，たとえば燃焼反応ならば燃焼する物質の化学式の係数を1，生成反応ならば，生成物の係数を1，とする約束である．結果として反応式全体としては係数が整数とならない場合がある．

[9] **熱含量変化（エンタルピー変化）と反応熱**：反応系と生成系の熱含量の差である**熱含量変化（エンタルピー変化）** ΔH は，$\Delta H = H_2$（生成系，到着点）$- H_1$（反応系，出発点）と定義される．反応系 $H_1 >$ 生成系 H_2 では $\Delta H = H_2 - H_1 < 0$，反応熱 $Q = H_1 - H_2 > 0$（発熱：反応系の熱含量が多い分だけ，反応の進行に伴い，熱 Q は外に出てくる）．したがって，$\Delta H < 0$ は発熱（$Q > 0$）を意味する．反応系 $H_1 <$ 生成系 H_2 では $\Delta H = H_2 - H_1 > 0$，反応熱 $Q = H_1 - H_2 < 0$（吸熱：反応系の熱含量が少ない分だけ，反応の進行に伴い，熱 Q を吸収する必要がある）．したがって，$\Delta H > 0$ は吸熱（$Q < 0$）を意味する．

発熱反応・熱含量変化の例え：コップに満杯の水を別のコップに移したら，コップが前のもより小さかったために水があふれ出てしまった．

2・3 ヘスの法則（総熱量保存の法則）
― 食品の栄養カロリー計算の原理 ―

栄養学における食品カロリー計算の元である糖質・タンパク質・脂質の熱量 4.0, 4.0, 9.0 kcal/g はボンブ熱量計で測定した食品の燃焼熱を元にした値である（p.180）．では，なぜ，燃焼熱と生体内における代謝エネルギー産生を（ほぼ）同じと考えてよいのだろうか．図16の登山における標高差と同じように"**反応の始点と終点が定まれば総熱量はその経路によらず一定である**"．反応の最初の状態（出発物質）と最後の状態（生成物質）が同じなら，途中の反応がどうであれ（途中でどのような経路を通っても）生

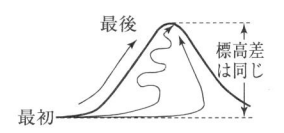

図 16　反応経路と総熱量

成する反応熱の総和・総熱量は一定(同じ)である．これを**ヘスの法則(総熱量保存の法則)**という．したがって，食品を燃やしてCO_2，H_2Oとしても，食品が体中で生化学的にCO_2とH_2Oとなっても生じる熱量は同じとなる．

このヘスの法則から，じつは，熱含量の概念が生まれたのである．"ヘスの法則が成立する"="図15のような熱含量の表し方が成立する"と換言することができる．ヘスの法則は，"**熱含量は最初の状態と最終の状態が定まれば定まる量(状態量)**である"，と等価である．

例題1 炭(炭素)の燃焼熱は，$C(s) + O_2(g) \rightarrow CO_2(g) + 393\,kJ$，一酸化炭素の燃焼熱は，$CO(g) + 1/2\,O_2(g) \rightarrow CO_2(g) + 283\,kJ$，である．炭素の不完全燃焼による一酸化炭素の生成反応の反応熱，$C(s) + 1/2\,O_2(g) \rightarrow CO(g) + x\,kJ$，を求めよ．

答 図17の熱含量に関する相互の関係図を描くことにより，$x = 393 - 283 = $ **110 kJ** が得られる(反応式同士を加減する解き方・算数問題として扱うやり方もあるが，図17を描いて考える解き方が問題の本質を捉えたより科学的なやり方である)．

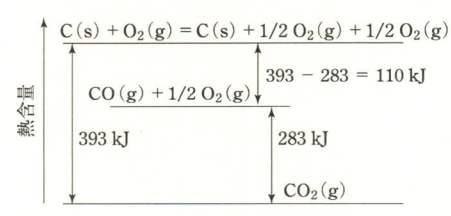

図17 炭素，一酸化炭素の燃焼，一酸化炭素の生成における熱含量の相関図

演習11 ボンブ熱量計で測定される燃焼熱(物理的燃焼熱)と，代謝で得られる反応熱(生理的燃焼熱)とは同一か．米飯，バター，卵では，それぞれ両者の1g当りの熱量は同じか違うか，それはなぜか． (答：10)を参照)

* p.175 演習4(基礎エネルギー代謝量も燃焼熱，4.83 kcal(20.2 kJ)/1 L O_2)

2・4 反応熱の実体 —結合エネルギーの差—

水の生成反応は熱化学方程式では，$H_2 + 1/2\,O_2 = H_2O(g) + 242\,kJ$，と表される．この反応熱 $Q = 242\,kJ$ は生成系と反応系の熱含量差 $-\Delta H$ である．この熱含量差・反応熱の実体は以下のように"**反応系と生成系との結合エネルギーB.E.の差**"である[11]．

$$H\infty H + 1/2\,O\infty\infty O \longrightarrow 2\,O\infty\infty H\ (H\ \overset{O}{\ \ }H)^{12)}$$

反応熱 $Q = 2 \times B.E.(O-H) - (1 \times B.E.(H-H) + 1/2 \times B.E.(O-O))$
$242.5\,kJ = 2 \times 463\,kJ - (1 \times 436\,kJ + 1/2 \times 495\,kJ)$

---

10) タンパク質中の窒素原子は体内では燃やす(NOに酸化する)ことができず，尿素($(NH_2)_2CO$)などとして尿中に排泄されるので，その分，タンパク質の燃焼熱は物理的燃焼熱より小さくなる(**ルブネルの係数**)．一方，体中に摂取された食べ物の**消化吸収率**は100%ではなく，糖質，脂質，タンパク質でそれぞれ97，95，92%である．そこで尿排泄エネルギーと消化吸収率の両方を考慮して求めた値・生理的燃焼熱は，糖質，脂質，タンパク質で，それぞれ4.0，9.0，4.0 kcal/gとなる(**アトウォーターの係数**)．
1 cal = 4.186 J．

11) つまり，食物のエネルギーとは化学エネルギー＝糖質，脂質などの食物(C, H, O化合物)＋O_2と燃焼生成物(CO_2, H_2O)との結合エネルギーの差である．食べた食物(の重さ)がすべてエネルギーになるわけではない(燃焼の前後で食物＋O_2の重さとCO_2+H_2Oの重さは同じである，**質量保存の法則**)結合エネルギーとは分子のすべての結合を切って構成原子に解離するのに要するエネルギーを各結合に割り当てたもの．二原子分子の結合エネルギーは分子の解離エネルギーに等しい．つまり，分子は結合エネルギーの分だけ原子より安定化している．

12) ∞∞ばねを表す．分子中の原子間の化学結合はいわば原子同士がばねでつながれたものと考えることができる．結合エネルギー(解離エネルギーに等しい)とは，このばねを切断するのに要するエネルギーのことである．

付録 3 平衡定数と弱酸の pH，緩衝液の pH

3・1 可逆反応と平衡状態

図 18 は高温下でのアンモニアの生成・分解反応 $N_2 + 3H_2 \rightleftharpoons 2NH_3$ について示したものである．反応開始時点で N_2 と H_2 だけが存在して NH_3 の濃度 $[NH_3]$ がゼロの場合が図中の下の曲線である．時間の進行とともに $[NH_3]$ は増大し一定値となっている．一方，反応開始時点で NH_3 だけが存在し，$[N_2]$ と $[H_2]$ がゼロの場合が上の曲線である．時間進行とともに $[NH_3]$ は減少し，一定値（下の曲線と同じ値）となっている．時間が経過しても，もはや変化が見られない状態を **平衡状態** という．一般に，$aA + bB + \cdots \rightleftharpoons cC + dD + \cdots$ なる可逆反応で平衡が成立しているとすると，反応物の濃度と生成物の濃度との間に，$K = \dfrac{[C]_\infty^c [D]_\infty^d \cdots}{[A]_\infty^a [B]_\infty^b \cdots}$ なる関係式が成り立つ[1,2]．K を **平衡定数**（一定値）という[3]．したがって，反応 $N_2 + 3H_2 \rightleftharpoons 2NH_3$ では $K = \dfrac{[NH_3]_\infty^2}{[N_2]_\infty^1 [H_2]_\infty^3}$ となる．平衡定数が実験的に得られていると，次の 3・2, 3・3 節の場合のように，平衡状態における反応物と生成物の濃度を求めることができる．

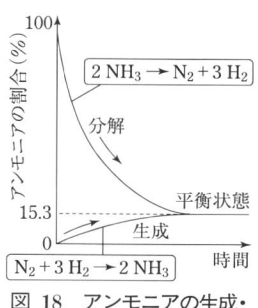

図 18 アンモニアの生成・分解と平衡状態

1) このことを "化学平衡の法則" という．"質量作用の法則" ともいうが，真の意味は "濃度作用の法則" である．平衡移動に関するルシャトリエの原理（一般に，平衡状態にある時の条件（濃度・圧力・温度）を変えると，その影響を打ち消す方向に平衡が移動する）は，この化学平衡の法則に基づいて理解される．

2) この式中で，∞ は，数学で無限大を表す記号であり，反応が開始してから経過時間が無限大になった，つまり，時間が十分に経過し，反応系が平衡状態に達したことを意味する．詳しくは "演習 溶液の化学と濃度計算"，pp.126〜133 参照．

3) K は独語の konstante ≡ 英語の constant（一定）由来．

3・2 pH＝7 の水溶液はなぜ中性なのか

2 章ですでに述べたように，pH＝7 が中性である理由は水のイオン積が $[H^+] \times [OH^-] = 10^{-14}$ だからである．この，$[H^+][OH^-] =$ 一定（K_w）となる理由は，じつは，$H_2O \rightleftharpoons H^+ + OH^-$，なる水の解離反応の平衡定数 K が，$K = \dfrac{[H^+][OH^-]}{[H_2O]} = 10^{-15.74}$ mol/L（室温での実験値）と一定だからである[4]．この平衡定数は温度によって異なる（60 ℃ で $K = 10^{-14.74}$, $K_w = 10^{-13}$）．したがって，60 ℃ では pH＝6.5 が中性である．

4) 1 L の水の中の H_2O 濃度 $[H_2O] = 55.4$ mol/L を代入すると，$[H^+][OH^-] = 10^{-14}$ となる．中性とは $[H^+] = [OH^-]$ のこと．この関係式を上式に代入すると $[H^+] = 10^{-7}$，つまり，中性では pH＝7．"演習 溶液の化学と濃度計算"，pp.126〜127 参照．

3・3 酸の強弱と酸解離(平衡)定数

例題 2 酢酸の酸解離平衡 $CH_3COOH \rightleftharpoons CH_3COO^- + H^+$ の平衡定数 $K_a = 10^{-4.8} = 1.6 \times 10^{-5} = 0.000016$ である．この反応の平衡定数の定義式を示したうえで，K_a の値を元に，酢酸が強い酸か，弱い酸かを述べよ．

デモ
酢酸と塩酸をなめる（解離する H^+ の数を酸っぱさで知る），万能 pH 試験紙で色変化を見る（100 個の CH_3COOH 分子から 2〜3 個の H^+，100 個の HCl 分子から 100 個の H^+ が生じる）．

答 $K_a = ([CH_3COO^-][H^+])/[CH_3COOH] = 1.6 \times 10^{-5} = 0.000016$：小さい値．この式で分母を 1 とした場合，分子（$[H^+]$ 項を含む）が高々 0.000016 しかない，すなわち，酸はごく一部しか解離しないので，H^+ をわずかしか放出しない ＝ $[H^+]$ 小 ＝ あまり酸っぱくない ＝ 弱い酸．酸解離定数の小さい酸は弱い酸である（$CH_3COOH \rightarrow CH_3COO^- + H^+$ の解離度 α が小さいから弱い酸である（p. 24, p. 79 の 6), 7)）とも表現できる）[5]．

例題 3 0.1 mol/L の酢酸水溶液の pH を求めよ．ただし酢酸の酸解離定数 $K_a = 10^{-4.8}$（$pK_a = 4.8$）[6]．

答
$$CH_3COOH \rightleftharpoons CH_3COO^- + H^+$$
$$0.1 - x^{7)} \qquad x \qquad x^{7)}$$

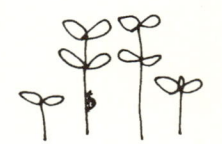

$$K_a = \frac{[CH_3COO^-][H^+]}{[CH_3COOH]} = \frac{(x)(x)}{0.1-x} = \frac{x^2}{0.1-x} = 10^{-4.8}$$

弱酸，つまり $x \ll 0.1$ の条件では $0.1 - x \fallingdotseq 0.1$，よって，$\frac{x^2}{0.1-x} \fallingdotseq \frac{x^2}{0.1} = 10^{-4.8}$，$x^2 = 0.1 \times 10^{-4.8} = 10^{-5.8}$，$x = [H^+] = \sqrt{10^{-5.8}} = 10^{-2.9}$，よって，pH = 2.9

3・4 血液の pH と緩衝液

例題 4 血液は炭酸緩衝液である（p. 83）．血液中の炭酸の濃度は $[H_2CO_3] = 1.16 \times 10^{-3}$ mol/L，炭酸水素イオンの濃度は $[HCO_3^-] = 0.023$ mol/L である．血液の pH を求めよ．炭酸の酸解離定数 $K_a = 10^{-6.10}$（$pK_a = 6.10$，37℃）．

答 血液中では炭酸のイオン解離平衡，$H_2CO_3 \rightleftharpoons HCO_3^- + H^+$ が成立しているので，以下の平衡定数の式が成り立つ．

$$K_a = \frac{[HCO_3^-][H^+]}{[H_2CO_3]} = \frac{0.023 \text{ mol/L} \times [H^+]}{0.00116 \text{ mol/L}} \fallingdotseq 20 \times [H^+] = 10^{-6.10},$$

よって，$[H^+] = 10^{-6.10}/20 = 10^{-6.10}/10^{1.30} = 10^{-7.40}$ [8]，pH = 7.40
（酸解離定数 K_a は，平衡定数の式から明らかなように，解離していない酸の濃度 $[H_2CO_3]$ と，解離して生じたイオンの濃度 $[HCO_3^-]$ とが等しい時の水素イオン濃度 $[H^+]$ に等しい．つまり，pK_a は $[H_2CO_3] = [HCO_3^-]$ の時の pH の値に等しい．逆に，**pH = pK_a の溶液では $[H_2CO_3] = [HCO_3^-]$ である**）

弱酸の pH，緩衝液の原理（p. 83 の 18）参照）と pH の計算（p. 80〜82）ができない人，上記の説明や式の意味がわからない人は"演習 溶液の化学と濃度計算"，pp. 124〜158 を勉強すること．

---

5) 解離度 α は強い酸では濃度に依存せず一定値（$\alpha \fallingdotseq 1.0$）となる．弱酸では高濃度で α は小さいが，濃度が下がるにつれて 1.0 に向かって増大する．"演習 溶液の化学と濃度計算"，pp. 150〜151 参照．

6) $-\log[H^+] = pH$ と同じ考え方で，平衡定数 K_a について，pK_a を定義すると，$pK_a \equiv -\log K_a$

7) なぜこうなるかは人形の例，p. 79 の 6) を参照．ばらばら事件になった人形の数と，生じた頭・（首）の数と胴体の数は同じ．例：最初人形が 100 体，頭は 0，胴体も 0 → 平衡状態で人形は 100 体 -5，頭 5，胴体 5．

デモ
緩衝液：純水と酢酸-酢酸ナトリウム混合液を用意し，両液の pH を測る．次に両液に HCl，NaOH を加え pH を測る（万能 pH 試験紙）．

8) $20 = 2 \times 10 = 10^{0.3010} \times 10^{1.0} \fallingdotseq 10^{1.30}$（log 2 = 0.3010），または関数電卓で log 20 を計算する．
$[H^+] = 10^{-6.1}/10^{1.30}$
$= 10^{-6.1-1.30} = 10^{-7.4}$
または，平衡定数の式の対数を取り，式全体に $-$ をつけると，$-\log K_a = -\log([HCO_3^-]/[H_2CO_3]) - \log[H^+]$．$-\log[H^+] = pH$，$-\log K_a = pK_a$ とおき，上式に代入，整頓すると，$\mathbf{pH = pK_a + \log([HCO_3^-]/[H_2CO_3])} = 6.10 + \log(20/1) = 7.4$（ハッセルバルヒの式）．血液が pH < 7.35 ではアシドーシス，pH > 7.45 ではアルカローシス（呼吸性と代謝性がある）．細胞内液はリン酸緩衝液（$H_2PO_4^- - HPO_4^{2-}$）である（pH = 6.9〜7.4）．

付録4 13種類の有機化合物群の一般式・官能基：確認テスト

最左列のヒントを元に，それぞれの有機化合物群のグループ名，その一般式，官能基名（または結合名）を記せ．R－＝C_nH_{2n+1}－（答は裏表紙の化合物群と官能基の表と表4・6を参照）

ヒント	グループ名	一 般 式	官能基・結合名（化学式）
① C, H のみ・単結合・メタン・プロパン	(　　　　　) (　　　　　)	(　　　　　)	(　　　　　)基 C－(　　　)
② ハロゲン元素 X を含む・①の親戚	(　　　　　)	(　　　　　)	（ハロゲン） C－(　　　)
③ N 原子をもつ・アンモニアの親戚	(　　　　　)	(　　　　　)	(　　　　　)基 C－(　　　)
④ O 原子をもつ・水の親戚・酒酔い	(　　　　　)	(　　　　　)	(　　　　　)基 (　　　)基，C－(　　　)
⑤ O 原子をもつ・水と他人・油の親戚・麻酔	(　　　　　)	(　　　　　)	(　　　　　)結合 C－(　　　)－C
⑥ 二重結合の O 原子をもつ・悪酔いの素	(　　　　　)	(　　　，　　　， アシル基　＋　　　)	(　　　　　)基 C－(　　　)
⑦ 二重結合の O 原子をもつ・⑥と親戚，糖尿病など代謝性アシドーシス	(　　　　　)	(　　　，　　　， 　　　， アシル基　＋　　　)	(　　　)基 (C－　－C, C－　－C) (　　　)基 －C－ ‖ O
⑧ 有機酸・食酢・脂肪酸	(　　　　　)	(　　　，　　　， アシル基　＋　　　)	(　　　　　)基 C－(　　　)
⑨ 果物の香り・中性脂肪・④と⑧が反応して生じる	(　　　　　)	(　　　，　　　， アシル基　＋　　　)	(　　　　　)結合 C－(　　　)－C
⑩ タンパク質を作る結合・③と⑧が反応して生じる	(　　　　　) タンパク質 (　　　　　)	(　　　，　　　，) アシル基　＋　　　)	(　　　　　)結合 (C－(　　　)－C) タンパク質 (　　　　　)結合
⑪ エチレン・ビタミン A・DHA	(　　　　　) (　　　　　)	(　　　　　)	幾何異性体名 (　　　，　　　)
⑫ ベンゼン ベンゼン・ナフタレンなど	 (　　　　　)	(　　　，　　　，　　　) （ベンゼン環） (　　　，　　他，　　　)	(　　　　　)基 一般名 (　　　　　)基
⑬ 芳香族環に OH	(　　　　　)	(　　　，　　　)	(　　　　　)基
	16 点	32 点	28 点

(　　)年(　　　　)学科(　　　　)専攻(　　　　)番　氏名＿＿＿＿＿＿＿＿

○ / 76

付録5　生命科学・食品学・栄養学に出てくる有機化合物

5·1　アミノ酸

分子中にアミノ基とカルボキシ基を併せもつ．α-アミノ酸(p.147)はタンパク質の構成物質．

名称（略称）	等電点における構造	名称（略称）	等電点における構造
脂肪族アミノ酸[1]		**芳香族アミノ酸**[4]	
グリシン[11] (Gly, G)	H−CH(NH$_3^+$)−COO$^-$	フェニルアラニン[1,8] (Phe, F)	C$_6$H$_5$−CH$_2$−CH(NH$_3^+$)−COO$^-$
アラニン[10] (Ala, A)	CH$_3$−CH(NH$_3^+$)−COO$^-$	チロシン[2] (Tyr, Y)	HO−C$_6$H$_4$−CH$_2$−CH(NH$_3^+$)−COO$^-$
バリン[8] (Val, V)	(CH$_3$)$_2$CH−CH(NH$_3^+$)−COO$^-$	トリプトファン[1,8] (Trp, W)	(インドール)−CH$_2$−CH(NH$_3^+$)−COO$^-$
ロイシン[8,9] (Leu, L)	(CH$_3$)$_2$CH−CH$_2$−CH(NH$_3^+$)−COO$^-$		
イソロイシン[8] (Ile, I)	CH$_3$−CH$_2$−CH(CH$_3$)−CH(NH$_3^+$)−COO$^-$	**酸性アミノ酸**[5]	
		アスパラギン酸[10,11] (Asp, D)	HOOC−CH$_2$−CH(NH$_3^+$)−COO$^-$
プロリン (Pro, P)	ピロリジン環構造（N$^+$H$_2$, COO$^-$）	グルタミン酸[11] (Glu, E)	HOOC−CH$_2$−CH$_2$−CH(NH$_3^+$)−COO$^-$
ヒドロキシアミノ酸（脂肪族）[2]		**アミド**（酸性アミノ酸の側鎖カルボキシ基がアミド化）[6]	
セリン (Ser, S)	HO−CH$_2$−CH(NH$_3^+$)−COO$^-$	アスパラギン (Asn, N)	H$_2$N−CO−CH$_2$−CH(NH$_3^+$)−COO$^-$
スレオニン[8] トレオニン (Thr, T)	CH$_3$−CH(OH)−CH(NH$_3^+$)−COO$^-$	グルタミン (Gln, Q)	H$_2$N−CO−CH$_2$−CH$_2$−CH(NH$_3^+$)−COO$^-$
含硫アミノ酸（脂肪族）[1,3]		**塩基性アミノ酸**[7]	
システイン (Cys, C)	HS−CH$_2$−CH(NH$_3^+$)−COO$^-$	ヒスチジン[8] (His, H)	(イミダゾール)−CH$_2$−CH(NH$_3^+$)−COO$^-$
		リシン[8,9] (Lys, K)	H$_2$N−CH$_2$−CH$_2$−CH$_2$−CH$_2$−CH(NH$_3^+$)−COO$^-$
メチオニン[8] (Met, M)	CH$_3$−S−CH$_2$−CH$_2$−CH(NH$_3^+$)−COO$^-$	アルギニン[12] (Arg, R)	H$_2$N−C(=NH)−NH−CH$_2$−CH$_2$−CH$_2$−CH(NH$_3^+$)−COO$^-$

1) **疎水性アミノ酸**(疎水基をもつ)．疎水性相互作用する(p. 179，疎水基同士が水にはじき出されて集合する，図18)．
2) ヒドロキシ部分でリン酸エステル化する(ホスホセリンなど)．糖とO-グリコシド結合を作る．
3) 硫黄を含むアミノ酸．システインの−SH(チオール)は酸化されて**ジスルフィド結合(S−S結合)**を作る(図18)．S−S結合で二量体化したものがシスチン．メチオニンはメチル化の供給源(メチル・チオ：チオはSのこと)．
4) 疎水性相互作用する(図18)．チロシンはフェノール性OH基をもつのでヒドロキシアミノ酸と似たふるまいをする．フェニルアラニンはチロシンの前駆体．**フェニルケトン尿症**はこの変換酵素の欠落が原因．チロシンは**チロキシン，エピネフリン・ドーパミン**などの生理活性アミンである**カテコールアミン**，体色素メラニンの前駆体．トリプトファンは神経伝達物質セロトニン(脳・腸，止血)・**メラトニン**(松果体，日夜リズム)の前駆体．構造式は"有機化学 基礎の基礎"参照．
5) 生理的pHでは陰イオンとして存在する．水素結合，陽イオンの塩基性アミノ酸とイオン結合を作る(図18)．
6) 酸性アミノ酸がアミド化したものであり，中性アミノ酸である．糖とN-グリコシド結合を作る．
7) 生理的pHでは陽イオンとして存在．水素結合，酸性アミノ酸(陰イオン)とイオン結合を作る(図18)．ヒスチジンは生理活性物質**ヒスタミン**(p. 155，過剰ではアレルギーを生じる)の前駆体．
8) 必須アミノ酸．覚え方は㋐メフリ，トトロ，イバルヒ(雨降り，トトロ，威張る日)；フトメノロバスリイ(太めのロバ，3頭；この記憶法には子どもにとっての必須アミノ酸であるヒスチジンがない，スレオニン(栄養学・食品学分野の用語)とトレオニン(学術用語)は同じものである)．バリン，ロイシン，イソロイシンは**分岐鎖アミノ酸**．
9) **ケト原性アミノ酸(ケトン体**を生成するアミノ酸)．それ以外は**糖原性アミノ酸**(ピルビン酸やTCA回路の代謝中間体になるアミノ酸はグルコースの合成原料となる)．イソロイシン，フェニルアラニン，チロシン，トリプトファンはケト原性でもある．アミノ酸残基中に炭素原子が4個以上つながっていればケト原性となる．
10) **ALT**(GPT)と**AST**(GOT)，アラニンアミノトランスフェラーゼ，アスパラギン酸アミノトランスフェラーゼ(アミノ基転移酵素)．
11) 神経伝達物質．グリシン(脊髄)，γ-**アミノ酪酸GABA**(脳)は抑制性，グルタミン酸，アスパラ

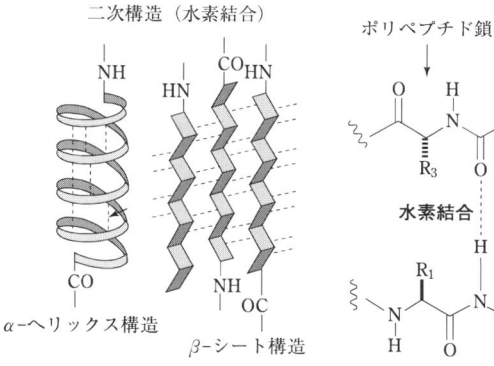

図18 タンパク質分子内で働く"分子間"相互作用(タンパク質の二次・三次構造を形作る元)

ギン酸は興奮性．グリシンは胆汁酸の**グリココール酸**(塩，抱合：アミド結合生成)の構成成分．
12) タンパク質の代謝で生じたアンモニア，アンモニウムイオンを無毒な尿素に変換する仕組みである**尿素回路(オルニチン回路)**で，アルギニンは尿素とオルニチンに分解する．

5·2 脂質

・**単純脂質**(脂肪酸エステル)

ろう 長鎖アルコール + 長鎖脂肪酸 　エステル化→ ろう(エステル)
　　　R′–OH + HO–C(=O)–R → R′–O–C(=O)–R + H_2O (p.164)

中性脂肪　グリセロール(グリセリン)と脂肪酸とのエステル．カルボン酸 RCOOH の RCO，COR 部分がアシル基．

1,2-ジアシルグリセロール　　1,3-ジアシルグリセロール　　トリアシルグリセロール
(1,2-ジグリセリド)　　　　(1,3-ジグリセリド)　　　　(トリグリセリド)

ステロールエステル　コレステロール(シトステロール，エルゴステロール)の脂肪酸エステル．
(**ステロイド**　分子中にステロイド核をもつ．コレステロールや性ホルモンのテストステロン，胆汁酸のコール酸，タウロコール酸，グリココール酸，副腎皮質ホルモンのアルドステロンなど)

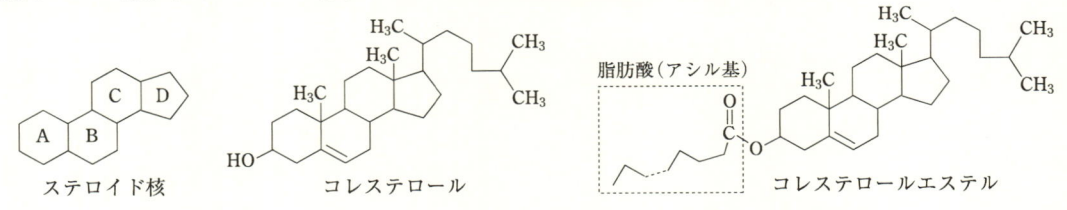

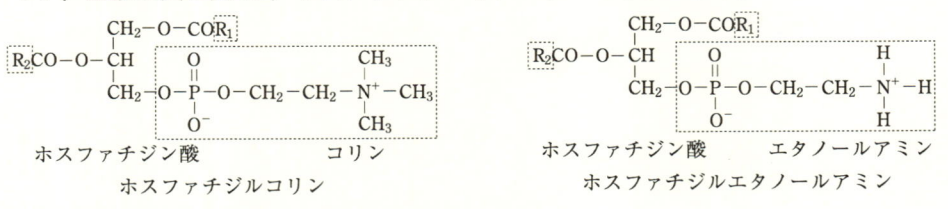

ステロイド核　　コレステロール　　脂肪酸(アシル基)　　コレステロールエステル

・**複合脂質**(NやPを含む脂質．長鎖疎水基Rが2本ある両親媒性分子：親水基→ ●〜〜〜 ←疎水基)

グリセロリン脂質　ホスファチジルコリン(レシチン，生体膜の主要成分，リポタンパク質の成分)，ホスファチジルセリン　(……P–O–CH_2–CH(NH_3^+)COO^-)，ホスファチジルエタノールアミン(ケファリン，血液凝固に関与)，ホスファチジルイノシトールなどがある．

ホスファチジン酸　　コリン　　　　　　ホスファチジン酸　　エタノールアミン
　　　ホスファチジルコリン　　　　　　　　ホスファチジルエタノールアミン

スフィンゴリン脂質・糖脂質(神経系などの膜構造成分)

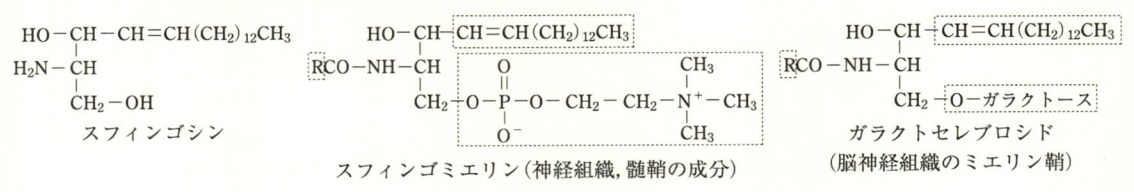

スフィンゴシン　　スフィンゴミエリン(神経組織，髄鞘の成分)　　ガラクトセレブロシド
　　　　　　　　　　　　　　　　　　　　　　　　　　　　　　(脳神経組織のミエリン鞘)

・その他

テルペン類　分子中に 2 個以上のイソプレンを含む一群の化合物とその誘導体，とくに植物の精油中に含まれる芳香性化合物をさす；リモネン，ゲラニオール，シトラール，メントール．

イソプレン → β-カロテン（プロビタミンA・ビタミンAの前駆体，ビタミンAは p. 193）

(エ)イコサノイド（C_{20} の化合物）　生理活性物質**プロスタグランジン**(PG)とその母体(PGE_1(トリエン酸)，PGE_2，PGE_3(ペンタエン酸)．役割：血圧調整，炎症，胃液分泌，子宮筋収縮，血液凝固など．

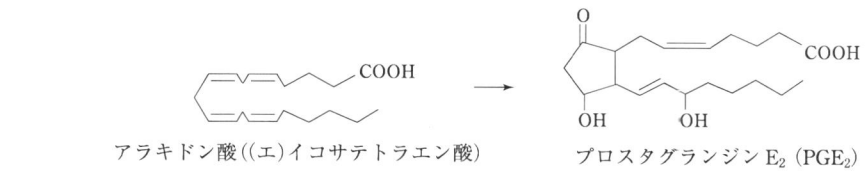

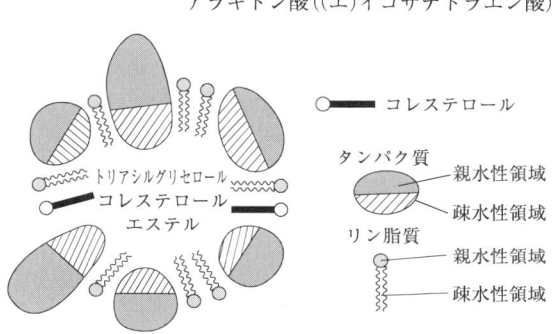

アラキドン酸((エ)イコサテトラエン酸) → プロスタグランジン E_2 (PGE_2)

リポタンパク質　タンパク質と脂質とが結合したものの総称，血漿中に含まれ脂質の輸送に関与している．**キロミクロン**，**VLDL**(<u>v</u>ery <u>l</u>ow <u>d</u>ensity <u>l</u>ipoprotein)，**LDL**，**HDL** などに分類される．D とは <u>d</u>ensity 密度のこと．

[林 淳三監修，"生化学"，建帛社(2003)，p. 25 より改変]

5・3　糖

アルデヒド基またはケトン基をもった多価アルコール；……オースという語尾は糖を示す．

・**三炭糖**(トリオース)

D-グリセルアルデヒド　ジヒドロキシアセトン
（ともにグリセリンの酸化物，解糖系の中途代謝物）
D-，L-光学異性体については pp. 161～162 参照

・**五炭糖**(ペントース)

D-リボース(核酸の成分)　　α-D-リボース

・**六炭糖**(ヘキソース)

鎖状構造と**環状構造**(分子内の付加反応)：五炭糖，六炭糖では，上記のリボースで示したように，鎖状構造の糖が分子内で付加反応を起こし(p. 165)，五員環(フラノース)，六員環(ピラノース)の構造を優先的に取る．この環化により，次に示す α と β の 2 種類の異性体(アノマー)を生じる．

フラン　フラノース　　ピラン　ピラノース

グルコース(ブドウ糖)　代表的なアルドース(アルデヒド糖).

鎖状構造　Fischer式＊　　　　　　環状構造(ピラノース構造)　＊1〜6はグルコースの炭素番号

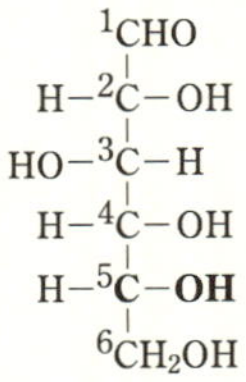

D-グルコース　　　α-D-グルコース　　　β-D-グルコース

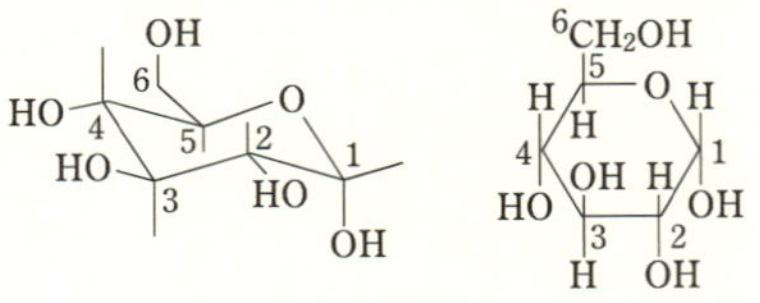

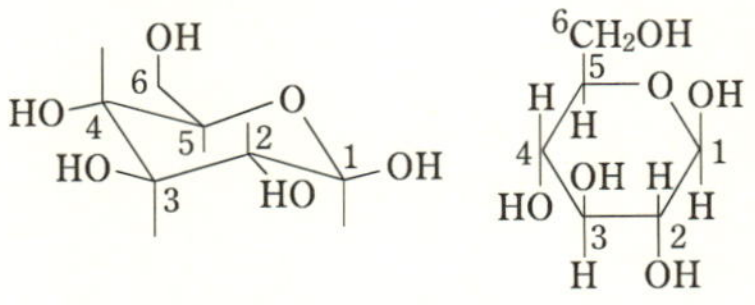

鎖状構造式の書き方：構造式はアルデヒド基・ケトン基を上に描く．アルデヒド基・最上部の炭素から順に炭素番号 $C_1 \to C_6$ とする．$C_2 \sim C_5$ は不斉炭素(光学活性, p.161)であり，C_5 に結合した **−OH基が分子の右側にあるもの**を D-異性体(<u>d</u>extro, 右)，左側を L-異性体(<u>l</u>evo, 左)と約束する．

環状構造式の書き方：鎖状構造の Fischer 式から環状構造の Haworth 式を描くには鎖状構造式を時計回りに 90°回転したあと，C_1 を中央右手，C_2 を右手前におき，時計回りに $C_3 \to C_4 \to C_5$，C_5 に結合した OH の O $\to C_1$ をつなぎ六角形とする(上図)．C_6 は C_5 の上につける．C_2, C_3, C_4 に結合した −OH 基はそのままの向き，D-グルコースでは下，上，下向きに，H はその逆につける．C_1 に結合した OH 基(もともとはアルデヒド基−CHO の O だったものに H が結合して OH 基となったもの)は下向きと上向きの2種類の構造が可能である．**下向きになった構造を α，上向きを β** という(上図)．

フルクトース(果糖)　代表的なケトース(ケトン糖)

Fischer式＊

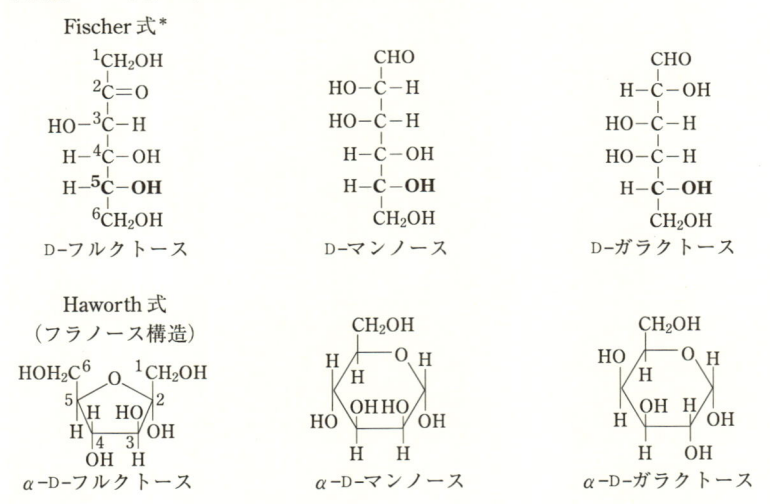

D-フルクトース　　　D-マンノース　　　D-ガラクトース

Haworth式
(フラノース構造)

α-D-フルクトース　　　α-D-マンノース　　　α-D-ガラクトース

・二糖類(グルコース＋単糖)

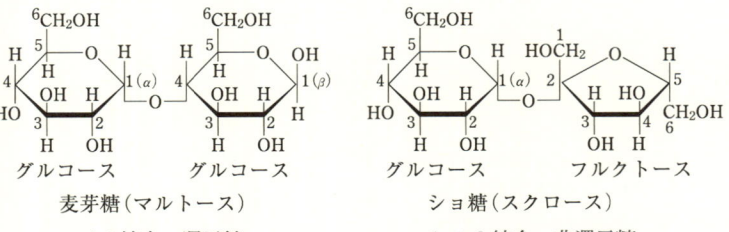

グルコース　グルコース　　グルコース　フルクトース　　ガラクトース　グルコース

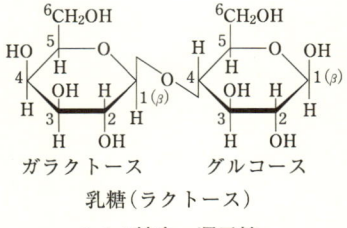

麦芽糖(マルトース)　　ショ糖(スクロース)　　乳糖(ラクトース)

α-1,4 結合，還元糖　　α-1,β-2 結合，非還元糖　　β-1,4 結合，還元糖

・**多糖類**

デンプン　アミロースとアミロペクチンの集合体.

アミロース　ラテン語で amylum(デンプン). **α-1,4-グリコシド結合，冷水に溶ける，らせん構造**("有機化学　基礎の基礎"，pp. 118, 119 参照)，青藍色のヨウ素デンプン反応を示す.

非還元末端　マルトース単位　還元末端

アミロペクチン　**α-1,6-結合の枝分かれ構造**，水に難溶，熱水で糊となる，赤紫色のヨウ素デンプン反応を示す.

枝分かれ鎖　　α-1,6 結合

主　鎖　　α-1,4 結合

セルロース　**β-1,4-グリコシド結合，直線構造**("有機化学　基礎の基礎"，pp. 118〜119 参照).

β-1,4 結合

グルコース　グルコース

セロビオース単位

グリコシド結合：アルデヒド，ケトンのカルボニル基由来の**反応活性な OH** とアルコール，糖(R−OH)，またはアミン(RR′N−H)とが脱水縮合反応したもの.

　　O-グリコシド結合：糖−OH ＋ H−O−R ⟶ 糖−O−R ＋ H_2O
　　N-グリコシド結合：糖−OH ＋ H−NRR′ ⟶ 糖−NRR′ ＋ H_2O

・**アミノ糖**　　　　　　　　　　　　　　・**糖のリン酸エステル**

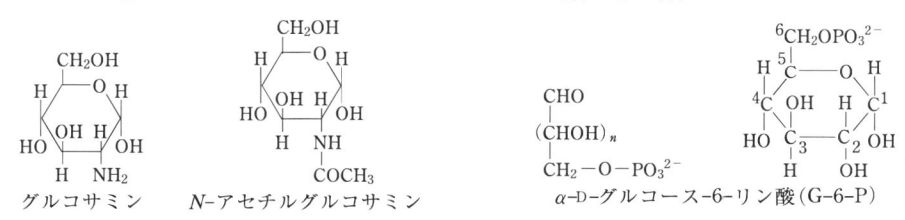

グルコサミン　　N-アセチルグルコサミン　　　α-D-グルコース-6-リン酸(G-6-P)

キチン：N-アセチルグルコサミンが，β-1,4-グリコシド結合した直鎖分子.

ペクチン：ガラクツロン酸(p. 192)とそのメチルエステルが α-1,4-グリコシド結合した直鎖分子.

付録5 生命科学・食品学・栄養学に出てくる有機化合物

・糖の酸化と還元

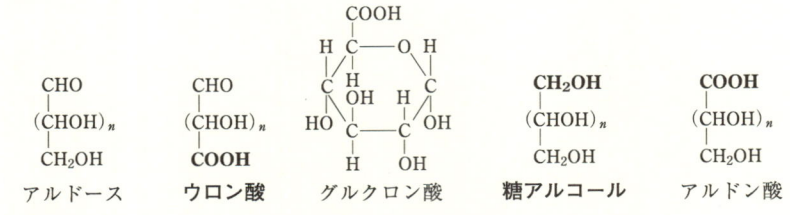

アルドース　ウロン酸　グルクロン酸　糖アルコール　アルドン酸

ウロン酸：酸性糖．グルコース由来のグルクロン酸など（アルデヒドのまま）．
糖アルコール：グルコース由来のソルビトール（干し柿，食品添加物の甘味料），キシリトール（ガム）など．
アルドン酸：グルコース由来のグルコン酸など．（アルデヒドが酸化された）　（アルデヒドが還元された）

ラクトン　アルドン酸中のOH基とCOOH基とが分子内でエステル結合したもの．
（分子内エステル）

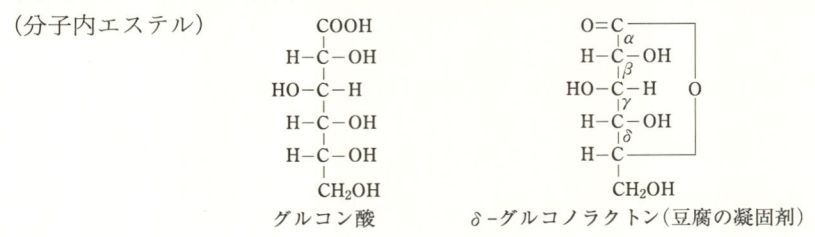

グルコン酸　　δ-グルコノラクトン（豆腐の凝固剤）

5・4　核酸塩基 —RNAとDNA—

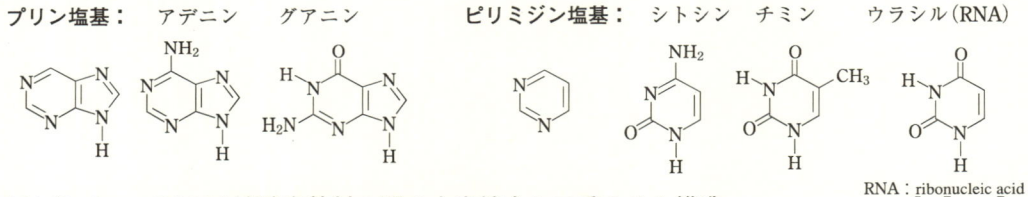

プリン塩基：　アデニン　グアニン　　　　ピリミジン塩基：　シトシン　チミン　ウラシル（RNA）

RNA：ribonucleic acid

DNA（2-deoxyR N A）**核酸塩基対**の間の水素結合と二重らせん構造．

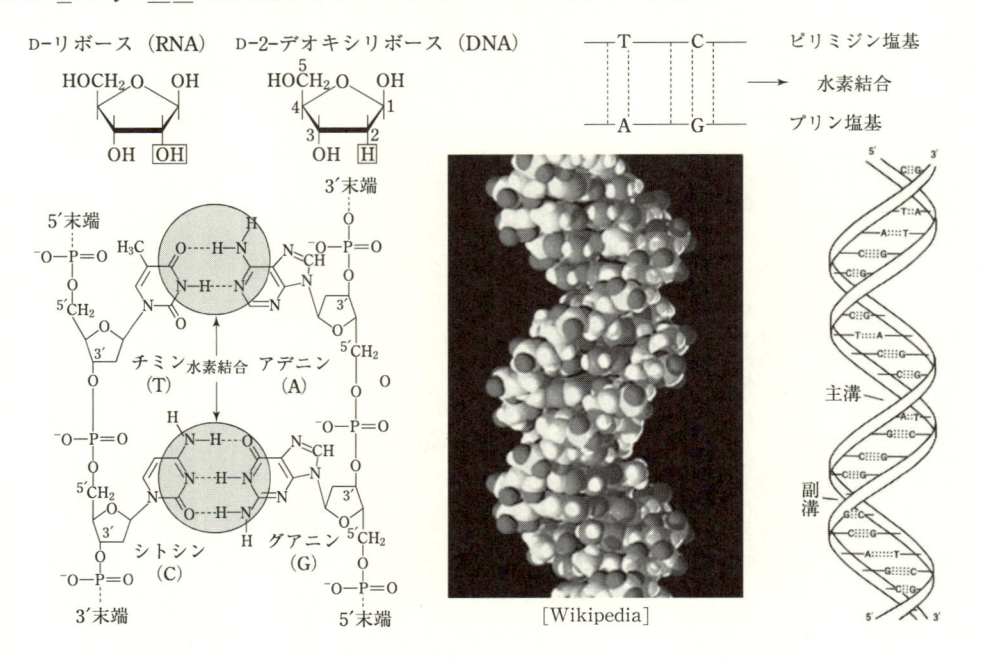

D-リボース（RNA）　D-2-デオキシリボース（DNA）

3′末端

5′末端

チミン　水素結合　アデニン
（T）　　　　　（A）

シトシン　　グアニン
（C）　　　　（G）

3′末端　　　5′末端

[Wikipedia]

ピリミジン塩基
→　水素結合
プリン塩基

主溝
副溝

ヌクレオシド　　核酸塩基＋リボース；アデノシンなど．

ヌクレオチド　　核酸塩基＋リボース＋リン酸；アデノシン一リン酸 AMP, アデノシン二リン酸 ADP, アデノシン三リン酸 ATP．

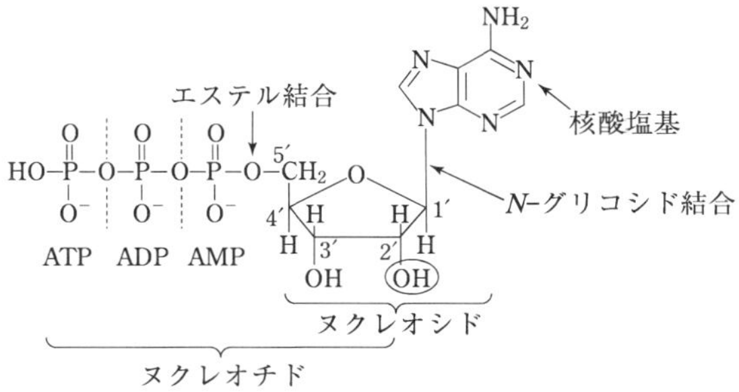

N-グリコシド結合

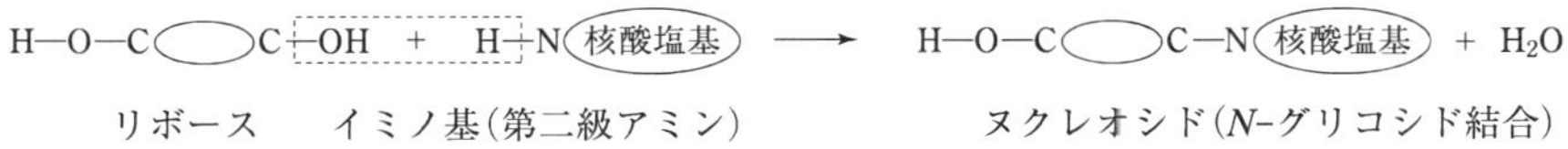

リボース　　イミノ基(第二級アミン)　　→　　ヌクレオシド(N-グリコシド結合)

エステル結合(リン酸エステル)

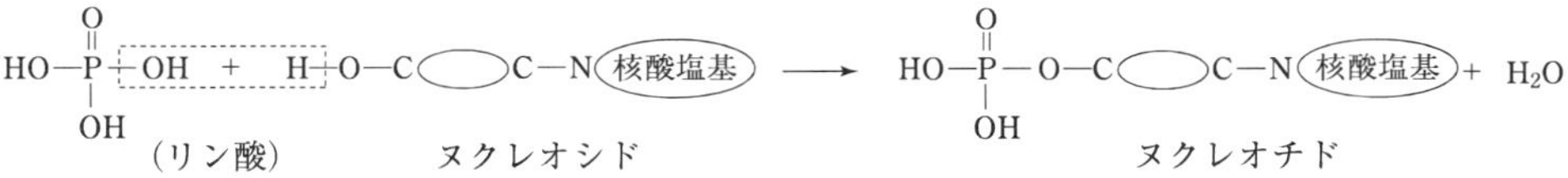

(リン酸)　　ヌクレオシド　　→　　ヌクレオチド

5・5　ビタミン

歴史的には抽出物の**脂溶性部分**に含まれるものを**ビタミン A**，水溶性部分に含まれるものを**ビタミン B** と称した．

・**脂溶性ビタミン**(細胞膜，リポタンパク質中などに存在)

ビタミン A (視物質・夜盲症，上皮細胞の保護，全トランス形)

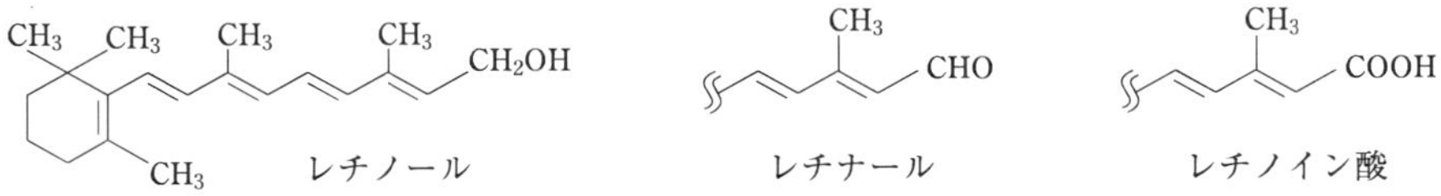

レチノール　　レチナール　　レチノイン酸

ビタミン D (カルシウム・リンの吸収促進・代謝・くる病)

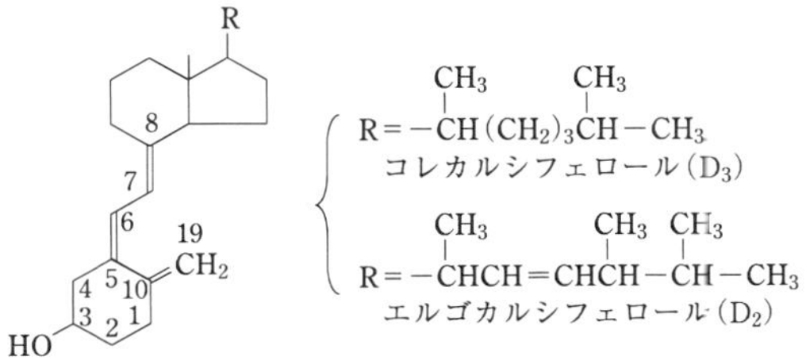

$R = -CH(CH_2)_3CH-CH_3$ のとき
$\quad$ CH₃ $\quad$ CH₃
コレカルシフェロール (D_3)

$R = -CHCH=CHCH-CH-CH_3$ のとき
$\quad$ CH₃ $\quad$ CH₃ $\quad$ CH₃
エルゴカルシフェロール (D_2)

付録5　生命科学・食品学・栄養学に出てくる有機化合物

ビタミンE（トコフェロールとトコトリエノール：抗酸化作用，細胞膜保護・溶血防止）

R_1	R_2	$R_3 = CH_3$
CH_3	CH_3	α-トコフェロール
CH_3	H	β-トコフェロール
H	CH_3	γ-トコフェロール
H	H	δ-トコフェロール

酸化 ↓

トコキノン

ビタミンK_1（緑色野菜が産生）　　K_1, K_2：血液凝固，骨形成　　ビタミンK_2（腸内細菌，納豆菌が産生）

フィロキノン　　　　　　　　　　　　　　　　　　　　　　　メナキノン-n, $n = 6, 7, 9$

・**水溶性ビタミン**（代謝系の補酵素成分，C以外はすべてB群）

ビタミンB_1
（チアミン，α-ケト酸の脱炭酸）

ビタミンB_{12}（腸内合成，メチル基転移，メチオニン，核酸の合成）

ナイアシン

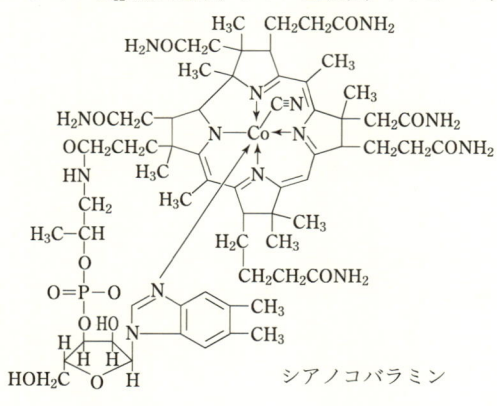

ニコチン酸　　ニコチン酸アミド

シアノコバラミン

NADH, NAD^+, NADPH, $NADP^+$（酸化還元：脱水素，水素添加補酵素）

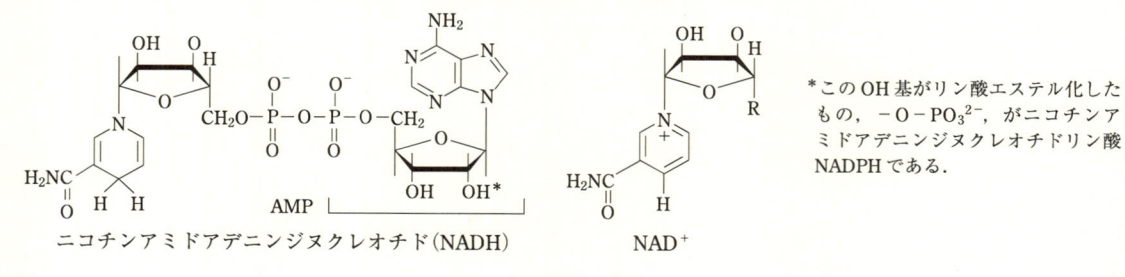

ニコチンアミドアデニンジヌクレオチド（NADH）　　　　NAD^+

＊このOH基がリン酸エステル化したもの，$-O-PO_3^{2-}$，がニコチンアミドアデニンジヌクレオチドリン酸NADPHである．

ビタミン B_2(リボフラビン)　FADH$_2$，FAD，FMN(酸化還元：脱水素，水素添加補酵素)

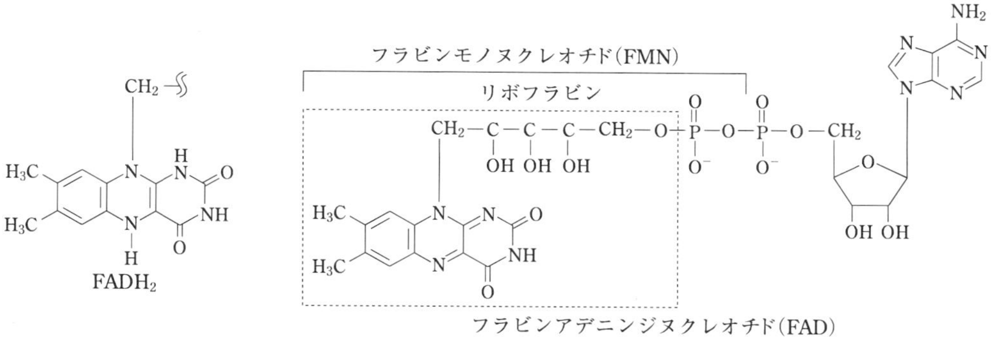
FADH$_2$
フラビンモノヌクレオチド(FMN)
リボフラビン
フラビンアデニンジヌクレオチド(FAD)

ビタミン B_6(ピリドキシン，アミノ基転移，アミノ酸の脱炭酸)

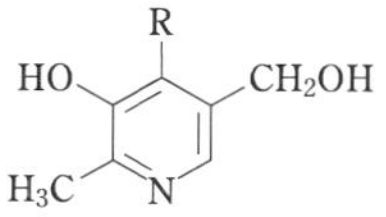

*ピリドキシン R = $-CH_2-OH$
ピリドキサミン R = $-CH_2-NH_2$
ピリドキサール R = $-CHO$

葉酸(プテロイルグルタミン酸，腸内合成，メチル基転移，メチオニン合成(→ホモシステイン)，核酸塩基・ポルフィリン核合成)

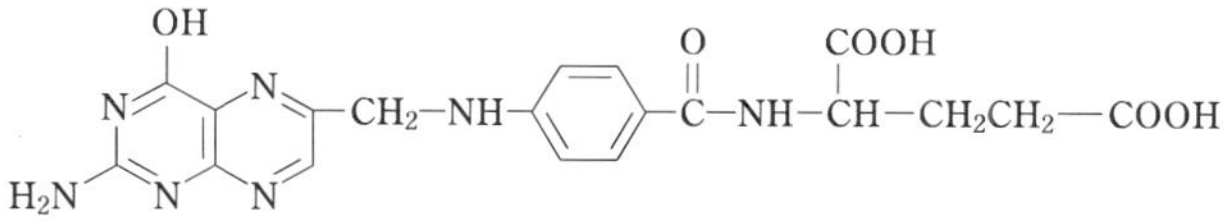

ビオチン(炭酸固定，カルボキシ基転移，糖新生，脂肪酸合成，アミノ酸代謝)

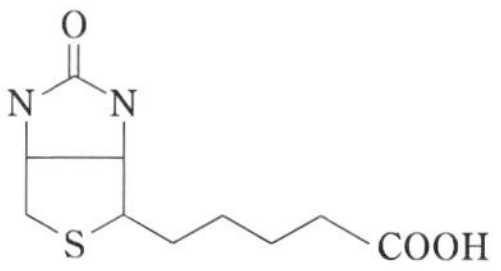

ビタミン C(コラーゲン合成，プロリンの水酸化反応)

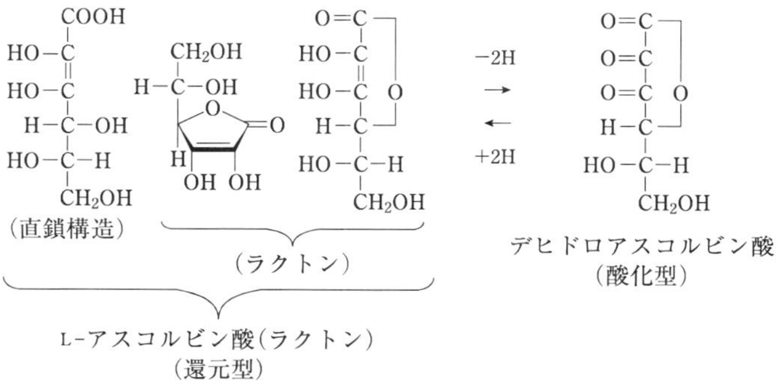
(直鎖構造)
(ラクトン)
L-アスコルビン酸(ラクトン)
(還元型)
デヒドロアスコルビン酸
(酸化型)

パントテン酸(補酵素 A，アシル基転移)

補酵素 A(H－S－CoA，CoA ≡ Coenzyme A)

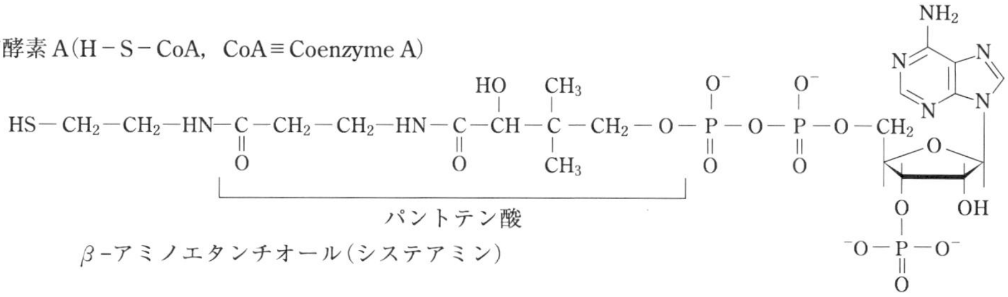
パントテン酸
β-アミノエタンチオール(システアミン)

索 引

あ 行

アシドーシス　184
アシル基　143
アセタール　164
アセチル基　143
アセチルコリン　148, 160
アセチレン　124
アセトン　144
圧　力　172
アニリン　154
アボガドロ定数　55, 174
アボガドロの法則　174
アミド　148, 149, 156, 186
アミド結合　149
アミノ基　137, 138
アミノ酸　137, 138, 147, 186
アミノ糖　191
アミロース　191
アミロペクチン　191
アミン　137, 155
RNA　148, 192
アルカリ　27
アルカリ金属　7, 16
アルカリ性　28
アルカリ土類金属　7, 16
アルカロイド　137
アルカローシス　184
アルカン　123, 135, 155
アルキル基　126, 133, 135
アルキン　153
アルケン　150
アルコール　138, 156
アルデヒド　143, 144, 156
アルデヒド基　144
アルドース　144
アルドール反応　164
アレニウスによる酸・塩基の定義　29
安定同位体　9
アンモニア　137

硫　黄　5

イオン　10, 111, 113
　——の価数　93
イオン化エネルギー　100, 101
イオン化列　40
イオン結合　13, 94
イオン結晶　12
イオン性化合物　17, 18, 19
　——の化学式　19
　——の命名法　20
イオン当量　61
異性体　119, 190
陰イオン　10, 15, 16, 18
陰性元素　15, 16

エイコサノイド　189
HDL　189
液　体　171
エステル　148, 156
エステル結合　148, 193
エステルコレステロール　148
sp(sp^2, sp^3)混成軌道　109
エタノール　117
エチレン　124
エチレングリコール　140
ATP　148
エーテル　141, 156
エーテル結合　141
エネルギー準位図　104
LDL　189
塩　32, 113
塩化ナトリウム　10
塩化物　18
塩化物イオン　10, 18
塩　基　23, 27, 28, 112
　——の価数　29
塩基性　27
塩基性アミノ酸　186
塩　酸　24
エンタルピー　181

オキソ酸　24, 111
オクテット　89
オクテット則　93, 94, 103

オスモル　　61
オスモル濃度　　61, 176

か 行

界面活性剤　　160, 178
解　離　　79
解離度　　30
化学結合　　94
化学反応式　　21
科学表示　　46
可逆反応　　183
核酸塩基　　192
化合物　　17
加水分解　　31
価　数　　10
　　イオンの——　　89, 93
　　酸の——　　26
　　塩基の——　　29
　　酸化剤の——　　66
価電子　　91, 92
果　糖　　190
カルボキシ基　　138, 146
カルボニル化合物　　143
カルボニル基　　143, 159
カルボン酸　　146, 147, 156
カロリー　　180
還　元　　36, 38
還元剤　　39
還元反応　　163
換算係数法　　52
緩衝液　　78, 83
　　酢酸——　　83
　　炭酸——　　83
　　pH——　　82, 83
緩衝作用　　31
官能基　　133, 134
含有率　　69, 75
含硫アミノ酸　　186

幾何異性体　　151
貴(希)ガス　　7, 12, 16, 101
貴ガス電子配置　　93
貴金属　　16
基　数　　46
気　体　　171
気体定数　　174
軌　道　　103, 104
吸熱反応　　180
強塩基　　28
凝　固　　171

凝固点降下　　61
強　酸　　24, 30
凝　縮　　171
鏡像体　　161
強電解質　　79
共　鳴　　163
共鳴構造　　163
共役塩基　　31
共役酸　　31
共有結合　　12, 94, 96
共有結合性結晶　　12, 15
共有電子対　　95
極　性　　158
極性共有結合　　96
極性分子　　158
キラリティ　　161
キレート　　114
キロミクロン(カイロミクロン)　　189
金　属　　12, 15
金属結合　　97
金属元素　　15, 25
金属錯体　　31, 112, 114
金属酸化物　　28, 111, 113

クエン酸　　24
グリコシド結合　　164
　　N-——　　191, 193
　　O-——　　191
グリセリン(グリセロール)　　140
グリセロリン脂質　　188
グルコース　　190
クロロホルム　　136
クーロンの法則　　99

形式電荷　　97
結合エネルギー　　182
結合性分子軌道　　108
ケトース　　144
ケトン　　143, 156
ケトン基　　144
減圧蒸留　　176
原　子　　1
原子価　　12, 14, 89, 91, 95, 121
原子価殻電子対反発則　　98
原子核　　8
原子価結合法　　103, 106
原子番号　　6, 9
原子量　　6, 10
元　素　　1
元素記号　　2, 3, 4

光学異性体　　161
交差法　　19
構造異性体　　119, 120
構造式　　117
高張液　　177
呼吸商　　23
固体　　171
混合物　　17

さ 行

最外殻電子　　89, 91, 92
最高酸化数　　25, 89, 110
細胞膜　　179
酢酸　　24, 117, 146
酢酸イオン　　31
酢酸緩衝液　　83
錯体　　31, 112, 114
酸　　23, 24, 112
　——解離定数　　183
　——解離反応　　29
酸・塩基の定義
　アレニウスによる——　　29
　ブレンステッド・ローリーによる——　　30
酸化　　36
酸化還元　　35
酸化還元滴定　　66
酸化還元電位　　40
酸化還元反応　　39
酸化剤　　39
　——の価数　　66
酸化数　　39, 110, 111, 113
酸化反応　　163
酸化物　　18, 111, 113
酸化物イオン　　18
三重結合　　14, 110, 121
酸性アミノ酸　　186
酸素　　4

脂環式飽和炭化水素　　132
式量　　53, 55
σ結合　　109, 124
シクロアルカン　　132
脂質　　188
指数表示　　46, 48
シス・トランス異性体　　151
ジスルフィド結合　　187
示性式　　122
質量　　55
質量数　　9
質量濃度　　75

質量％　　72, 73
質量モル濃度　　61
質量容量％　　72
脂肪族アミノ酸　　186
脂肪族炭化水素　　178
脂肪族不飽和炭化水素　　157
弱塩基　　28
弱酸　　24, 30
しゃへい効果　　100
シャルルの法則　　173
臭化物　　18
周期表　　2, 6, 89
周期律　　90
シュウ酸　　24
自由電子　　97
重容％　　72, 73
縮合反応　　164
ジュール　　180
純物質　　17
昇位　　109
昇華　　171
蒸気圧　　175
硝酸　　24
脂溶性　　133
脂溶性ビタミン　　193
蒸発　　171
食塩　　10
親水基　　177
親水性　　133, 177
浸透圧　　28, 61, 177
浸透膜　　177
親油性　　177

水酸化物　　16, 28, 112, 113
水素イオン濃度　　78
水素イオン(濃度)指数　　80
水素結合　　96, 140, 159, 177
水溶性　　133
水溶性ビタミン　　194
数詞　　125
ステロイド　　188
スフィンゴリン脂質　　188

正四面体構造　　109
静電相互作用　　18, 99
生理食塩水　　177
生理的燃焼値　　180
セッケン　　178
絶対温度　　174
セルロース　　191
遷移元素　　7, 15, 16, 113

前期量子論　103
旋光性　161

双極子　158
双極子相互作用　160, 177
総熱量保存の法則　182
族　6
疎水基　177
疎水性　133, 177
疎水性相互作用　179
組成式　19, 111

た 行

対掌体　161
ダイヤモンド　12
多価アルコール　141
多原子イオン　26, 27
たすき掛け　45
脱離反応　165
多糖類　191
ダニエル電池　40
炭化水素　132
単結合　14, 18, 124
炭酸　24
炭酸緩衝液　83
胆汁酸塩　178
単純脂質　188
単体　17
タンパク質の高次構造　179
単分散　179

置換反応　165
窒素　4
中性子　8, 9
中性脂肪　141, 148, 188
中和滴定法　64
中和反応　31, 32, 64
調味％　72, 73
チロキシン　142

DNA　148, 192
低張液　177
テルペン類　189
電解質　10
電気陰性度　96, 102, 158
典型元素　7, 15, 16, 111, 113
電子　8
　——の波動性　105
電子殻　90
　——の微細構造　103

電子式　91, 92
電子親和力　100, 101
電子対　92, 106
電子配置　90
電池　40
デンプン　191

糖　189
同位体　9, 10
糖脂質　188
同族元素　6, 16
同素体　17
等張液　177
当量濃度　61
トコフェロール　142
トリグリセリド(トリアシルグリセロール)　141
トリハロメタン　136

な 行

内殻電子　91
ナトリウムイオン　18
二重結合　14, 109, 121, 124
二糖類　190
乳化　178
乳化剤　178
乳濁液　178

ヌクレオシド　193
ヌクレオチド　193

熱化学方程式　180
熱含量　181

は 行

配位　96
配位結合(配位共有結合)　96, 160
π結合　109, 124
配座異性体　133
π電子　162
パーセント　71
パーセント濃度　69, 72
ハッセルバルヒの式　184
発熱反応　180
バッファー　83
波動力学　103, 105
ハロアルカン　135, 155
ハロゲン　7, 16
反結合性分子軌道　108
半透膜　177

pH　　78, 79, 80
pH 緩衝液　　83
　　血液の——　　184
非金属元素　　15, 25
非金属酸化物　　25
比　重　　69, 70
ビタミン(A, B, C, D, E)　　193
ビタミンE　　142
非電解質　　10
ヒドロキシアミノ酸　　186
ヒドロキシ基　　139
ppm　　75, 76
百分率　　76
表面吸着　　179
ピラノース環　　133

ファクター　　53, 63
ファラデーの電気分解の法則　　41
VSEPR 理論　　98
VLDL　　189
フェニル基　　153
フェノール　　154
不確定性原理　　105
付加反応　　124, 165
副殻構造　　103
複合脂質　　188
複素環式化合物　　155
不斉炭素　　162
不対電子　　92, 95, 106
フッ化物　　18
物質の三態　　171
物質量　　55
沸　点　　171, 175
沸点上昇　　61, 176
沸　騰　　171
物理的燃焼値　　180
ブドウ糖　　190
不飽和炭化水素　　124
フルクトース　　190
ブレンステッドとローリーによる酸・塩基の定義　　30
プロスタグランジン　　189
分圧の法則　　175
分岐炭化水素　　128
分　極　　158
分　子　　12
分子間相互作用　　160, 171
分子間力　　160, 171
分子軌道法　　103
分子式　　12
分子性化合物　　17
分子量　　53, 55

フントの規則　　105
閉殻構造　　91, 93
平衡定数　　183
ヘスの法則　　182
ペプチド結合　　150, 164
ヘンリーの法則　　175

ボイル-シャルルの法則　　174
ボイルの法則　　173
芳香族アミノ酸　　186
芳香族性　　162
芳香族炭化水素　　132, 153, 178
放射性同位体　　9
飽和炭化水素　　123
ホスファチジルコリン　　160
ポリペプチド　　150
ホルムアルデヒド　　144

ま 行

水のイオン積　　79
ミセル　　179
ミセル会合体　　179
ミセルコロイド　　179
密　度　　69, 70, 78
ミネラル　　5

無機酸　　24
無機物　　24
無極性分子　　158

mol(モル)　　53, 54
モル凝固点降下定数　　176
モル質量　　55
モル濃度　　53, 59

や 行

融　解　　171
有機化合物　　24
　　——の命名法　　155
有機酸　　24
有効殻電荷　　100
有効数字　　48
融　点　　171

陽イオン　　10, 15, 18
溶　液　　72
ヨウ化物　　18
溶解度　　112, 113, 114

陽子　8
溶質　72
陽性元素　15, 16
溶媒　72
容量%　72
容量モル濃度　61

ら行

ラウールの法則　176
ラクトン環　164

力価　63
立体異性体　161
リポタンパク質　189

硫化物　18, 113
硫化物イオン　18
硫酸　24
量子力学　103, 105
両性イオン　160
臨界ミセル濃度　179
リン酸　24
リン酸緩衝液　83
リン脂質　141, 148

ルイス記号　91
ルイス構造　95
ルイス酸・塩基　31
ルシャトリエの原理　183

著者略歴

立屋敷　哲（たちやしき・さとし）

理学博士
現職：女子栄養大学　教授

1949 年　福岡県大牟田市生まれ
1971 年　名古屋大学理学部卒
研究分野：無機錯体化学，無機光化学，無機溶液化学
E-mail：tachi@eiyo.ac.jp（ご意見・ご助言下さい）

ゼロからはじめる化学

平成 20 年 10 月 20 日　　発　　　行
平成 31 年 2 月 10 日　　第 9 刷発行

著作者　　立　屋　敷　　哲

発行者　　池　田　和　博

発行所　　丸善出版株式会社
　　　　　〒101-0051　東京都千代田区神田神保町二丁目 17 番
　　　　　編集：電話（03）3512-3262／FAX（03）3512-3272
　　　　　営業：電話（03）3512-3256／FAX（03）3512-3270
　　　　　https://www.maruzen-publishing.co.jp

© Satoshi TACHIYASHIKI, 2008

組版・有限会社 悠朋舎／印刷・中央印刷株式会社
製本・株式会社 星共社

ISBN 978-4-621-08016-0 C 3043　　　　Printed in Japan

JCOPY　〈(社)出版者著作権管理機構　委託出版物〉

本書の無断複写は著作権法上での例外を除き禁じられています。複写される場合は、そのつど事前に、(社)出版者著作権管理機構（電話 03-5244-5088，FAX 03-5244-5089，e-mail：info@jcopy.or.jp）の許諾を得てください。

本書とあわせて読むとさらに理解できる本 好評既刊！

演習 溶液の化学と濃度計算
実験・実習の基礎

立屋敷 哲　ISBN 978-4-621-07478-7　本体価格 2,400円＋税　B5・256頁

モルがわかるようになる．酸と塩基，酸化還元，化学反応式，pH問題を解く"コツ"がわかる．なぜこういう計算か……，分析化学の基礎がわかる．

講義用化学に登場する濃度計算を基礎から説明．化学を専門としない学生も，生理学，食品学，衛生学などに必要な計算の基礎を演習問題でマスターしよう．

● 目 次
- 1章 序・基礎知識
- 2章 mol（モル），モル濃度，ファクター
- 3章 酸・塩基，価数，規定度と当量
- 4章 中和反応と濃度計算
- 5章 酸化還元
- 6章 化学反応式を用いた計算
- 7章 パーセント，密度，含有率，希釈
- 8章 化学平衡と平衡定数
- 9章 pHメーターと酸化還元電位
- 10章 光と色：比色法，その他の光学的分析法の基礎
- 付録 整数，分数，指数，対数の計算

生命科学・食品学・栄養学を学ぶための
有機化学 基礎の基礎 補訂版

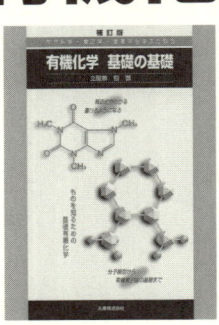

立屋敷 哲　ISBN 978-4-621-07720-7　本体価格 2,700円＋税　B5・270頁

構造式がわかる，書けるようになる．
分子模型から有機電子論の基礎がわかる．

必要な事柄は繰り返し解説し，無理なく知識を理解・納得できる．従来の詰め込み型テキストとは一線を画したユニークな構成．入門者の学習を多面的にサポート．

● 目 次
- 序章 好奇心を取り戻そう
- 1章 最も簡単な化合物、構造式の書き方と構造異性体
- 2章 飽和炭化水素アルカン
- 3章 11種類の有機化合物群について理解すること・頭に入れること
- 4章 簡単な飽和有機化合物：アルカンの誘導体
- 5章 不飽和有機化合物
- 6章 芳香族炭化水素とその化合物
- 7章 生化学・栄養学・食品学とのつながり
- 8章 原子構造と化学結合
- 付録1 分子模型で遊びながら学ぶ有機化学の基礎
- 付録2 化合物群の名称・性質・反応性のまとめ

丸善出版 株式会社　https://www.maruzen-publishing.co.jp

化学書資料館

http://www.chem-reference.com/

化学に関するあらゆる事象をインターネット上で
縦横無尽・瞬時に探索。

収録内容 化学便覧 基礎編　化学便覧 応用化学編
実験化学講座　標準化学用語辞典

日本化学会編纂の定評ある書籍を集約した日本最大の化学知識サイト。
化学実験のテクニックや公的な文書にも安心して引用できるデータ・用語を100冊を越える実験書・便覧・辞典の中から探し出します。

国立天文台 編 理科年表プレミアム

http://www.rikanenpyo.jp/member/

大正14年からのデータをCSV形式でダウンロード!

信頼性の高い科学データブック『理科年表』の創刊号（1925年）から最新版の情報が収録されたオンライン版データベース。暦部・天文部・気象部・物理/化学部・地学部・生物部・環境部の7部門の広範なジャンルから、情報を検索・閲覧・ダウンロードできます。理科年表の公式サイト『理科年表オフィシャルサイト』と一緒に利用することにより科学データの見方・活用方法が広がります。

お問合せは丸善出版株式会社電子コンテンツ開発室まで。

〒101-0051 東京都千代田区神田神保町2-17
TEL 03-3512-3258
URL https://www.maruzen-publishing.co.jp

化合物群と官能基

化合物群名	官能基名	一 般 式	化合物の例	その示性式
アルカン	アルキル基	R−H　油	メタン, ブタン(燃料)	CH_4, C_4H_{10}
ハロアルカン	ハロゲン元素	R−X　アルカンの親戚	クロロホルム(麻酔)　トリハロメタン	$CHCl_3$
アミン	アミノ基	R−NH_2　アンモニアの親戚　→塩基性	メチルアミン(悪臭)	CH_3NH_2
アルコール	ヒドロキシ基	R−OH　水の親戚	エタノール(お酒)　(-ol オール)	C_2H_5OH　CH_3CH_2OH
エーテル	エーテル結合	R−O−R′　水と他人, 油の親戚	ジエチルエーテル(麻酔)	$C_2H_5OC_2H_5$　$CH_3CH_2OCH_2CH_3$
アルデヒド	アルデヒド基	R−CHO, $R-\underset{\underset{O}{\parallel}}{C}-H$　悪酔いの素　アシル基 RCO−　＋　−H	ホルムアルデヒド(メタナール, ホルマリンの成分)(-al アール)	HCHO
ケトン	ケトン基(カルボニル基)	RR′CO, RCOR′, $R-\underset{\underset{O}{\parallel}}{C}-R'$　アルデヒドの親戚　アシル基 RCO−　＋　−R′	アセトン(プロパノン, 化学実験室の代表的有機溶媒・体の異常代謝産物)(-one オン)	CH_3COCH_3
カルボン酸	カルボキシ基	RCOOH, $R-\underset{\underset{O}{\parallel}}{C}-OH$　酸性　アシル基 RCO−　＋　−OH	酢酸(エタン酸, 食酢の主成分), 脂肪酸(中性脂肪の成分)(-酸)	CH_3COOH
エステル(脂肪酸のエステル)	エステル結合(カルボン酸とアルコールより生成)	RCOOR′, $R-\underset{\underset{O}{\parallel}}{C}-O-R'$　アシル基 RCO−　＋　−OR′	酢酸エチル(有機溶媒, 日本酒・蒸留酒の香り成分), 果物の香り, 中性脂肪	$CH_3COOC_2H_5$　$CH_3COOCH_2CH_3$　$C_2H_5OCOCH_3$
アミド	アミド結合(ペプチド結合)(カルボン酸とアミンより生成)	R−CONH−R′, $R-\underset{\underset{O}{\parallel}}{C}-\overset{H}{N}-R'$	アセトアミド　タンパク質, ペプチド	CH_3CONH_2　──
アルケン	二重結合	>C=C<　付加反応	エチレン(エテン), カロテン(ニンジン)(-ene エン)	$CH_2=CH_2$
(アルキン)	(三重結合)	(−C≡C−)	(アセチレン(エチン))	($CH≡CH$)
芳香族炭化水素	フェニル基	⌬, C_6H_5-, Ph−, φ−　(ベンゼン環)　油	ベンゼン, フェノール, アニリン	C_6H_6, PhOH　φ−NH_2
	アリール基	Ar−　(芳香族一般)	ナフタレン, ナフチルアミン, ナフトール	Ar−NH_2,　Ar−OH
フェノール	ヒドロキシ基	Ph−OH, 一般的なフェノールは Ar−OH	フェノール　お茶のポリフェノール	C_6H_5OH, φ−OH　Ar−OH

(注)　水・アルコール・エーテル；アンモニア・アミン；アルデヒド・ケトン；カルボン酸・エステル・アミドは, それぞれセットで覚えること。また, (第一級)アルコール・アルデヒド・カルボン酸は酸化される順にセットで覚えておくと頭に入れやすい(ケトンは第二級アルコールの酸化)．

(アルカン・ハロアルカン/アミン/アルコール・エーテル/アルデヒド・ケトン/カルボン酸・エステル・アミド/二重結合のアルケンに/ベンゼン・フェノールは芳香族)

暗記事項(記号の意味，言葉の意味をきちんと身につけること)

G, M, k, h, da,	ギガ 10^9，メガ 10^6，キロ 10^3，ヘクト 100，デカ 10，
d, c, m, μ, n	デシ 10^{-1}，ミリ 10^{-3}，マイクロ 10^{-6}，ナノ 10^{-9}

物質量(mol) = ?　　　　　$= \dfrac{試料の質量(g)}{モル質量(g/mol)}$ 　$\left(例 = \dfrac{2.0\,g}{40\,g/mol} = 0.05\,mol\right)$ 　$\left(g \times \left(\dfrac{mol}{分子量\,g}\right) \to mol\right)$

モル濃度(mol/L) = ?　　$= \dfrac{物質量(mol)}{体積(L)} = \dfrac{\dfrac{試料の質量}{モル質量}(mol)}{体積(L)}$ 　$\left(例 = \dfrac{0.05\,mol}{0.1\,L} = 0.5\,mol/L\right)$

$\left(g \times \dfrac{1\,mol}{\square\,g} \times \dfrac{1}{\triangle\,L} = \dfrac{mol}{L}\right)$

＊ モル濃度は分子に mol，分母に L として計算する(砂糖と紅茶の例を思い出すこと)

物質量(mol) = ?　　　　　$=$ モル濃度(mol/L) × 体積(L) = 物質量(mol)　$\left(\dfrac{\bigcirc\,mol}{1\,L} \times \square\,L \to mol\right)$

(紅茶カップとスプーンひと山のお砂糖を思い出すこと)

試料の質量(g) = ?　　　$=$ モル質量(g/mol) × 物質量(mol) = 試料の質量(g)　$\left(\square\,mol \times \dfrac{分子量\,g}{1\,mol} = g\right)$

(スプーン1杯の砂糖の重さと，スプーン5杯分の重さ，紅茶カップと砂糖の例)

$mCV = ?$　　　　　　　$= m'C'V' = n$ mol の (H$^+$, OH$^-$, 電子)　(m は価数，H$_2$SO$_4$ を思い出すこと)

$m(C_0 F)V = ?$　　　　$= m'(C_0' F')V'$　(F はファクター，$C = C_0 F$，$C_0 F$ が真の濃度)

希釈 $CV = ?$　　　　　$= C'V'$　　C, C'：mol/L，重容％，容量％，質量濃度のいずれの濃度でも可

($CVd = C'V'd'$　　d, d'：密度 (g/cm^3)，C, C'：質量％)

％ = ?　　　　　　　　$= \dfrac{溶質}{溶質 + 溶媒} \times 100 = \dfrac{溶質}{溶液全体} \times 100$ 　$\left(\begin{array}{l}w/w(g/g),\ w/v(g/mL),\\ v/v\%(mL/mL)\ \text{のいずれも}\end{array}\right)$

含有率(％) = ?　　　　　$= \dfrac{目的物の質量(g)}{全体の質量(g)} \times 100$ 　$\left(\dfrac{目的物の質量}{全体の質量} = \dfrac{x\,\%}{100}\ \text{の比例式を解く}\right)$

溶液の質量 = ?　　　　$=$ 密度(g/mL, g/cm^3) × 体積(mL) = 質量(g)　(密度 = 質量(g)/体積(mL))

含有量(g) = ?　　　　　$=$ 全体の質量(g) × 含有率(％)/100　(含有率の式を → 目的物の質量(含有量) =)

ppm = ?　　　　　　　$= \dfrac{目的物(g)}{全体(g)} \times 10^6$ 　$\left(\dfrac{目的物}{全体} = \dfrac{x\,ppm}{10^6}\ \text{の比例式を解く}\right)$

$aA + bB + \cdots\cdots$ なる反応では，　(反応式を用いた濃度計算法)

$\dfrac{\text{B の物質量(分子の数)}}{\text{A の物質量(分子の数)}} = ?$　　$= \dfrac{\text{B の物質量(mol)}}{\text{A の物質量(mol)}} = \dfrac{\text{B のモル濃度(mol/L)} \times \text{B の体積(L)}}{\text{A のモル濃度(mol/L)} \times \text{A の体積(L)}} = \dfrac{b}{a}$

pH = ?　　　　　　　　$= -\log([\text{H}^+])$　(pH の定義：対数形)

$[\text{H}^+] = ?$　　　　　　$= 10^{-\text{pH}}$　(pH の定義：指数形，pH = 水素イオン指数)

$[\text{H}^+][\text{OH}^-] = ?$　　　$= 10^{-14}$　(水のイオン積)